21世纪经济管理新形态教材·冷链物流系列

食品冷藏与保鲜技术

陆国权　霍艳荣 ◎ 主　编

清华大学出版社
北　京

内容简介

本书从介绍食品的化学组成入手，分析食品在贮藏、流通中影响品质变化的各种因素；针对我国食品冷链的现状，提出了如何科学合理地确定适宜的贮运条件，提高食品品质；分析了食品的物理、化学及生物保鲜技术，对食品生物保鲜的最新进展进行综述；通过查阅和总结大量研究资料，对各种保藏方法的综合利用加以阐述。

本书可作为高等院校食品科学与工程、食品质量与安全等专业的本科生教材，也可作为食品相关专业硕士生、科研院所的设计人员、品质检验与控制人员、食品物流管理人员的参考用书。

图书在版编目(CIP)数据

食品冷藏与保鲜技术/陆国权，霍艳荣主编. —北京：清华大学出版社，2022.2
21世纪经济管理新形态教材.冷链物流系列
ISBN 978-7-302-59697-4

Ⅰ.①食… Ⅱ.①陆… ②霍… Ⅲ.①食品冷藏－高等学校－教材 ②食品保鲜－高等学校－教材 Ⅳ.①TS205.7

中国版本图书馆CIP数据核字(2021)第263025号

责任编辑：张　伟
封面设计：汉风唐韵
责任校对：宋玉莲
责任印制：丛怀宇

出版发行：清华大学出版社
网　　址：http://www.tup.com.cn，http://www.wqbook.com
地　　址：北京清华大学学研大厦A座　　**邮　　编**：100084
社 总 机：010-83470000　　**邮　　购**：010-62786544
投稿与读者服务：010-62776969，c-service@tup.tsinghua.edu.cn
质量反馈：010-62772015，zhiliang@tup.tsinghua.edu.cn
课件下载：http://www.tup.com.cn，010-83470332
印 装 者：北京嘉实印刷有限公司
经　　销：全国新华书店
开　　本：185mm×260mm　　**印　　张**：18.75　　**字　　数**：425千字
版　　次：2022年3月第1版　　**印　　次**：2022年3月第1次印刷
定　　价：53.00元

产品编号：085398-01

丛书编写指导委员会

丛书序

根据物流管理与物流工程专业教学的需要，由李学工、魏国辰、田长青、兰洪杰、曹献存、陆国权等组成的教材编委会，组织国内高等院校的专业教师共同编写冷链物流系列教材，共十余本。这是多个大学、多个学科领域的学者联手合作，覆盖冷链物流的方方面面，特别注重理论与实践结合的一次很有价值的尝试，对物流教育的高质量发展一定会起到很好的推动作用。

讲到冷链，一定与食品与药品有关。而食品与药品是民生工程，民以食为天，食以安为先，而安一定与冷链有直接关系，所以，在《物流业调整和振兴规划》《农产品冷链物流发展规划》《物流业发展中长期规划》中，都把冷链物流列为重点工程，每年的中央一号文件，都十分关注生鲜农产品的冷链发展。

讲到冷链，一定与国民经济的发展有关。在国民经济处于温饱型阶段，冷链是一种奢望，高不可及。但进入小康阶段，人们对生活质量的要求有极大的提升，冷链必须加速发展，目前中国正处于冷链产业发展的黄金时代。

讲到冷链，一定与冷链物流的系统工程有关。在这个系统工程中，有冷链对象即冷链商品学，有冷链基础设施，有冷链技术与装备，有冷链流通，有冷链企业，有冷链行政管理以及冷链消费。哪个环节出了问题都会影响全局。

讲到冷链，一定与互联网、供应链有关。现在是互联网、供应链时代，正是互联网与供应链从技术到模式改变着人们的生产与生活方式。产业链是基础，价值链是根本，而供应链是灵魂。

讲到冷链，一定与人才有关。人才是国民经济发展的第一资源，目前对冷链物流人才的需求很大，但在校与在职冷链教育都比较滞后，所以，必须有一支高素质的冷链教师队伍、一批高质量的教材和一些高水平的教学实践基地。

我深信，在习近平总书记国民经济高质量发展的召唤下，冷链产业、冷链物流、冷链教育都会有一个高质量的发展。

丁俊发
中国物流与采购联合会原常务副会长、教授、研究员
2019年5月1日

前言

“食品冷藏与保鲜技术”是食品科学与工程专业的主干课程之一，其发展与进步是食品工业发展的重要保障。因此，高等院校食品科学与工程、食品质量与安全等专业的本科生及硕士生、科研院所设计人员、品质检验与质量控制人员、食品物流管理人员等有必要了解和掌握引起食品腐败变质的主要因素及其控制方法、食品保藏与运输装备及其应用，为解决实际的食品腐败问题获取必需的知识和技能。

食品冷藏与保鲜技术和现代生活息息相关，新鲜优质的食品与国民健康有着紧密的联系。随着我国经济的迅速发展、消费水平的不断提高，消费者对食品的品质和外观的要求越来越高，尤其是消费方式的改变对日常消费量最高的果蔬及肉类的保鲜、流通技术提出更高的要求。近年来，随着大中城市生鲜蔬菜及肉类加工配送中心和超市销售网络的高速发展，人们对生鲜蔬菜及肉类消费品种多样性、食品安全、生鲜方便的要求越来越高，应时鲜果、净菜、切割蔬菜和分割肉类等产品进入超市销售迫切需要完善的冷链系统和保鲜技术。但食品的保鲜难度大，单一的保鲜技术难以满足高品质食品保藏的需求。食品冷藏与保鲜技术的创新为满足现代生鲜食品消费需求提供可能，也为农产品采后深加工产业化增值提供了空间。

本书全面系统地介绍了食品的化学成分以及在贮藏、流通中影响食品品质变化的各种因素。对我国食品冷链的现状，与食品保鲜相关的食品冷藏、冷冻技术，食品的物理、化学、生物与综合保鲜技术及其在食品保鲜中的应用，进行了较为详细的阐述，以期对我国农产品的生产与流通、贮藏与加工、质量与安全、贸易与管理等领域的人才培养、科学研究、技术研发提供支撑，同时为确保农产品、水产品等的食品质量安全提供技术依据。这是本书编写的主要特色。

全书共分八章，内容覆盖面广、简洁明了、有详有略。本书由陆国权、霍艳荣主编，负责全书结构设计和统稿。其中，绪论、第八章（食品综合保鲜技术）由陆国权编写，第一章（食品的组成与变质）、第二章（食品的冷却与冷藏）由霍艳荣编写，第三章（食品的冻结与冻藏）由杨虎清编写，第四章（食品冷链技术）由庞林江编写，第五章（食品化学保鲜技术）由成纪予编写，第六章（食品物理保鲜技术）、第七章（食品生物保鲜技术）由李永新编写。

为吸引读者的注意力，每章都设置了导入案例。同时，为了便于不同食品领域的读者自学，编者注重基本概念的表述，并尽力将食品冷藏与保鲜中涉及的主要理论知识及近些年发展的新技术汇聚到本书中，注重内容的系统性与实用性。

由于本书所涉及的知识内容广泛，加之编者学识水平有限，书中的疏漏与不妥之处在所难免，恳请广大读者提出宝贵的批评和建议！

编　者

2021年10月

目录

绪　　论

【本章导航】

本章主要介绍食品贮藏与保鲜技术的内容和任务；食品贮藏与保鲜的原理；传统保鲜技术、现代保鲜技术、国外食品贮藏与保鲜技术；食品贮藏与保鲜技术的历史；我国食品贮藏与保鲜技术发展状况及展望。

一、食品贮藏与保鲜技术的内容和任务

食品贮藏与保鲜技术，是一门研究食品变质腐败原因及其控制方法，解释食品发生变质腐败现象的机理并提出合理、科学的防护措施，阐明食品保鲜的基本原理和贮藏与保鲜技术，从而为食品的实际贮藏与保鲜措施提供理论和技术基础的学科。

食品贮藏与保鲜技术的主要内容和任务可以归纳为以下几个方面。

(1) 研究食品贮藏与保鲜的原理，探索食品在生产、贮藏、运输和分配过程中腐败变质的原因和控制方法。

(2) 研究食品在贮藏保鲜过程中的物理特性、化学特性及生物学特性的变化规律，以及这些变化对食品品质与质量安全的影响。

(3) 解释食品变质腐败的机理及控制食品变质腐败应采取的技术措施。

(4) 通过物理的、化学的、生物的或兼而有之的综合措施来控制食品品质变化，最大限度地保持食品的品质。

(5) 食品贮藏与保鲜技术的种类、设备及关键技术。

食品贮藏与保鲜技术是以食品工程原理、食品微生物学、食品化学、食品原料学、食品营养与卫生、动植物生理生化、食品法规和条例等为基础的一门应用科学，涉及的知识面广泛而复杂。食品又分很多种类，在任何一本书里，都不可能穷尽所有食品的冷藏与保鲜技术。本书侧重讲述食品冷藏与保鲜技术的原理，列举主要食品冷藏保鲜技术与手段。

二、食品贮藏与保鲜的原理

根据食品保藏的原理可以将现有的食品贮藏与保鲜方法分为以下四个类型。

1. 维持食品最低生命活动的保藏方法

此法主要用于新鲜水果、蔬菜等食品的冷藏与保鲜。通过控制水果、蔬菜所处环境的温度、相对湿度及气体组成等，就可以使水果、蔬菜的新陈代谢活动维持在最低水平上，从而延长它们的保藏期。

2. 抑制变质因素的活动来保藏食品的方法

微生物及酶等主要变质因素在某些物理的、化学的因素作用下，将会受到不同程度的抑制，从而使食品品质在一段时间内得以保持。但是，解除这些因素的作用后，微生物和酶即会恢复活力，导致食品腐败变质。

3. 运用发酵原理保藏食品的方法

这是一类通过培养有益微生物进行发酵，利用发酵产物——酸和乙醇等来抑制腐败微生物的生长繁殖，从而保持食品品质的方法，如泡菜和酸黄瓜就是采用这类方法保藏的食品。

4. 利用无菌原理的保藏方法

利用无菌原理的保藏方法即利用热处理、微波、辐射、脉冲等方法，将食品中的腐败微生物数量减少到无害的程度或全部杀灭，并长期维持这种状况，从而达到长期保鲜食品的目的。

在食品加工与保藏实践中，常见的有"储藏""贮藏"和"保藏"的表述，目前还没有规范的定义。通常的理解，储藏是指对商品或物品的存放，体现备用的意图，如粮食的储藏（作为储备粮）；贮藏是指对有生命活动的对象使用积极的方法使其质量保藏一定存放时间，如果蔬的贮藏；保藏一般是把东西收存起来以免遗失或损坏，对于食品保藏，一般是指经加工后的食品存放且要考虑其质量保持。

通常将贮藏期较短食品的保藏称为"保鲜"，将贮藏期较长食品的保藏称为"贮藏"。粮食油料的保藏习惯上称为"储藏"或"储存"，普通食品的保藏习惯上称为"贮存"或"保存"。

食品保藏是指可食性农产品、食品半成品、工业制成品等在贮藏、运输、销售及消费中保鲜保质的理论与实践，既包括鲜活和生鲜食品的贮藏保鲜，也包括食品原辅料、半成品和工业制成品的贮藏保质，而不仅仅限于食品加工制造意义上的保藏。

三、食品贮藏与保鲜技术的种类

（一）传统保鲜技术

1. 低温冷藏

一般来说，保存鲜肉最普通的方法就是低温保藏，它是一种既经济又实用的保鲜技术。降低温度一方面可降低酶活性，另一方面能减缓微生物生长繁殖的速度。当温度降低到冰结晶最大生成区时，细菌就停止生长，直到死亡。低温贮藏可阻止腐败性微生物生长，并几乎可防止病原菌的生长。但低温贮藏成本高、能耗大、质量不稳定，而且像茄子等原产热带、亚热带的果蔬不能在低温下贮藏，只能在亚低温下贮藏，否则容易发生冷害，造成重大损失，而病菌在亚低温下繁殖较快，致使食品在贮藏期间常发生严重腐烂。冷却低温保藏对鲜肉的品质有很大的影响，我国的运输、销售还没形成一体化的冷藏链，因而在鲜肉还没到达消费者手中之前，其质量就大大降低了。

2. 高温灭菌

此法一般在肉类食品中较适用。加热处理用来杀死肉品中存在的腐败细菌和致病菌,可起到抑菌灭酶的作用。如果加热到肉制品中心温度达 70 ℃时,除耐热性芽孢菌仍残存外,致病菌已基本死亡,再结合适当的烟熏、真空包装、冷藏等措施,产品可存放半年。加热至中心温度 120 ℃时,数分钟即可杀死包括耐热性芽孢菌在内的所有微生物,产品在室温下保质期可达 1 年以上。

3. 调节 pH 值

适合微生物生长的 pH 值是 6.5～9.0,当肉制品 pH 值降到一定酸度,在碱性环境下更能有效抑制杀灭一定微生物,如发酵可降低肉制品 pH 值而防腐。它是利用人工环境控制使肉食品中乳酸菌成为优势菌,将肉食品碳水化合物转化为乳酸,降低产品的 pH 值,抑制其他微生物的生长。实际生产中常用的酸是乳酸、抗坏血酸。

(二) 现代保鲜技术

1. 防腐剂

防腐保鲜剂分为化学防腐剂和天然防腐剂(生物保鲜剂)。

1) 化学防腐剂

化学防腐剂在肉制品中使用的主要有乙酸、柠檬酸、乳酸及其钠盐、抗坏血酸、山梨酸及其钾盐等。试验证明,这些酸单独或配合使用,对延长肉类保存期均有一定效果。山梨酸、山梨酸钠是具有良好抑菌防腐功能而又卫生安全的添加剂。一些国家将其作为通用型防腐剂,最大使用量是 0.1%～0.2%。德国等国家则将其作为干香肠、腌腊制品的防腐剂,以 5%～10%的溶液外浸使用。

2) 天然防腐剂

在生活水平逐渐提高的今天,人们更加崇尚天然食品。因此,天然的食品保鲜技术更得到人们的青睐。生物保鲜技术完全摒弃了传统保鲜技术的种种缺点和不足,将以天然、高效、低成本、无毒副作用的特点逐渐走向历史的舞台。采用生物制剂对食品进行贮藏保鲜,不但没有化学处理带来的健康危害和环境污染等问题,而且贮藏环境小、贮藏条件好控制、处理目标明确、处理费用低,更符合现今人们对食品卫生的要求。

2. 真空包装

真空包装技术广泛应用于食品保藏中,如肉类的包装保鲜,主要是把畜禽屠宰后的胴体进行去骨分割或带骨分割成块,然后真空包装在收缩或不收缩的塑料膜内。真空包装的作用如下。

(1) 抑制微生物生长,防止二次污染。

(2) 缓减脂肪氧化速度,同时减少水分的蒸发。

(3) 使食品整洁,提高竞争力。

真空包装在食品色泽的保持、厌氧微生物的抑制等方面存在不足。

3. 气调贮藏

气调贮藏是指在放入食品的包装内,抽掉空气,将调整好的气体充入包装袋内,抑制微生物的生长,延长贮藏期。气调包装常用的气体有:①二氧化碳。革兰氏阴性细菌可被 10%的二氧化碳所抑制,二氧化碳可改变细胞内的 pH 值,从而延迟腐败的发生。②氮气。氮气可防止霉菌的生长,抗氧化而不影响肉的色泽。③氧气。氧气的作用是维持氧合肌红蛋白,使肉色鲜艳,并能抑制厌氧细菌,但也为许多有害菌创造了良好环境。目前,国际上常用高 CO_2 充气包装。控制贮藏环境中 O_2 和 CO_2 的含量,可降低果蔬的呼吸作用等代谢活动,同时可抑制真菌的繁殖,控制腐烂。常常采用限气包装贮藏,它是气调贮藏的一种,简单易行,投资少,无污染,并可在运输、批发和零售过程中对产品进行保鲜,比常规气调贮藏成本低。

4. 真空冷冻干燥贮藏

经过真空冷冻干燥的物品,有以下优点:①保持原物品的生物活性及营养价值。它采用的干燥工艺是先速冻,然后在真空环境中升华干燥,因此可保持原物品的物质结构及营养价值不变。②冷冻干燥蔬菜和水果外观好看,不干裂、不收缩,维持物品的原形态和色泽。③使用方便。冷冻干燥的物品其组织像海绵一样疏松,且具有很高的吸湿性,只要加入适当水分即可恢复原来的新鲜状态。蔬菜和水果复水率可达 90%以上。④易于保存。冷冻干燥后食品可在室温下长期保存而不变质。一般冷藏和气调保鲜只能保存几个月,最多不超过 1 年,而冻干物品可保存长达 5 年以上。⑤质量轻,便于运输。冻干后的物品质量轻,肉类和蛋类可减轻 50%~60%,蔬菜和水可减轻 70%~90%。

5. 辐射保鲜

辐射保鲜技术的特点如下:①经过处理的食品几乎不会升温,是一种冷灭菌的方法,因此能保持食品原有质量,不改变其营养成分;②处理成本低,人力和能源消耗相对较低;③处理后的食品安全可靠。利用 ^{60}Co 和 ^{131}Cs 放射的 γ 射线可以杀虫杀菌,调节生理反应。据报道,利用 γ 射线辐射,并结合 SO_2 处理是鲜食葡萄最好的防腐保鲜方法。我国 1958 年开始研究辐射贮藏食品,对鲜果品、蔬菜、粮食、肉类、水产、饮料、土特产、中成药等 200 多个品种进行了辐射保鲜、杀虫、灭菌、防霉、消毒、改善品质等方面的研究。

(三) 国外食品冷藏与保鲜技术

1. 微波杀菌

德国贝斯托夫公司研制成功微波混合室系统,利用微波对食品进行杀菌处理,效果十分理想。该系统由附有相应电源设备的微小发生器、波导管连接器及处理室组成。它能够以食品内极其微小的温度差异,对在连续流动的食品进行快速的巴氏处理。在处理室内,微波的能量可以均匀地分布于被处理的食品上,加热到 72~85 ℃的巴氏灭菌温度时间保持 1~8 min,而后送入贮藏室,贮藏前温度降至 15 ℃以下。该技术杀菌适用于已经包装的面包片、果酱、香肠和锅饼等食品,保存期 6 个月以上。

2. 高压电场杀菌

该技术是利用强电场脉冲的介电阻断原理,对微生物产生抑制作用。法国、美国一些厂家已将这种技术用于食品加工中。它们将鱼糜和肉糜泵入电场区,使高压电脉冲将微生物细胞破坏而汇出脂肪,并在以后的分离工序中回收汇出的脂肪。这种技术可避免加热法引起的蛋白质变性和维生素破坏的缺点。该系统的工作原理是:当食物送入装有相平行的两个碳极的脉冲管时,触头接通,电容器便开始充电,充电后,触头转向另一端,电容器通过一对碳极放电,并在几微秒钟内完成。当使用温度 45~50 ℃、场强在 30 kV/cm 时,对微生物的杀灭效果尤佳。

3. 静电杀菌

发达国家的食品工业已重视静电技术在食品杀菌中的开发应用。用静电电晕放电所产生的离子雾和臭氧处理食品,可取得良好的杀菌保鲜效果。研究表明,臭氧能杀灭存于粮食果实及瓶罐袋和贮存室内的细菌和霉菌,其杀菌速度比氯气快15～30倍。

4. 磁力杀菌

日本秋田大学、秋田酿造试验场共同合作研究的交变磁力杀菌技术获得成功。磁力杀菌时,将食品放在N极和S极之间,经过连续摇动,不需加热,即可达到100%的杀菌效果,并对食品的成分和风味无任何影响。

5. 高压低温杀菌

日本味之素公司在60℃条件下,使用6 000大气压对食品进行杀菌处理,可将霉菌和芽孢菌的数量减少到原先的1/100 000。在25℃条件下,使用6 000大气压,处理20 min,可将土豆色拉、猪肉等食品的芽孢菌全部杀死。美国用高压低温对天然果汁进行杀菌处理,也取得满意的结果。该技术运用于肉食、果蔬或果汁时,都不会破坏其原有的成分结构和风味,而达到杀菌效果。

6. 感应电子杀菌

以电为能源的线性感应电子加速器所产生的电离辐照,可导致微生物细胞发生变化,进而钝化和杀死有害微生物。这种新技术是将电子加速,去撞击重金属铅板,铅板发生具有宽带电子能量频谱的强射线,具有较高的杀菌能量,使用也较方便。

7. 强光脉冲杀菌

脉冲强光杀菌是一种安全(无汞)、强效、节能的新型冷杀菌技术。脉冲强光杀菌是利用脉冲的强烈白光闪照而使惰性气体灯发出与太阳光谱相近,但强度更强的紫外线至红外线区域光来抑制食品和包装材料表面、固体表面、气体和透明饮料中的微生物的生长繁殖。

8. X射线杀菌

一种利用X射线杀菌的密封连带式无菌食料填充包装机,由日本东洋自动机构公司和滕森工业公司联合研制开发成功。这种机品采用X射线对食品进行预杀菌。杀菌过程不像其他同类填充包装机那样先制袋,然后将袋一只只送到填充包装机前进行袋内杀菌,而是将以复合膜为原料、经过杀菌制的袋,在密封状态下直接送到填充包装机前进行填充包装,从而简化普通包袋机采用的填充后再加热杀菌的工序,既快捷又可避免破坏食品的风味。

9. 红外线杀菌

日本三兹公司首创的红外线无菌包装机,全机由封装机和通道式红外线收缩机组成。该机可根据被包装物的形状和大小,选用相应厚度和颜色的热收缩薄膜,同时在辐射中灭菌。其灭菌程序简便,包装率提高了6～8倍。

10. 核辐射杀菌

这是美国食品界新开发的利用放射性元素衰变时发出的电离射线(即γ射线)杀菌,一般用钴60或铯137做放射源。波长极短的γ射线能穿透固体物品,通过破坏细胞壁来杀死微生物,使加工食品无菌。这是一种"冷处理",即处理过程中食品无明显升温现象。

如10万～30万拉德的辐射，能杀死畜禽肉中沙门氏等多种病源菌，而且不破坏食品的风味和营养价值。

11. 抗生酶杀菌

抗微生物酶在食品中杀菌的开发应用，在日本、美国受到重视。例如带有溶菌酶的壳多糖酶和葡萄糖酶，它们可以杀死革兰氏阳性菌，其作用机理是破坏细胞的细胞膜。目前发现的抗微生物酶有四类：一是使细菌失去新陈代谢作用；二是对细菌产生有毒作用；三是破坏细胞的细胞膜成分；四是钝化其他的酶。

四、食品贮藏与保鲜技术的历史

食品贮藏与保鲜是一种古老的技术。据确切的记载，公元前3000年到前1200年之间，犹太人经常用从死海取来的盐保存各种食物。中国人和希腊人也在同时代学会了盐腌鱼技术。这些事实可以看成是腌制保鲜技术的开端。大约公元前1000年，古罗马人学会了用天然冰雪保存龙虾等食物，同时还出现了烟熏保鲜技术。这说明冷藏和烟熏技术已有雏形。《圣经》中记载了人们利用日光将枣子、无花果、杏及葡萄等晒成干果进行保鲜的事情，我国古书中也常出现“焙”字，这些表明干藏技术已进入人们的日常生活。《北山酒经》中记载了瓶装酒加药密封煮沸后保存的方法，可以看作罐藏保鲜技术的萌芽。

早在两千多年前，我国即有储藏食品的“冰鉴”。在古籍《周礼》中就有冰鉴储存食品的记载：“祭祀共冰鉴。”冰鉴，一种铜制的用来藏冰的容器，相当于现代的冰箱。苏东坡在《格物粗谈》中曾提道：“夏天肴馔悬井中，经宿不坏。”冰鉴无法储存大批量的食品，因而早在周代，我国即建有简易的“冰库”，称之为“凌阴”，到汉代又称为“凌室”，是一种容积较大的冰窖。但周秦以后，只有皇宫才建有“凌阴”。至隋唐，民间肆坊始出现土冰库。据顾禄《清嘉录》记载，清代苏州民间藏冰已较普遍，当地人置窖冰，每逢盛夏，街坊担卖，谓之“凉冰”，可杂以杨梅、桃子、花红之属，俗呼冰杨梅、冰桃子。

1809年，法国人Nicolas Appert将食品放入玻璃瓶中加木塞密封并杀菌后，制造出真正的罐藏食品，成为现代食品保鲜技术的开端。从此各种食品保鲜技术不断问世。1883年前后出现了食品冷冻技术，1908年出现了化学品保鲜技术，1918年出现了气调冷藏技术，1943年出现了食品辐射保鲜技术，等等。现代食品保鲜技术和古代食品保鲜技术的本质区别在于，现代食品保鲜技术是在阐明各种保鲜技术所依据的基本原理的基础上，采用人工可控制的手段来进行的，因而可以不受时间、气候、地域等因素的限制，大规模、高质量、高效率地实施。

五、我国食品冷藏与保鲜技术发展状况及展望

（一）我国食品冷藏技术发展状况

1. 食品冷藏业飞速发展的动因

任何事物的发展都是与其驱动力相关的，近些年我国食品冷藏业的飞速发展源于下列三个方面的驱动。

1）农业发展势头好，农产品极大丰富

到2021年为止，我国农业生产战胜了各种自然灾害，实现了连续7年的丰收，为农产品加工业的快速发展奠定了坚实的物质基础。作为农产品加工业的支柱产业——食品工业，其主要原料（粮食、肉类、禽蛋、果蔬、水产品）均来自农产品。目前，我国上述这五大类农产品的年产量均列世界第1位。充裕的农产品及其制成品的生产、加工、储运等各个环节都离不开良好的现代食品冷藏技术的充分运用。因此，这必然是引发我国食品冷藏业迅猛发展的第一动因。

2）居民收入增加，消费水平提高

近年来，随着国民经济的发展，我国城乡居民的收入持续增加。2021年我国城镇居民人均可支配收入达到35 128元，全年农村居民人均纯收入达到18 931元，创历史新高。收入的增加促进了国人消费水平的提高。食品的消费在人们日常消费中所占的比重还是比较大的。经研究发现，食品作为一种流通的商品，从生产到消费都有一定的周期，而在这一过程中能够较完整地保持食品原有的色、香、味的方法就是食品冷藏技术。目前食品冷藏技术已广泛地应用于各类食品的生产加工与储藏环节。经冷却、冰温、冻结加工的各种食品普遍受到人们的欢迎而充斥到人们的日常生活中。因此，近年来我国人民食品消费水平和质量的提高直接推动了我国食品冷藏业的高速发展。

3）法规保障食品安全，为食品工业发展保驾护航

近几年，我国政府从关心民生、保障食品安全角度出发，所制定的一系列有关食品工业及其产品的政策、方针、规划，对我国食品冷藏业的发展都起到了有力的支持和引导作用。早在2002年，农业部等六部委就联合印发了《关于进一步加快农产品流通设施建设的若干意见》，对农产品市场流通基础设施的建设方向、内容、功能等提出了明确要求，为各地加强农产品流通基础设施的建设提供了有力的指导。2006年，国家发改委、科技部、农业部联合下发了《全国食品工业"十一五"发展纲要》，从国家层面提出了我国"十一五"期间食品工业进一步提升、发展的宏伟蓝图，进一步推动了食品工业全面、协调和可持续性发展。2010年7月，国家发改委正式印发了《农产品冷链物流发展规划》。所有这些文件的颁布和实施，无疑都会为我国食品冷藏业的健康、持续的发展指明方向。近日，国务院办公厅印发了《"十四五"冷链物流发展规划》。

2. 21世纪以来我国食品冷藏技术发展的特点

在政策助推下，近几年国内食品冷库建设较快。根据中物联冷链委统计情况，2020年全国食品冷库总量达到7 080万吨，新增库容1 027.5万吨，同比增长16.98%，已超过美国食品冷库容量规模水平。盘点一下这个行业近10年发展的轨迹，发现它有如下几个特点。

（1）食品冷藏行业与其他行业相比，在改革开放的年代率先实现了投资主体多元化。

（2）绝大多数食品冷藏企业经营管理粗放。

（3）在食品冷藏行业内，产业化龙头企业的带头示范作用明显高于其他行业，但创新能力不强，企业间竞争激烈，降低了整个行业的盈利水平。

（4）食品冷藏行业内近几年企业集群发展的态势明显。

（5）在果蔬冷藏行业的布局已彻底改变。

(6) 我国食品冷藏行业已实现了全行业用“中国装备,装备中国”的发展目标。

(7) 食品冷藏加工新技术的应用与研发多集中在大型食品生产与加工企业。

(二) 食品保鲜技术发展状况及展望

我国食品保鲜技术的发展是不平衡的。它表现在不同食品保鲜技术之间的不平衡及同种保鲜技术中不同技术手段之间的发展不平衡上。比如罐藏保鲜技术在相当长的一段时间内曾占据食品保鲜技术的主导地位,但是,随着人们生活水平的逐渐提高,食品保鲜技术的开发和广泛应用,罐头食品在色、香、味等方面的缺陷以及相对较高的成本,罐头工业的发展陷入困境。与此相反,食品冷藏技术由于能较好地保存食品的色、香、味及营养价值,并能提供丰富又多彩的冷冻食品,而逐渐占据食品工业的主导地位,其中,速冻食品尤其是速冻调理食品的发展速度令人瞩目。国家统计局数据显示：2021 年 1—9 月中国速冻米面食品累计产量为 240.9 万吨,同比增长 10.56%。目前,全世界速冻食品正以年平均 20%的增长速度持续发展,年总产量已达到 6 000 万吨,品种达 3 500 种,预计未来 10 年内,速冻食品的销量将占全部食品销量的 60%以上。另外,在同种保鲜方法的不同手段之间存在明显的发展不平衡状况。比如罐藏技术中金属罐、玻璃罐藏技术发展缓慢,而塑料罐、软罐头及无菌罐装技术等发展潜力巨大。又如干藏法中普通热风干燥技术的发展处于相对停滞状态,而喷雾干燥及冻干技术的发展却非常迅速。总之,只有那些能适应现代化生产需要、能为人类提供高质量食品,并且具有合理生产成本的食品保鲜技术才能获得较快的发展。

随着社会发展进步,人们力求品尝的都是“鲜”的食品。国内外食品保鲜技术的发展已从过去的单一化向综合化、多样化的方向发展。通过前面的比较,我们可以快速、清晰地看出每种保鲜方法的优缺点,它们优缺点各异,适用范围也不尽相同。所以在选择保鲜方法的时候应该按照其各自的适用范围选择最为行之有效的保鲜方法。具体使用哪一种方法还需要看不同方法与不同类型的产品的适用性。

食品冷藏与保鲜技术作为一种有效利用食品资源、减少食品损耗的重要技术手段,对于缓解当今人口迅速膨胀而导致食物资源相对短缺的状况以及解决我国主要矛盾具有重要作用。开发更为有效先进的食品冷藏与保鲜技术是所有从事食品行业人员义不容辞的义务与责任。

【复习思考题】

一、名词解释

食品冷藏与保鲜技术；气调包装

二、思考题

1. 简述食品贮藏与保鲜技术的主要内容和任务。
2. 简述食品贮藏与保鲜技术的原理。
3. 传统保鲜技术和现代保鲜技术有哪些?
4. 国外食品贮藏与保鲜技术有哪些?

【即测即练】

第一章

食品的组成与变质

【本章导航】

了解植物细胞、动物肌肉结构和肌纤维这些食品材料的基本构成；熟悉食品的化学组成，掌握蛋白质的主要性质及其分类；熟悉新鲜食物组织的生物化学，掌握肉在成熟过程中主要发生的变化，掌握果蔬在成熟过程中的生物化学变化和组织变化；掌握引起食品品质变劣的微生物因素、了解化学因素和物理因素及其特性。

销售腐败变质食品应如何承担法律责任

《中华人民共和国食品安全法》法律条文

第三十四条　禁止生产经营下列食品、食品添加剂、食品相关产品：

（六）腐败变质、油脂酸败、霉变生虫、污秽不洁、混有异物、掺假掺杂或者感官性状异常的食品、食品添加剂；

第一百四十八条　消费者因不符合食品安全标准的食品受到损害的，可以向经营者要求赔偿损失，也可以向生产者要求赔偿损失。接到消费者赔偿要求的生产经营者，应当实行首负责任制，先行赔付，不得推诿；属于生产者责任的，经营者赔偿后有权向生产者追偿；属于经营者责任的，生产者赔偿后有权向经营者追偿。

生产不符合食品安全标准的食品或者经营明知是不符合食品安全标准的食品，消费者除要求赔偿损失外，还可以向生产者或者经营者要求支付价款十倍或者损失三倍的赔偿金；增加赔偿的金额不足一千元的，为一千元。但是，食品的标签、说明书存在不影响食品安全且不会对消费者造成误导的瑕疵的除外。

案例解读

2016 年 9 月，赵某因举办婚礼，在当地一家连锁超市购入 3 箱火腿。后来在婚礼过程中，亲戚均向赵某反映火腿上有霉点，吃的时候有酸味。婚礼结束后，赵某发现火腿的确已经腐败变质，于是气愤地找到该超市，要求超市按照规定给予 10 倍赔偿，但是超市坚决不同意赵某的请求。赵某立即向市食品药品监管部门进行举报，后来执法人员在调查过程中，发现超市的库房仍存有大量过期火腿。经查证，该超市的违法行为事实清楚、证据确凿，故依法进行了立案查处。

专家说法

食品腐败变质是食品安全案例中经常出现的情形，变质食品中含有多种对人体有害的微生物，一旦人们食用了此种食品，可能会引起肠道不适，甚至是中毒反应。因此，生产经营商绝对不能生产销售腐败变质食品。《食品安全法》第三十四条也对此进行了明确，禁止生产经营腐败变质、油脂酸败、霉变生虫、污秽不洁、混有异物、掺假掺杂或者感官性状异常的食品、食品添加剂。本案例中，超市在明知火腿已经变质的情况下，依然进行销售，违反了《食品安全法》的规定，因此，当地食品药品监管部门对其进行了查处。同时，赵某购买的火腿由于变质不能食用，根据《食品安全法》第一百四十八条的规定，可以向经营者或者生产者要求赔偿损失，接到消费者赔偿要求的生产经营者，应当实行首负责任制，先行赔付，不得推诿。赵某除要求赔偿损失外，还可以向该超市要求支付价款 10 倍或者损失 3 倍的赔偿金；增加赔偿的金额不足 1 000 元的，为 1 000 元。

一句话点评

生产商及经营者应当密切关注生产经营的食品是否霉变，避免造成食品安全事故的发生。

（本文摘自由中国医药科技出版社出版的《看图读懂食品安全法》）

资料来源：http://blog.sina.com.cn/s/blog_471ca21d0102zbxn.html.

食品的品种多、分布广，食品的营养成分包括无机物质和有机物质。无机物质直接来自自然界中的水和盐等物质，有机物质按其来源可分为植物性物质和动物性物质。植物性食品主要包括各种谷物、水果和蔬菜；动物性食品主要指肉、鱼、禽、蛋、乳和动物脂肪等。植物性食品在冷藏过程中是有生命的，靠自身的物质消耗来维持生命的代谢活动，可继续完成成熟、衰老、死亡等过程；动物性食品除鲜蛋有生命外，其他均为无生命食品。无论是有生命食品还是无生命食品，食品自身均进行着一系列的生物化学反应，同时微生物也不断地对其进行侵染，使食品最终腐烂变质。

第一节　食品的组成

一、食品材料的基本构成

细胞是生物体结构与功能的基本单位，无论是单细胞生物或多细胞生物，生物的物质代谢、能量代谢、信息传递、形态建成等都是以细胞为基础的。而人类的食品几乎均来源于生物，在冷冻冷藏中，食品的物理变化和生物化学变化均发生在细胞内外，因此，了解细胞的结构与功能显得尤为重要。

（一）细胞的分子组织层次

活细胞由无生命的分子组成。首先，由 C、H、O、N、P 和 S 等元素形成前体分子 H_2O、CO_2、NH_3 等，然后再由这些前体分子组成生物分子的代谢中间物，如丙酮酸、柠檬酸、苹果酸和草酰乙酸等。中间物进一步形成构件分子，如氨基酸、核苷酸、脂肪酸和单糖等，再由这些构建分子构成生物大分子，如蛋白质、核酸、多糖和脂等。生物大分子组装成超大分子集合体，如核糖体、生物膜和染色质等，再由这些超大分子集合体构成细胞器，如真核生物中的细胞核、线粒体、叶绿体等，这些细胞器进一步组装成活细胞。细胞的分子组织层次如图 1-1 所示。

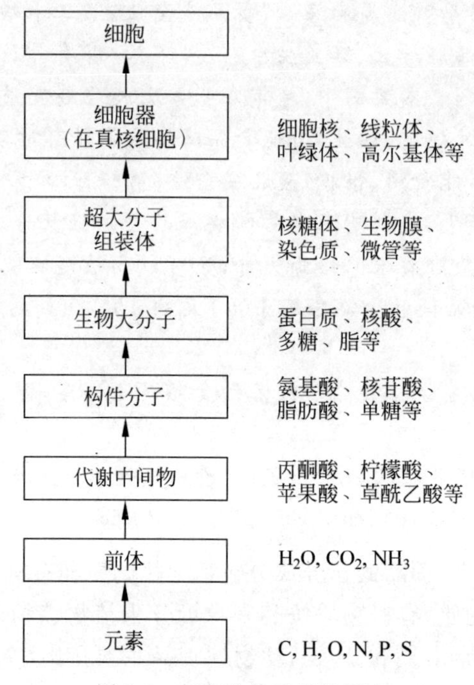

图 1-1 细胞的分子组织层次

生物分为原核生物和真核生物两大类。原核生物包括各种各样的细菌，结构相对来说比较简单，并且都是以单细胞形式存在，细胞中没有明显的由膜包围的核，DNA（脱氧核糖核酸）区域称为拟核。真核生物包含细胞核以及许多其他细胞器，绝大多数真核生物为多细胞生物，但也包括单细胞生物，如酵母菌和草履虫。

（二）植物细胞

植物细胞由细胞壁、细胞膜、细胞溶液、细胞核、质体、液泡等构成。其中，细胞壁、液泡和质体是植物细胞特有的组成部分，也是植物细胞与动物细胞的主要区别之一。

植物细胞类似细菌，有细胞壁和特殊的细胞器叶绿体，而动物细胞既没有细胞壁，也没有叶绿体。细胞壁是细胞的外壳，略带弹性，由纤维素、半纤维素、木质素、果胶质等组成，通过果胶质与相邻的细胞壁连成整体。细胞壁具有稳定细胞形态、减少水分散失、防止微生物侵染和保护细胞免受机械损伤等作用。

细胞膜是紧挨细胞壁内侧的一层生物膜，主要由脂类、蛋白质和水组成，是细胞生命活动的重要场所与组成部分，具有保护细胞、交换物质、传递信息、转换能量、运动和免疫等生理功能。植物细胞可以脱离细胞壁而生活，却不能脱离细胞膜而生存。细胞膜在不同的温度下热力学性能也不同。当细胞膜出现破裂时，细胞内大量的离子将外溢，造成食品质量下降。

细胞液主要由水、蛋白质、盐、糖类和脂类组成，其中水占 80%以上，蛋白质等其他物质悬浮于水中，使细胞液表现为一种生物胶。细胞液为细胞器维持完整性提供所需离子环境，供给细胞器行使其功能所需的一切底物，某些生化活动和生化活动中涉及的物质运输都在细胞液内进行。在冻结与冻藏中，细胞液中的水可能形成冰晶，从而破坏细胞内部结构，使代谢失调。

质体包括白色体、杂色体和叶绿体。白色体不含色素，存在于胚细胞及根部和表皮组织中；杂色体含有胡萝卜素和叶黄素，分布于花瓣和果实的外表皮内；叶绿体含有叶绿素，存在于一切进行光合作用的植物细胞中，是光合作用的主要场所，叶绿素是使果蔬呈现绿色的物质，在加工中易被氧化破坏。

液泡位于细胞质中，是一种外面有一层膜结构的水囊，是细胞内原生质的组成之一。液泡内的物质靠液泡膜有选择地进出，液泡内的物质主要是水、糖、盐、氨基酸、色素、维生素等。在正常的代谢过程中，液泡不仅能调节细胞内水溶液的化学势和 pH 值，同时也具有分解大分子化合物的作用。当细胞衰老或液泡受机械损伤时，液泡内的酶外溢，使细胞发生自溶。在冻结与冷藏过程中，液泡中的水也形成冰晶。

（三）动物肌肉结构和肌纤维

动物体可利用部分的组织主要由肌肉组织、脂肪组织、结缔组织和骨骼组织等组成，其组成比例随动物种类、肥度和年龄的不同，有较大的变化范围：肌肉组织 50%～60%，脂肪组织 20%～30%，结缔组织 7%～11%，骨骼组织 13%～20%。此外，还有较少的神经组织和淋巴及血管等。

肌肉组织是肉的主要组成部分，可分为横纹肌、平滑肌和心肌三种。其中横纹肌是肌肉的主体，也是加工的主要对象。横纹肌附着在骨骼上，随动物的意志伸张或收缩而完成运动机能，故又称骨骼肌或随意肌，肌肉的组织结构如图 1-2 所示。横纹肌构成单位是肌纤维，肌纤维也叫肌纤维细胞，呈细长圆筒状，长度由数毫米到 12 cm，直径只有 10～100 μm。每 50～150 根肌纤维集聚成束，每个肌束的表面包围一层结缔组织薄膜，称为初始肌束。

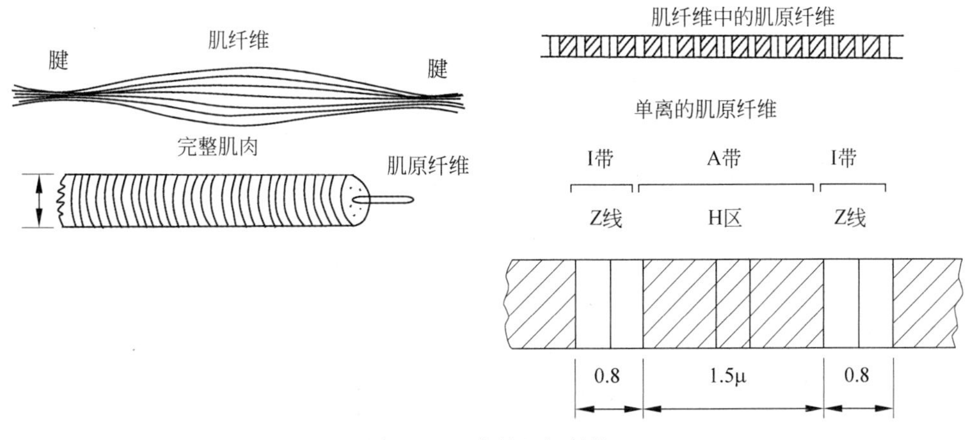

图 1-2　肌肉的组织结构

肌纤维外都覆盖结缔组织——肌膜，内部有少量细胞核、线粒体、内基质网组织。肌原纤维则由两种蛋白质构成，一种是构成细超原纤维丝的肌动蛋白，另一种是构成粗超原纤维丝的肌球蛋白，它们之间相互作用构成肌肉的运动。肌原纤维之间充满肌浆。肌束集合而形成肌肉，肌肉再被外面的结缔组织所包裹，而血管、淋巴和神经组织就分布于这些结缔组织中。鱼肉中肌纤维的排列不同于鸟类和哺乳动物，其排列方式遵从于在水中屈曲身体向前推进的需要。

平滑肌不具有横纹肌的特征性条纹，是构成血管壁和胃肠壁的物质。含有平滑肌的动物器官，如鸟类的肠组织和软体动物（蛤、牡蛎）的肉，也可以作为食品原料。

心肌是构成心脏的物质。心肌的肌原纤维结构与横纹肌相似，但心肌的纤维排列不如横纹肌那样规则。它们在肌肉组织中所占的比例很小，但也都是由肌纤维细胞构成的。这些肌纤维与横纹肌的肌纤维仅在细胞和细胞核的形状方面略有不同。

脂肪组织是决定肉质的重要部分，是由退化了的疏松结缔组织和大量的脂肪细胞所组成，大多分布在皮下、肾脏周围和腹腔内。结缔组织深入动物体的任何组织中，构成软组织的支架。骨骼组织是动物的支柱，形态各异，由致密的表面层和疏松的海绵状内层构成，外包一层坚韧的骨膜。

二、食品的化学组成

食品的化学成分是极其复杂的，除水分、挥发性成分外，固形物成分可分为有机物和无机物两类。有机物中最主要的有蛋白质、糖类、脂类、维生素及酶等，无机物则有无机盐类和其他无机物。这些化学成分大部分是人体必需的营养成分，其功能如图 1-3 所示。

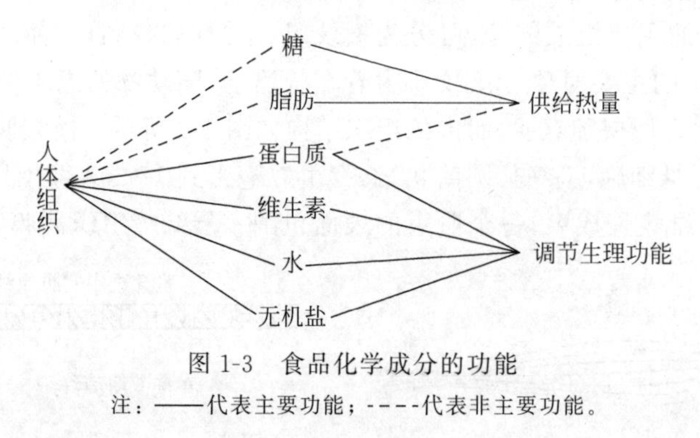

图 1-3 食品化学成分的功能

注：——代表主要功能；----代表非主要功能。

食品在加工和贮藏过程中其化学成分会发生变化，这就可能会影响食品的食用和营养价值，如在果蔬冷加工过程中维生素的损失、动物性食品冻结过程中蛋白质的冻结变性和动物组织解冻过程中的汁液流失等。因此，研究食品的化学成分及变化是极为重要的。

（一）蛋白质

蛋白质是一类复杂的高分子含氮化合物，它是一切生命活动的基础，是构成生物体细胞的主要原料，也是食品冷冻冷藏加工过程中保护的主要对象，每克蛋白质能为人体提供 16.7 kJ 热量。

1. 蛋白质的组成

构成蛋白质的基本元素有碳、氢、氮、氧、硫、磷等，有些蛋白质还含有铁、铜、锌等元素。蛋白质中碳、氢、氧、氮、磷、硫的含量（质量分数）大致如下：碳：50.6%～54.5%；氧：21.5%～23.5%；氢：6.5%～7.3%；氮：15.0%～17.6%；硫：0.3%～2.5%；磷：0～0.4%。

蛋白质分子是一个分子氨基酸的羧基和另一个分子氨基酸的氨基相互缩合形成肽键，肽键把许多氨基酸连接在一起形成较长的多肽链，然后通过氢键而形成螺旋状多肽链，再通过副键（如盐键等）将几条螺旋状多肽链盘曲折叠成保持着不同形状的立体结构。蛋白质相对分子质量差别很大，结构也很复杂。在酸、碱、酶等物质作用下，蛋白质可发生下列水解反应，最终将最大分子蛋白质水解为较小分子氨基酸：

蛋白质→多肽→二肽→氨基酸

氨基酸是构成蛋白质的基本单位，目前从各种生物体内发现的氨基酸已有180多种，但是参与蛋白质构成的氨基酸主要是20种，其中除脯氨酸和羟脯氨酸外，均为α-氨基酸，即一个氨基（$-NH_2$）、一个羧基（-COOH）、一个氢原子（-H）和一个R基团（-R）连接在一个碳原子上。在不同的氨基酸分子中，其侧链彼此不同，其余部分均相同，结构通式如图1-4所示。

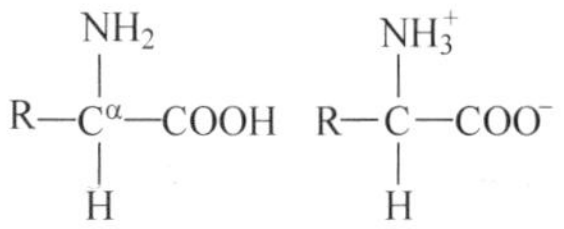

$$\mathrm{R{-}\overset{\overset{\large NH_2}{|}}{\underset{\underset{\large H}{|}}{C^{\alpha}}}{-}COOH} \qquad \mathrm{R{-}\overset{\overset{\large NH_3^+}{|}}{\underset{\underset{\large H}{|}}{C}}{-}COO^-}$$

氨基酸 氨基酸的两性离子

图1-4 氨基酸的结构通式

氨基酸在肽链中的排序和空间排布不同，使蛋白质呈现一级至四级结构，从而在生物体内形成其特定的功能。在冷冻冷藏中，只要结构发生变化，食品的质量即发生变化。

2. 蛋白质的主要性质

1）两性电解质

蛋白质分子与氨基酸分子一样，分子中有游离的氨基和羧基，属于两性化合物。蛋白质既能和酸作用，又能和碱作用。在酸性环境中，各碱性基团与H^+结合，使蛋白质带正电荷；在碱性环境中，酸性基团解离出H^+，与环境中的OH^-结合成水，使蛋白质带负电荷。当溶液在某一特定的pH值时，蛋白质分子可因内部酸性基团和碱性基团的解离度相等而呈等电状态，蛋白质不显电性，这时溶液的pH值称为该蛋白质的等电点（isoelectric point，IEP）。蛋白质处于等电点时，将失去胶体的稳定性而发生沉淀现象。不同的蛋白质，有不同的等电点。在等电点时蛋白质的溶解度、黏性、渗透压、膨胀性、稳定性等达到最低限度。食品加工和贮藏中都要利用或防止蛋白质因等电点而引起的各种性质的变化。

2）蛋白质的胶凝性质

蛋白质的直径为1～100 nm，其颗粒尺寸在胶体粒子范围内的是亲水化合物。蛋白质在水中会形成胶体溶液，大部分蛋白质的分子表面有许多亲水基（如-SH，-CO-等）吸引水分子，在蛋白质颗粒周围形成一层水化层，这样就使各个蛋白质颗粒不易互相碰撞，从而阻碍了它们的沉淀。这是使蛋白质（亲水胶体溶液）稳定的一种因素。另一种使蛋白质溶液稳定的因素是蛋白质胶粒带有电荷。因此只有消除这两个因素之后，方能使蛋白质沉淀。

蛋白质在食品中的另一种存在状态是凝胶态，它与蛋白质溶液的温度有关。当温度下降时，可由溶胶态转化为凝胶态，溶胶态可看作是蛋白质颗粒分散在水中的分散体系，而凝胶态则可看作是水分散在蛋白质中的一种胶体状态。

3）蛋白质的变性

食品中的蛋白质是很不稳定的，如前所述，它是既具有酸性又具有碱性的两性物质。蛋白质的水溶液温度在52～54 ℃之间，具有胶体性质，是胶体状溶液。如果温度升高或冷冻，蛋白质则从溶液中结块沉淀，成为变性蛋白质。

蛋白质的沉淀作用可分为可逆性和不可逆性两种。

（1）可逆性沉淀：碱金属和碱土金属的盐，如Na_2SO_4、NaCl、$(NH_4)_2SO_4$、$MgSO_4$等能使蛋白质从水溶液中沉淀析出，其原因主要是这些无机盐夺取了蛋白质分子外层的水化膜。被盐析出来的蛋白质保持原来的结构和性质，用水处理后又重新溶解。在一定条件下，食品冷加工后所引起的蛋白质的变化是可逆性的。

（2）不可逆性沉淀（又称为变性作用）：在许多情况下，各种物理因素和化学因素的影响，致使蛋白质溶液凝固而变成不能再溶解的沉淀，这种过程称为变性。这样的蛋白质称为变性蛋白质。变性蛋白质不能恢复为原来的蛋白质，所以是不可逆的，并失去了生理活性。

总之，蛋白质的变性，在最初阶段是可逆的，但在可逆阶段后即进入不可逆变性阶段。酶同样也是蛋白质，但当其变性后即失去活性。

4）蛋白质的分解

蛋白质的分解按照下列步骤逐步进行：蛋白质→脲→胨→多肽→氨基酸→胺→NH_3＋CO_2＋H_2S＋CH_4＋H_2O，最终的分解产物有NH_3、H_2S，具有强烈的刺激性气味。

3. 蛋白质的分类

蛋白质的分类方法很多。动物性蛋白质可以分为球蛋白类和纤维蛋白类；植物性蛋白质可以分为谷蛋白类和醇溶谷蛋白类。

1）根据分子形状分类

（1）球蛋白类。这类蛋白质主要存在于动物性食品中，分子形状长短轴之比小于10，包括肌球蛋白、酪蛋白、白蛋白、血清球蛋白。这类蛋白质的营养价值往往较高，通常含有人体必需氨基酸，且易于被机体消化吸收。

（2）纤维蛋白类。它是机体组织结构不可缺少的一类蛋白质，由长的氨基酸碳链形成纤维状态或卷曲成各种盘状结构，成为各种组织的支持物质，如肌腱和韧带等结缔组织中的胶原蛋白。这种蛋白的分子形状长短轴之比大于10，一般不溶于水。

2）根据组成分类

（1）单纯蛋白质。单纯蛋白质是指分子组成中，除氨基酸构成的多肽蛋白成分外，没有任何非蛋白成分。自然界中的许多蛋白质属于此类。根据来源、受热凝固性及溶解度等理化性质的不同，单纯蛋白质分为白蛋白、球蛋白、谷蛋白、醇溶蛋白（有的写成“谷醇溶蛋白”或“醇溶谷蛋白”）、组蛋白、鱼精蛋白和硬蛋白7类。

此类蛋白分布于动物或植物中，以各种形态存在，构成动物或植物的组分，影响作为食物的功能性质，有的可用于制取食品配料或工业原料。

（2）结合蛋白质。结合蛋白质是单纯蛋白质和其他化合物结合构成，被结合的其他化合物通常称为结合蛋白质的非蛋白部分(辅基)。二者以共价或非共价形式结合,往往作为一个整体从生物材料中被分离出来。按其非蛋白部分的不同而分为核蛋白(含核酸)、糖蛋白(含多糖)、脂蛋白(含脂类)、磷蛋白(含磷酸)、金属蛋白(含金属)及色蛋白(含色素)等。

3) 根据其营养物质即根据氨基酸的种类和数量分类

(1) 完全蛋白质。完全蛋白质是一种质量优良的、含有人体必需而在人体内不能合成的 8 种氨基酸的蛋白质,它所含的氨基酸种类齐全、数量充足、比例合适,不但能维持人的生命和健康,还能促进儿童的生长发育。酪蛋白、乳白蛋白、麦谷蛋白等均属于完全蛋白质。

(2) 半完全蛋白质。这种蛋白质所含的各种人体必需氨基酸的种类尚齐全,但由于含量不均,互相之间比例不合适,若在膳食中作为唯一的蛋白质来源,可维持生命,但不能促进生长发育。如小麦蛋白中的麦胶蛋白,即属于半完全蛋白质。

(3) 不完全蛋白质。这种蛋白质所含的人体必需氨基酸的种类不全,用作唯一的蛋白质来源时,既不能促进生长发育,也不能维持生命。如玉米中的胶蛋白等,即属于不完全蛋白质。

(二) 脂肪

1. 脂肪的成分

脂肪在食品中的作用主要是提供热量,1 g 脂肪的发热量平均可达 38 kJ,约为同等重量的糖和蛋白质发热量的 22 倍以上,是食品中热量最高的营养素。

脂肪主要由甘油和脂肪酸组成,其中也有少量色素、脂溶性维生素和抗氧化物质。脂肪的性质与脂肪酸关系很大,脂肪酸可分为饱和脂肪酸和不饱和脂肪酸,脂肪中含有的饱和脂肪酸成分越多,其流动性越差。习惯上称常温下呈固态的脂肪为脂,如多数动物性脂肪;反之则称为油,如菜油、花生油、芝麻油等各种植物油。

陆生动、植物脂肪中以 C_{18} 脂肪酸居多,C_{16} 脂肪酸次之;水产动物脂肪中以 C_{20} 和 C_{22} 脂肪酸居多。水产动物脂肪中,不饱和脂肪酸的含量不但占绝大部分,而且种类也很多。淡水鱼类脂肪中以 C_{18} 不饱和脂肪酸的比例较高,而海水鱼类脂肪中则以 C_{20} 及 C_{22} 不饱和脂肪酸居多。两栖类、爬行类、鸟类及啮齿类脂肪中的脂肪酸组成介于水产动物和陆生高等动物之间。

2. 脂肪的性质

在脂肪性质中,与冷冻冷藏关系较为密切的是脂肪的水解和氧化性质。

脂肪在酸、碱溶液中或在微生物作用下可迅速水解为甘油和脂肪酸,使甘油分离出来,脂肪酸在酶的一系列催化作用下可生成 β-酮酸,β-酮酸脱羧后成为具有苦味及臭味的酮类;脂肪变质的另一原因是脂肪酸链中,不饱和键被空气中的氧所氧化生成过氧化物(peroxide),过氧化物继续分解产生具有刺激性气味的醛、酮和酸等物质。脂肪氧化也称为脂肪酸败(rancidity),脂肪酸败不但使脂肪失去营养,还会产生毒性。可以从两个方面减少或避免脂肪酸败:一是向食品中添加天然抗氧化剂(antioxidant)或合成抗氧化剂;二是控制合理的加工贮藏条件。例如,在加工中尽量使脂肪保持合理的水分,研究表明,水分过高或过低都会加速脂肪的氧化酸败过程。此外，在贮藏中应该尽可能保持干燥、低温、缺氧和避光的环境。

（三）糖类

糖类是由碳、氢、氧三种元素组成的多羟基醛或多羟基酮。绝大多数糖含氢和氧的比例和水中的氢、氧的比例一样为2∶1。因此，糖又称为碳水化合物（carbohydrate）。糖主要存在于植物性食品中，占植物干重的50%～80%。糖是人体热量的重要来源，1 g葡萄糖在体内完全氧化可以产生16 kJ的热量。糖也是参与人体重要代谢过程的主要物质成分。在人体内除少量的粗纤维不能被消化吸收外，大部分糖类都能被利用，每1 g糖在人体内可产生17.15 kJ的热量。

糖类一般可分为单糖、二糖和多糖三类。

1. 单糖

单糖是不能水解的多羟基醛、酮，如葡萄糖、果糖、半乳糖等。果实中存在大量葡萄糖和果糖。

新鲜果蔬中单糖在呼吸酶的催化下，能参与呼吸作用。呼吸作用不仅消耗了糖类，而且产生了热量，还能促进果蔬的其他生理化学变化，并为微生物的生长繁殖创造了适宜的条件。针对果蔬的这种特点，可采用冷却贮藏或气调贮藏的方法控制其呼吸作用，延长其贮藏期。

2. 二糖

一分子二糖水解后，可生成二分子单糖，如蔗糖、麦芽糖、乳糖等均属于二糖。

二糖不能直接被人体吸收，只有水解后才能被人体吸收。微生物也不能直接利用二糖发酵。二糖能形成结晶，其中蔗糖最容易结晶，乳糖的结晶最硬。

各种单糖和二糖都具有一定程度的甜味，一般以葡萄糖的甜度为1，则果糖甜度为2.2，蔗糖为1.45，乳糖为0.5。

3. 多糖

一分子多糖完全水解后，可生成多分子的单糖，如淀粉、纤维素和糖原等均为多糖。

淀粉在米、面、甘薯和马铃薯中含量较多。纤维素存在于蔬菜、水果及谷类的外皮中，它不能被人体消化吸收，但有助于肠壁蠕动，帮助肠胃对食物的消化。糖原贮存在动物组织中，肝脏和肌肉中含量较多。动物肌肉中的肌糖原在自溶酶所促进的无氧分解的酵解作用下产生乳酸，使肉的pH值降低，肉由中性变成酸性，促进了肉的成熟。

（四）维生素

维生素是维持生物正常活动所必需的一类有机物质。生物体对维生素的需要量很少，但它们却起着极其重要的作用，如调节新陈代谢等，缺乏维生素会引起各种疾病。人体需要的维生素主要从动物性食品和植物性食品中摄取。根据溶解度，维生素一般可分为两大类：脂溶性维生素和水溶性维生素。脂溶性维生素包括维生素A（抗眼干燥症）、维生素D（抗佝偻病）、维生素E（促进生长发育）、维生素K（帮助凝血）；水溶性维生素可分为B族维生素和维生素C，其中B族维生素包括B_1、B_2、B_3、B_6、B_{12}等。冷冻冷藏对维生素的破坏较小。

（五）酶

酶是活细胞产生的一种特殊的具有催化作用的蛋白质，是极为重要的活性物质，故称为生物催化剂，它脱离活细胞后仍然具有活性，酶促反应是食品腐败变质的重要原因之一。没有酶的存在，生物体内的化学反应将非常缓慢，或者需要在高温高压等特殊条件下才能进行；有酶的存在，生物体内的化学反应，能在常温常压下以极高的速度和很强的专一性进行。食品加工与贮藏过程中，酶可来自食品本身和微生物两方面，酶的催化作用通常使食品营养质量和感官质量下降。因此，抑制酶的活性是食品加工贮藏中的重要内容之一。

由于酶是一种特殊的蛋白质，在不同的 pH 值环境下，其活性也不同，大多数酶的最适宜 pH 值在 4.5～8.0 范围内，即在中性、弱酸、弱碱环境中都能够保持活性。

（六）矿物质

各种食物中都含有少量矿物质，一般占其总质量的 0.3%～1.5%，其数量虽少，但却是维持动植物正常生理机能不可缺少的。

动物性食品，根据身体各部分的不同，所含无机盐成分差异很大，如骨骼中的矿物质含量为 83%，它们主要是以钙和镁的磷酸盐及碳酸盐的形式存在；血清中矿物质主要以氯化钠（占总成分的 60%～70%）的形式存在；红细胞中含有铁；肝脏中含有碱金属与碱土金属的磷酸盐和氯化物，也含有铁；结缔组织中含有钙和镁的磷酸盐；筋肉中主要是钾的磷酸盐，其次是钠和镁的磷酸盐。

植物性食品的矿物质，主要是钾、钠、钙、镁、铁等元素组成的磷酸盐、硫酸盐、硅酸盐与氧化物。植物贮藏养料的部分（种子、块茎、块根等）含钾、磷、镁元素较多，而支撑部分含钙元素较多，叶子则含镁元素较多。

矿物质和蛋白质共存时可以维持生物各组织的渗透压，还可以组成缓冲体系，维持酸碱平衡。人体对矿物质的需求量是不同的，过多或过少均会影响健康，如缺钙会导致人体骨质疏松，缺碘会使人体甲状腺肿大，钾过多会使人体血管收缩，造成四肢苍白无力、嗜睡甚至突然死亡等。人体所需要的矿物质主要从食品中获得，它们以无机盐形式存在于食品中。在食品中矿物质的存在，能使食品汁液的冻结点比纯水冻结点低。

（七）水分

水是组成一切生命体的重要物质，也是食品的主要成分之一。不同食品的含水量是不同的，如水果为 73%～90%，蔬菜为 65%～96%，鱼为 70%～80%，食糖为 1.5%～3%。水分存在的状态，直接影响着食品自身的生化过程和周围微生物的繁殖状况，是食品加工和贮藏中主要考虑的成分。

1. 食品中水分的存在形式

食品中的水分是以自由水和胶体结合水两种形式存在的。自由水也称为游离水，主要包括食品组织毛细孔内或远离极性基团能够自由移动、容易结冰、能溶解溶质的水。自由水在动物细胞中含量较少，而在某些植物细胞中含量较高。胶体结合水是构成胶粒周围水膜的水，包围在蛋白质和糖分子周围形成稳定的水化层。结合水不易流动、不易结冰，也不能作为溶质的溶剂，结合水对蛋白质等物质具有很强的保护作用，对食品的色、香、味及口感影响很大。近年来研究表明，加热干燥或冷冻干燥可除去部分结合水，而冷冻冷藏对结合水影响较小。食品冻结后，在解冻过程中，自由水易被食品组织重新吸收，但胶体结合水则不能完全被组织吸收。

2. 水的功能

水是溶剂，维持各种电解质在水中的离解，维持生物体各部分一定的渗透压，直接参与生物的生理反应。食品经消化后，所有养料靠水输送到生物体各部分，代谢的废物也靠水溶解后排出体外。由此可见，水分和生命有着密切的关系。食品中的水分为微生物繁殖创造条件，所以为了防止微生物繁殖，必须降低食品水分含量，把食品中的水分除去或冻结。

3. 水分活度与微生物的生长繁殖

食品中水的状态可用水分活度 Aw 表示，食品水分含量的质量分数不能直接反映食品贮藏的安全条件，而水分活度能直接反映食品的贮藏条件。

水分活度是指食品中呈液体状态的水的蒸汽压与纯水的蒸汽压之比，即

$$\mathrm{Aw}=P/P_0$$

式中，P 为食品中呈液体状态的水的蒸汽压；P_0 为纯水的蒸汽压。

纯水的 Aw 值为 1，绝对干燥食品的 Aw 值为 0，而绝大多数新鲜食品的 Aw 值在 0.95 以上，都在细菌繁殖的水分活度范围之内，所以生鲜食品是一种易腐性的食品。有些食品虽然含水率较高，但自由水相对含量却较少，如冻结、干燥、腌制(浸糖或浸盐)的各种食品，因其含有的自由水结成冰后，食品的水分活度降低，从而使各种微生物生长繁殖以及食品自身的生化反应失去传递介质而受到抑制。

食品中只有自由水才能溶解可溶性的成分(如糖分、盐、有机酸等)。呈溶液状态的水，其蒸汽压就随着可溶性成分的增加而减少。所以食品中呈液体状态的水，其蒸汽压都小于纯水的蒸汽压。食品的水分活度都小于 1。

不同的微生物在繁殖时所需要的水分活度范围是不同的。多数细菌繁殖时要求的最低的水分活度界限为 0.86，酵母菌是 0.78，霉菌为 0.65。

经过冻结的食品，水结成冰后，其水分活度降低，这也是抑制微生物繁殖的一个原因，冻藏是食品最常用的贮藏方法。

三、新鲜食物组织的生物化学

新鲜的水果、蔬菜、鱼、肉、蛋、乳等食物，在生物学上虽然都已经离开母体或宰杀死亡，但仍然具有活跃的生物化学活性，只是这种生物活性的方向、途径、强度与整体生物有所不同。新鲜食物组织的生物化学活性与冷冻冷藏有着密切的联系。

(一) 新鲜动物组织的生物化学

动物组织和植物组织在生理学与形态学上存在着差异。动物的生命过程强烈地依赖

于高度发达的循环系统。动物死后所有的循环都终止，肌肉组织迅速发生重要的变化，这些变化可归因于缺氧（无氧状态）和某些废物（特别是乳酸和 H^+）的积累。动物经过屠宰放血后体内平衡被打破，机体抵抗外界因素影响、维持体内环境、适应各种不利条件的能力丧失，但是，维持生命以及各个器官、组织的机能并没有同时停止，各种细胞仍在进行各种活动，宰后肌肉发生一系列生理变化和生化变化，肉的嫩度、风味、颜色、持水能力等都发生显著变化。

1. 动物死亡后组织僵直过程中的变化

宰后动物机体组织在一定时间内，仍具有相当水平的代谢活动，发生许多死亡后特有的生化过程，在物理特征方面出现所谓死后僵直或称尸僵的现象。死亡动物组织中的生化活动，一直延续到组织中的酶因自溶作用而完全失活为止。僵直过程中，动物组织会发生一系列生物化学变化。

1）三磷酸腺苷（ATP）显著降低

屠宰后的肌肉，由于呼吸途径由原来的有氧呼吸转变为无氧酵解，导致 ATP 的产生显著降低。此外，组织中的 ATP 随着磷酸肌酸（储能形式）的消耗及 ATP 的降解而加速减少。当 ATP 和（或）二磷酸腺苷（ADP）含量充足时，肌肉能伸展至相当的长度而不致撕裂。但随着 ATP 浓度的逐渐下降，肌动蛋白与肌球蛋白逐渐结合成没有弹性的肌动球蛋白，肌肉不可能被显著地伸长而不断裂，结果形成僵硬、僵直状态，即尸僵现象。此时是最大尸僵期，肌肉最硬。

2）pH 值下降

动物被屠宰后，肌肉的 pH 值立即下降，主要是因为正常生活的动物体内，虽然并存着有氧和无氧呼吸两种方式，但主要的呼吸过程是有氧呼吸。动物被宰杀后，血液循环停止，从而供氧也停止，组织呼吸转变为无氧的酵解途径，最终产物为乳酸。伴随糖原无氧酵解代谢，组织中乳酸增多，导致 pH 值下降。除乳酸之外，ATP 降解生成的无机磷酸也是使肉的 pH 值下降的原因之一。

尸僵时肉的 pH 值降低至糖酵解酶活性消失时不再继续下降，达到最终的 pH 值，或叫极限 pH 值。极限 pH 值越低，肉的硬度越大。肌肉的 pH 值下降得越快，对肉质影响越大。温血动物宰杀后 24 h 内肌肉组织的 pH 值由正常生活时的 7.2～7.4 降至 5.3～5.5，随着乳酸的生成积累，pH 值下降，其极限 pH 值约为 5.3。鱼类死后肌肉组织 pH 值大都比温血动物高，在完全尸僵时甚至可达 6.2～6.6。宰后动物肌肉保持较低的 pH 值，有利于抑制腐败细菌的生长和保持肌肉色泽。在到达最大僵直期之前进行冷冻的肌肉，在解冻过程中，残余糖原和 ATP 的消耗会再次活跃，一直到形成最大僵直。先冷冻后解冻的肌肉，比未冷冻但处于解冻温度中的肌肉达到僵直所需要的时间要少得多，收缩大硬度也高，造成大量汁液流失，这种现象称为解冻僵直。在刚屠宰后立即冷冻然后解冻时，这种现象最为明显。因此，要在形成最大僵直后再进行冷冻，以避免解冻僵直的发生。

3）肌肉蛋白质变性

蛋白质对于温度和 pH 值都很敏感，由于宰后动物肌肉组织中的酵解作用，在短时间内，肌肉组织中的温度升高，pH 值降低，肌肉蛋白质很容易因此而变性。肌浆蛋白质变性时，牢牢贴在肌原纤维上，使肌肉呈现一种浅淡的色泽。肌动蛋白及肌球蛋白是动物肌肉中主要的两种蛋白质，在尸僵前期两者是分离的，但随着ATP浓度降低，肌动蛋白及肌球蛋白逐渐结合成没有弹性的肌动球蛋白，这是尸僵发生的一个主要标志，此时煮食，肉的口感特别粗糙。

2. 肉的成熟

肌肉达到最大僵直以后，继续发生着一系列生物化学变化，逐渐使僵直的肌肉变得柔软多汁，结构变得细致，滋味更加鲜美，这一过程称为僵直解除（简称解僵），也就是肉的成熟。肉的成熟过程中主要发生以下变化。

1）肌肉蛋白质持水力的变化

肌肉持水力也就是指肌肉在贮存和加工过程中对肉自身水分的保持能力和对外加水分的水合能力。肌肉持水力的高低直接关系到肉制品的质地、嫩度、切片性、弹性、口感、出品率等各项质量指标和经济指标。肌肉的持水能力不仅影响煮制前肉的外观，而且影响煮制过程中的汁液损失和咀嚼时的多汁性。如果活体肌肉的持水能力差，宰后会出现各种类型的汁液渗出，如未冻结生肉的“出汗现象”、冻肉解冻时的汁液损失现象及煮制过程中收缩现象等，汁液中的成分包括水溶性物质和脂溶性物质。

肌肉中蛋白质亲水基团结合的水分占总水分的5%左右，宰后僵直时，结合水变化很小，主要是胞内自由水流出导致胞外自由水增加。肌肉中的绝大多数水分通过毛细管作用，存在于粗纤丝和细纤丝之间，肌原纤维间隙中的水分含量变化远大于蛋白质结合水分含量的变化，因而肌原纤维之间的间隙大小决定了肌原纤维的持水能力。宰后早期（僵直前），肌肉处于松弛状态，其肌原纤维结构与活体肌肉没有明显差异，基本保持活体状态下的持水能力；随着宰后糖原酵解的发生，ATP供应减少，肌肉进入僵直状态，肌原纤维发生收缩，肌原纤维间的水分流出，持水能力下降；随后，在肌肉内源酶的作用下肌原纤维骨架蛋白降解，使肌原纤维间的间隙增加，胞外水分重新进入肌原纤维的间隙中，持水能力增加。与此同时，成熟过程中部分蛋白质的降解，促使蛋白质分子中的亲水基团暴露，进一步增加肌肉蛋白质的持水能力。

2）尸僵的缓解与肌肉蛋白质的自溶

自溶是指肌肉由僵硬到完全变软的过程。一般认为是肌肉组织蛋白质在自身蛋白酶的作用下，逐渐分解生成低级肽和氨基酸的结果，因此称为自溶。刚屠宰后的肉软而无味，僵直中的肉硬、持水力小，故汁液分离多。尸僵缓解后，肉的持水力及pH值较尸僵期有所回升。由于组织蛋白酶的分解作用，肌肉蛋白质发生部分水解，水溶性肽及氨基酸等非蛋白氮增加，生成风味物质，肉的食用质量达到最佳适口度，此时的肉烹调时能发出肉香。组织蛋白酶分解作用产生的游离氨基酸是形成肉香和肉味的物质基础之一。不同动物肌肉中组织蛋白酶的活性差异很大，鱼肉中组织蛋白酶活性比哺乳动物肌肉的组织蛋白酶活性高10倍左右，因而鱼类容易发生自溶腐败，特别是当鱼内脏中天然的蛋白质水解消化酶类进入肌肉中时，最易出现“破肚子”的现象。

（二）新鲜植物组织的生物化学

与动物组织相比，植物组织对高度发达的循环系统依赖性较小，虽然果蔬在收获后不可能再获取某些物质养分，但氧气仍可渗入，CO_2可以继续透出，代谢废物可从细胞质中移出并在成熟组织细胞的液泡内积聚下来。果蔬在成熟过程中，伴随着一系列的生物化学变化和组织呼吸变化。

采后果蔬生理过程一般分为成熟、完熟和衰老。成熟一般是指果实生长的最后阶段，即达到充分成熟的时候；完熟是成熟以后的阶段，指果实达到完全表现出本品种典型性状，而且是食用品质最好的阶段；衰老是指生物个体发育的最后阶段，是开始发生一系列不可逆的变化，最终导致细胞崩溃及整个器官死亡的过程。

1. 果蔬采后成分的变化

水果蔬菜进入成熟时既有生物合成性质的化学变化，也有生物降解性质的化学变化，但进入衰老后更多地处于生物降解性质的变化。

1）氨基酸与蛋白质的变化

果蔬成熟过程中，氨基酸与蛋白质代谢总的趋势中是降解占优势。

2）色素物质的变化

果实的色素受基因控制，果皮颜色是某特定环境条件下的基因表现。植物在成熟过程中，最明显的特征是叶绿体解体、叶绿素降解消失、类胡萝卜素和花青素显现呈红色或橙色等。例如，番茄由于番茄红素的合成而呈红色，苹果由于花青素的形成而呈红色，橙子由于叶绿素破坏和类胡萝卜素的显现而呈橙色。

3）鞣质的变化

幼嫩果实常因含多量的鞣质而具强烈涩味，在成熟过程中涩味逐渐消失，其原因可能有三种：鞣质与呼吸中间产物乙醛生成不溶性缩合产物，鞣质单体在成熟过程中聚合为不溶性大分子，鞣质氧化。

4）果胶物质的变化

多汁果实的果肉在成熟过程中，由于果胶酶活力增大而将果肉组织细胞间的不溶性果胶物质分解，果肉细胞失去相互间的联系而导致果肉变软。但苹果中的果胶物质在成熟期和衰老期基本上没有变化。

5）芳香物质形成

芳香物质的形成过程常与大量氧的吸收有关，可以认为是成熟过程中呼吸作用的产物。虽然成熟度是影响芳香物质生成的主要生理因素，但香气成分也强烈受制于成熟期的环境条件，特别是环境温度及昼夜温差对芳香物质的含量及组成。

6）维生素C积累

果实通常在成熟期间大量积累维生素C，它的形成与成熟过程中的呼吸作用有关，成熟衰老以后其含量又显著减少。

7）糖酸比的变化

糖酸比是衡量水果风味的一个重要指标。多汁果实在发育初期由叶子流入果实的糖分，在果肉组织细胞内转化为淀粉贮存，因而缺乏甜味，而有机酸的含量则相对较高。随后淀粉又转变为糖，而有机酸则优先作为呼吸底物被消耗掉，因此糖分与有机酸的比例上升，风味增浓，口味变佳。

2. 果蔬采收后组织呼吸的变化

呼吸作用是指活细胞经过某些代谢途径使有机物质分解，并释放出能量的过程。采收后果蔬是一个活的有机体,其生命代谢活动仍在有序地进行。呼吸是果蔬生命的基本特征,它不仅可以提供采收后组织生命活动所需的能量,而且还是采收后各种有机物相互转化的中枢。果蔬采收后呼吸的主要底物是有机物质,如糖、有机酸和脂肪等。在呼吸过程中,呼吸底物在一系列酶的作用下,逐渐分解成简单的物质,最终形成 CO_2 和 H_2O,同时释放出能量。呼吸作用的某些中间产物和所释放的能量又参与一些重要物质的合成过程,在物质代谢中起着重要的枢纽作用。采收后果蔬的呼吸作用直接影响采收后品质变化、成熟衰老进程、贮藏寿命、货架寿命、采收后生理性病害、采收后处理和贮藏技术等。

1) 果蔬组织的呼吸类型

根据呼吸过程是否有氧参与,可以将呼吸作用分为有氧呼吸和无氧呼吸。

(1) 有氧呼吸。有氧呼吸是指活细胞在氧的参与下,把某些有机物彻底地氧化分解,形成 CO_2 和 H_2O,同时释放出能量的过程。通常所说的呼吸作用就是指有氧呼吸。以葡萄糖作为呼吸底物为例,有氧呼吸可以简单表示为

$$C_6H_{12}O_6 + 6O_2 \rightarrow 6CO_2 + 6H_2O + \text{能量}$$

在有氧呼吸过程中,相当部分能量以热的形式释放,产生所谓的呼吸热,使贮存环境温度提高,并有 CO_2 的积累。

(2) 无氧呼吸。无氧呼吸是指在无氧或氧缺乏的条件下,或是在过高浓度 CO_2 及其他不良气体条件下,活细胞将某些有机物降解为不彻底的氧化产物,同时释放出能量的过程。无氧呼吸的产物可能是乙醇、乳酸、乙醛等有机物。以葡萄糖作为呼吸底物为例,其反应为

$$C_6H_{12}O_6 \rightarrow 2C_2H_5OH + 2CO_2 + \text{能量}$$

$$C_6H_{12}O_6 \rightarrow 2CH_3CHOHCOOH + \text{能量}$$

无氧呼吸的特征是不利用氧,底物氧化降解不彻底,仍以有机物的形式存在,因而释放的能量比有氧呼吸少,但消耗的底物却要远远高于有氧呼吸。如果贮藏环境通风不良或控制的氧浓度过低,果蔬均易发生无氧呼吸,使产品品质劣变。

根据采收后呼吸强度的变化曲线,呼吸作用又可以分为呼吸跃变型和非呼吸跃变型,其特征如下。

(1) 呼吸跃变型。其特征是在完整果蔬产品采后初期,其呼吸强度渐趋下降,而后迅速上升并出现高峰,随后迅速下降。通常达到呼吸跃变高峰时果蔬产品的鲜食品质最佳,呼吸高峰过后,食用品质迅速下降。这类产品呼吸跃变过程伴随有乙烯跃变的出现。不同种类或品种的果蔬出现呼吸跃变的时间和呼吸峰值的大小差异甚大,一般而言,呼吸跃变峰值出现的早晚与贮藏性好坏密切相关。

(2) 非呼吸跃变型。其特征是采收后组织成熟衰老过程中的呼吸作用变化平缓,没有明显的呼吸跃变现象,不形成呼吸高峰。

部分水果的呼吸活性分类如下。

有呼吸跃变现象:苹果、梨、猕猴桃、杏、李、桃、柿、鳄梨、荔枝、番木瓜、无花果、甜瓜、西瓜、番茄。

无呼吸跃变现象:柠檬、柑橘、菠萝、草莓、葡萄、黄瓜。

呼吸跃变顶点是果实完熟的标志,过了顶点,果实进入衰老阶段。呼吸跃变型果蔬一

般在呼吸跃变之前收获，在受控条件下贮存，到食用前再令其成熟。降低呼吸跃变型果蔬的贮藏温度会延迟呼吸跃变开始的时间，同时减少呼吸跃变的幅度。果实的高峰期与非高峰期的根本生理区别在于后熟过程中是否产生内源乙烯，乙烯的产生是果实成熟的开始。

2）影响果蔬组织呼吸的因素

（1）种类和品种。不同种类和品种的果蔬的呼吸强度相差很大，这是由遗传特性所决定的。一般来说，热带、亚热带水果的呼吸强度比温带水果的呼吸强度大，高温季节采收的产品比低温季节采收的大。就种类而言，浆果的呼吸强度较大，柑橘类和仁果类果实的较小；蔬菜中叶菜类呼吸强度最大，果菜类次之，根菜类最小。

不同种类植物的呼吸强度不同，同一植物不同器官的呼吸强度也不同。各种器官具有的构造特征也在它们的呼吸特征中反映出来。叶片组织的特征表现在其结构上有很发达的细胞隙，气孔极多，表面积极大，因而叶片随时受到大量空气的洗刷，表现在呼吸上有两个重要特征：一是呼吸强度大，二是叶片内部组织间隙中的气体的组成近似于大气。正因为叶片的呼吸强度大，所以叶菜类不易在普通条件下保存。肉质的植物组织，由于不易透过气体，所以呼吸强度也较叶片组织低，组织间隙气体组成中的 CO_2 比大气中多，而氧则稀少得多。组织间隙中的 CO_2 是呼吸作用产生的，由于气体交换不畅而滞留在组织中。

（2）温度。温度对呼吸强度的影响十分明显。通常情况下，呼吸随温度升高而加快。环境温度越高，组织呼吸越旺盛。果蔬在室温下放置 24 h，可损失其所含糖的 1/3～1/2，一直到接近停止生命活动的限度为止。一般情况下，在接近 0 ℃时，呼吸进行缓慢，可以减少水果蔬菜的贮藏损失。

果蔬在采收后由于被断绝了物质供应来源，其自身也不能利用光合作用，所以维持其生命的基础是原来贮藏在组织内的物质。果蔬通过呼吸作用把这些贮藏物质氧化，提供维持生命的能量和中间物质，当呼吸作用旺盛进行时，贮藏物质将会很快耗尽，不能维持组织状态最后崩溃死亡。例如绿番茄采收后，呼吸略有下降，这可能是果实脱离母体、切断了呼吸底物供应的缘故。随后呼吸作用开始上升，采收后大约两周，顶部开始转红，进入呼吸高峰期，至大约 20 天时达到呼吸高峰，然后呼吸缓慢下降，进入呼吸后期，果实变为全红，然后变软，最后组织结构破坏解体、崩溃和腐烂。因此从控制温度角度来看，降低贮藏温度是降低呼吸强度、延长贮藏寿命的最有效办法。例如用气调法贮藏的蒜薹，在 0 ℃条件下呼吸强度比 11～13 ℃和 20～26 ℃要低得多，其贮藏寿命可达 270 天，并且品质优良。

呼吸强度随温度降低而降低，但对果蔬来说，并不是贮藏温度越低越好。低于最适温度下的贮藏会引起冻伤，这可能是由于低温损伤了原生质，或破坏了线粒体膜结构，导致呼吸和磷酸化过程紊乱，使组织损伤解体和死亡。例如香蕉不能贮存于低于 12 ℃的温度下，否则就会发黑腐烂。因此，果蔬合适的贮藏温度，应是既能保证植物组织受低温损伤而发生生理失调现象，又能最大限度地降低植物组织的呼吸强度的温度。例如贮藏蒜薹、菜花、大白菜的最合适温度是 0 ℃左右，番茄是 12 ℃左右。

当环境温度降至果蔬组织的冰点以下时，细胞就会结冰，冰晶的形成损伤细胞原生质体,使其不能维持正常的呼吸系统功能,一些中间产物积累造成异味异臭,氧化产物特别是醌类的累积还会使冻害组织发生黑色褐变。因此,果蔬一般应贮藏在略高于冰点温度的环境中。一般果蔬汁液的冰点为-4~-2.5 ℃,大多数果蔬可在0 ℃附近的温度下贮藏。温度波动对呼吸强度也有较大影响,在平均温度相同的情况下,变温(平均温度与恒温相同)的平均呼吸显著高于恒温的呼吸强度。因此,果蔬贮藏要尽量避免温度的波动。

(3) 大气组成。有氧呼吸的总方程式为

$$C_6H_{12}O_6 + 6O_2 \rightarrow 6CO_2 + 6H_2O + 能量$$

由上述化学方程式可以看出,随着氧浓度增加,反应向右进行,即呼吸加强;当氧浓度降低时呼吸减弱。贮藏果蔬应控制环境条件,使氧浓度保持在最低水平,使有氧呼吸量达最低点,却又不发生无氧呼吸或无氧呼吸作用甚微。因为无氧呼吸要消耗大量贮藏物质,同时积累有毒的乙醛、乙醇等产物,不利于果蔬的正常生理活动。

二氧化碳和氧浓度对呼吸的影响是二氧化碳浓度增加、呼吸降低。在细胞内的高二氧化碳浓度,常导致许多生理过程变化:降低成熟过程的合成反应,如蛋白、色素的合成;降低挥发性产物的产生;破坏有机酸代谢,特别是琥珀酸;使果胶质降解缓解;抑制叶绿素合成和果实脱绿;改变各种糖的比例,抑制乙烯合成。高浓度二氧化碳常引起某些果蔬出现异常气味,如黄瓜的苦味,番茄、蒜薹的异味等。在一些情况下,异味可能是乙醇或乙醛积累的结果。在异味发生的同时,不正常颜色也可能出现。许多果蔬的氧和二氧化碳的最适条件是氧为3%左右,二氧化碳为0~5%。

正常的空气中一般含有20.9%氧气、78%氮气、0.03%二氧化碳以及其他一些微量气体。根据上述原理,可人工控制环境大气中氧和二氧化碳浓度,使植物组织为进行正常生命活动所必需的合成代谢降到最低限度,分解代谢(呼吸作用)维持在供给正常生命活动所需能量的最小强度。这一贮藏方法称为气调贮藏法。

(4) 水分。这里的水分是指空气中的相对湿度和果蔬组织的含水量。对植物呼吸代谢影响而言,空气的相对湿度可能没什么影响,但会引起果蔬腐烂。同时微生物的呼吸很强,大量消耗空气中的氧并释放出大量二氧化碳,使贮藏环境气体条件恶化,引起贮藏的果蔬代谢异常,导致不良的贮藏效果。同样,果蔬本身的含水量越高,越容易感染微生物。就水分方面来说,空气相对湿度的高低会影响果蔬的水分蒸发,改变细胞组织的含水量,进而影响组织的生理变化和贮藏效果。

果蔬组织结构的特点是细胞和细胞之间的间隙大,细胞角质化层很小,并大多数呈单行排列,使果蔬水分容易蒸发而迅速凋萎。同时由于果蔬的蛋白含量较低,原生质的保水能力较低,呼吸和蒸发使果蔬容易减缩。空气流动,加速水分蒸发,所以贮藏时通常不宜有剧烈的空气流动。

从贮藏的角度出发,减少果蔬的含水量有利于贮藏,但为了保鲜,则宜保护水分免于损失。水分是进行正常代谢的环境条件,如原生质失水,使参与生化过程的酶失常,水解过程增加。果蔬细胞个大、间隙大、壁薄,贮藏时易失水。酶处于自由状态时,激活分解过程;而酶处于结合状态时,则失去激活分解过程的能力。果蔬组织发生凋萎时,组织的含水量低,有利于增加自由状态酶的比例,引起分解过程增加、呼吸加强、消耗增加、营养恶化,所以果蔬贮藏保鲜的综合要求是维持组织正常的含水量。

（5）机械损伤。机械损伤能引起组织呼吸明显上升。受伤的果蔬呼吸强度明显增强，有如下两个原因：一是机械损伤增加了氧的通透性；二是损伤口周围的细胞进行着旺盛的生长和分裂，力图形成愈合组织，以避免其他未受伤的部分受损害，这些细胞分裂和生长需要大量原料和能源，受伤组织呼吸明显增强正是为了满足这种需要，人们称这种呼吸的加强为“伤呼吸”。例如马铃薯受伤后 2～3 天，它的呼吸强度是没有受伤时的 5～6 倍。此外，果蔬受伤后，从伤口流出大量营养物质，其中有丰富的糖、维生素和蛋白质等，都是微生物生长的良好条件，此时物大量在伤口处微生繁殖，呼吸强度大大提高，所以受伤严重的蔬菜易于发热，同时腐烂率较高。

3）乙烯的生理作用及其调控

乙烯是加速果实成熟的调节物质，是一种植物激素。在成熟衰老时期，植物组织本身对乙烯的敏感性增加，使得乙烯成为调节果蔬成熟衰老过程最为重要的植物激素。

（1）乙烯的主要生理作用。

① 提高果蔬的呼吸强度。对于呼吸跃变型果蔬，乙烯可以促进未成熟果蔬呼吸高峰提早到来，并引发相应的成熟变化，但对呼吸跃变峰值没有显著影响。对呼吸作用的影响只有一次，外源乙烯处理必须在果蔬成熟以前，处理之后果蔬内源乙烯便有自动催化作用。对于非呼吸跃变型果蔬，呼吸强度也受乙烯影响，当施用外源乙烯处理时，乙烯浓度与呼吸强度成正比，而且在果蔬的整个发育过程中呼吸强度对外源乙烯都有反应，每施用一次，都会有一个呼吸高峰出现。

② 促进果蔬成熟。所有果蔬在发育期间都会有微量乙烯产生。呼吸跃变型果蔬在果实未成熟时乙烯含量很低，通常在果实进入成熟和呼吸高峰出现之前乙烯含量开始增加，并且出现一个与呼吸高峰类似的乙烯高峰，同时果实内部的化学成分也发生一系列的变化。非呼吸跃变型果蔬在整个发育过程中乙烯含量没有很大的变化，在成熟期间乙烯产生量比呼吸跃变型果蔬少得多。

果蔬对乙烯的敏感程度与果实的成熟度密切相关，许多幼果对乙烯的敏感度很低，要诱导其成熟，不仅需要较高的乙烯浓度，而且需要较长的处理时间。随着果实成熟度的提高，果蔬对乙烯的敏感度也越来越高。要抑制呼吸跃变型果实的成熟，必须在果实内源乙烯的浓度达到启动成熟浓度之前就采取相应的措施，这样才能够延缓果实的成熟和延长贮藏寿命。另外，排出乙烯可延迟果实的成熟。例如，用气密性塑料袋包装绿熟香蕉，在袋内放置用饱和的高锰酸钾处理过的砖块或珍珠岩吸收乙烯，可以延缓香蕉的成熟；用减压贮藏提高乙烯的扩散率，降低果实内乙烯的分压，同样可以延缓果实的成熟。用外源乙烯处理可诱导和加速果实成熟。某些水果如巴梨、香蕉等，如到自然成熟后再来采收，由于很快过熟而无法保存，一般可在果实变为淡绿色尚未转黄、质地尚硬时采收，然后在消费前用乙烯催熟。番茄也可以提前采收，然后用乙烯催熟。但人工催熟水果的质量达不到水果自然成熟的水平。

（2）抑制乙烯生成和作用的措施。为了延缓果蔬采收后的成熟与衰老，要尽量控制贮藏环境中乙烯的生成，并设法抑制其作用或将其排出。可以采用如下措施。

① 合理拣选，将有病虫害和机械损伤的果实剔除。

② 不要将乙烯释放量少的非呼吸跃变型果实以及对乙烯敏感的果实与大量释放乙

烯的果实混合贮藏和运输。

③ 控制贮藏环境条件，抑制乙烯的生成和作用。降低氧的浓度，提高二氧化碳的浓度。在不至于造成果实冷害和冻害的前提下，尽量降低贮藏温度。

④ 排除或吸收贮藏环境中的乙烯，可采取通风排除乙烯或用乙烯吸收剂等方法。

四、食品的分类

食品实际上包括了从自然资源及后期加工产品中分离出来的，作为人类食物的形态各异的一大类物质。从组成来看，大部分食品都属于复杂的混合物，组成中不仅有无机物、有机物，还包括有细胞结构的生物体。

我国的饮食文化发达，食品种类繁多，至今尚无统一的、规范的分类方法。市场上的食品有多种多样的名称，如豆制品、肉制品、奶制品、膨化食品、腌制食品、休闲食品等。其实，这些食品名称出自不同的食品分类方法。不同的分类方法有不同的分类标准或判别依据。

1. 按原料来源分类

(1) 植物性食品原料：包括稻米及其制品；麦、面及其制品；淀粉及其制品；豆类制品；果品、蔬菜、植物油脂及其制品。

(2) 动物性食品原料：包括家畜、家禽、水产品等，以及蛋类和奶类。

(3) 此外，还有矿物性食品原料：包括各种矿泉水和食盐等。

一种原料往往可以用来制成多种产品，而一种产品又往往需要多种原料。因此按原料的分类方法不能涵盖所有的食品，尚需其他分类方法。

2. 按食品的形态分类

按食品的形态上，食品可分为液状食品、凝胶状食品、凝脂状食品、细胞状食品、纤维状食品和多孔质食品。也有人把它分为液状食品(包括可流动的溶液胶体、泡沫和气泡)和固体半固体状食品(粉体、半固体、固体泡、组织细胞等)。

3. 按种类分类

(1) 软饮料(包括纯净水、碳酸饮料、果蔬汁饮料、乳饮料、植物蛋白饮料、茶饮料、功能性饮料等)。

(2) 乳制品(包括纯牛奶、酸乳、乳粉、冰淇淋等)。

(3) 肉制品(包括西式肉制品、中式肉制品等)。

(4) 大豆制品(包括大豆粉、大豆蛋白、豆腐等)。

(5) 果蔬制品(包括速冻果蔬、干制果蔬、腌制果蔬、果蔬汁、果酱和果冻等)。

(6) 方便食品(包括方便主食、速冻食品等)。

(7) 焙烤食品(包括面包、饼干、糕点等)。

(8) 糖果和巧克力(包括各种糖果和巧克力制品)。

(9) 调味品(包括食用香料、发酵类调味品、复合调味品等)。

(10) 酒类(包括啤酒、白酒、黄酒、葡萄酒、米酒等)。

4. 按食品的营养成分特点分类

(1) 谷类食品：主要提供碳水化合物、植物性蛋白质、B族维生素和烟酸。

(2) 动物性食品：主要提供动物性蛋白质、脂肪、无机盐和维生素 A、B_2、B_{12} 等。

(3) 豆类加工食品：主要提供植物性优质蛋白质、脂肪、无机盐、B 族维生素和植物纤维。

(4) 蔬菜、水果及其加工品：主要提供膳食纤维、无机盐、维生素 C 和胡萝卜素。

(5) 食用油脂：主要提供脂肪、必需脂肪酸、脂溶性维生素和热量。

(6) 糖和酒类：主要提供热能、糖，还能提供某些无机盐。

5. 按食品受污染程度分类

这种分类包括一般食品、绿色食品和生态食品。在绿色食品生产过程中，允许一定量的农药、化肥、激素、抗生素等的使用。在生态食品的生产过程中，严禁使用这类物质。

6. 现代食品的分类

(1) 粮食及制品：指各种原粮、成品粮以及粮食加工制品，包括方便面等。

(2) 食用油：指植物和动物性食用油料，如花生油、大豆油、动物油等。

(3) 肉及其制品：指动物性生、熟食品及其制品，如生、熟畜肉和禽肉等。

(4) 消毒鲜乳：指乳品厂(站)生产的经杀菌消毒的瓶装或软包装消毒奶，以及零售的牛、羊、马奶等。

(5) 乳制品：指乳粉、酸奶及其他属于乳制品类的食品。

(6) 水产类：指供食用的鱼类、甲壳类、贝类等鲜品及其加工制品。

(7) 罐头：将加工处理后的食品装入金属罐、玻璃瓶或软质材料的容器内，经排气、密封、加热杀菌、冷却等工序达到商业无菌的食品。

(8) 食糖：指各种原糖和成品糖，不包括糖果等制品。

(9) 冷食：指固体冷冻的即食性食品，如冰棍、雪糕、冰淇淋等。

(10) 饮料：指液体饮料和固体饮料，如碳酸饮料、汽水、果味水、酸梅汤、散装低糖饮料、矿泉饮料、麦乳精等。

(11) 蒸馏酒、配制酒：指以含糖或淀粉类原料，经糖化发酵蒸馏而制成的白酒(包括瓶装和散装白酒)和以发酵酒或蒸馏酒做酒基，经添加可食用的辅料配制而成的酒，如果酒、白兰地、香槟、汽酒等。

(12) 发酵酒：指以食糖或淀粉类原料经糖化发酵后未经蒸馏而制得的酒类，如葡萄酒、啤酒。

(13) 调味品：指酱油、酱、食醋、味精、食盐及其他复合调味料等。

(14) 豆制品：指以各种豆类为原料，经发酵或未发酵制成的食品，如豆腐、豆粉、素鸡、腐竹等。

(15) 糕点：指以粮食、糖、食油、蛋、奶油及各种辅料为原料，经烘烤、油炸或冷加工等方式制成的食品，包括饼干、面包、蛋糕等。

(16) 糖果蜜饯：以果蔬和糖类为原料，经加工制成的糖果、蜜饯、果脯、凉果和果糕等食品。

(17) 酱腌菜：指用盐、酱、糖等腌制的发酵或非发酵类蔬菜，如酱黄瓜等。

(18) 保健食品：指依据《保健食品管理办法》，称之为保健食品的产品类别。

(19) 新资源食品：指依据《新资源食品卫生管理办法》，称之为新资源食品的产品类别。

(20) 其他食品：未列入上述范围的食品或新制定评价标准的食品类别。

参照国家标准 GB/T 15091—1994，加工食品共分为18类。

(1) 粮食制品：以粮食为主要原料加工制成的食品。

(2) 肉制品：以畜禽的可食部分为主要原料加工制成的食品。

(3) 食用油脂：可食用的甘油三脂肪酸脂的统称，分为动物油脂和植物油脂。一般常温下呈液体状的称油，呈固体状的称脂。

(4) 食糖：一般指用甘蔗或甜菜精制的白砂糖或绵白糖。食品工业用糖还有淀粉糖浆、饴糖、葡萄糖、乳糖等。

(5) 乳制品：以牛乳、羊乳等为主要原料加工制成的各种制品。

(6) 水产品：以可食的水生动植物(鱼、虾、贝、藻类等)为主要原料，加工制成的食品。

(7) 水果制品：用栽培或野生鲜果(包括仁果类、核果类、浆果类、柑橘类、瓜类等)为主要原料，加工制成的各种制品。

(8) 蔬菜制品：以新鲜蔬菜为主要原料制成的食品。

(9) 植物蛋白食品：以富含蛋白质的可食性植物为原料，加工制成的各种制品。

(10) 淀粉制品：以淀粉或淀粉质为原料经过机械、化学或生化工艺加工制成的各种制品。

(11) 蛋制品：以禽蛋为原料加工制成的各种制品。

(12) 糕点：以粮食、食糖、油脂、蛋品为主要原料，经调制、成型、熟化等工序制成的食品。

(13) 糖果：以白砂糖或淀粉糖浆为主要原料，制成的固体甜味食品。

(14) 调味品：在食品加工及烹调过程中广泛使用的，用以去腥、除膻、解腻、增香、调配滋味和气味的一类辅助食品，如酱油、食醋、味精、香辛料等。

(15) 食用盐：以氯化钠为主要成分，用于烹调、调味、腌制的盐。它分为精制盐、粉碎洗涤盐、普通盐及各种调味盐等。

(16) 饮料酒：乙醇含量在0.5%～65.5%(体积分数)的饮料，包括各种发酵酒、蒸馏酒及配制酒。

(17) 无酒精饮料：乙醇含量低于0.5%(体积分数)的饮料，包括碳酸饮料、果汁饮料、蔬菜汁饮料、乳饮料、植物蛋白饮料、饮用天然矿泉水、固体饮料和其他饮料等八类。

(18) 茶：用茶树鲜叶加工制成，含有咖啡因、茶碱、茶多酚、茶氨酸等物质的饮用品。

第二节 食品变质及影响因素

新鲜的食品在常温下(20℃左右)存放，由于附着在食品表面的微生物和食品内所含酶的作用，食品的色、香、味和营养价值会降低，如果贮存过久，食品会腐败或变质，以致完全不能食用，每年由于食品的腐败变质而引起的浪费是十分惊人的。引起食物腐败变质的因素按其属性可分为生物学因素、化学因素和物理因素，每类因素中又包含诸多不同的引发食品腐败变质的因子。

一、食品腐败变质的常见类型

（一）微生物引起的变质

自然界微生物分布极其广泛，几乎无处不在，而且生命力强，生长繁殖速度快。如果食品长期存放，即为微生物提供了良好的培养基，可使它们迅速生长繁殖，导致食品营养成分迅速分解，由高分子物质分解为低分子物质（如鱼体蛋白质分解，可部分生成三甲胺、四氢化吡咯、氨基戊醛等），食品质量随之下降，进而发生变质和腐败。因此在食品变质的原因中，微生物往往是最重要的。引起食品腐败的微生物种类很多，有细菌、酵母和霉菌，以细菌引起的最为显著。

我们把引起食品腐败的微生物称为腐败微生物，腐败微生物的种类及其引起的腐败现象主要取决于食品的种类、成分、加工以及贮藏环境等因素。食品成分，尤其是动物和植物性食物，如肉类、鱼类、蛋类和蔬菜等，由于含水分多、营养丰富，也为微生物的繁殖提供了良好的环境。为了很好地保藏食品，要掌握微生物繁殖和生长的条件，以便更好地采取措施抑制微生物繁殖，达到保持食品原有的色、香、味的目的。

1. 微生物与蔬菜的腐败

由于新鲜蔬菜含有大量的可利用水分，且其 pH 值处于很多细菌的生长范围之内，因此细菌成为引起蔬菜腐败的常见微生物。由于蔬菜具有相对较高的氧化还原电势且缺乏平衡能力，因而引起蔬菜腐败的细菌主要是需氧菌和兼性厌氧菌。表 1-1 列出了蔬菜中常见的腐败菌及腐败特征。

表 1-1　蔬菜中常见的腐败菌及腐败特征

蔬菜种类	腐败菌类型	腐败特征
十字花科蔬菜（大白菜、青菜、甘蓝）、番茄、莴苣等	欧式杆菌	软腐病，病部呈水浸状病斑、微黄色，后扩大成黄褐色而腐烂，呈黏滑软腐状，并发出恶臭味
十字花科蔬菜	鞭毛菌亚门霜霉属真菌	霜霉病，初期为淡绿色病斑，后逐渐扩大，转为黄褐色，呈多角形或不规则形，病斑上有白色霉层
番茄、茄子、辣椒、黄瓜、胡萝卜	半知菌亚门葡萄孢霉属真菌	灰霉病，病部灰白色，水浸状，软化腐烂，常在病部产生黑色菌核
番茄、马铃薯、茄子、辣椒	半知菌亚门链格孢霉属真菌	早疫病，又称轮纹病，病斑黑褐色，稍凹陷，有同心轮纹
辣椒、黄瓜、冬瓜、南瓜等	鞭毛菌亚门疫霉属真菌	疫病，初为暗绿色小斑块，水浸状，后形成黑褐色明显微缩的病斑，并产生不可见白色稀疏霉层
番茄	半知菌亚门地霉属真菌	酸腐病，病斑暗淡，油污水浸状，表面变白，组织变软，发出特有的酸臭味
瓜类、菜豆、辣椒	半知菌亚门刺盘报霉属真菌	炭疽病，病斑凹陷，深褐色或黑色，潮湿环境下病斑上产生粉红色黏状物

2. 微生物与水果的腐败

由于水果的pH值大多低于细菌生长的pH值范围,因此由细菌引起的水果腐败现象并不常见。水果的腐败主要是由酵母和霉菌引起的,特别是霉菌。表1-2为水果中常见的腐败菌及腐败特征。

表1-2 水果中常见的腐败菌及腐败特征

水果种类	腐败菌类型	腐败特征
苹果、梨、葡萄、香蕉、杧果、番石榴等	半知菌亚门炭疽属真菌	炭疽病,初期病斑为浅褐色圆形小斑点,后逐渐扩大、变黑,趋凹陷,果软烂,高湿条件下病斑上产生粉红色黏状物
苹果、梨等	半知菌亚门小穴壳属真菌	轮纹病,初期出现以皮孔为中心的褐色水浸状圆斑,斑点不断扩大,呈深浅相间的褐色同心轮纹,病斑不凹陷,烂果呈酸臭味
苹果、梨、柑橘等	半知菌亚门青霉素真菌	青霉病或绿霉病,初期果实局部表面出现浅褐色病斑,稍凹陷,病部表面产生霉状块,初为白色,后为青绿色粉状物覆盖其上
苹果、梨	担子菌亚门胶锈菌属	锈病,初期为橙黄色小点,后期病斑变厚,背部呈淡黄色孢状隆起,散出黄褐色粉末(锈孢子),最后病斑变黑、干枯

3. 微生物与肉类的腐败

引起肉类腐败的微生物种类繁多,因肉类的加工及包装方法而异。在新鲜及冷藏的肉类中常见的微生物有假单胞菌属、黄杆菌属、小球菌属、五色杆菌属、产碱杆菌属及梭状芽孢杆菌属等细菌,有芽枝霉属、枝霉属、毛霉属、青霉属、根霉属及分枝孢霉属等霉菌,有假丝酵母属、丝孢酵母属及赤酵母属等酵母菌。采用真空包装的肉类中,占优势的微生物常常是乳酸菌。而咸肉中存在的微生物主要是霉菌,包括曲霉属、交链孢霉属、镰刀霉属、毛霉属、根霉属、葡萄孢霉属、青霉属等。引起腌火腿腐败的微生物主要有芽孢杆菌属、假单胞菌属、乳杆菌属、小球菌属及梭状芽孢杆菌属等。

微生物引起的肉类腐败现象主要有发黏、变色、长霉及产生异味等。发黏主要是由酵母菌、乳酸菌及一些革兰阴性细菌的生长繁殖所引起,当肉类表面细菌总数达到$10^{7.5}\sim10^{8}$个/cm^2时,即出现此现象。肉类的变色现象有多种,如绿变、红变等,但以绿变为常见。绿变有两种:一种是由H_2O_2引起的绿变,另一种是由H_2S引起的绿变。微生物在引起肉类变质时,通常都伴随着各种异味的产生,如酸败味,因乳酸菌和酵母菌的作用而产生的酸味以及因蛋白质分解而产生的恶臭味等。一般当肉表面的菌数在$10^{7}\sim10^{7.5}$个/cm^2时,即会产生异味。

4. 微生物与蛋类的腐败

带壳蛋类中常见的腐败微生物有假单胞菌属、不动菌属、变形杆菌属、产碱杆菌属、埃希杆菌属、小球菌属、沙门菌属、沙雷菌属、肠细菌属、黄色杆菌属及葡萄球菌属等细菌,有毛菌属、青霉属、单胞枝霉属、芽枝孢霉属等霉菌,而圆酵母属则是蛋类中发现的酵母菌。

污染蛋类的微生物从蛋壳上的小孔进入蛋内后,蛋会发生蛋白分解,系带断裂,蛋黄因失去固定作用而移动，随后蛋黄膜被分解，蛋黄与蛋白混合成为散黄蛋，发生早期变质现象。散黄蛋被腐败微生物进一步分解，产生 H_2S、吲哚等腐败分解产物，形成灰绿色的稀薄液并伴有恶臭，称为泻黄蛋，此时蛋已完全腐败。有时腐败的蛋类并不产生 H_2S 而酸臭，也不呈绿色或黑色而呈红色，且呈浆状或形成凝块，这是由于微生物分解糖而产生的酸败现象，称为酸败蛋。当霉菌进入蛋内并在蛋壳内壁和蛋白膜上生长繁殖时，会形成大小不同的霉斑，其上有蛋黏着液，成为黏壳蛋或霉蛋。

5. 微生物与水产品的腐败

健康新鲜的贝类肌肉及血液等处是无菌的，但鱼皮、黏液、鳃部及消化器官等处是带菌的。据 Shewan 测定的结果，鲭鱼体表面黏液中每平方厘米带有 $10^2 \sim 10^6$ 个细菌，每克鳃带菌 $10^3 \sim 10^7$ 个，肠内容物中每毫升带菌 $4\times10^6 \sim 8\times10^6$ 个。

海水鱼中常见的腐败微生物有假单胞菌、无色杆菌、摩氏杆菌、黄色杆菌、小球菌、棒状杆菌及葡萄球菌等。海水鱼中的腐败微生物种类将随渔获海域、渔期及渔获后处理方法的不同而不同；虾等甲壳类中的腐败微生物主要有假单胞菌、不动细菌、摩氏杆菌、黄色杆菌及小球菌等；而牡蛎、蛤、乌贼及扇贝等软体动物中常见的腐败微生物包括假单胞菌、无色杆菌、不动细菌、摩氏杆菌等；淡水鱼中带有的腐败微生物除海水鱼中常见的那些细菌，还有产碱杆菌属、产气单胞杆菌属、短杆菌属等细菌。

污染鱼贝类的腐败微生物首先在鱼贝类体表及消化道等处生长繁殖，使其体表黏液及眼球变得浑浊、失去光泽，鳃部颜色变灰暗，表皮组织也因细菌的分解而变得疏松，使鱼鳞脱落。同时，消化道组织溃烂，细菌即扩散进入体腔壁并通过毛细血管进入肌肉组织内部，使整个鱼体组织分解，产生氨、H_2S、吲哚、粪臭素、硫醇等腐败特征产物。一般当细菌总数达到或超过 10^6 个/g 时，从感官上即可判断鱼体已进入腐败期。

6. 微生物与冷冻食品的腐败

微生物是引起冷冻食品腐败的最主要原因。冷冻食品中常见的腐败微生物主要是嗜冷性菌及部分嗜温性菌，有些情形下还可发现酵母菌和霉菌。在嗜冷性菌中，假单胞菌（Ⅰ群，Ⅱ群，Ⅲ群，Ⅳ群）、黄色杆菌、无色杆菌、产碱杆菌、摩氏杆菌、小球菌等是普遍存在的腐败菌。而在嗜温性菌中，较为重要的是金黄色葡萄球菌、沙门氏菌及芽孢杆菌等。冷冻食品中常见的酵母菌有酵母属、圆酵母属等，常见的霉菌有曲霉属、枝霉属、交链孢霉属、念珠霉属、根霉属、青霉属、镰刀霉属及芽枝霉属等。

冷冻食品中存在的腐败微生物的种类与食品种类及所处温度等因素有关。比如冷藏肉类中常见的微生物包括沙门氏菌、无色杆菌、假单胞菌及曲霉、枝霉、交链孢霉等，而冷藏鱼类中常见的微生物主要是假单胞菌、无色杆菌及摩氏杆菌等。另外虽然同是鱼类，但是微冻鱼类的主要腐败微生物是假单胞菌（Ⅰ群，Ⅱ群）、摩氏杆菌、弧菌等；冻结鱼类的主要腐败菌是小球菌、葡萄球菌、黄色杆菌、摩氏杆菌及假单胞菌等，它们之间存在着明显的差异。

冷冻食品中微生物存在的状况还要受氧气、渗透压、pH 值等因素的影响。例如在真空下冷藏的食品，其腐败菌主要为耐低温的兼性厌氧菌，如无色杆菌、产气单胞杆菌、变形杆菌、肠杆菌，以及厌氧菌如梭状芽孢杆菌等。

7. 微生物与干制食品的腐败

干制食品具有较低的水分活度，使大多数微生物不能生长，但是也有少数微生物可以在干制食品中生长，主要是霉菌及酵母菌，而细菌较为少见。

8. 微生物与食物中毒

某些微生物在引起食品腐败的同时还会导致食物中毒现象，这些微生物被称为病原菌或食物中毒菌。因污染了病原菌而引起的食物中毒也称细菌性食物中毒，包括感染型食物中毒和毒素型食物中毒两类。引起感染型食物中毒的细菌主要是沙门氏菌、病原性大肠菌、肠炎弧菌等。其共同特点是食用含有大量上述病原菌的食物后引起人体消化道的感染从而导致食物中毒。而引起毒素型食物中毒的细菌主要有葡萄球菌、肉毒杆菌等。这类食物中毒的共同特点是食物污染了上述细菌后，在适宜的条件下繁殖并产生毒素，人体在摄入这些食物之后就会引起中毒。

相对而言，毒素型食物中毒比感染型食物中毒更需引起注意。因为引起感染型食物中毒的病原菌容易通过加热杀灭，而毒素型食物中毒菌虽可通过加热杀灭，但其产生的某些毒素却有较强的耐热性，如金黄色葡萄球菌所产生的肠毒素，在 120 ℃下处理 20 min 仍不能被完全破坏。

另外，还有些病原菌引起的食物中毒既不完全属于毒素型，也不完全属于感染型，被称为中间型食物中毒。能够引起此类食物中毒的病原菌主要是肠球菌、魏氏杆菌及亚利桑那菌等。

（二）化学因素引起的变质

食品和食品原料是由多种化学物质组成的，绝大部分为有机物质和水分，另外还含有少量的无机物质。蛋白质、脂肪、碳水化合物、维生素、色素等有机物质的稳定性差，从原料生产到贮藏、运输、加工、销售、消费，每一环节无不涉及一系列的化学变化。有些变化对食品质量产生积极的影响，有些则产生消极的甚至有害的影响，导致食品质量降低。其中对食品质量产生不良影响的化学因素主要有酶的作用、非酶褐变、氧化作用等。

1. 由酶引起的变质

酶是生物体内的一种特殊蛋白质生物催化剂，其与被作用的基质结合形成一定的中间产物后，基质分子内建的结合力便会减弱，从而降低反应的活化能，酶能促使化学变化的发生而不消耗自身，具有高度的催化活性。绝大多数食品来源于生物界，尤其是鲜活食品和生鲜食品，在其体内存在着具有催化活性的多种酶类，因此食品在加工和贮藏过程中由于酶的作用，特别是由于氧化酶类、水解酶类的催化会发生多种多样的酶促反应，造成食品色、香、味和质的变化。另外，微生物也能够分泌导致食品发酵、酸败和腐败的酶类，这些酶与食品本身的酶类一起作用，加速食品变质腐败的发生。

无论是动物性食品或是植物性食品，它们本身都含有酶，进行生化反应的速度随食品的种类而不同。例如，鱼类引起本身组织酶的作用，在相当短的时间内经过一系列中间变化，使蛋白质水解为氨基酸和其他含氮化合物及非含氮化合物，脂肪分解生成游离的脂肪酸，糖原酵解成乳酸。鱼体组织中氨基酸类物质的增多，为腐败微生物繁殖提供了有利条件，使鱼类的品质急剧变坏以致不能食用，这是酶引起的不良作用。畜肉生化过程进行缓慢，牲畜经屠宰放血后，停止对肌肉细胞供给氧气，破坏了肌肉组织的新陈代谢及正常的生理活动，体内氧化酶的活动减弱，自行分解的酶活动加强，在有机磷化物参与下自行分解的酶很快将糖原变成乳酸，磷化物形成正磷酸。乳酸和磷酸的积聚，使肉呈酸性反应，这时肉呈僵硬状态，坚硬干燥，不易煮烂。僵硬以后肉中乳酸量继续增加使肌肉变得柔软富有汁液，具有肉香味，较易煮烂。从僵硬到柔软的过程称为肉的成熟，虽然肉的成熟能改善肉类本身的质量和风味，但也为肉的腐败创造了条件。原因是经过成熟的肉呈酸性，不利于腐败细菌的繁殖，但如果继续在较高温度条件下保存，蛋白质在蛋白酶的作用下分解产生氨，使肉呈碱性，为腐败细菌创造了有利的生长环境，引起肉类腐败变质。

蔬菜类蛋白质含量少的食品由于氧化酶的催化，促进了呼吸作用，由绿色新鲜变得枯萎发黄失去原有的风味；同时呼吸作用的加强、温度的升高，加速了蔬菜的腐败变质。另外霉菌、酵母、细菌等微生物对食品的腐败作用也是这些微生物活动过程中产生的各种酶引起的缘故。

常见的与食品变质有关的酶主要是脂肪酶、蛋白酶、果胶酶、淀粉酶、过氧化物酶、多酚氧化酶等。因酶的作用引起的食品腐败变质现象中较为常见的是果蔬的褐变、虾的黑变、脂质的水解和氧化以及鱼类、贝类的自溶作用和果蔬的软烂等。

2．由非酶引起的变质

引起食品变质的化学反应大部分是由于酶的作用，但也有一部分不与酶直接有关，如油脂的酸败。

(1) 氧化作用：当食品中含有较多的不饱和化合物，诸如不饱和脂肪酸、维生素等在贮藏、加工及运输等过程中又经常与空气接触时，氧化作用将成为食品变质的重要因素。这会导致食品的色泽、风味变差，营养价值下降及生理活性丧失，甚至会生成有害物质。

油脂与空气直接接触，发生氧化反应，生成醛、酮、酸、内酯、醚等化学物质，并且油脂本身黏度增加，相对密度增加，出现令人不愉快的“哈喇”味，称为油脂的酸败。除油脂酸败以外，维生素 C 很容易被氧化成脱氢维生素，若脱氢维生素 C 继续分解，生成二酮古乐糖酸，则失去维生素 C 的生理作用。番茄色素由 8 个异戊二烯结合而成，由于其中有较多的共轭双键，故易被空气中的氧所氧化(胡萝卜色素也有此性质)。综上所述，无论是微生物引起的食品变质，还是由酶或者非酶因素引起的变质，在低温环境下均会被延缓、减弱，但低温并不能完全抑制微生物的作用，即使在冻结点以下的低温时，食品进行长期贮藏，其质量仍然有所下降。

(2) 非酶褐变：主要有美拉德反应(Maillard reaction)引起的褐变、焦糖化反应引起的褐变以及抗坏血酸氧化引起的褐变等，这些褐变常常由于加热及长期的贮藏而发生。

由葡萄糖、果糖等还原性糖与氨基酸引起的褐变反应称为美拉德反应，也称为羧氨反应。美拉德反应所引起的褐变与氨基化合物和糖的结构有密切关系，含氮化合物中的胺、氨基酸中的盐基性氨基酸反应活性较强。糖类中凡具有还原性的单糖、双糖(麦芽糖、乳糖)都能参加美拉德反应，反应活性戊糖(木糖)最强，己糖次之，双糖最低。褐变的速度随温度升高而加快，温度每上升 10 ℃，反应速率增加 3～5 倍。食品的含水率高，则反应速率加快，如果食品完全脱水干燥，则反应趋于停止，但制品吸湿受潮时会促进褐变反应。美拉德反应在酸性和碱性介质中都能进行，但在碱性介质中更易发生，一般是随介质的

pH 值升高而反应加快。因此,高酸性介质不利于美拉德反应进行。光线,氧及铁、铜等金属离子都能促进美拉德反应。

另外,氧气的存在也有利于需氧性细菌、产膜酵母菌、霉菌及食品害虫等有害生物的生长,同时也能引起罐头食品中金属容器的氧化腐蚀,从而间接地引起食品变质。

(三) 其他生物学因素

害虫和鼠类对食品保藏有很大的危害性,不仅造成保藏损耗加大,而且随着繁殖迁移,它们排泄的粪便、分泌物和尸体等还会污染食品,甚至传染疾病,从而使食品的卫生质量受损,严重者甚至丧失商品价值,造成巨大的经济损失。

1. 害虫

害虫的种类繁多,分布较广,并且躯体小、体色暗、繁殖快、适应性强,多隐居于缝隙、粉屑或食品组织内部,所以一般的食品仓库中都可能有害虫存在。对食品危害性大的害虫主要有甲虫类、蛾类、蟑螂类和螨类。例如危害禾谷类粮食及其加工品、水果蔬菜的干制品等的害虫主要是象虫科的米象、谷象、玉米象等甲虫类。

2. 鼠类

鼠类是食性杂、食量大、繁殖快和适应性强的啮齿类动物。鼠类有咬啮物品的习性,对包装食品及其他包装物品均能造成危害。鼠类还能传播多种疾病,鼠类排泄的粪便、咬食物品的残渣也能污染食品和贮藏环境,使之产生异味,影响食品卫生,危害人体健康。防治鼠害要防鼠和灭鼠相结合。

二、引起食品腐败和变质的因素

(一) 微生物生长和繁殖的条件

微生物对食品的破坏作用与食品的种类、成分以及贮藏环境有关,尤其是动物和植物性食品,如肉类、鱼类、蛋类和蔬菜类,由于含水分多、营养丰富,也为微生物的繁殖提供了良好的环境。为了很好地保藏食品,要掌握微生物繁殖和生长的条件,以便更好地采取措施抑制微生物繁殖,达到保持食品原有的色、味的目的。

1. 水分

水分是微生物生命活动所必需的,是组成原生质的基本成分,微生物借助水进行新陈代谢。食品中的水分越多,细菌越容易繁殖。一般认为,食品含水率在 50%以上时细菌才能正常繁殖,在 30%以下时细菌繁殖开始受到抑制,当含水率在 12%以下时细菌繁殖困难。当空气湿度达到 80%以上时,食品表面含水率达 18%左右,当食品含水率在 14%以下时对某些霉菌孢子有一定的抑制作用,尽管选用水分较少的食品保藏,但若存放在湿度较大的环境中,食品表面水分增加,仍然会加速食品的发霉。因此,降低湿度有利于食品保藏。微生物在很浓的糖或盐的溶液中,因原生质失去水分而使微生物难以提取养料和排出体内代谢物,甚至原生质随即收缩而与外面的细胞壁相分离,还会产生蛋白质变性等现象,从而抑制微生物的生命活动,使微生物生命活动完全停止,甚至杀死微生物,所以人们常用盐腌和糖渍保存食品。用低温保藏食品,使食品内的水分结成冰晶,与腌制的效果相仿。这两种情况都降低了微生物生命活动和实现生化反应所必需的液态水的含量，所不同的是，水在冻结过程中只是转变为冰，并不与食品分离，没有像腌制那样将水分去掉。

2. 温度

温度是生物生长和繁殖的重要条件之一，各种微生物各有其生长所需的温度范围，超过该范围会停止生长甚至终止生命。此温度范围对某种微生物而言，又可分为最低、最适和最高三个区域，在最适温度，微生物的生长速度最快。由于微生物种类的不同，其最适温度的界限也不同，根据其最适温度的界限，可将微生物分为嗜冷性微生物、嗜温性微生物、嗜热性微生物三种，大部分腐败细菌属于嗜温性微生物。由表 1-3 可知，如果温度超过微生物生长温度范围，对微生物有较明显的致死作用。

表 1-3　微生物对温度的适应性　℃

类　　别	最低温度	最适温度	最高温度	种　　类
嗜冷性微生物	0	10～25	25～30	霉菌、水中细菌
嗜温性微生物	0～7	20～40	40～45	腐败菌、病原菌
嗜热性微生物	25～45	50～60	70～80	温泉、堆肥中的细菌

一般细菌在 100 ℃下可迅速死亡，而芽孢菌要在 121 ℃加压水蒸气作用下经过 15～20 min 才死亡。高温之所以能杀死微生物，主要是因为蛋白质受热凝固变性，立即终止它的生命活动。而低温不能杀死全部微生物，只能阻止存活微生物的繁殖，一旦温度升高，微生物的繁殖就逐渐旺盛起来。因此要防止由微生物引起的变质和腐败，必须将食品保存在稳定的低温环境中。

相对而言，细菌对低温耐力较差，在培养基冻结后部分细菌死亡，但很少见到全部细菌死亡的情况。嗜冷性微生物如霉菌或酵母菌最能忍受低温，即使在－8 ℃的低温下，仍然发现有孢子的活动。大部分水中的细菌也都是嗜冷性微生物，它们在 0 ℃以下仍能繁殖。个别的致病菌能忍受极低的温度，甚至在温度－44.8～－20 ℃下也仅受到抑制，只有少数死亡。冻结对微生物的低温致死作用，是由于生理过程不正常所引起的，原因是微生物对不良的环境条件不能适应，如在低温时，细胞中的类脂物变硬，减弱了原生质的渗透作用。此外，温度下降使细胞部分原生质凝固。由于在低温下，水结成冰，所生成的冰结晶对细胞有致命的影响，因此用低温来保藏食品，必须维持足够低的温度以抑制微生物的作用，使它失去分解食品的能力，达到低温贮藏食品的目的。

3. 营养物质

微生物和其他生物一样，也要进行新陈代谢。营养物质如乳糖、葡萄糖与盐类等简单物质，可直接通过微生物细胞膜渗透进入细胞内，而淀粉、蛋白质、维生素等有机物质，首先分解成简单物质，然后渗透到微生物细胞内。微生物对营养物质的吸收有选择性，如酵母菌喜欢糖类营养物，不喜欢脂肪，而一些腐败菌需要蛋白质营养物。

4. pH 值

微生物对培养基的 pH 值的反应是很灵敏的，在最适的 pH 值环境中微生物生长和繁殖正常。大多数细菌在中性或弱碱性的环境中生长较适宜,霉菌和酵母则在弱酸的环境中较适宜。若培养基过酸或过碱,都能影响微生物对营养物质的吸收。当 pH 值不同时,组成原生质的半透膜的胶体所携带的电荷也不同,胶体在一定 pH 值下带正电荷,而在另一 pH 值下带负电荷,电荷的更换,引起某些离子渗透性的改变,影响了微生物的营养作用。若在培养基中加入某些化学药品,能使微生物立即死亡,如重金属盐类、酚类和酸类物质,能使原生质中蛋白质迅速凝固变性;加漂白粉、臭氧与氧化物,能使原生质中的蛋白质因氧化而破坏;醛类能使蛋白质中的氨基酸分解成更简单的物质;加高浓度的盐和糖能使原生质萎缩,而促使细胞质壁分离。不过化学药品只对营养细胞有效,对芽孢的作用则较弱。此外,放射线对微生物也能起杀灭作用,这主要是由于射线对细胞核质猛烈冲击的缘故。

(二)影响酶作用的因素

1. 温度

酶的活性与温度有关,在一定温度范围内(0～40 ℃),酶的活性随温度的升高而增大。即在低温时,酶的活性很小;温度升高,酶所催化的化学反应速度也随之加快;温度降低,则反应速度减慢。但酶是蛋白质,其本身也因温度升高而变性,使反应速度降低或完全失去其催化活性。在酶促反应中,提高温度使反应速度加快,但温度过高使酶失去活性,这两个相反的影响是同时存在的。在温度低时前者影响大,这时反应速度随温度上升而加快;当温度不断上升时,酶的变性成为主要矛盾,因此,酶的有效浓度逐渐降低,反应速度也减慢。一般在 30 ℃时,酶开始被破坏,到 80 ℃几乎所有酶都被破坏,故反应到达某高峰后,温度再升高,速度反而降低。与微生物一样,酶也有一个最适温度,在此温度下反应速度最大。降低温度也可以降低酶的反应速度,因此食品在低温条件下,可以防止由酶作用而引起的变质。低温贮藏要根据酶的品种和种类而定,一般要求在－20 ℃低温下贮藏,而对含有不饱和脂肪酸的多脂鱼类及其他食品,则需在－30～－20 ℃低温中贮藏,以达到有效抑制酶的作用,防止氧化的目的。

2. 其他因素

pH 值、水分活度等因素也会影响酶促反应的进行。

(三)物理因素

食品在贮藏和流通过程中,其质量总体呈下降趋势。质量下降的速度和程度除了受食品内在因素的影响外,还与环境中的温度、湿度、空气、光线等物理因素密切相关。

1. 温度

温度是影响食品质量变化最重要的环境因素,它对食品质量的影响表现在多个方面。食品中的化学变化、酶促反应、鲜活食品的生理作用、生鲜食品的僵直和软化、微生物的生长繁殖、食品的含水率及水分活度等无不受温度的制约。温度升高引起食品腐败变质的主要表现是,影响食品中的化学变化和酶催化的生物化学反应速度以及微生物的生长发育程度等。一般温度每升高 10 ℃,化学反应速率增加 2～4 倍。故降低食品的环境温度,就能降低食品中的化学反应速率,延缓食品的质量变化,延长其贮藏寿命。

温度对食品的酶促反应比对非酶反应的影响更为复杂，这是因为一方面温度升高，酶促反应速率加快；另一方面当温度升高到使酶的活性被钝化时，酶促反应就会受到抑制或停止。

淀粉含量多的食品，要通过加热使淀粉 α 化后才能食用。放置冷却后，α 化淀粉会老化，产生回生现象。α 化淀粉在 80 ℃以上迅速脱水至 10%以下可防止老化，如挤压食品等就是利用此原理加工而成的。

2. 水分

水分不仅影响食品的营养成分、风味和外观形态的变化，而且影响微生物的生长发育和各种化学反应的进行，因此食品的含水率和水分活度与食品质量的关系十分密切。

食品所含的水分分为结合水和自由(游离)水，但只有自由水才能被微生物酶和化学反应所利用，可用水分活度来估量。微生物的活动与水分活度密切相关，低于某一水分活度时，微生物便不能生长繁殖。

由于水分的蒸发，一些新鲜果蔬等食品会出现外观萎缩、鲜度和嫩度下降等现象。

3. 光线

光线照射也会促进化学反应，如脂肪的氧化、色素的褪色、蛋白质的凝固等，均会因光线的照射而加速反应。因此食品一般要求避光贮藏或用不透光的材料包装。

4. 氧气

空气组分中约 78%(体积分数)的氮气对食品不起什么作用，而只占 20%(体积分数)左右的氧气因其性质非常活泼，能引起食品中多种变质反应和腐败。首先，氧气通过参与氧化反应对食品的营养物质(尤其是维生素 A 和维生素 C)、色素、风味物质和其他组分产生破坏作用。其次，氧气还是需氧微生物生长的必需条件，在有氧条件下，由微生物繁殖而引起的变质反应速度加快，食品贮藏期缩短。

5. 其他因素

除了上述因素外，还有许多因素能导致食品变质，包括机械损伤、环境污染、农药残留、滥用添加剂和包装材料等，这些因素引起的食品变质现象不但普遍存在，而且十分重要，特别是农药残留、滥用添加剂引起的食品变质现象呈越来越严重的趋势，必须引起高度重视。

综上所述，引起食品腐败变质的原因多种多样，而且常常是多种因素共同作用的结果。因此必须清楚了解各种因素及其作用特点，找出相应的防止措施，从而应用于不同的食品原料及其加工制品中。

【复习思考题】

一、名词解释

水分活度；有氧呼吸；无氧呼吸

二、思考题

1. 食品中水分的存在形式有哪些？水在食品内的功能有哪些？
2. 水分活度与微生物生长繁殖的关系如何？
3. 果蔬进入成熟后有哪些变化？

4. 微生物引起食品腐败变质的现象非常常见,叙述影响微生物生长繁殖的因素有哪些。

5. 简述引起食品腐败变质的化学因素及其特性。

【即测即练】

第二章

食品的冷却与冷藏

【本章导航】

掌握食品低温保藏的原理；了解常见的冷却设备；掌握食品的冷却与冷藏方法及其质量控制；了解食品在冷却过程中的热量传递；掌握食品在冷却和冷藏时的变化；了解冷库及相关仓储设备。

一场疫情，突出了冷库的重要性！

2020 年，一场疫情，牵动着十几亿人民的心。对于全国民众来说，当下处于特殊时期，而对于"蔬菜人"来说，他们正在经历一段艰难的时期，不少菜农、蔬菜批发商、配送商都已经感受到凉意。

虽然销售市场的蔬菜价格明显上涨，很多消费者说"菜篮子"变沉了，但是很多产区的价格却没有跟着涨价，反而跌了不少，甚至有些产区的蔬菜没法采收、运不出去。

最愁的就是菜农们，看着地里不断能上市的蔬菜，要么卖不出去，要么只能贱卖；蔬菜批发商也发愁，市场的货根本走不动。更让大家担心的是，谁也不知道这种情况何时能得到缓解。

究竟是哪些因素导致了这一局面呢？

1. 餐饮停业，学校、企事业单位延迟开工，这部分的蔬菜需求基本为零

延迟开工，很多地方还处于放假期间；餐饮停业，很多饭店没有开门，包括快餐店在内。蔬菜需求减少直接导致了很多批发市场的"冷清"。

2. 产地封路，冷库及运输设备企业关闭，导致价格狂跌

不仅关闭的市场和冷库越来越多，而且配套的泡沫箱厂、冰瓶厂也封了，运输车辆更是难走。对蔬菜销售的影响之大可想而知，很多人可能要亏惨了。

2020 年 1 月 30 日，农业农村部办公厅、交通运输部办公厅、公安部办公厅联合下发了《关于确保"菜篮子"产品和农业生产资料正常流通秩序的紧急通知》。通知要求严格执行"绿色通道"制度，确保鲜活农产品运输畅通，严禁未经批准擅自设卡拦截、断路阻断交通等违法行为，维护"菜篮子"产品和农业生产资料正常流通秩序。

资料来源：一场疫情，突出了冷库的重要性！[EB/OL].（2020-02-03）. https://bao. hvacr. cn/202002_2085820. html.

果蔬采收由于生命活动终止、合成代谢停止、分解代谢仍继续，因而产生大量呼吸热。如果不及时冷却，就会加速营养物质的损耗，导致食品风味损失和过度成熟。果蔬的冷却应及时进行，以除去田间热，使呼吸作用自采摘后就处于较低水平，以保持果蔬的品质。

食品的冷却是将食品的温度降低到接近食品的冰点，但不发生冻结，它是一种被广泛采用的用以延长食品贮藏期的方法。

宰杀后的鱼、肉、禽等动物性食品是没有生命力的生物体，它们对引起食品腐败变质微生物的入侵无抵御能力，也不能控制体内酶的作用，一旦被细菌污染，细菌迅速生长、繁殖，就会腐败变质。把动物性食品放在低温条件下贮藏，酶的活性会减弱，微生物的生命活动受到抑制，就可延长它的贮藏期。通常，非活体食品的贮藏温度越低，其贮藏期越长。动物性食品在冻结点以上的冷却状态下，只能做1～2周的短期贮藏；如果温度降至冻结点(国际上推荐－18℃)以下，动物性食品呈冻结状态，就可做长期贮藏，并且符合温度越低、品质保持越好、实用贮藏期越长的原则。但是考虑到维护结构、制冷设备的投资费用及电耗等日常运转费用，就存在一个经济性的问题，即冷却和冻结食品在什么温度下保藏最经济且有合适的货架期。

食品的冷藏要求，主要指冷藏时的最佳温度和空气中的相对湿度，有些食品在冷藏前要经过加工处理(如腌、熏、烤、晒等)达到一定的贮藏期。此处的贮藏期是指基于保持该食品新鲜度与高的食品质量而言的贮藏时间，而不是基于营养成分变化而言的。贮藏温度是指长期贮藏的最佳温度，它是指食品的温度，而不是空气的温度。

用于食品低温保藏的原料及其一般处理如下。

一、植物性原料及其处理

用于冷藏的植物性原料主要是水果、蔬菜，应是外观良好、成熟度一致、无损伤、无微生物污染、对病虫害的抵抗力强、收获量大且价格经济的品种。

植物性原料在冷却前的处理主要有：剔除有机械损伤、虫伤、霜冻及腐烂、发黄等质量问题的原料；将挑出的优质原料按大小分级、整理，并进行适当的包装。包装材料和容器在使用前应用硫黄熏蒸、喷洒波尔多液或福尔马林液进行消毒。整个预处理过程均应在清洁、低温条件下快速地进行。

二、动物性原料及其处理

动物性原料主要包括畜肉类、水产类、禽蛋类等。不同的动物性原料具有不同的化学成分、饲养方法、生活习性及屠宰方法，这些都会影响到产品贮藏性能和最终产品品质。比如牛羊肉易发生寒冷收缩，使肌肉嫩度下降；多脂水产品易发生酸败，使其品质严重劣变等。

动物性食品在冷却前的处理因种类而异。畜肉类及禽类主要是静养、空腹及屠宰等处理；水产类包括清洗、分级、剖腹去内脏、放血等步骤；蛋类则主要包括进行外观检查以剔除各种变质蛋、分级和装箱等过程。

动物性原料的处理必须在卫生、低温下进行，以免污染微生物，导致制品在冷藏过程中变质腐败。为此，原料处理车间及其环境、操作人员等应定期消毒，操作人员还应定期做健康检查并按规定佩戴卫生保障物品。

第一节 低温保藏食品的基本原理

一、食品的低温保藏原理

食品变质的原因是多样的，如果把食品进行冷冻加工，食品的生化反应速度会大大减慢，食品可以在较长时间内保藏而不变质，这就是低温保藏食品的基本原理。食品在变质过程中的矛盾是复杂的，动物性食品和植物性食品变质过程中的矛盾因其在性质上有很大差异而不同。

（一）动物性食品低温保藏原理

动物性食品变质的主要原因是微生物和酶的作用。变质过程中的主要矛盾是微生物侵入和食品抗病性（抵抗微生物的能力）的矛盾。因为动物性食品是非生体食品，它们的生物体与细胞都死亡了，故不能控制引起食品变质的微生物的作用，也不能抵抗引起食品变质的微生物的作用，因此，对细菌的抵抗力不大，细菌一旦感染，很快就会繁殖起来，最后使食品变质。但是，微生物的繁殖以及酶发生作用都需要有适当的温湿度和水分等条件，环境不适宜，微生物就会停止繁殖，甚至死亡，酶也会丧失催化能力，甚至被破坏。另外，氧化等反应的速度，也与温度有关。温度降低，化学反应显著减慢。为此，要解决这个主要矛盾，必须控制微生物的活动和酶的作用。把动物性食品存放在低温条件下，微生物和酶对食品的作用就更微小了。当食品在低温下冻结时，其水分生成的冰结晶使微生物丧失活力而不能繁殖，酶的反应受到严重抑制，生物体内的化学变化就会变慢，食品就可以做较长时间贮藏并维持新鲜状态而不会变质，这就是动物性食品的低温保藏原理。

（二）植物性食品低温保藏原理

植物性食品变质的主要原因是呼吸作用。变质过程中的主要矛盾是呼吸作用和耐藏性（延缓呼吸作用消耗营养的能力）的矛盾。耐藏性是指保藏期间果蔬的质量无显著恶化，并且其质量损耗也最小。果蔬的耐藏性并非由果蔬的某一种性质所决定的，而是果蔬各种物理、化学、生理学、生物化学性质的综合反映。从根本上讲，它是随着果蔬整个新陈代谢的变化而发生改变的。

新鲜果蔬水分含量大都在80%以上，之所以没有出现急剧失水现象，完全是由于果蔬表皮组织的作用。表皮组织是指表皮和其周围的组织，它不仅对外来的损伤和微生物的侵入等起着保护作用，而且还具有调节呼吸和蒸发等生理作用。

表皮组织的角质层、蜡质、木栓，作为抑制水分蒸发和气体透过的保护组织，具有重要的作用，而表皮组织的开孔也会影响果蔬的气体交换和水分蒸发。

1. 角质层

角质层也称角皮，是覆盖植物体表皮细胞壁上极细密的一层膜。角质层对于水分和气体的透过，以及微生物的侵入，抵抗性很强。将水分通过角质层的蒸发，称为角质层蒸发，而水果通过角质层的水分蒸发很少，因为水果的角质层比较厚，一般为 3～5 μm，而蔬菜由于从开花到收获的时间极短，所以，角质层不十分发达，水分蒸发快。因此，一般蔬菜保藏性低。

2. 蜡质

在角质层的表面，有 10～100 μm 的蜡质层。蜡质层和角质层同样具有保护内部组织的作用，并对抑制水分蒸发有相当强的作用。一旦去掉蜡质，蒸发量会急剧增加。一般水果蜡质较多，而蔬菜蜡质较少。

3. 木栓皮

木栓皮也称木栓。随着果蔬的成熟，角质层脱落，代之以栓皮的形成，或者是果实在生长中受伤后，为保护内部组织，自然形成的。木栓与角质层一样，对微生物的侵害有很强的抵抗性，并能抑制水分蒸发和气体通过。

4. 表皮组织的开孔

表皮组织是进行正常呼吸作用和蒸发作用不可少的组织。开孔的代表是气孔。气孔是从表皮组织细胞分化后形成的组织，气孔可以根据周围的环境条件进行开闭，如低温、无光时关闭；反之，则打开。叶菜类气孔发达，因此，水分蒸发可顺利地进行。正因为如此，收获后的叶菜类，很多都较早地枯萎，而薯类的表面有木栓组织保护，水分蒸发得较慢。虽然气孔主要集中在叶子上，但在叶子以外的器官上也可以看到。例如在桃子果面上，平均每 μm^2 为 3～6 个；而苹果、梨的角质层较厚，木栓发达，气孔较少，水分蒸发慢，故比桃子耐保藏。除气孔以外的开孔，还有皮孔，皮孔是随着植物的成熟而逐渐形成的。皮孔数因果蔬的种类、品种、成熟度等不同而有很大差异。

苹果、梨、桃、樱桃、李子等水果的果面都有开孔，但是，柿子、葡萄、茄子、西红柿和甜椒等果蔬的果面没有皮孔。那么，这样的果蔬在哪里进行气体交换和水分蒸发呢？这在果蔬的涂膜保鲜中极为重要。试验证明，这些果蔬的开孔集中在蒂的部位，靠蒂的开孔进行气体交换和水分蒸发，从而明确蒂在生理上起着重要作用。表 2-1 是果蔬开孔的状态和水分蒸发的部位。总之，果蔬的水分蒸发，主要靠开孔进行。因此，为了抑制水分蒸发，对果蔬可进行涂膜处理，可以大大地抑制水分蒸发，但要根据果蔬的开孔部位进行涂膜处理，否则，将不会得到理想的效果。

表 2-1 用显微镜观察水分蒸发的部位

蒸发速度	果蔬的种类	角质层的厚度/μm	果面开孔的多少	主要的蒸发部位
缓慢	苹果	4～9	++	果面开孔
	柿子	5～12	—	蒂部开孔
	柑橘	2～8	+	果面开孔
	梨	4～5	++	果面开孔
	番茄	2～4	—	蒂部开孔

续表

蒸发速度	果蔬的种类	角质层的厚度/μm	果面开孔的多少	主要的蒸发部位
中等	黄瓜	1～2	＋	果面开孔
	甜椒	2～4	－	蒂部开孔
	茄子	1～2	－	蒂部开孔
强烈	荚用豌豆	1～4	＋	果面开孔
	白菜	1～3	＋	叶面开孔

注：－表示果面不开孔，＋表示果面开孔，＋＋表示开孔数量较多。

二、低温与微生物

微生物和其他生物一样，只能在一定的温度范围内生存、发育和繁殖，这个温度范围的下限温度称为生物零度。在这个温度之下，微生物呈抑制状态，但不是全部死亡，即使在人工制造的－260 ℃左右的超低温下也有活的微生物。对一般的腐败菌和病原菌，在10 ℃以下它们的发育就显著地被抑制了。因此，低温对微生物的生存、发育、繁殖有很大影响，而微生物又对低温产生强的抵抗力。

（一）低温对微生物的影响

微生物对于低温的敏感性较差。绝大多数微生物处于最低生长温度时，新陈代谢活动已减弱到极低的程度，呈休眠状态。实验证明，随着温度的降低，微生物的繁殖减慢；温度增高，细菌分裂的时间缩短，繁殖速度加快。在冻结的情况下，微生物的繁殖相当缓慢。

对于中温微生物，如大多数腐败菌最适宜的繁殖温度为25～37 ℃，低于25 ℃，繁殖速度就逐渐减缓，到10 ℃以下时开始变慢，到4.5 ℃以下时，就更慢了，如低到0 ℃，就相当慢了(比在8 ℃时慢40倍)。但对低温微生物，即嗜冷菌，当温度降到0 ℃左右时，其繁殖速度变慢；当温度降到－5～－1 ℃时，其生长繁殖基本被控制，但仍在缓慢地繁殖，到－12～－8 ℃时，繁殖才会趋于停止。某些嗜冷菌，如霉菌、酵母菌，耐低温能力很强，即使在－8 ℃的低温下，仍可看到孢子发芽，到－10 ℃以下时，就停止了。由于食品内水中的细菌都是嗜冷菌，在0 ℃以下仍能生长繁殖，因此，要完全停止它们的繁殖，就必须把温度降到－18 ℃以下，这时食品内绝大部分水都冻结成冰了。虽然食品是营养很高的物质，但食品内的微生物却无法摄取。同时，在低温下，食品内部汁液冻结膨胀，破坏了它的细胞壁和原生质之间的关系，使其生理过程失常而停止活动。但必须强调指出，低温并不能完全杀灭细菌，而只是停止它的活动和繁殖，一旦温度升高，还活着的细菌就会苏醒过来，继续活动和繁殖，促使食品变质和腐败。因此，食品在低温流通中的温度要保证相对稳定。

食品在冻结时附在食品表面或内部的微生物也发生冻结，微生物内的水分大部分形成冰结晶，结晶的膨胀对微生物的细胞有机械损伤作用。由于食品的水分被冻结，微生物的细胞失去了可利用的水分，形成干燥状态，同时微生物细胞内的水分也被冻结，而使细胞质产生浓缩、电解质浓度增高、黏度增大、细胞质的pH值和胶体状态发生改变，甚至可引起细胞质内蛋白质部分变性等。

在冷冻温度下，微生物的菌数，随着冷冻状态的延长而逐渐下降或死亡。当温度稍低于冰点，尤其在−5～−1 ℃时，菌数下降较多，但低于−5 ℃时，菌数则下降较少，一般在低达−20 ℃以下时，菌数下降非常缓慢。还有人研究证明，即使在0 ℃以下，微生物仍能发育，但失去了对蛋白质和脂肪的分解能力，仅仅对碳水化合物有微弱的发酵作用。

低温导致微生物活力减弱和死亡的原因主要归纳为以下几个方面。

(1) 温度下降，酶活性随之下降，物质代谢减缓，微生物的生长繁殖就随之减慢。

(2) 由于各种生化反应的温度系数不同，降温破坏了原来的协调一致性，影响微生物的生活机能。

(3) 降温时，微生物细胞内原生质黏度增加，胶体吸水性下降，蛋白质分散度改变，还可能导致不可逆性蛋白质变性，从而破坏正常代谢。

(4) 冷冻时介质中冰晶体的形成会促使细胞内原生质或胶体脱水，使溶质浓度增加、蛋白质变性。同时，冰晶体的形成还会使细胞遭受机械性破坏。

(二) 微生物对低温的抵抗力

微生物对低温的抵抗力很强，特别是在形成孢子的情况下，抵抗力更强。微生物对低温的抵抗力因菌种、菌龄、培养基、污染量和冻结等条件而有所不同。

不同的微生物对低温有不同的抵抗力，有的较强，有的较弱。嗜冷荧光菌即使在0 ℃以下也能繁殖，结核杆菌在液氮中(−196 ℃)经10 h冻结也不死亡。一般来说，球菌比革兰氏阴性杆菌具有较强的抗冻能力。引起食物中毒的葡萄球菌和梭状芽孢杆菌(繁殖体)的抗冻能力较沙门氏菌强。具有芽孢的细菌和真菌的孢子都具有较强的抗冻特性。

一般幼龄的细菌(培养时间短的细菌)抵抗低温能力较弱。如荧光菌冻结前经不同时间培养后，在−16 ℃经4 min冻结，其死亡率如表2-2所示。从表2-2中可以看出，冻结前菌龄长的比菌龄短的死亡率小。

表 2-2 荧光杆菌经不同时间培养后的死亡率

培养时间	1日	8.5周	24周
死亡率/%	72	41	0

冻结食品贮藏时间越长，细菌的死亡率越高。如荧光菌在−6 ℃的蒸馏水中冻藏，其死亡率见表2-3。

表 2-3 冻藏时间和荧光菌的死亡率

冻藏时间/min	8	16	32	64	128	256
死亡率/%	70	71	85	96	93	98.1

冻藏温度不同，细菌的死亡率不同。有人曾用大肠杆菌做试验，将其在−70 ℃条件下快速冻结，然后在不同温度下冻藏。结果发现，高温冻藏的大肠杆菌比低温冻藏多。

微生物在冻结和解冻反复交替过程中,比一直在冻藏状态死亡率高。

细菌在培养环境中的pH值不同,死亡率亦不同,通常越接近中性,死亡率越小。例如,有人将病原菌接种在樱桃上,并于-40 ℃至-18 ℃条件下保藏,病原菌能生存2～3个月,而在酸性果汁中接种的病原菌仅能生存4周。因此,食品的种类和状态等不同,即使在同样条件下冻结、冻藏,细菌的死亡率也不同。

(三)食品冷藏中微生物的活动

食品的冷藏分为冷却食品的冷藏和冻结食品的冷藏,后者也称为冻藏。因食品的冷藏条件不同,微生物的活动也不同。

在冷却食品的冷藏中,随着温度的降低,嗜冷性微生物的活动减弱,到接近0 ℃时显著地下降。

冷却冷藏的水果蔬菜、肉类、鱼类和蛋类等,已发现的耐低温性微生物主要是假单孢杆菌、无色杆菌、黄色杆菌、醋酸杆菌。其中,造成冷却食品在保藏中腐败或改变食品颜色的主要是假单孢杆菌。

假单孢杆菌和无色杆菌最适宜的生长温度是10～20 ℃,最高温度为25～35 ℃,最低温度为0～5 ℃。这两种细菌属于好气性细菌,因此,在空气不足的条件下生长非常缓慢。此外,这两种细菌在低温下也能产生有活性的蛋白分解酶,这是食品在低温下腐败的主要原因。同时,发生一系列化学变化。假单孢杆菌和无色杆菌在食品上繁殖的时候,食品表面出现半透明有光泽的菌落,有时呈灰色的黏状薄膜,有的使食品变成绿色或褐色。

冻结食品的冻藏,一般温度在-20～-18 ℃,有的达-40 ℃以下。贮藏的食品有水果、蔬菜、肉类、禽类、鱼类、蛋类和乳类等。

食品在这个温度下冻藏,几乎足以阻止微生物的生长,因此,可以较长时间地保藏。但是,有些嗜冷性微生物在冻结食品上也能生长和繁殖,由于微生物产生酶类,仍然进行着缓慢的生物化学变化,因此,长期保藏的冻结食品的质量在缓慢地下降。

冻结前经过成熟的肉类,有时要受到细菌产生的酶和毒素的污染。当冻结之后,这些酶和毒素对食品质量仍有不良的影响,即使在-30 ℃左右的冻结状态下,也会对食品发生作用。如果附着病原菌的肉类冻结前保藏的温度又较高,则可能产生毒素。这些毒素即使经过冻结也不被破坏,用这样的肉类加工的产品,可能引起食品中毒。所以,在冻结前食品的加工过程中,必须有严格的卫生管理。

目前报道的13种微生物(细菌6种、酵母菌4种、霉菌3种)在冷冻食品贮藏中仍能活动,尤其是酵母菌比其他微生物能在更低的温度下繁殖。例如红色酵母中的一种在-34 ℃时仍能发育,另外两种在-18 ℃还可发育。霉菌中最低的发育温度为-12 ℃。因此,在冷冻果汁、冰淇淋及其水果类食品中发现有微生物活动。

微生物处在繁殖温度以下低温时,不是处于休眠,就是处于死灭的状态。一般来说,凡是嗜冷菌,在冻结点以下就不可能繁殖。如表2-4所示,在0 ℃以下食品中也有细菌的生长繁殖,这完全是一种特殊的例外。

表 2-4 食品中特殊微生物的繁殖温度

食品		微生物	温度/℃
肉类	羊肉	大毛霉	−1
	羊肉肥肉	细菌和酵母菌	−1
	牛肉	霉菌、酵母和细菌	−1.6
	肉及马铃薯	假单胞菌属、无色杆菌属	−3
	猪肉	适冷细菌	−4
	肉	霉菌、酵母菌	−5
	羊肉	霉菌、酵母菌、假单胞菌属,微球菌属	−5
	肉	腊叶芽枝霉	−5.5
	肉	膜叶芽枝霉	−6
	肉	假单胞菌属	−7
	肉	肉分枝(拟定名,一种刺枝霉)	−7.8
	(自养)食物	霉菌	−7.8
	肉	霉菌	−8
保藏肉类	肝香肠、大香肠	微球菌属	>5
	肝香肠	未经鉴定的杆菌	5
	保藏肉类	乳酸杆菌、明串珠菌	3.5
	火腿	腐化梭状芽菌杆菌	1~2
	熏猪肉(无盐)	适冷微生物	−5
	4.3%及5.9%盐熏猪肉	适冷微生物	−6.7
	熏腊肉	嗜盐细菌	−10
鱼类	鱼	发光细菌	0
	鳕鱼	正常腐败区系	−4
	鱼	适冷微生物	−5
	鱼	细菌	−6.7
	鱼	假单胞菌属	−7
	鱼	细菌	−11
	牡蛎	粉红色酵母	−17.8

三、低温与呼吸作用

(一)低温与呼吸速度

食品的温度每上升 10 ℃,其化学变化或化学反应的速度增加的倍数叫温度系数,用 Q_{10} 表示。果蔬多数情况下 Q_{10} 为 2~3,即温度上升 10 ℃,化学反应的速度比温度未上升 10 ℃前的反应速度大 2~3 倍;相反,温度下降 10 ℃,化学反应速度减少 1/2~2/3。几种水果蔬菜在 0~43 ℃的 Q_{10} 值如表 2-5 和表 2-6 所示。

表 2-5　水果呼吸速度的温度系数 Q_{10}

种　类	温度变化范围				
	0～10 ℃	11～21 ℃	16.6～26.6 ℃	22.2～32.2 ℃	33.3～43.3 ℃
草莓	3.45	2.10	2.20		
桃子	4.10	3.15	2.25		
柠檬	3.95	1.70	1.95	2.00	
橘子	3.30	1.80	1.55	1.60	
葡萄	3.35	2.00	1.45	1.65	2.60

表 2-6　蔬菜呼吸速度的温度系数 Q_{10}

种　类	温度变化范围	
	0.5～10.0 ℃	10.0～24.0 ℃
芦笋	3.7	2.5
豌豆	3.9	2.0
豆角	5.1	2.5
菠菜	3.2	2.6
辣椒	2.8	2.3
胡萝卜	3.3	1.9
莴苣	1.6	2.0
番茄	2.0	2.3
黄瓜	4.2	1.9
马铃薯	2.1	2.2

从表 2-5、表 2-6 可以看出，不同果蔬的 Q_{10} 有不同数值，在 0～35 ℃的温度范围内，温度低时，Q_{10} 增大，呼吸速度减弱，对果蔬的贮藏有利。相反，温度超过 35 ℃，呼吸强度反而降低，如果温度还要升高，由于果实中酶被破坏，呼吸作用将会停止。

（二）低温与呼吸高峰

果蔬在低温条件下，由于呼吸速度减弱，可推迟有高峰型果蔬呼吸高峰的到来，并使呼吸高峰降低，因此，推迟呼吸高峰是果蔬保藏中的重要方法。

收获后的洋梨放在不同温度下，温度越低，呼吸高峰出现越晚，呼吸高峰越低。洋梨收获后放在 10～21 ℃下，经 10～21 天就进入呼吸高峰阶段而变黄；在 4.5～1.1 ℃下，可以大大地推迟进入呼吸高峰的时间，此时完全看不到变黄；当放在－2.5 ℃以下时，即使经过 140 天也没有呼吸高峰出现。因此，贮藏在－2.5～1.1 ℃是最佳温度。

（三）低温与呼吸强度

果蔬的呼吸作用强弱是用呼吸强度来表示的。呼吸强度大，则果蔬的呼吸作用大；呼吸强度小，则果蔬的呼吸作用就小。影响呼吸强度大小的内因和外因很多。例如，果蔬的种类、品种、生长天数是内因，外界的温度高低、空气成分、机械创伤、微生物侵染是外因。

在相同的条件下，不同种类的果蔬，其呼吸强度的差异很大。一般是绿叶菜呼吸强度最大；西红柿、浆果其次；苹果、柑橘最小。同种类不同品种的果蔬呼吸强度也不同，一般是早熟品种比晚熟品种大。

温度对于果蔬呼吸强度的影响是极为显著的。在一定范围内，外界环境温度升高，果蔬的呼吸强度也随着增大。相反，温度降低，使呼吸强度减小，抑制了呼吸作用，进而保证了果蔬的质量和延长了保藏期限。另外，在贮藏和运输期间，温度的波动也能引起呼吸强度的增大。

在贮藏环境中，空气中的氧和二氧化碳的浓度对果蔬的呼吸强度也有一定的影响。二氧化碳浓度增高，能抑制果蔬的呼吸强度；氧浓度增高，可增强呼吸强度。目前采用的气调保藏是控制果蔬呼吸强度的最好办法。

此外，果蔬遭受机械创伤之后，呼吸强度也会增大。原因是原果蔬组织内氧的浓度小，而二氧化碳的浓度大，一旦碰伤，内部组织暴露于空气中，氧的浓度增大，从而促进呼吸作用。受微生物感染的果蔬，也会增强呼吸强度。因为这时需要利用呼吸过程中的氧化作用来抵抗细菌的入侵。

综上所述，并经实践证明，在温度为25～35 ℃时，食品的变质作用进行得最强烈。随着温度降低，微生物的活动减慢，呼吸作用被控制，低温能延缓和减弱食品的变质，并能最大限度地保持食品的新鲜度和色、香、味。因此，利用人工制冷达到低温来保藏食品的方法已被广泛采用。这样，不但能够长时间保持食品原有状态，而且为调节产销、调节淡旺季提供了条件。但是，应该指出，低温并不能完全阻止微生物活动、酶的作用和呼吸作用，保藏期过长，食品的质量仍会下降。因此，冷却和冻结食品的贮藏期不能超过保藏期限。

第二节　食品在冷却过程中的热量传递

一、食品冷却的目的和温度范围

（一）食品冷却的目的

冷却是冷藏的必要前处理，是食品与周围介质进行热交换的过程。

冷却的目的是：快速排出食品内部的热量，使食品温度在尽可能短的时间内（一般几小时）降到冰点以上的预期温度，从而能及时地抑制食品中微生物的生长繁殖和生化反应速度，保持食品的良好品质及新鲜度，延长食品的保藏期。

食品的冷却一般在食品原料的产地进行，易腐食品一般应在采收或屠宰后立即冷却，在运输、销售、贮藏过程中均保持低温，以抑制生化反应和微生物生长繁殖。

冷却是对水果、蔬菜等植物性食品进行冷加工的常用方法。由于水果、蔬菜等植物性食品都是有生命的有机体，在贮藏过程中还在进行呼吸作用，放出呼吸热使其自身温度升高而加快衰老过程，因此必须通过冷却来除去呼吸热而延长其贮藏期。另外，水果、蔬菜的冷却应及时进行以除去田间热，使呼吸作用自采收后就处于较低水平，以保持水果蔬菜的品质。对于草莓、葡萄、樱桃、生菜、胡萝卜等品种，采收后早一天冷却处理，往往可以延长贮藏期半个月至1个月。但是，马铃薯、洋葱等品种由于收获前生长在地下，收获时容易破皮、碰伤，因此需要在常温下养好伤后再进行冷却贮藏。

冷却也是短期保存肉类的有效手段。肉类的冷却是将肉类冷却到冰点以上的温度，一般为0～4 ℃。由于在此温度下，酶的分解作用、微生物的生长繁殖及干耗、氧化作用等均未被充分抑制，因此冷却肉只能贮藏2周左右的时间。如若希望做较长期的贮藏，必须把肉类冻结，使温度降到−18 ℃或以下才能有效地抑制酶、非酶及微生物的作用。肉类在冷却贮藏的过程中，在低温下进行成熟作用，显得特别重要。另外，冷却肉与冻结肉相比较，由于没有经过冻结过程中水变成冰晶和解冻过程中冰晶融化成水的过程，因此在品质各方面更接近于新鲜肉，因而更受消费者的欢迎。近年来国际、国内的销售情况都表明，冷却肉的消费量在不断增大，而冻结肉的消费量则在不断减小，英、美等发达国家甚至提出不吃冻结肉的观点，因此肉类的冷却工艺目前又广泛受到人们的关注。

水产品的腐败变质是由于体内所含酶及身体表面附着的微生物共同作用的结果，无论是酶或是微生物，其作用都要求有适宜的温度和水分含量。鱼类经捕获死亡后，其体温处于常温状态。由于其生命活动的停止，组织中的糖原进行无氧分解生成乳酸。

$$(C_6H_{10}O_5)_n + nH_2O \rightarrow 2n(C_3H_6O_3) + 243.08\ \mathrm{J}$$

在形成乳酸的同时，磷酸肌酸分解为无机磷酸和肌酸。

$$\text{肌酸} \sim \mathrm{P} + \mathrm{ADP} \rightarrow \mathrm{ATP} + \text{肌酸}$$

$$\mathrm{ATP} \rightarrow \mathrm{ADP} + \mathrm{Pi} + 29.31\ \mathrm{kJ}$$

由于分解过程都是放热反应，产生的大量热量使鱼体温度升高2～10 ℃。如果不及时冷却排出这部分热量，酶和微生物的活动就会大大增强，加快鱼体的腐败变质速度。经验表明，渔获后立即冷却到0 ℃的鱼，第7天进入初期腐败阶段；而渔获后放置在18～20 ℃鱼舱中的鱼，1天就开始腐败。由此可见，及早冷却与维持低温，对水产品的贮藏具有极其重要的意义。

（二）食品冷却的温度范围

食品冷加工的温度范围，虽然也有例外的情况，但大致可以按照表2-7来划分。在它们各自的温度范围内，分别称为冷却食品、冻结食品、微冻食品和冷凉食品。一般可根据食品的用途等不同，选择其适宜的温度范围。

表2-7　食品冷却和冻结的温度范围

名称	冷却食品	冻结食品	微冻食品	冷凉食品(1)	冷凉食品(2)
温度范围/℃	0～15	−30～−20	−3～−2	−1～1	−5～5
备注	冷却但未冻结	冻结坚硬	稍微冻结	（参照下文）	（参照下文）

冷却食品的温度范围上限是15 ℃，下限是0～4 ℃。在此温度范围内，温度越低，贮藏期越长的概念只适用于水产类和动物类食品。对于植物性食品来说，其温度要求在冷害界限温度之上，否则会引起冷害，造成过早衰老或死亡。

微冻食品以前我国也称作半冻结食品，近几年基本上统一为微冻食品。微冻是将食品温度降到比其冰点温度低2～3 ℃并在此温度下贮藏的一种保鲜方法。与冷却方法相比较，微冻的保鲜期是冷却的1.5 ～2倍。

冷凉食品(1)在欧美是指冷却状态的食品,而冷凉食品(2)是近年日本的水产公司以冷冻食品的名称市售的食品。两者都以冷凉称呼,但温度的幅度不同,前者温度幅度仅为2 ℃,后者却有10 ℃的温度范围。前者的代表性商品是从澳洲进口的冷冻牛肉,后者的例子是鱼店贩卖的刚解冻的鲸鱼肉或半解冻的稍硬的鱼肉等。冷凉食品的称呼在我国一直未被接受。

二、食品的冷却介质

在食品冷却冷藏过程中,与食品接触并将食品热量带走的介质,称为冷却介质。冷却介质不仅转移食品放出的热量,使食品冷却或冻结,而且有可能与食品发生负面作用,影响食品的成分与外观。

用于食品冷藏加工的冷却介质有气体、液体和固体三种状态。不论是气体、液体,还是固体,都要满足以下条件。

(1) 有良好的传热能力。

(2) 不能与食品发生不良作用,不得引起食品质量、外观的变化。

(3) 无毒、无味。

(4) 符合食品卫生要求,不会加剧微生物对食品的污染。

(一) 气体冷却介质

常用的气体冷却介质有空气和二氧化碳。

1. 空气

1) 空气的性能特点

空气作为冷却介质,应用最为普遍,它具有以下优点。

(1) 空气无处不在,可以无价使用。

(2) 空气无色、无味、无臭、无毒,对食品无污染。

(3) 空气流动性好,容易自然对流、强制对流,动力消耗少。

(4) 若不考虑空气中的氧气对脂肪的氧化作用,空气对食品不发生化学作用,不会影响食品质量。

空气作为冷却介质,具有以下缺点。

(1) 空气对脂肪性食品有氧化作用。

(2) 空气作为冷却介质,由于其导热系数小、密度小、对流传热系数小,故食品冷却速率慢。但空气流动性好,可加大风速,提高对流传热系数。

(3) 空气通常处于不饱和状态,具有一定的吸湿能力。在用空气作为冷却介质时,食品中的水分会向空气中扩散,引起食品的干耗。

2) 空气的状态参数

空气由干空气和水蒸气组成,所以空气又称为湿空气。虽然空气中水蒸气的含量少,但它可以引起空气湿度的变化,从而影响到食品的质量。与食品冷却冷藏有关的湿空气状态参数有空气的温度、相对湿度。空气的温度可直接用普通水银温度计或酒精温度计进行测量,但一般水银温度计比酒精温度计要准确些。空气的相对湿度表征了空气的吸湿能力，相对湿度越大，空气越潮湿，吸湿能力越差；相对湿度越小，空气越干燥，吸湿能力越强。在食品冷藏过程中，空气的相对湿度是重要的物理参数。相对湿度低，有助于抑制微生物的活动，但食品的干耗大；相对湿度高，可以减少食品的干耗，但微生物容易发育繁殖。因此，冷库必须保持合理的相对湿度。

测量相对湿度的仪器称为湿度计。常用的湿度计有干球湿度计、露点湿度计、毛发湿度计、电阻湿度计等类型。

2. 二氧化碳

二氧化碳很少单独用作冷却介质，主要和其他气体按不同比例混合一起用于果蔬等活体食品的气调贮藏中。二氧化碳可以抑制微生物尤其是霉菌和细菌的生命活动。

二氧化碳具有很高的溶解于脂肪中的能力，从而可以减少脂肪中的氧气含量，延缓氧化过程。二氧化碳气体比空气重，比热容和导热系数都比空气小。在常压下，二氧化碳只能以固态或气态形式存在。固态二氧化碳称为干冰，在−79.8 ℃升华，且1 kg干冰吸收的热量大约为冰融化潜热的2倍。

（二）液体冷却介质

常用的液体冷却介质有水、盐水、有机溶剂及液氮等。

1. 水

水作为冷却介质只能用于将食品冷却至接近0 ℃的场合，因而大大限制了水作为冷却介质的使用范围。

海水中含有多种盐类，其中包括氯化钠和氯化镁。这使海水的冰点降到−1～−0.5 ℃。同时，海水具有咸味和苦味，也限制了海水的使用范围。

2. 盐水

盐水作为冷却介质应用比较广泛，经常使用的盐水溶液有 $NaCl$、$CaCl_2$、$MgCl_2$ 等。

与食品冷藏关系密切的盐水的热物性主要是密度、冰点、浓度、比热容、热导率、动力黏度等。各参数之间存在以下关系：盐水的比热容、热导率随着盐水浓度的增加而减小，随着盐水温度的升高而增大；盐水的动力黏度、密度随着盐水浓度的增加而增大，随着盐水温度的升高而减小。

在食品冷藏中，合理地选择盐水浓度是很重要的，总的原则是：在保证盐水在盐水蒸发器中不冻结的前提下，尽量降低盐水的浓度。盐水浓度大，黏度就大，盐水循环消耗的动力就多。同时由于盐水比热容、热导率随着盐水浓度增大而减小，盐水的对流换热系数减小，制取一定量的冷量时，盐水循环量增大，也要多消耗功。因此，要合理选择盐水浓度。为了保证盐水在盐水蒸发器表面不结冰，通常使盐水的温度比制冷剂的蒸发温度低6～8 ℃。

盐水在工作过程中，容易从空气中吸收水分，使盐水浓度逐渐降低，冰点升高。当盐水冰点高于制冷剂蒸发温度时，会在传热面上析出一层冰膜，降低蒸发器的传热效率。如果盐水在管内结冰，严重时会使管子破裂。因此，在盐水工作过程中，应定期检查盐水浓度，根据情况及时加盐，保证盐水处于规定浓度。

3. 有机溶剂

用作食品冷却介质的有机溶剂主要有甲醇、乙醇、乙二醇、丙二醇、甘油、蔗糖转化的糖溶液等。这些有机溶剂共同的特点是：低温时黏度不会过多增加，对金属腐蚀性小，无臭、无味、无毒。所以这些有机溶剂都是良好的食品冷却介质。

除食盐、甘油、乙醇、糖、丙二醇外，其他冷却介质均不宜与食品相接触，只能作为间接冷却介质，各冷却介质的含量及极限温度见表2-8。

表2-8 各冷却介质的含量及极限温度

冷却介质	含量/%	极限温度/℃	冷却介质	含量/%	极限温度/℃
食盐水溶液	23.0	−21.2	乙二醇	60.0	−46
氯化钠	29.0	−51.0	丙二醇	60.0	60
氯化镁	21.6	−32.5	甘油	66.7	−44.4
甲醇	78.3	−139.9	蔗糖水溶液	62.4	−13.9
乙醇	93.5	−118.3	转化糖	58.0	−16.6

4. 液氮

液氮在101 325 Pa下的蒸发温度为−196 ℃，制冷能力为405 kJ/kg。近年来，液氮用于食品冷冻冷藏工程中比较多。由于低温氮气的制冷能力很大，在用液氮冻结食品时，除利用液体的蒸发潜热外，还要想办法充分利用低温氮气的有效制冷能力。

与气体冷却介质相比，液体冷却介质具有以下优点。

(1) 液体的导热系数和比热容均比气体大，密度及对流传热系数也比气体大得多，因此，食品冷却时间短、速度快。

(2) 不会引起食品的干耗。

但液体冷却介质也存在以下几点不足。

(1) 液体密度大、黏度大，强制对流时花费的动力多。

(2) 容易引起食品外观的变化。

(3) 需要花费一定的成本，不能无价使用。

(三) 固体冷却介质

常用的固体冷却介质有冰、冰盐混合物、干冰、金属等。

1. 冰

冰有天然冰、机制冰、块冰、碎冰之分。根据需要又可制成片状、雪花状、管状及小块状等形状，使用非常方便。近年来，防腐冰开始广泛应用，用作防腐冰的抗生素有金霉素、土霉素、氯霉素等。

纯冰的熔点为0 ℃，通常只能制取4～10 ℃的低温，不能满足更低温度的要求。用冰盐混合物可以制取低于0 ℃的低温。

2. 冰盐混合物

将冰与盐均匀混合，即为冰盐混合物，最常用的冰盐混合物是冰与食盐的混合物。除食盐外，与冰混合的盐还有氯化钙、硝酸盐、碳酸盐等。除冰外，干冰与有机溶剂也能组成冰盐混合物。各种冰盐混合物及极限温度详见表 2-9。

表 2-9　各种冰盐混合物及极限温度

冰盐混合的成分	质量配比	极限温度/℃
冰或雪：食盐	2∶1	−20
冰或雪：食盐：氯化铵	5∶2∶1	−25
冰或雪：食盐：氯化铵：硝酸钾	21∶10∶5∶5	−28
冰或雪：硫酸	3∶2	−30
冰或雪：食盐：硝酸铵	12∶5∶5	−32
冰或雪：盐酸	8∶5	−32
冰或雪：硝酸	7∶4	−35
冰或雪：氯化钙	4∶5	−40
冰或雪：结晶氯化钙	2∶3	−45
冰或雪：碳酸钾	3∶4	−46

3. 干冰

与冰相比，干冰作为冷却介质有如下优点。

(1) 制冷能力强，单位质量干冰的制冷能力是冰的 1.9 倍。

(2) 101 325 Pa 压力下，干冰升华为二氧化碳，不会使食品表面变湿。

(3) 101 325 Pa 压力下，干冰升华温度为−78.9 ℃，远比冰的熔点低，冷冻速率快。

(4) 干冰升华形成的二氧化碳，降低了食品表面氧气的浓度，能延缓脂肪的氧化，抑制微生物的生命活动。

但干冰成本高，其应用受到一定限制。

4. 金属

金属作为冷却介质，最大的特点是导热系数大，导热系数的大小表征了物体导热能力的高低。在制冷技术中，使用最多的是钢、铸铁、铜、铝及铝合金。但在食品工业中，广泛使用的是不锈钢。

三、食品冷却中的传热

食品的冷却过程是指热量从食品传递到冷却介质中，使食品温度降低的过程。根据热力学定义，热量总是从高温物体传递到低温物体，只要有温差存在，就会有热量传递的发生。

食品在冷却过程中，主要以对流、传导及热辐射三种形式进行传热。其中食品表面与冷却介质之间的传热以对流传热和辐射换热为主，但食品内部的传热是以导热方式进行的。

（一）导热

导热是指热量从物体中温度较高的部分传递到温度较低的部分，或者从温度较高的物体传递到与之接触的温度较低的另一物体的过程。食品热量从食品中心传到外表面就是靠导热来传递的。

热导率 λ 的大小表征了物体导热能力的高低，它是物质的热物性参数，其值与物质的种类和温度有关，不同食品的热导率各不相同，它主要与食品中的含水量和含脂量有关。一般来讲，食品的含水量高、含脂量低则 λ 值高，反之亦然。另外，冻结状态下的 λ 值要比未冻结时显著增加，详见表 2-10 及表 2-11。

表 2-10　食品的热导率

食品的种类	禽肉	畜肉	鱼肉	水	冰	空气
λ/[W/(m·℃)]	0.4～0.41	0.46～0.5	0.4～0.41	0.59	4.65	0.023

表 2-11　生鲜状态与冻结状态热导率的比较

温度/℃	λ/[W/(m·℃)]			状态
	牛肉(少脂)	牛肉(多脂)	猪肉	
30	0.49	0.49	0.49	生鲜状态
0	0.48	0.48	0.48	
−5	1.06	0.93	0.77	冻结过程
−10	1.35	1.20	0.99	
−20	1.57	1.43	1.29	
−30	1.65	1.53	1.45	

（二）对流

对流是指流体各部分之间发生相对位移时所引起的热量传递过程。对流只能发生在流体中，而且必然伴随有导热现象。

当用空气或盐水冷却食品时，流体与食品表面的热交换即为对流传热。

根据流动的原因不同，对流可分为自然对流和强制对流两类。自然对流是由于冷热流体的密度不同而引起的。温度高的流体密度小，要上升；对应的温度低的流体密度大，要下沉，这样便引起流体的自然对流。强制对流是借助风机或泵等机械设备产生压差使流体流动。食品冷却或冻结时常用的冷风机便是使空气冷却并强制其对流的设备。

对流传热系数 a 的大小表征了对流换热的强弱。对流传热系数不是物质的热物性参数。影响对流传热系数的因素很多，如流体的种类、物理性质、流动速率等。通常强制对流的传热系数大于自然对流的传热系数，液体的对流传热系数大于气体的传热系数。在一定的范围内，随着流体流动速率的增大，对流传热系数也增大。表 2-12 为对流换热系数。

表 2-12　对流传热系数

对流换热形式	对流换热系数/[W/(m^2·℃)]	对流换热形式	对流换热系数/[W/(m^2·℃)]
空气自然对流	3～10	水自然对流	200～1 000
空气强制对流	20～160	水强制对流	1 000～15 000

（三）热辐射

因热引起的电磁波辐射称为热辐射。它是由物体内部微观粒子在运动状态改变时所激发出来的，激发出来的能量分为红外线、可见光和紫外线等，其中红外线对人体的热效应显著。

自然界中所有物体都在不停地向周围发出辐射能，同时不停地吸收其他物体发射的辐射能。不同温度的物体对辐射能进行辐射与吸收的综合结果，导致热量从温度高的物体传向温度低的物体，这就是辐射传热。

第三节　食品的冷却方法

常用的食品冷却方法有冷风冷却、冷水冷却、碎冰冷却、真空冷却、差压式冷却、通风冷却等，具体使用时应根据食品的种类和冷却要求的不同选择适合的冷却方法，见表 2-13。

表 2-13　食品冷却方法与使用范围

冷却方法	肉	禽	蛋	鱼	水果	蔬菜	烹调食品
通风冷却法	√	√	√		√	√	√
差压式冷却法	√	√	√		√	√	√
水冷却法		√		√	√	√	
冰冷却法		√		√	√	√	
真空冷却法						√	

一、空气冷却

空气冷却是利用降温后的冷空气作为冷却介质使食品降温的方法。冷风机把被冷却的空气从风道中吹出，在预冷室或隧道内与食品接触，吸收热量维持稳定低温。空气预冷的方式主要有室内冷却法、快速冷却法两种。室内冷却法利用冷藏库进行，冷藏库兼做预冷库使用。快速冷却法有强制通风冷却及差压通风冷却等。

（一）冷藏库冷却

将需冷却食品放在冷却物冷藏库内预冷却，称为室内冷却。这种冷却主要以冷藏为目的，库内制冷能力小，由自然对流或小风量风机送风，冷却速度慢，但操作简单，冷却与冷藏同时进行。一般只限于苹果、梨等产品，对易腐和成分变化快的水果、蔬菜不合适。

（二）通风冷却

通风冷却又称为空气加压式冷却。它与自然冷却的区别在于配置了较大风量、风压的风机，所以又称为强制通风冷却。这种冷却方式的冷却速率较自然冷却有所提高，但不及差压式冷却。

强制通风冷却是让低温空气流经包装食品或未包装食品表面，达到冷却目的。强制通风冷却可先用冰块或机械制冷使空气降温，然后用冷风机将被冷却的空气从风道吹出，在冷却间或冷藏间中循环，吸收食品中的热量，促使其降温。其工艺主要取决于空气的温度、相对湿度和流速等。具体的工艺条件选择由食品的种类、有无包装、是否干缩、是否快速冷却等确定。

空气冷却法的使用范围很广，常用于果蔬、鲜蛋、乳品以及畜禽肉等冷藏、冻藏食品的预冷处理，特别适于青花菜、绿叶类蔬菜等经浸水后品质易受影响的蔬菜产品。

果蔬的空气冷却可在冷藏库的冷却间内进行。水果、蔬菜冷却初期空气流速一般在1～2 m/s，末期在1 m/s以下，空气相对湿度一般控制在85%～95%。根据水果、蔬菜等品种的不同，其冷却至各自适宜的冷藏温度后，移至冷藏间冷藏。

畜肉的空气冷却方法是在一个冷却间内完成全部冷却过程，冷却空气温度控制在0 ℃左右，风速在1～2 m/s，为了减少干耗，风速不宜超过2 m/s，相对湿度控制在90%～ 98%。冷却终了，胴体后腿肌肉最厚部位的中心温度应在4 ℃以下，整个冷却过程可在24 h内完成。禽肉一般冷却工艺要求空气温度0 ℃，相对湿度80%～85%，风速为1～2 m/s。经7 h左右可使禽胴体温度降至5 ℃以下。若适当降低温度、提高风速，冷却时间可缩至4 h左右。

鲜蛋冷却应在专用的冷却间完成。蛋箱码成留有通风道的堆垛，在冷却开始时冷空气温度与蛋体温度相差不能太大，一般低于蛋体温度2～3 ℃，随后每隔1～2 h将冷却间空气温度降低1 ℃左右，冷却间空气相对湿度在75%～85%，流速在0.3～0.5 m/s。通常情况下经过24 h冷却后，蛋体温度可降至－3～1 ℃。

（三）差压式冷却

图2-1所示为强制通风式冷却装置与差压式冷却装置的比较。这是近几年开发的新技术，将食品放在吸风口两侧，并铺上盖布，使高、低压端形成2～4 kPa压差，利用这个压差，使－5～10 ℃的冷风以0.3～0.5 m/s的速度通过箱体上开设的通风孔，顺利地在箱体内流动，用此冷风进行冷却。根据食品种类不同，差压式冷却一般需4～6 h，有的可在2 h左右完成。一般最大冷却能力为货物占地面积70 m^2，若大于该值，可对贮藏空间进行分隔，在每个小空间设吸气口。

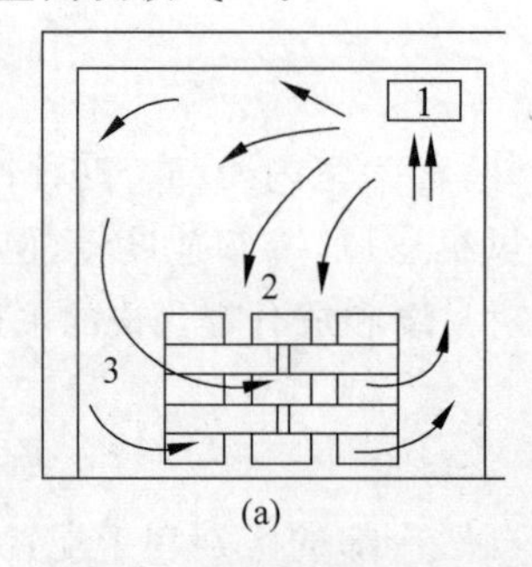

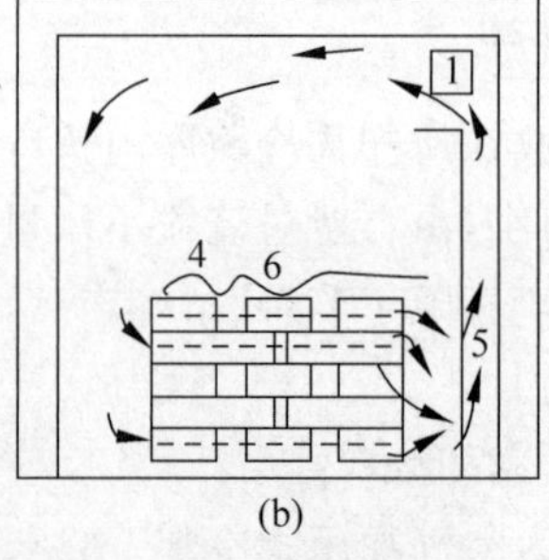

图2-1 强制通风式冷却装置与差压式冷却装置的比较

(a) 强制通风式冷却装置；(b) 差压式冷却装置

1—通风机；2—箱体间设通风空隙；3—风从箱体外通过；

4—风从箱体上的孔中通过；5—差压式空冷回风风道；6—盖布

可以将强制通风冷却方式的库房改造成为差压式冷却装置,用同样的制冷设备可以得到较大的收益。当然,也可以开始就设计成差压式冷却装置,效果会更好。

差压式冷却具有能耗小、冷却速度快(相对于其他空气冷却方式)、冷却均匀、可冷却的品种多、易于由强制通风冷却改建的优点。但也有食品干耗较大、货物堆放(通风口要求对齐)麻烦、冷库利用率低的缺点。

冷风冷却使用最多的是冷却水果、蔬菜,同时还可以用来冷却禽、蛋、调理食品等。冷却时通常把被冷却食品放于金属传送带上,可连续作业。冷却装置可制成洞道式并配上金属传送带。

二、冷水冷却

冷水冷却法是0～3 ℃的低温水作为冷媒,把食品冷却到要求温度,用冷水喷淋产品或将产品浸泡在冷却水(淡水或海水)中,使产品降温的一种冷却方式。冷却水的温度一般在0 ℃左右,冷却水的降温可采用机械制冷或碎冰降温。冷水冷却设备适用于家禽、鱼、果蔬、水产品的冷却,特别是对一些易变质食品,冷却速度较快,无干耗。但冷水被污染后,就会通过冷水介质传染给其他食品,影响食品冷却质量。

1. 冷水冷却的方式及主要设备

冷水冷却设备一般有三种方式:喷水式(又分为喷淋式和喷雾式)、浸渍式和混合式(喷水和浸渍相结合),其中又以喷水式应用较多。

喷水式冷却设备主要由冷却水槽、传送带、冷却隧道、水泵和制冷系统等部件组成。在冷却水槽内设冷却盘管,由压缩机制冷,使盘管周围的水部分结冰,因而冷却水槽中是冰水混合物,泵将冷却的水抽到冷却隧道的顶部,被冷却食品则从冷却隧道的传送带上通过。冷却水从上向下喷淋到食品表面,冷却室顶部的冷水喷头,根据食品不同而大小不同,对耐压产品,喷头孔较大,为喷淋式;对较柔软的品种,喷头孔较小,为喷雾式,以免由于水的冲击造成食品损坏。

浸渍式冷却设备,一般在冷水槽底部有冷却排管,上部有放冷却食品的传达带。将欲冷却食品放入冷却槽中浸没,靠传送带在槽中移动,经冷却后输出。

2. 冷水冷却的应用范围及主要优缺点

喷水冷却多用于鱼类、家禽,有时也用于水果、蔬菜和包装食品的冷却。简单易行的水冷法是将水果、蔬菜和包装食品浸渍在0～2 ℃的冷水中,如所用冷水是静止的,其冷却效率较低,而采取流动、喷淋或浸喷相结合的方法则效果较好。冷却水可循环使用,但必须加入少量次氯酸盐消毒,以消除微生物或某些个体食品对其他食品的污染。

盐水用作冷却介质不宜和一般食品直接接触,因为即使只有微量盐分渗入食品内,也会使食品产生咸味和苦味,只可用于间接冷却。但在乳酪加工厂,将乳酪直接浸没在冷却盐水中进行冷却是常用的方法。用海水冷却鱼类,特别是在远洋作业的渔轮上,采用降温后的无污染低温海水冷却鱼类,不仅冷却速度快,鱼体冷却均匀,而且成本也可降低。

冷水和冷空气相比有较高传热系数,可大大缩短冷却时间,而不会产生干耗,费用也低。然而,并非所有的食品都可以直接与冷水或其他冷媒接触。适合采用冷水冷却的蔬菜有甜瓜、甜玉米、胡萝卜、菜豆、番茄、茄子和黄瓜等,水冷法尤其适用于食品热加工过程后的冷却工序，直接浸没式冷却系统可以是间歇式的也可以是连续式的操作。

三、冰冷却

冰冷却法是在装有蔬菜、水果、畜禽肉等食品的包装容器中直接放入冰块使产品降温的冷却方法。目前，应用较多的是在产品上层或中间放入装有碎冰的冰袋与食品一起运输。但冰冷却法只适用于与冰接触后不会产生伤害的产品，目前在超市普遍流行的做法是把水产品、畜禽分割制品摆放在冰面上，保持低温，以防止温度上升引起腐败变质。

冰是一种很好的冷却介质，当冰与食品接触时，冰融化成水，要吸收 334 kJ/kg 的相变潜热，使食品冷却。冰冷却主要用于鱼的冷却，此外也可以用于水果、蔬菜等的冷却。

为了增强冰冷却的效果，应使冰尽量细碎，以增加冰与被冷却食品的接触面积。冰冷却中可以用淡水冰，也可以用海水冰，但都必须是清洁、无污染的。冰冷却用于鱼保鲜，使鱼湿润、有光泽、无干耗。但碎冰在使用中易重新结块，并且由于其不规则形状，易对鱼体造成损伤。对海上的渔获物进行冰冷却时，一般可采用碎冰冷却（干式冷却）、水冰冷却（湿式冷却）和冷海水法三种方式。

1. 碎冰冷却

该法要求在船舱底部和四周先添加碎冰，然后再一层冰一层鱼装舱，最上面的盖冰冰量要充足，冰粒要细，撒布要均匀，融冰水应及时排出，以免对鱼体造成不良影响。这样鱼体温度可降至 1 ℃，一般可保鲜 7～10 天不变质。

2. 水冰冷却

先将海水预冷到－1.5～1.5 ℃送入船舱或有盖的泡沫塑料箱中，再加入鱼和冰，要求冰完全将鱼浸没，用冰量根据气候变化而定，一般是鱼与冰之比为 2∶1 或 3∶1。为了防止海水鱼在冰水中变色，用淡水冰时需加盐，如乌贼要加盐 3%，鲷鱼要加盐 2%。淡水鱼则可用淡水加淡水冰保藏运输，无须加盐。水冰冷却法易于操作、用冰量少、冷却效果好，但鱼在冰水中浸泡时间过长，易引起鱼肉变软、变白，易于变质，所以从冰水中取出后仍需冰藏保鲜。该法主要用于死后易变质的鱼类，如鲐、竹刀鱼等的临时保鲜。

冰冷却法的效果主要取决于冰与食品的接触面积、用冰量、食品种类和大小、冷却制品原始温度。冰粒越小，则冰与食品的接触面越大，冷却速度越快。因此，用于冷却的冰先需粉碎，用冰量须充足，否则不可能达到冷却效果。在用冰冷却时，还应注意及时补充冰和排除融冰水，以免发生脱冰和相互污染，导致食品变质。食品种类和大小不同，冷却效果也有很大差异，如多脂鱼类和大型鱼类的冷却速度比低脂鱼类和小型鱼类的慢。

3. 冷海水法

该法主要是以机械制冷的冷海水来冷却保藏鱼货，其与水冰法相似，水温一般控制在－1～0 ℃。冷海水法可大量处理鱼货，所用劳动力少、卸货快、冷却速度快。缺点是，有些水分和盐分被鱼体吸收后使鱼体膨胀、颜色发生变化，蛋白质也容易损耗；另外，因船舱的摇摆，鱼体易相互碰撞摩擦而造成机械伤口等。冷海水法目前在国际上被广泛用作预冷手段。

四、真空冷却

(一) 真空冷却的原理及应用范围

真空冷却又名减压冷却,它的原理是水在不同压力下有不同的沸点。如蔬菜的真空冷却,在正常的101.3 kPa压力下,水在100 ℃沸腾,当压力为0.66 kPa时,水在1 ℃就沸腾。在沸腾过程中,要吸收汽化潜热,这个相变热正好用于水果、蔬菜的真空冷却。利用这个原理组装设备,必须设置冷却食品的真空槽和可以抽调真空槽内空气的装置。

真空冷却主要用于生菜、芹菜等叶菜类的冷却。收获后的蔬菜经挑选、整理,装入打孔的塑料箱内,然后推入真空槽,关闭槽门,开动真空泵和制冷机。当真空槽内压力下降至0.66 kPa时,水在1 ℃下沸腾,需吸收约2 496 kJ/kg的热量,这么大量的热量被吸收,使蔬菜本身的温度迅速下降到1 ℃。因冷却速度快,水分汽化量仅2%～4%,不会影响到蔬菜新鲜饱满的外观。每蒸发1 kg水分,食品中热量大约将减少2 460 kJ(588千卡)。水分蒸发1%,可使食品自身温度降低5 ℃。经验表明,每次操作包括从管内抽真空需20 min,而实际冷却仅需10 min,真空冷却是蔬菜的各种冷却方式中冷却速度最快的一种,冷却时间虽然因蔬菜的种类不同稍有差异,但一般用真空冷却设备只需20～30 min,而差压式冷却装置需4～6 h,通风冷却装置约需12 h,冷藏库冷却需15～24 h。

真空冷却设备需配有冷冻机,它并不是用于直接冷却蔬菜的。常压下1 mL的水,当压力变为599.5 Pa、温度为0 ℃时,体积要增大近21万倍,此时即使用二级真空泵来抽,消耗很多电能,也不能使真空槽内压力快速降下来,而用制冷设备就可以使大量的水蒸气重新凝结成水,保持真空槽内稳定的真空度。为加快降温速度,减少植物内水分损失(减少干耗),通常先将原料湿润,从而为蒸发提供较多的水分。

(二) 真空冷却的优点

(1) 冷却时间短。相同数量的果蔬真空冷却一般为20～30 min,而普通冷却需24 h左右。

(2) 干耗少。真空冷却的果蔬干耗在3%～4%,而普通冷却在10%以上。

(3) 不受包装限制,操作方便。用纸箱、塑料袋(透水蒸汽)等包装的果蔬,在真空冷却时其冷却速度与不包装的产品几乎无差异,这在生产中极为方便。

(4) 冷藏时间较长。真空冷却果蔬会使其降温迅速,呼吸速度马上下降,食品内营养成分分解减慢。

(5) 质量好。经过真空冷却的果蔬,其蛋白质、糖类、脂类、维生素等并未受到损失,并且对有异味的蔬菜,风味可得到改善。

(三) 真空冷却的缺点

(1) 冷却品种有限。真空冷却一般只适用于冷却表面积比较大的叶菜类,如菠菜、韭菜、芥菜、菜花、芹菜、白菜、莴苣、卷心菜、甘蓝、豆类等。青果品则视种类而决定适应与否。表面积比较小的马铃薯、胡萝卜、西红柿等果蔬类、根菜类、果品类等因温度不能迅速下降,不适用于真空冷却。另外,仁果类和果菜类在低压下有可能将果芯的空气抽出,使内部压力过小,会呈现凹形,失去鲜活商品价值,如甜椒等品种。

(2) 真空冷却装置造价高,消耗电能,因此其成本比冷空气冷却和冷水冷却高。图 2-2 所示为真空冷却设备原理。

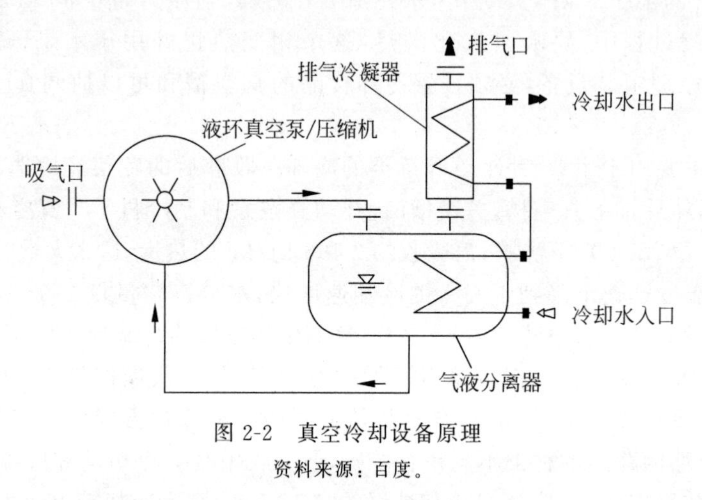

图 2-2 真空冷却设备原理

资料来源:百度。

第四节 食品的冷却和冷藏工艺

一、食品的冷却工艺

食品冷却工艺对果蔬或动物性食品是有区别的,对于有个体包装的水果、蔬菜类或其他熟食类应先包装个体,有些食品可先冷却再包装等。

(一) 食品的预冷与冷却的基本概念

预冷与冷却的概念不同。预冷是指食品从初始温度(30 ℃左右)迅速降到所需要的终点温度(0~15 ℃),即在运输前、冷藏前的冷却以及冻结前的快速冷却等统称为预冷。而冷却则是将食品的温度降到接近其冰点但不冻结的方法,是食品贮藏广泛采用的一种方法。

(二) 肉类食品冷却工艺

猪、牛、羊等刚屠宰完毕时,自体的热量还没有散,肉温一般在 37 ℃上下,且由于肉的“后熟”作用,在肝糖分解时还要产生一定的热量,使肉体温度处于上升的趋势,肉体的高温和潮湿表面,最适宜于微生物的生长和繁殖,所以为了较好地保持屠宰的品质,一般先经过冷却工序。通过冷却能迅速排出肉体内部的含热量,降低肉体深层的温度,并在肉的表面形成一层干燥膜(亦称干壳)。肉体表面的干燥膜可以阻止微生物的生长和繁殖、延长肉的保藏时间,并且能够减缓肉体内部水分的蒸发。肉的冷却过程是肉的成熟过程(排酸)。此外,冷却也是冻结的准备过程(预冷)。

我国肉类的冷却方法主要是冷风冷却法,即在冷却间内设落地式冷风机或吊顶式冷风机来制冷。风速是决定冷却速度的主要因素之一,在冷却过程中以不超过 2 m/s 为合适,一般采用 0.5 m/s 以上。冷却时有以下几点需要注意:在吊车轨道上的胴体,保持间距 3～5 cm;凡不同等级肥度种类的肉类均应分室冷却;半胴体的肉表面应迎向排风口,使其易于形成干燥膜;为减少干缩与保持美好的外观,每一胴体宜用湿白布包裹,每次使用后均应清洗;在整个冷却过程中尽量少开门,减少人员进出,以维持稳定的冷却温度和减少微生物的污染;冷却间宜装紫外光灯;每昼夜连续或间隔照射 5 h;副产品冷却中,整个冷却过程不要超过 24 h;肉类冷却终点,以位于热交换最弱处的胴体后腿最厚部中心温度达 0～4 ℃为标准。

冷却工艺常有一次冷却工艺和二段冷却工艺。

一次冷却工艺是指在冷却温度条件下经过一定的冷却时间,达到胴体后腿最厚部中心肉温为 0～4 ℃的冷却终点,即可结束冷却过程。我国的肉类加工企业普遍采用一次冷却工艺。国际上有些国家要求屠宰加工后的肉胴体在 1 h 内即进行冷却,山羊肉和羔羊肉应当在 12 h 内将肉体中心温度冷却至 7 ℃,猪肉、成牛肉和小牛肉应当在 15～20 h 内将肉体中心温度降至 10～15 ℃ ,当胴体最厚中心温度冷却到低于 7 ℃时,即认为冷却完成。

二段冷却是为了加快冷却速度、提高冷却质量而提出来的。二段冷却工艺是在冷却过程开始时,将冷却间的空气温度降得很低(一般为－10～－5 ℃),使胴体表面在较短的时间内降到接近冰点,迅速形成干燥膜,然后再用一般的冷却方法进行第二次冷却。在冷却的第二阶段,冷却间温度逐步升高到 0～2 ℃,以防止肉体表面冻结,直到肉体表面温度与中心温度达到平衡,一般为 2～4 ℃。二段冷却工艺可以在变温冷却间进行,也可以在两种不同温度的两个冷却间分开进行。

二段冷却法的主要特点有:冷却时间内所需的单位制冷量大;微生物数量低;由于胴体表面温度下降快、干耗小,与一次冷却工艺相比,干耗可减少 40%～50%;提高了冷却间的生产能力。

在国际上以欧洲为主的一些国家常采用二段冷却工艺来冷却肉类食品。

肉类食品的一般冷却工艺流程是:屠宰加工后的白条肉→检验、分级、过磅→冷却→冷藏→过磅、出库。

(三) 水产品冷却工艺

水产品腐败变质的原因主要是水产品本身带有的或储运过程中污染的微生物,在适宜条件下生长繁殖,分解鱼体蛋白质、氨基酸、脂肪等成分而产生有异臭味和毒性的物质,致使水产品腐败变质;另外,水产品本身含有的酶在一定环境条件下也能促使鱼体腐败变质,必须控制好这两个因素。

鱼类冷却方法有冰冷却法、冷海水冷却法两种。冰冷却法保冷温度在 0～3 ℃，保鲜期为 7～12 天；冷海水冷却法保冷温度在 －1～0 ℃，保鲜期为 9～12 天。

冰冷却法又分为如下两种。

1. 碎冰冷却法

碎冰冷却法是将碎冰直接撒到鱼体表面的保鲜方法。此法简便且融冰水又可浸润鱼体表面，除去细菌和黏液，质量损失小。具体操作是：鱼体清洗→理鱼→撒冰装箱（撒冰要均匀，层冰层鱼）。对特种鱼或大型鱼，可去鳃剖腹除内脏后，腹内包冰，再撒冰装箱（容器底、壁及表面都要均匀撒冰）。容器底部开一小口便于融冰水流出。冰鲜鱼用冰量根据气温隔热条件及制冷设备和冰鲜时间确定，一般鱼和冰的比例为 1∶1，气温高、无隔热条件时要加大冰的比例。

2. 水冰法

水冰法是先用冰把清水降温至 0 ℃（清海水 －1.5～1.5 ℃），然后把鱼浸泡在冰水中的保鲜方法。优点是冷却速度快，用于死后易变质的鱼或捕获量大的鱼，如鲐鱼、沙丁鱼。用冰量按下式计算：冰质量＝（水质量＋鱼质量）×水的初温/80。

鱼的微冻保鲜法是将渔获物保藏在其细胞汁液冻结温度以下（－3 ℃左右）的一种轻度冷冻的保鲜方法。冰盐混合微冻保鲜法是目前应用最为广泛的一种微冻保鲜法，其次是空气冷却微冻保鲜法。空气冷却微冻保鲜法采用搁架吹风式制冷装置，微冻间的温度控制在－5 ℃，鱼体内部温度一般在－2～－1 ℃，鱼体表面的温度达到 3 ℃；然后在－3 ℃的舱温中保藏，保藏时间最长的可达 20 天。低温盐水微冻保鲜法在渔船上应用较多。将渔获物浸在－3 ℃的盐水中进行冷却和冻结，其冻结速度很快。

水产品的一般冷却工艺流程是：鲜鱼清洗、分级→过磅、装盘→冷却→冷却物冷藏→过磅、出库。

（四）果蔬类食品的冷加工工艺

天然植物类食品按含水量的高低可大体分为两类：一类是含水量低的种子类食品，如稻、麦、大豆、玉米、花生等。这类天然植物类食品含水质量分数一般为 12%～15%，因而代谢活动强度很低，耐贮性很强，组织结构和主要营养成分在采收后及贮藏过程中变化很小。另一类是含水量较高的水果、蔬菜类食品。这类天然植物食品的水分质量分数一般为 70%～90% ，主要特点是多汁，因而代谢活跃，在采收后及贮藏过程中，组织结构和营养成分变化较大。

采收后的水果、蔬菜与整株植物的新陈代谢具有显著不同的特点。生长中的整株植物中同时存在着同化合成作用和异化分解作用。而采收后的水果蔬菜，由于被切断了养料供应来源，其组织细胞只能利用内部储存的营养来维持生命活动，虽然也存在着同化合成作用，但主要表现为异化分解作用。

果蔬在采摘后需要进行呼吸作用，在果蔬“生理温度”范围内，果蔬组织呼吸强度随着温度的升高而增加，环境温度越高，组织呼吸越旺盛。所以将温度降到合适的程度是必需的。

另外，采收后的水果、蔬菜和采收前一样，仍在不断地进行水分蒸发，但采收前果实蒸发的水分可以通过根部吸收水分而得到补偿，采收后果实由于已经离开了母株再也得不到水分补充，所以很容易造成失水过多而萎蔫。由于蔬菜组织细胞之间的间隙较大，细胞角质化层很小，大多数呈单行排列，蔬菜水分容易蒸发而迅速凋萎，少量失水可使呼吸底物的消耗成倍增加、营养恶化，所以必须控制合适的湿度环境。

果蔬类食品的一般冷却工艺流程是：果蔬采收、挑选、分级→包装→冷却→冷却物冷藏→过磅、出库。

二、食品的冷藏工艺

完成冷却的果蔬可以进入冷藏室。传统冷藏法是用空气为冷却介质维持冷藏库的低温，果蔬一般采用装箱或装袋、骑缝码垛的方法存放，肉类一般采用吊挂或分层摆放的方式存放。在食品冷藏过程中，冷空气以自然对流或强制对流方式带走热量。食品冷藏的工艺效果主要取决于温度、空气湿度和空气流速等。表 2-14 给出部分食品的适宜冷藏工艺条件。若食品的贮藏期短，对冷藏工艺条件的要求可适当降低；若食品的贮藏期长，则要严格遵守这些冷藏工艺要求。

表 2-14　部分食品的适宜冷藏工艺条件

品　名	最适条件		贮藏期/周	冻结温度/℃
	温度/℃	湿度/%		
橘子(1)	3.3～8.9	85～90	3～8	−1.3
橘子(2)	0	85～90	8～12	−0.8
葡萄柚(1)	14.4～15.6	85～90	4～6	
葡萄柚(2)	0～10.0	85～90	4～6	−2.0
柠檬	14.4～15.6	85～90	1～6	−1.1
酸橙	8.9～10.0	85～90	6～8	−1.4

(一) 冷藏的方法

食品的冷藏有两种普遍使用的方法，即空气冷藏法和气调贮藏法。前者适用于所有食品的冷藏，而后者则只适用于水果、蔬菜等鲜活食品的冷藏。

1. 空气冷藏法

这种方法是将冷却(也有不经冷却)后的食品放在冷藏库内进行保藏。冷藏过程中主要控制的工艺条件包括冷藏温度、相对湿度、空气循环等。这些工艺条件因食品物料的种类、贮藏期的长短和有无包装而异。一般来说，贮藏期短，对相应的冷藏工艺要求可以低一些。

在冷藏工艺条件中，冷藏温度是最重要的因素。冷藏温度不仅指冷库内空气的温度，更重要的是指食品物料的温度。植物性食品物料的冷藏温度通常要高于动物性食品的物料温度，这主要是因为植物性食品物料的活态生命可能会受到低温的影响而产生低温冷害。

1）冷藏温度

冷藏室内的温度应严格控制，任何温度的变化都可能对冷藏的食品物料造成不良的后果。大型冷藏库内的温度控制要比小型冷藏库容易些，这是由于它的热容量较大，外界因素对它的影响较小。冷藏库内贮藏大量高比热容的食品物料时，空气温度的变化虽然很大，但食品物料的温度变化却并不显著，这是由于冷藏室内空气的比热容和空气的量均比食品物料的小和少。

大多数食品的冷藏温度是在1.5～10 ℃之间，在保证食品不发生冻结的前提下，冷藏温度越接近食品冻结点则冷藏期越长。但某些有生命的食品对冷藏温度特别敏感，在冻结点以上的不适低温下会发生冷害，这种现象主要发生在原产于热带、亚热带的水果和蔬菜，如香蕉、柑橘等。另外，某些温带水果如苹果的某些品种，当在0～4 ℃下长期贮藏时会出现冷害症状。通常动物性食品的冷藏温度低些，而水果、蔬菜的冷藏温度则因种类而有较大的差异。比如葡萄的冷藏温度是－1～0 ℃，而香蕉的冷藏温度却是12～13 ℃。

合适的冷藏温度是保证冷藏食品质量的关键，但在贮藏期内保持冷藏温度的稳定也同样重要。有些产品贮藏温度波动±1 ℃就可能对其贮藏期产生严重的影响。比如苹果、桃和杏子在0.5 ℃下的贮藏期要比1.5 ℃下延长约25%。因此，对于长期冷藏的食品，温度波动应控制在±1 ℃以内，而对于蛋、鱼、某些果蔬等，温度波动应在0.5 ℃，否则，就会引起这些食品的霉变或冷害，严重损害冷藏食品的质量，显著缩短它们的贮藏期。

2）相对湿度

冷藏室内空气中的水分含量对食品物料的耐藏性有直接的影响，冷藏室内的空气既不宜过干也不宜过湿。食品在冷藏时，除了少数是密封包装，大多是放在敞开式包装中。这样冷却食品中的水分就会自由蒸发，出现减重、皱缩或萎蔫等现象。如果提高冷藏间内空气的相对湿度，就可抑制水分的蒸发，在一定程度上防止上述现象的发生。但是，相对湿度太高，可能会有益于微生物的生长繁殖。一般大多数水果冷藏的适宜相对湿度为85%～90%，而绿叶蔬菜、根类蔬菜以及脆质蔬菜的适宜相对湿度为90% ～95%。坚果类冷藏时适宜的相对湿度为70%。水分含量较低的食品则应在尽可能低的相对湿度下冷藏。

实际上，高相对湿度并不一定就会引起微生物的生长繁殖，这要取决于冷藏温度的变化。温度的波动很容易导致高相对湿度的空气在食品表面凝结水珠，从而引起微生物的生长。因此，如果能维持低而稳定的温度，那么高相对湿度是有利的。尤其是对于芹菜、菠菜等特别易萎蔫的蔬菜，相对湿度应高于90%，否则就应采取防护性包装或其他措施以防止水分的大量蒸发。

食品的冷藏条件见表2-15。

表 2-15 食品的冷藏条件

品种	温度/℃	相对湿度/%	贮藏期	品种	温度/℃	相对湿度/%	贮藏期
苹果	0～4	90	2～6(m)	鸡蛋	−1～0	90	6～7(m)
杏子	0	90	2～4(m)	鱼	0	85～95	6～7(m)
樱桃	0	90～95	1～2(w)	油脂	−1～0	85～95	4～8(m)
鲜枣	0	80～90	1～2(m)	羊肉	−1.5～0	85～95	3～4(w)
葡萄	0	90～95	1～4(w)	消毒牛奶	4～6	85～95	7(d)
猕猴桃	−0.5	90～95	8～14(m)	肉馅	4	85～95	1(d)
柠檬	0～4 或 5	85～90	2～6(m)	猪肉	−1.5～0	85～95	3～4(w)
橘子	0～4	85～90	3～4(m)	去内脏禽类	−1～0	85～95	1～2(w)
桃	0	90	2～4(w)	贝类	0	85～95	4～6(d)
梨	0	90～95	2～5(m)	小牛肉	−1.5～0	85～95	3(w)
李子	0	90～95	2～4(m)	咸肉	4	85～95	3～5(w)
草莓	0	90～95	1～5(d)	酸奶	2～5	85～95	2～3(w)
芦笋	0～2	0～95	2～3(w)	西瓜	5～10	85～90	2～3(w)
花菜	0	90～95	3～5(w)	菜豆	7～8	92～95	1～2(w)
卷心菜	0	95	1～3(m)	土豆	4～6	90～95	4～8(m)
胡萝卜	0	95	5～6(m)	香蕉(青)	12～13	85～90	10～20(d)
菜花	0	95	2～3(w)	香蕉(熟)	13～16	85～90	5～10(d)
芹菜	0	95	4～12(w)	石榴	8～10	90	2～3(w)
甜玉米	0	95	1(w)	柚子	10	85～90	1～4(m)
大蒜	0	65～70	6～7(w)	柠檬(未熟)	10～14	85～90	1～4(m)
韭菜	0	95	1～3(w)	杧果	7～12	90	3～7(w)
莴苣	0	95	1～2(w)	甜瓜	7～10	85～90	1～12(w)
蘑菇	0	90～95	5～7(d)	菠萝(未熟)	10～13	85～90	2～4(w)
干洋葱	0	65～70	6～8(m)	菠萝(熟)	7～8	90	2～4(w)
带皮豌豆	0	95	1～3(w)	黄瓜	9～12	95	1～2(w)
小红萝卜		90～95	1～2(w)	茄子	7～10	90～95	10(d)
菠菜	0	95	1～2(w)	生姜	13	65	6(m)
大头菜	0	95	1～2(w)	南瓜	10～13	50～75	2～5(m)
牛肉	−1.5～0	85～95	3～5(w)	甜椒	7～10	90～95	1～3(w)
黄油	0～4	85～95	2～4(w)	西红柿(青)	12～13	85～90	1～2(w)
干酪	0～5	80～85	3～6(m)	西红柿(红熟)	8～10	85～90	1(w)
奶油	−2～0	80～85	15(d)	芋头	16	85～90	3～5(m)
食用内脏	−1.5～0	85～95	7(d)	奶粉	10～12	65	5(m)

3）空气循环

空气循环的作用一方面是带走热量，这些热量可能是外界传入的，也可能是由于蔬菜、水果的呼吸而产生的；另一方面是使冷藏室内的空气温度均匀。空气循环可以通过自由对流或强制对流而产生，目前在大多数情形下采用强制对流的方法。

空气循环的速度取决于产品的性质、包装等因素。循环速度太慢，可能达不到带走热量、平衡温度的目的；循环速度太快，会使水分蒸发太多而严重减重，并且会消耗过多的能源。一般最大的循环速度为0.7 m/s。食品采用不透蒸汽包装材料包装时，则冷藏室内的空气循环速度可适当大些。

4）通风换气

在贮存某些可能产生气味的冷却食品如各种蔬菜、水果、干酪等时，必须通风换气。但大多数情况下，由于通风换气可通过渗透、气压变化、开门等途径自发地进行，因此，有时不必专门进行通风换气。

通风换气的方法有自由通风换气和机械通风换气两种。前者即将冷库门打开后，自然进行通风换气，后者则是借助换气设备进行通风换气。不论采用何种换气方法，都必须考虑引入的新鲜空气的温度和卫生状况。只有与库温相近的、清洁的、无污染的空气才允许引入库内。

何时通风及通风换气的时间没有统一规定，依产品的种类、贮藏方法及条件等因素而定。

5）包装及堆码

包装对于食品冷藏是有利的，这是因为包装能方便食品的堆垛，减少水分蒸发并能提供保护作用。常用的包装有塑料袋、木板箱、硬纸板箱及纤维箱等。包装可采用普通包装法，也可采用真空包装法及充气包装法。

不论采用何种包装法，产品在堆码时都必须做到：①稳固；②能使气流流过每一个包装；③方便货物的进出。因此，在堆码时，产品一般不直接堆在地上，也不能与墙壁、天棚等相接触，包装之间要有适当的间隙，垛与垛之间要留下适当大小的通道。

6）产品的相容性

食品在冷藏时，必须考虑其相容性，即存放在同一冷藏室中的食品，相互之间不允许产生不利的影响。比如某些能释放出强烈而难以消除的气味的食品如柠檬、洋葱、鱼等，与某些容易吸收气味的食品如蛋类、肉类及黄油等存放在一起时，就会发生气味交换，影响冷藏食品的质量。因此，上述食品如无特殊的防护措施，不可在一起贮存。要避免上述情况，就要求在管理上做到专库专用，或在一种产品出库后严格消毒和除味。

2. 气调贮藏法

气调技术包括人工气调贮藏CA（controlled-atmosphere storage）和自发气调贮藏MA（modified-atmosphere-storage）。果蔬的CA和MA能减弱水果的呼吸活性，减少重量损失，延缓成熟和软化，使果蔬生理紊乱和腐烂程度降到最小。CA技术是利用机械制冷的密闭贮库，配用气调装置和制冷装置，使贮库内保持一定程度的低氧、低温、适宜的二氧化碳浓度和空气湿度，并及时排出贮库内产生的有害气体，从而有效地降低所贮果蔬的呼吸速率，以达到延缓后熟、延长保鲜期的目的。CA技术在国外已推广应用，但CA技术对设备和成本要求高，因此国内外均看好MA密封小包装气调技术（MAP）。MAP是利用果蔬的呼吸作用使袋内的CO_2浓度升高和下降，当果蔬放出的CO_2和吸入O_2的速度与气体透过薄膜的速度相等时，袋内的CO_2和O_2的分压就不再发生变化，如果该混合气体符合或接近该果实贮藏适宜的气体条件，就起到自发气调的作用。MAP也可以用于新鲜肉制品、水产品的保鲜。

（1）温度控制。在不引起果蔬发生低温伤害的前提下，在果蔬的普通冷藏中，低温可以抑制果蔬内部的生化反应（尤其是呼吸）的速度，抑制果蔬成熟，抑制果蔬表面附着微生物的发育繁殖，抑制果蔬表面的水分蒸发。

在果蔬的气调贮藏过程中，保持库内贮藏要求的温度，并尽可能缩小其波动范围，这除了可以起到在普通冷藏中所起的作用外，对维持气调库内压力稳定、减少库内外的气体交换量也有一定作用。库内温度波动幅度大，由此引起的库内压力波动幅度也大，库温高于设定温度时库内形成正压，库温低于设定温度时库内形成负压。当库内形成正压时，为平衡库内压力而设置的安全阀可释放一部分压力，在剩余的正压作用下，库内介质将通过维护结构向外渗漏；当库内形成负压时，部分库外空气通过安全阀进入库内，还有一部分库外空气在库内剩余负压作用下通过维护结构渗入库内。

在库内压力发生波动的一个周期中，正压时库内气体逸出库外，负压时库外空气逸入库内。库内呈负压期间，外界逸入库内的空气量一般多于库内呈正压期间从库内逸出的介质气体质量。由于以上原因，温度波动期间库内外气体交换的结果使库内氧气量增加。如果在这一时期内增加的这部分氧气不能全部被库内果蔬的呼吸消耗掉，必然导致库内气体介质中氧气浓度增大，从而破坏了库内规定的气调工况，因此库内温度波动加重了气体调节装置的负担，温度的波动幅度越大，由此引起的库内外气体交换就越多。库内温度波动小，就可以减少库内外气体交换，减轻库内气调工况的变化，减少气调设备的运行时间，降低能耗。

此外，库内温度变化造成库内压力变化，会使围护结构的两侧产生压差。这种压差如不能及时消除或控制在一定的范围内，将会对围护结构产生危害，轻则只是破坏围护结构的气密层而降低气密性，重则会造成围护结构的胀裂或塌陷的重大事故。

为了能正确控制气调库内的温度，温度继电器的感温包应置于库内冷风中的回风口附近。不要把感温包置于太接近冷库壁面或冷风机冷却盘管的地方，也不要过于接近库门或货垛，因为这些地方都不能正确反映气调库内的温度。

（2）湿度控制。气调库贮藏的食品一般整进整出，食品贮藏期长，封库后除取样外很少开门，在贮藏的过程中也不需通风换气，外界热湿空气进入少，冷风机抽走的水分基本来自食品，若库中的相对湿度过低，食品的干耗就严重，从而极大地影响食品的品质，使气调贮藏的优势无法体现出来。所以，气调库中湿度控制也是相当重要的。

当气调库内的相对湿度低于规定值时，应用加湿装置增加库内的相对湿度。库内加湿可以用喷水雾化处理。

气调库内用喷水蒸气加湿时，需要有制取水蒸气的锅炉，锅炉要配水处理装置。此外，喷水蒸汽加湿时会额外形成库内的热负荷，增大库房耗冷量。用喷雾器加湿时，只要一台喷雾器即可，设备简单。另外由于水的焓值很低，带入气调库内的热量很少，可以忽略不计，而且水滴蒸发时从气体介质取得蒸发潜热，有助于气体温度降低。由于以上原因，气调冷库加湿几乎都采用喷水加湿。

喷雾器一般安置在冷风机的出风口附近，便于喷出的水雾更好地与气体介质混合。喷水时间可用定时器控制，供水量可由设于气调库外的供水阀门予以控制。

除了可以用加湿装置增大气调库内相对湿度外，还可以适当提高气调库内冷却设备的蒸发温度。制冷剂的蒸发温度提高后，冷风机冷却排管外表面的温度随之提高，从而使冷却设备的去湿能力下降，在保证风机出口处气体介质温度保持不变（与蒸发温度提高前具有相同的出风温度）的前提下，冷风机出口处气体介质的相对湿度有所提高。

为了保证制冷剂蒸发温度提高后不影响冷风机的制冷量，亦即不影响出风温度，可以增大冷风机的传热面积或强化冷风机的传热以补偿传热温差的减小，通常增大传热面积比较可行且有效。由于气调库内冷风机的传热面积是按果蔬加工冷却工况选配的，冷风机台数较多。在正常贮藏阶段，库内热负荷大为减少，通常只要使一半或不足一半的冷风机运转即可，在这种情况下，完全可以使全部的冷风机都投入运转。冷风机内制冷剂的蒸发温度提高后，不但可以提高气调库内的相对湿度，还可以降低制冷压缩机的运行费用。

此外，为了减少贮藏中果蔬的失水干耗，气调库内的气体流速一般取 0.2 m/s，在果蔬入库后的冷却过程中，为了及时排出果蔬降温放出的热量，往往要求库内有很大的风速。因此，为了满足果蔬冷却和果蔬贮藏对风速的不同要求，气调冷库中冷风机配用的风机多半采用双速风机。

(3) 气调库的进出货和贮藏中的管理。在气调库进货前应事先检查库房的整体情况，如检查所有温度探点的精度、库体的密封性能、所有气体取样管道有无泄漏，以及检查所有气体分析仪器和控制器能否正常工作。货物入库存前还应用无毒、无害、无腐蚀性的液体清洗或熏蒸库房和贮藏盛放容器来进行消毒，也可用臭氧或紫外光进行消毒。为保证货物能整齐有序地堆放，可事先根据果蔬盛放物的尺寸，在地坪上规划好堆放位置，然后进行空库降温，以预先排出围护结构的蓄热，减少果蔬入库后总的热负荷，均衡冷却设备的负担，以利于制冷系统的安全运行。

果蔬运抵后应进行挑选，将伤残的、次的和有虫的剔除，然后应尽可能快地让其入库，单间气调库的入库时间应控制在 3～5 天，最长不能超过 7 天。在装货期间应随时检查装货的均匀及装满程度，并将温度探点均布在整个库房中。装满后，关门降温，等到库温和果蔬的温度基本达到贮藏温度时，开始封库贮藏。同时，开始降氧操作，考虑到降氧的同时也应使二氧化碳的浓度尽快升到最适浓度，要依靠果蔬的呼吸来增大库内的二氧化碳浓度，因此在封库降氧时，不必将库内的氧气浓度一下降到要求浓度，而应比要求浓度高 2%～3%，再利用果蔬的呼吸来消耗掉这部分过量氧气。

按照气调贮藏的要求，果蔬贮藏期间温度波动的范围应控制在±0.5 ℃以内，氧气、二氧化碳浓度变化也应控制在±0.5%以内，乙烯浓度控制在允许值以下，相对湿度应保持在 90%～95%。贮藏期间应每月两次对果蔬取样检查。

根据市场需要，果蔬出货时，要事先做好开库前的准备工作。为减少低氧对工作人员的危害，在出库前要提早 24 h 解除气密状态，停止气调设备的运行，并通过自然换气的方法使库内气体恢复到空气成分。当库门开启后，要十分小心，在确定库内空气为安全值前，不允许工作人员进入。对于气调库而言，经营方式以批发为主，每次的出货量最好不少于单间气调库的贮藏量，做到开一间、销一间。

尽管气调库在诸多方面有其独特的要求，造价也高于高温库，但由于其良好的果蔬贮藏效果，仍受到世界各地的普遍欢迎，在我国也有广阔的应用前景。

（二）果蔬的冷藏工艺

以果蔬为例，介绍冷藏的基本工艺。

1. 采收、分级和包装

1）采收

果蔬采收工作做得如何，直接影响到果蔬的品质和运输、贮藏等环节。为了保证冷加工产品质量，果蔬要达到最适宜的成熟度方可采收。

果实的成熟过程大体可分为绿熟、坚熟、软熟和过熟四个时期。绿熟期果实已充分长成，但尚未显出色彩，仍为绿色（绿色品种除外），果肉硬，缺乏香味和风味，肉质紧密而不软，适于贮藏、运输和加工。坚熟期处于绿熟期和软熟期之间，果肉开始变软，果实色彩开始显出，果实表现出可以食用的特征。到了软熟期，果实色、香、味已充分表现，肉质变软，适于食用和加工，但不宜贮藏和运输。过熟的果实，组织细胞解体，失去了食用和加工价值。

蔬菜一般以动嫩时采收为好，果实类宜在坚熟期和软熟期采收，土豆和洋葱则宜在充分长成后再采收。有后热能力的果蔬，如苹果、梨、柑橘、番茄等可在成熟度七八成时采收，香蕉可更早一些。

正确鉴定果蔬的成熟度是非常重要的，因为它与果蔬的品质、运输和贮藏有着密切的关系。目前鉴定果实成熟度的方法主要有如下几种。

(1) 果梗脱离的难易度。某些种类的果实，在成熟时果柄与果枝间常产生离层，一经震动即可脱落。此类果实即以离层形成品质最好的成熟度的判别条件，如不及时采收就会造成大量落果。

(2) 果皮颜色。许多果蔬在成熟时都显示出它们固有的果皮颜色，在生产实践中果皮的颜色成了判断果实成熟度的重要标志之一。一般果实首先在果皮上积累叶绿素，随着果实成熟度的提高，叶绿素就逐渐分解，类胡萝卜素、花青素等则逐渐呈现出来。

(3) 主要化学物质的含量。果实中的主要化学物质有淀粉、糖、酸、总可溶性固形物和抗坏血酸。总可溶性固形物中主要是糖分，还包含其他可溶性固形物，因它能表示果实品质，又有专用而方便的测定仪器，故在生产上和科学试验中，常以总可溶性固形物的高低来判断成熟度，或以可溶性固形物与总酸比来衡量品质的质量。要求糖酸比达到一定比值时才进行采收，如四川甜橙在采收时糖酸比为 10：1 左右、山东苹果在采收时糖酸比约为 30：1 时则风味浓郁。糖与酸两者的比例对风味有影响，而且与其成熟度的关系也十分密切。

(4) 果实硬度。果实硬度是指果肉抗压力的强弱，果实的硬度越大，抗压力就越强；反之，抗压力弱。

(5) 果实的生长期。栽种在同一地区的果树，其果实从生长以至成熟，大致都有一定的天数，因此，可以计日定成熟度和收获时间。例如山东济南的金帅苹果，4 月 20 日前后落花，9 月 15 日前后成熟，生长期为 145 天左右；国光苹果的生长期为 160 天左右；青香蕉苹果的生长期为 150 天左右。由于每年的气候条件不同，栽培管理不一致，生长期的计算，应以数年的平均数做参考。

2）分级

果蔬分级的主要目的，是使之达到商品标准化。制定果蔬商品标准应从国家的整体利益出发，同时也要考虑生产者和消费者的实际要求，并以现有的生产技术水平为基础，使分级标准在经济和技术上发挥积极作用。

果蔬的分级办法有两种：品质分级与大小分级。

(1) 品质分级。果蔬可按品质分级，例如，凡有良好的一致性、无病虫害和机械损伤、品种特性正确、成熟度适宜、品质优良的，为一级品。凡在这几方面有缺陷的，则按其缺陷程度依次降低等级。

(2) 大小分级。按大小进行分级，即根据果实横径最大部分的直径区分为若干等级，如我国出口的红星苹果，山东河北两省从 65 mm 至 90 mm，每差 5 mm 为一组，分为 5 组；广东省对香港、澳门出口的柑橘、蕉柑横径 51～85 mm，每差 5 mm 为一组，共分 7 组；甜橙横径 51～75 mm，每差 5 mm 为一组，共分 5 组。从上述例子可以看出，按大小分级是根据果实的种类、品种大小以及销售对象等来进行，并且随着情况的变化而修订。大小分级可借助分级板和量果器进行，也可使用分级机(如豌豆分级)。例如，可以应用光电分级机，对柑橘等果实的大小进行分级。

3）包装

包装的好坏，与果蔬的运输和销售、减少损耗、保持新鲜、延长储存期有着密切关系。目前，应特别重视包装的改进，以利于提升国际市场上的竞争力。果蔬的包装容器多用纸箱和木箱等，这类容器比较坚固耐压、容量固定，适于长途运输。

所有包装容器内最好有衬纸，以减少果蔬的擦伤。有些质量好能长期贮藏的水果，可逐个用纸包裹后再装入容器。包纸可以减少水果的水分蒸发，使其不易萎缩，而且纸张又有隔热作用，能阻止果温的剧变。另外，包纸可减少腐烂的蔓延和机械伤，降低水果的呼吸强度。包装用纸不宜过硬或过薄，要有足够的大小，使果实完全被包住。为了减少果品的腐烂和防止霉菌的繁殖，可采用经化学处理过的包装纸。例如，用浸过硫酸铜或碳酸铜溶液的包装纸，对防止青霉菌的活动有一定效果；用浸过碘液的纸包水果效果更好；用浸过联苯的纸包柑橘，可降低腐果率；用蜡纸或经矿物油处理过的纸包苹果，不仅可减少水分损失，还可预防一种生理病——烫伤病的发生。

果实装入容器时要仔细排列，使它们互相紧挨着，不晃动也不会挤压。为了避免在搬运时或在运输途中摇动和摩擦、减少摔碰磕压的损耗，可在果实周围空隙加些填充物。对于苹果、梨等，这样处理，在寒冷地区运输时还有防冻作用。填充物应干燥、不吸水、无臭气、质轻，如纸条、锯屑、刨花等均可。

总之，果蔬的包装，应遵循科学、经济、牢固、美观、适销的原则。

2. 入库前的准备工作和合理堆码

对于长期保藏的果蔬，应在产地进行冷却，充分散发“田间热”，并在冷却状态下运到冷库冷藏。实践证明，果蔬在采收后冷却得越快，则后熟作用和病害发展过程越慢。例如，采收后 24 h 内冷却的梨，在 0 ℃下贮藏 5 周不腐烂；但采收后经过 96 h 才冷却的梨，在 0 ℃下贮藏 5 周即有 30%腐烂。这说明采收后如不迅速冷却，果蔬的品温较高，细胞的呼吸作用较强，会导致营养物质减少、品质风味变差，抗病性和耐藏性都大为减弱。可见，将采收的果蔬迅速冷却能延长它们的贮藏期。在我国北方地区，昼夜温差很大，可采取自然冷却方法，即将采收后的果蔬堆放在田间树下或临时搭盖的棚内，利用夜间冷空气冷却降温。

目前，果蔬大都不在产地冷却，而是将果蔬包装后直接运往冷库进行冷却和冷藏。这就要求在果蔬入库前进行抽验整理工作，剔除那些不能长期贮藏的果蔬，如在运输中有机械伤或已经腐烂的果蔬。一般将运到的果蔬按1%～2%的量抽样检验，查明烂耗比例和成熟情况。如果烂耗比例超过冷库保质制度范围，必须将整批来货重新挑选包装。

经过挑选，质量好的水果如要长期冷藏，应逐个用纸包裹，然后装箱、装筐。有柄的水果在装箱或装筐时应特别注意，勿将果柄压在周围的果实上，以免碰破其他水果的皮。果蔬不论是箱装还是筐装，最好采用"骑缝式"或"并列式"(每层垫木条)的堆垛方式。地面上要用垫木垫起，垛与垛、垛与墙、垛与风道之间都应留有一定的距离，便于冷空气流通。货垛内部由于呼吸热积聚，出现高温、高湿现象，就会引起果蔬腐烂。在冷藏的过程中，还应经常对果蔬质量进行检查，从冷藏间内各个不同部位抽验，对不能继续进行冷藏的果蔬应及时剔除，以防止大批腐烂。

3. 贮藏温度和湿度

(1) 果蔬的贮藏温度。降低冷藏温度，能使果蔬的呼吸作用、水分蒸发作用减弱、营养成分的消耗降低、微生物的繁殖数目减少、果蔬的贮藏期延长。一般来说，果蔬的冷藏温度在0 ℃左右，但由于果蔬的种类、品种不同，对低温的适应能力也各不相同。经验证明，柑类的贮藏温度应是6～8 ℃，橘类是8～15 ℃，橙类是5 ℃左右；菠萝的贮藏温度不宜低于6 ℃；而苹果、梨、山楂等，一般都能忍受较低的温度，甚至在轻微冻结的情况下，也不损害它们的活体性质。从生产实践得知，大白菜、毛豆，葱头、蒜头宜在－1～1 ℃下贮藏，刀豆、青豌豆宜在1～3 ℃下贮藏。因此，果蔬的冷却贮藏应根据不同品种控制其最适贮藏温度，即使同一种类，也会由于品种、成熟程度、栽培条件而有所不同。所以在进行大量贮藏时，应事先对它们的最适温度做好选择试验。在贮藏间，要求贮藏温度稳定，避免剧烈变动。

(2) 果蔬的贮藏湿度。果蔬中含有大量的水分，这是维持其生命活动和保持其新鲜品质的必要条件。果蔬水分蒸发的量主要取决于贮藏的条件，其中湿度条件与蒸发作用关系甚大，一般多是以湿度85%～95%进行贮藏的。如果湿度过高，可减少水分的蒸发量，避免因干燥而造成的质量下降。但另一方面，微生物的繁殖却旺盛起来，果蔬容易腐烂；如果湿度过低，虽然微生物的危害小，但又会造成因干燥而引起的质量下降，不仅使果蔬失去新鲜饱满的外观，而且降低了对病害的抵抗能力，对长期贮藏十分不利。所以在果蔬贮藏时，不仅要保持最适温度，同时也要保持最适湿度。

冷库内湿度过低时，可在风机前配合自动喷雾器随冷风将细微小雾送入库房，加湿空气，也可在地面上洒些清洁的水或将湿的草席盖在包装容器上，增加库内空气的相对湿度。如果湿度过大，可用机械除湿，也可在库内墙角放些干石灰或无水氯化钙来吸潮。

4. 变温贮藏

为了提高贮藏质量，减少果蔬在冷藏过程中发生生理病害的可能，在贮藏中对某些品种采用变温贮藏的方法。变温贮藏是在贮藏过程中适时调节其贮藏温度的一种贮藏方法。例如鸭梨采收后直接放入0 ℃冷库迅速降温，易发生黑心病，黑心病率达40.7%左右。采用变温贮藏是将鸭梨先放在15 ℃的库内，预藏10天左右，再在6 ℃下贮藏一段时间，然后每隔半个月降低1 ℃，一直降到0 ℃贮藏。结果表明，采用上述逐步降温的方法，对防止鸭梨黑心病的发生有良好的效果。

5. 空气的更换与异味的控制

(1) 空气的更换。若果蔬的储存环境中氧供应量不足或果实本身衰老，对贮藏环境不适应，果蔬就会进行无氧呼吸。无氧呼吸时除产生二氧化碳外，还产生乙醇、乙醛等中间产物，这些中间产物在果蔬中积累达到一定程度，便会引起果蔬细胞中毒，阻碍其正常的生理功能，造成生理病害，加速果蔬的衰老和死亡。因此，果蔬在贮藏中，过多地进行无氧呼吸是极为不利的。在贮藏果蔬的冷库内，一般都装有更换新鲜空气的管道，及时地把冷库中过量的二氧化碳气体排出，换进适量的新鲜空气。但果蔬冷库的通风量，因品种不同而异，如柑橘的通风换气量推荐值为1.6 m^3(h·t)，洋山芋为1 m^3(h·t)。果蔬贮藏时的最适风速一般为0.1～0.5 m/s。可是，关于目前各类果蔬冷藏时的通风换气量的参考资料比较少，还有待进一步补充和完善。

(2) 异味的控制。异味的控制一般多用通风、活性炭吸附和空气洗涤等方法，这些是最常用的。用活性炭除去异味时，应用专门加工的高性能活性炭。因为活性炭最易吸附有机物气体和高相对分子质量的蒸汽，而且它与极性的吸附剂硅胶不同，与水分并没有特殊的亲和力。活性炭除异味时的需要量，应按污染的程度和异味气体的浓度来确定，一般1 kg活性炭可供净化6～30 m^3 的冷藏间使用1年。去除异味的其他方法是用臭氧，但是臭氧的效果仍存在争议。另外，还有的推荐用二氧化硫、雾化次氯酸钠水溶液或醋酸水溶液等，清洗除去冷藏间的地坪和设备上的臭味。

6. 出库前的升温

果蔬从冷库中直接取出，表面常常会结露，尤其是夏天，结露的量更多，俗称"发汗"现象，再加上有较大温差的存在，会促使果蔬呼吸作用大大加强，使果蔬容易变软和腐烂。另外，某些包装材料，如纸板箱也可能受凝结水的损害。所以为了防止结露，果蔬在出库前要进行升温。果蔬在升温时，空气温度应比果蔬温度高2～3.5 ℃，相对湿度为75%～80%，当果蔬温度上升到与外界气温相差4～5 ℃时才能出库。经过升温后出库的冷藏果蔬能更好地保持其原有的品质，有利于销售和暂时存放，减少了损耗。

第五节 食品在冷却和冷藏时的变化

一、水分蒸发

水果和蔬菜采后离开了土壤，只有水分的蒸腾而失去了水分的补充，因此在贮藏和运输中会失水萎蔫，含水量不断降低，使产品的重量不断减少，这种失重通常称为"自然损耗"，包括水分和干物质两方面的损失，但主要是失水(俗称"干耗")，它与商业销售直接相关，会造成经济损失。

果蔬的含水量很高，不同种类和品种间的含水量差异很大，大多数为85%～95%，如葡萄、梨、苹果、白菜的含水量都在90%以上，马铃薯的含水量为85%，大蒜和山楂的含水量较低，为65%。一般来说，幼嫩的、生长旺盛的器官或组织含水量高。

食品在冷藏中所发生的干耗与食品种类、食品和冷却介质、空气的温差、空气介质的湿度和流速及冷却冷藏时间密切相关。水果、蔬菜类食品在冷藏过程中，由于表皮成分、厚度及内部组织结构不同，水分蒸发情况存在很大差别。一般蔬菜比水果易出现干耗，叶菜类比果菜类易出现干耗。果皮的胶质、蜡质层较厚的品种水分不易蒸发，表皮皮孔较多的果蔬水分容易蒸发。例如杨梅、蘑菇、叶菜类食品原料在冷藏过程中，水分蒸发速度较快，苹果、柑橘类、柿子、梨、马铃薯、洋葱冷却冷藏过程中水分蒸发较小。果蔬的成熟度亦会影响水分蒸发，一般未成熟的果蔬蒸发量大，随着成熟度的增加，蒸发逐渐减少。肉类水分蒸发量与肉的种类、单位质量、表面积大小、表面形状、脂肪含量等有关。

根据水分蒸发特性对果蔬类产品进行分类见表2-16。

表2-16 不同果蔬产品的蒸发特性

水分蒸发特性	水果、蔬菜的种类
Ⅰ型(蒸发量小)	苹果、橘子、柿子、梨、西瓜、葡萄(欧洲种)、马铃薯、洋葱
Ⅱ型(蒸发量中等)	白桃、李子、无花果、番茄、甜瓜、莴苣、萝卜
Ⅲ型(蒸发量大)	樱桃、杨梅、龙须菜、葡萄(美国种)、叶菜类、蘑菇

水分不仅是物质完成生命活动的必要条件，而且对果蔬的新鲜度和风味有重要影响，含水量高的果蔬外观饱满挺拔、色泽鲜亮、口感脆嫩。产品的实际含水量是由收获时组织中的原有水分决定的，如果采收时气温较高，产品的含水量就较低。因此我们应该在清晨或傍晚采收，使产品的含水量最高，特别是叶菜，受环境条件的影响最大，极易失水萎蔫。

采后果蔬失去了水分的来源，随贮藏期的延长而发生不同程度的失水，造成果蔬萎蔫、失重、新鲜度下降，使其商品价值受到影响；失水严重时会造成代谢失调、贮藏期缩短。因此，失水常作为果蔬保鲜的一个重要指标。当然，如果果蔬的含水量高，而其本身的保护组织又差，那么果蔬在采收、采后处理、运输和销售过程中很容易受到机械损伤。

二、冷害

果蔬冷害是指高于组织冰点的温度条件下，果蔬不适低温下贮藏所造成或产生的生理代谢失调。有些水果、蔬菜在冷却冷藏过程中的温度虽未低至其冻结点，但当贮藏温度低于某一温度界限时，这些水果、蔬菜的正常生理机能就会因受到过度抑制而失去平衡，引起一系列生理病害，这种由于低温造成的生理病害现象称为冷害。冷害有各种表现，最明显的症状是组织内部变褐和表皮出现干缩、凹陷斑纹，如荔枝的果皮变黑、鸭梨的黑心病、马铃薯发甜现象都属于低温冷害。有些果蔬在冷藏后外观看不出冷害的现象，但如果再放到常温下，却不能正常促进成熟，这也是一种冷害。例如绿熟的西红柿保鲜温度为10 ℃，若低于这个温度，西红柿就失去后熟能力，不能由绿变红。

(一) 引起冷害发生的因素

引起冷害发生的因素很多，主要有果蔬种类、贮藏温度和贮藏时间。

1. 果蔬种类

热带和亚热带果蔬由于系统发育处于高温的气候环境中，对低温较敏感，在低温贮藏中易出现冷害。一些温带果蔬也会发生低温伤害，寒带地区的果蔬耐低温的能力强。同一类果蔬，不同品种和冷却冷藏条件引起低温冷害的临界温度也会发生一些波动，不同种类的果蔬对低温冷害的易感性大小也不同。

2. 贮藏温度

果蔬发生低温冷害的程度与所采用的温度低于其冷害临界温度的程度和时间长短有关。采用的冷藏温度较其临界温度低得越多，冷害发生的情况就越严重。

3. 贮藏时间

果蔬冷害的出现需要一定时间，如果蔬在冷害临界温度下经历的时间较短，即使温度低于临界温度也不会出现冷害。冷害出现最早的品种是香蕉，像黄瓜、茄子这类品种一般需要10～14天。

（二）冷害的变化及主要症状

易产生冷害的产品称为冷敏感产品。冷害将导致果蔬耐藏性和抗病性下降，造成食用品质劣变甚至腐烂。不同品种、成熟度、形状、大小的农产品的冷害症状各异，如有的腐烂，有的变色，有的凹陷，有的则不能正常完熟。

1. 冷害的变化

在冷害温度下，原生质膜由液晶态变为凝胶态，膜的透性增大，细胞汁液由细胞内流入细胞间隙。有许多果蔬如黄瓜、西瓜等，皮薄柔软，透过表皮即可看到水浸状的斑块；而其他一些产品则会由于细胞间隙水分的大量蒸散，造成皮下细胞脱水干缩，发生凹陷，严重时出现成片的凹陷斑块。高湿可以减轻陷斑的发生。

2. 冷害的主要症状

常见果蔬的冷害症状见表2-17。

表2-17 常见果蔬的冷害症状

产　品	适宜温度/℃	冷害症状
香蕉	12～13	表皮有黑色条纹、不能正常后熟、中央胎座硬化
鳄梨	5～12	凹陷斑、果肉和维管束变黑
柠檬	10～12	表面凹陷、有红褐色斑
杧果	5～12	表面无光泽、有褐斑甚至变黑、不能正常成熟
菠萝	6～10	果皮褐变、果肉水渍状、异味
葡萄柚	10	表面凹陷、烫伤状、褐变
西瓜	4.5	表皮凹陷、有异味
黄瓜	13	果皮有水渍状斑点、凹陷
绿熟番茄	10～12	褐斑、不能正常成熟、果色不佳
茄子	7～9	表皮呈烫伤状、种子变黑
食荚菜豆	7	表皮凹陷、有赤褐色斑点
柿子椒	7	果皮凹陷、种子变黑、萼上有斑
番木瓜	7	果皮凹陷、果肉水渍状
甘薯	13	表皮凹陷、异味、煮熟发硬

褐变是冷害的另一症状，是指果蔬表皮和内部组织呈现棕色、褐色或黑色斑点或条纹。褐变的发生主要是由于冷害条件下，果蔬组织完整性受损、氧化酶活性升高、酚类物质含量增加、酶与底物的接触机会增加、氧化反应增强的结果。这些褐变有的在低温下即可发生，有些则是在转入室温后才会表现。

（三）冷害的预防

要避免果蔬遭遇冷害，可以采取以下几点措施。

1. 低温预贮调节

入库前要将果蔬放在略高于冷害的临界温度中一定时间，可增加以后低温贮藏时对冷害的抗性。例如甜椒在 10 ℃中放 5～10 天，可减轻在 0 ℃冷藏时的受害程度。

2. 低温锻炼

贮藏初期，贮藏温度从高到低，采取逐步降温的方式，使之适应低温环境，减少冷害。此法只对呼吸跃变型果实有效，对非跃变型果实无效。

3. 间歇升温

在冷藏期间进行一次或数次短期的升温以减少冷害。仁果类、核果类及茄科蔬菜均可采用此措施。桃的暖处理温度为 18.3 ℃，每 3 周升温一次，每次 2 天，共进行 2 次，可在 0 ℃的气调贮藏 9 天。

4. 提高成熟度

研究表明，适当地提高成熟度可以减少果蔬冷害的发生。

5. 提高湿度

接近 100％的相对湿度可以减轻冷害的发生，相对湿度过低则会加重冷害症状，采用塑料薄膜包装，可减轻冷害的程度。

6. 气调贮藏

CO_2 的浓度从 1.7％到 7.5％都能够影响冷害的发生，贮藏中适当提高 CO_2 的浓度、降低 O_2 浓度可以减轻冷害。对防止冷害来说，7％的 O_2 是最适宜的浓度。用 10％的 CO_2 可减少冷藏中葡萄柚和油梨的冷害。

7. 化学处理

利用化学的方法处理冷藏的果蔬以减少冷害。效果较好的为乙氧喹和氯化钙。前者是苹果表面烫伤病的抑制剂，后者可减轻番茄、油梨的冷害。植物生长调节物质，如多胺、茉莉酸及其甲酯、水杨酸及其甲酯等都可以减轻冷害的发生。

三、后熟作用

根据果蔬采收后呼吸强度的变化曲线，呼吸作用又可以分为呼吸跃变型和非呼吸跃变型（参见第一章第一节）。

为方便贮存和运输，有些果蔬在收获时还未完全成熟，然后在低温下贮运，使其在贮运过程中逐渐成熟，这种果实离开母体或植株向成熟转化的过程称为后熟作用。在冷藏期间果蔬在呼吸作用下逐渐转向成熟，其成分和组织状态会发生一系列变化，主要表现为：可溶性糖含量升高、糖酸比趋于协调、可溶性果胶物质含量增加、果实香味变浓郁、颜色变红或变色、硬度下降等。为了较长时间贮藏果蔬,应当延缓其后熟过程。果实种类、品种和贮藏条件对其后熟速度均有影响。

在呼吸高峰期间,呼吸热迅速增加,乙烯大量释放,在促使水果自身成熟的同时,也催化冷库内其他水果的成熟。在低温冷藏中对有呼吸高峰型的水果可以人为控制催熟,以方便适时加工和鲜货上市。

四、移臭和串味

食品冷藏时大多数食品都需要单独的贮藏室,实际上这很难做到。有时要贮存的食品品种较多而数量较少,此时,一般会混合贮存。各种食品的气味不尽相同,从而产生串味现象。在冷藏中易放出或吸收气味的食品,即使贮藏期很短,也不宜将其与其他水果一起存放。例如,大蒜的臭味非常强烈,将其与苹果等水果一起存放,则会使苹果带上大蒜臭味;梨或苹果与土豆在一起冷藏,会使梨或苹果产生土腥味;柑橘或苹果不能与肉、蛋、奶在一起冷藏,否则将互相串味。串味使食品原有的风味发生改变,因此凡是气味相互影响的食品都应分开贮藏,或包装后进行贮藏。另外,冷藏库长期使用后会有一种特有的冷藏臭,也会转移给冷藏食品,应及时清理。一些冰箱采用抽屉式分格设计,就有减轻串味的功能。

五、肉的成熟

刚屠宰的动物胴体是柔软的,并具有很高的持水性,经过一段时间放置,肉质会变粗硬,持水性大大降低。继续延长放置时间,尸僵开始缓解,肉的硬度降低,保水性有所恢复,肉变得柔软、多汁,风味得到改善,这个变化过程称为肉的成熟,这是一种受人欢迎的变化。肉成熟的速度与温度有关。在 0~4 ℃低温下,肉成熟的时间长,但肉质好,耐贮藏;在 20 ℃以上时,肉成熟时间虽短,但肉质差,易腐败。动物的种类不同,成熟作用的重要性也不同。对猪、家禽等成熟作用不十分重要,但对羊、牛、野禽等成熟作用却十分重要,其对肉质软化与风味增加有显著的效果,在生产上必须遵循这一规律。肉的成熟机理如下。

(1) 糖原分解。在自行分解酶作用下,肉中糖原分解为乳酸和磷酸,pH 值由 7.2 降至 5.6。

(2) 蛋白质凝固。蛋白质等电点出现酸性凝固、脱水收缩,肌肉呈收缩状态叫作肌肉僵直。

(3) 蛋白质的溶解。伴随着酸类继续增加,蛋白酸性溶解、水解,使僵直的肉体重新柔软起来。在成熟过程中游离氨基酸的含量可高达原来含量的 8 倍。

(4) 高分子物质的分解。高分子物质的分解最为突出的是磷酸腺苷类的分解,最后生成次黄嘌呤,其为肉类特殊香味的主要成分,使肉的香味大为增加。

六、淀粉的老化

(一) 淀粉老化的实质

普通淀粉大致由 20%的直链淀粉和 80%的支链淀粉构成,这两种成分形成微小的结晶，这种结晶的淀粉称 β-淀粉。淀粉在适当温度下，在水中溶胀分裂形成均匀的糊状溶液，这种作用称为糊化作用。糊化作用的实质是把淀粉分子间的氢键断开，水分子与淀粉形成氢键成为胶体溶液。糊化的淀粉又称 α-淀粉，食物中的淀粉是以 α-淀粉形式存在的。“老化”是“糊化”的逆过程，“老化”过程的实质是：在接近 0 ℃的低温范围内，已经溶解膨胀的 α-淀粉分子重新排列组合，形成致密的高度结晶化的不溶性淀粉分子，迅速出现了淀粉的 β 化，这就是淀粉的老化。

需要注意的是：淀粉老化的过程是不可逆的，不可能通过糊化再恢复到老化前的状态。老化后的淀粉，不仅口感变差，消化吸收率也随之降低。

（二）影响淀粉老化的因素

1. 淀粉的种类

淀粉的老化首先与淀粉的组成密切相关，直链淀粉比支链淀粉容易老化；含直链淀粉多的淀粉易老化，不易糊化；分子量小的直链淀粉易于老化；聚合度在 100～200 的直链淀粉最易老化。含支链淀粉多的淀粉易糊化，不易老化。玉米淀粉、小麦淀粉易老化，糯米淀粉老化速度缓慢。

2. 淀粉含水量

淀粉溶液浓度大，分子碰撞机会多，易于老化。面包含水 30％～40％，馒头含水 44％，米饭含水 60％～70％，它们的含水量都在淀粉易发生老化反应的范围内，冷却后容易出现返生现象。但水分在 10％以下时，淀粉难以老化。水分含量在 30％～60％，尤其是在 40％左右时，淀粉最易老化。

3. 无机盐的种类

无机盐离子有阻碍淀粉分子定向取向的作用。

4. 食品的 pH 值

食品的 pH 值在 5～7 时，老化速度快，而在偏酸或偏碱性时，因带有同种电荷，老化减缓。

5. 冷冻的速度

淀粉溶液冷冻的速度也会影响淀粉的老化程度。当糊化的淀粉缓慢冷冻时，会加重老化，而速冻可降低老化程度。

6. 温度的高低

食物的贮存温度也与淀粉老化的速度有关，一般淀粉变性老化最适宜的温度是 2～4 ℃，贮存温度高于 60 ℃或低于－20 ℃时都不会出现淀粉的老化现象，但温度恢复至常温，老化仍会发生。

7. 共存物的影响

脂类和乳化剂可抗老化；多糖（果胶例外）、表面活性剂或具有表面活性的极性脂添加到面包和其他食品中，可延长货架期。经完全糊化的淀粉，在较低温度下自然冷却或慢慢脱水干燥，会使淀粉分了间发生氢键再度结合，使淀粉乳胶体内水分子逐渐脱出，发生析水作用。这时，淀粉分子则重新排列成有序的结晶而凝沉，淀粉乳老化回生成凝胶体。这种糊化后再生成结晶的淀粉称为老化淀粉。老化的淀粉难以复水并变硬，因此蒸煮烤熟放冷却后的米饭等难以消化。简单地说,淀粉老化是糊化淀粉分子形成有规律排列的结晶过程。

七、微生物增殖

食品中的微生物若按温度可分为低温细菌、中温细菌和高温细菌,见表 2-18。在冷却、冷藏状态下,微生物特别是低温微生物的繁殖和分解作用并没有被充分抑制,只是温度变得缓慢。

表 2-18 细菌增殖的温度范围 ℃

类 别	最低温度	最适温度	最高温度
低温细菌	-5～5	20～30	35～45
中温细菌	10～15	35～40	40～50
高温细菌	35～40	55～60	65～75

低温细菌的繁殖在 0 ℃以下变得缓慢,但如果要它们停止繁殖,一般来说温度要降到 -10 ℃以下,个别低温细菌在 -40 ℃的低温下仍有繁殖现象。

第六节 冷库及相关仓贮设备

冷库是低温条件下贮藏货物的建筑群。冷库要为食品冷却、冻结、储存建立必要的温度、湿度、卫生等条件,在食品冷藏链中起着重要的作用。冷库应有合理的结构、良好的隔热,以保证食品储存的质量。冷库隔热结构的防潮和地坪防冻,可以保证冷库长期可靠地使用。冷库内的清洁、杀菌和通风换气,保证了食品的卫生品质。

一、冷库的分类

冷库大致分为冷藏库和冷冻库两大类: 冷藏库以贮藏蔬果、新鲜鱼肉、鱼卵、蛋、鲜奶、果汁等为主; 冷冻库以贮存肉类、冰淇淋等为主。

(一) 按温度划分

按仓库温度不同,冷库可分为冷藏库、冷冻库、特殊冷藏库等。

1. 冷藏库

凡是库温维持在产品冻结温度以上的都属于冷藏库,一般生鲜食品的冻结点大都在 -2 ℃以上。由于各类产品性质的不同,库温也各有差异,大多数库温在 4 ℃以下。

2. 冷冻库

凡产品温度维持在冻结温度以下的都属于冷冻仓库,如长期冷冻贮藏的冻结鱼或肉、冷冻食品等的库温在 -23 ℃以下。

3. 特殊冷藏库

凡是需要同时控制库内温度、湿度的都属于特殊冷藏库,如新鲜蔬果的冷藏等。

（二）按容量划分

按容量大小，冷库可分为大型冷库、中型冷库、小型冷库和微型冷库，见表 2-19。

表 2-19　冷库按容量的分类

规　模	容积/m^3	冻结能力/(t/天)	
		生产型冷库	分配型冷库
大型冷库	＞10 000	120～160	60～80
中型冷库	2 000～10 000	80～120	40～60
小型冷库	200～2 000	40～80	20～40
微型冷库	＜200	20～40	＜20

（三）按用途划分

按用途不同，冷库可分为生产型冷库、流通型冷库和零售型冷库。

1. 生产型冷库

生产型冷库为食品加工企业的重要组成部分，主要建设在食品产地附近的货源比较集中的地区。鱼、肉、蛋、禽、果蔬等易腐食品，经过适当加工处理后，送入冷库进行冷加工，然后运往销售地区。它的特点是冷加工能力较大，同时配有一定容量的冷藏吨位，供运转之用。食品流通的特点是零进整出，它的冷藏能力由冷却、冻结能力和运输条件决定。由于大批原料和成品需要调拨，故要求其建在交通便利的地方。

2. 流通型冷库

流通型冷库主要是接收经过冷加工的食品，一般建设在大中城市、人口密集的工矿区和水陆交通枢纽，作为市场供应、运输中转和贮藏食品之用。它的特点是冷藏容量大、冻结能力小，而且还要考虑多种食品的贮存。食品流通的特点随冷库的功能有所不同。由于冷藏量大，进出货比较集中，故要求其运输畅通、吞吐迅速。

3. 零售型冷库

零售型冷库一般是大型副食品商店供临时贮存零售食品之用。其特点是库容量小、贮存期短、品种多，库温随使用要求不同而异。

（四）按结构类别划分

按结构类别，冷库可分为土建冷库、组合板式冷库、覆土冷库、山洞冷库。

1. 土建冷库

这是目前建造较多的一种冷库，可建成单层或多层。建筑物的主体一般为钢筋混凝土框架结构或者砖混结构，土建冷库的围护结构属重体性结构，热惰性较大，室外空气温度的昼夜波动和围护结构外表面受太阳辐射引起的昼夜温度波动，在维护结构中衰减较大，故围护结构内表面温度波动就较小，库温也就易于稳定。

2. 组合板式冷库

这种冷库为单层形式，库板为钢框架轻质预制隔热板装配结构，其承重构件多采用薄壁型钢材制作。库板的内、外面板均用彩色钢板(基材为镀锌钢板),库板的芯材为发泡硬质聚氨酯或粘贴聚苯乙烯泡沫板。由于除地面外,所有构件均是按统一标准在专业工厂成套预制,在工地现场组装,所以施工进度快、建设周期短。

3. 覆土冷库

覆土冷库又称土窑洞冷库,洞体多为拱形结构,有单洞体式,也有连续拱形式。一般为砖石砌体,并以一定厚度的黄土覆盖层作为隔热层。用作低温的覆土冷库,洞体的基础应处在不易冻胀的砂石层或者基岩上。由于它具有因地制宜、就地取材、施工简单、造价较低、坚固耐用等优点,在我国西北地区得到较大的发展。

4. 山洞冷库

山洞冷库一般建造在石质较为坚硬、整体性好的岩层内,洞体内侧一般做衬砌或喷锚处理,洞体的岩层覆盖厚度一般不小于 20 m。这类冷库连续使用时间越长,其隔热效果越佳,热稳定性能越好。

(五) 按贮藏期长短划分

按贮藏期长短,冷库可分为贮藏型库和流通型库。

1. 贮藏型库

贮藏型库注重于时间上的存储,降低人力工资、来回搬运等运输的成本,同时收益也会有所降低。

2. 流通型库

流通型库更注重于流通,货物的不断流通,同时也增加了运营的成本,带来了更多的收益。

(六) 按贮藏方式划分

按贮藏方式的不同,冷库可分为机械制冷贮藏库和气调贮藏库。

1. 机械制冷贮藏库

机械制冷贮藏库是以人工制冷方法获取相对稳定的低温环境的一类设施。现代的冷库,人工制冷的方法通常是机械制冷,所以,通常也称机械冷库。

2. 气调贮藏库

气调贮藏库是在低温作用的基础上,通过对气体成分的控制进一步限制鲜活产品的生命消耗和病虫危害。气调贮藏库的基本构造为两部分,即冷库部分和气调部分。气调部分主要由气密结构、气调设备和控制系统等组成。

二、冷库的布置

冷库的布置是根据冷库的性质、允许占用土地的面积、生产规模、食品冷加工和冷藏的工艺流程、库内装卸运输方式、设备和管道的布置要求,来决定冷加工的建筑形式(单层或多层),确定各冷间、穿堂、楼梯电梯间等部分的建筑面积和冷库的外形,并对冷库内各冷间的布置及穿堂、过道、楼梯电梯间、站台等部分的具体位置等进行合理的设计。

1. 布置原则

一般来讲,冷库的布置应当满足以下基本要求。

(1) 工艺流程顺畅,不交叉,生产和进出库运输线路通畅,不干扰,路线较短。

(2) 符合厂(库)区总平面布局的要求,与其他生产环节和进库物资流向衔接协调。

(3) 高、低温分区明确,尽可能各自分开。

(4) 在温度分区明确、内部分间和单间使用合理的前提下,缩小绝热围层的面积。

(5) 适当考虑扩建和维修的可能。

在建筑平面布置中,可充分运用穿堂作为连接各部分的纽带,衔接前后工序的桥梁和物资流通的渠道。巧妙地运用穿堂,可以使建筑平面布置灵活多变,适应不同客观条件的要求,取得有利生产、方便管理、延长冷库使用寿命等多方面的效果。

2. 温度分区

冷库各类库房的温度大致上可以归结为高温库房(≥0 ℃)和低温库房(温度低于0 ℃),其中有的库房温度比较稳定,如冷藏间;有的库房温度可能在0 ℃上下一定范围内波动,如采用直接冻结工艺的冻结间。另外,由于库内外热湿交换程度不同,如高温库房只发生凝水结露现象,而低温库则可能产生凝水、结冰现象,甚至发生冻融循环。因此,在建筑平面布置上应根据各类库房的温度要求及热湿交换状况分开布置,以避免相互影响。这种处理方法,习惯上称为温度分区。

常用的温度分区方法有两种,一是分开处理,即将高温库与低温库分为两个独立的围护结构体;二是分边处理,将高温间组合在一边,将低温间组合在另一边,中间用一道绝热墙分开。在有条件的地方,应当首先考虑第一种处理方法。

3. 冷库的平面布置

(1) 低温冷藏间和冻结间。为了便于冻结间的维修、扩建和定型配套及延长主库的寿命,通常可将冻结间移出主库而单独建造,同低温冷藏间分开,中间用穿堂连接。这样,有利于低温冷藏间的管理和延长使用期限,但占地面积大,一次性投资多。

(2) 冻结物冷藏间和冷却物冷藏间。多层冷藏库把同温度的库房布置在同一层上;冻结物冷藏间布置在一层或一层以上的库房内;冷却物冷藏间若布置在地下室,则地坪不需采取防冻措施;若布置在地上各层,则可减少冷量损失。

单层冷藏库要合理布置不同温度的冷藏间,使冷区、热区的界限分明。

4. 冷藏库的垂直布置

(1) 单层冷藏间和多层冷藏库。小型冷藏库一般采用单层建筑,大、中型冷藏库则采用多层建筑。多层冷藏库的层数一般为4～6层,根据需要可以更高。在布置时,首先要根据生产工艺流程和制冷工艺流程,一般把冻结间布置在底层,以便于生产车间的吊轨接入冻结间,把制冰间布置在顶层,有利于冰的入库和输出,制冰间的下层为储冰库,冰可通过螺旋滑道进入储冰库。地下室可用作冷却物冷藏间或杂货仓库。为了减少冷藏库的热渗透量,无论是多层冷藏库还是单层冷藏库,都要建成立方体式的结构,尽量减少围护结构的外表面积,其长宽比通常为1.5∶1左右。

(2) 冷藏库的层高。库房的层高应根据使用要求和堆货方法确定,并考虑建筑统一模数。目前国内冷库堆货高度为3.5～4 m,单层冷藏间的净高一般为5～5.8 m,采用巷道或引车码垛的自动化单层冷库不受此限。多层冷藏库的冷藏间层高应≥5.8 m，当多层冷藏库有地下室时，地下室的净高不小于2.8 m。冻结间的层高根据冻结设备和气流组织的需要确定。储冻间的建筑净高，当用人工堆冰垛时，单层库的净高应为5.2～6 m，多层库的净高应为5.4～5.8 m；如用桥式吊车堆垛冻品时，则建筑净高应不小于12 m。

三、入库前的准备工作

（一）对库房的要求

(1) 冷库应具有可供食品随时进出的条件，并具备经常清洁、消毒、晾干的条件。

(2) 冷库的外围、走廊、列车或汽车的月台、附属车间等场所，都要符合卫生要求。

(3) 冷库要具有通风设备，可随时去除库内异味。

(4) 库内的运输设备及所有衡器如地坪、吊秤等都要经过有关单位的检查，保证完好、准确。

(5) 冷库中应有完备的消防设施。

(6) 将库房温度降到所要求的温度。

（二）对库内运输工具的要求

(1) 冷藏室中的所有运输工具和其他一切用具都要符合卫生要求。

(2) 所有手拉车都要保持干净，并将运输肉和鱼的手拉车区分开来。

(3) 运输工具要定期消毒。

（三）对入库的相关要求

1. 对入库食品的要求

凡进入冷库保藏的食品，必须新鲜、清洁、经检验合格。例如鱼类要冲洗干净，按种类和大小装盘；肉类及副产品要求修割干净、无毛、无血、无污染。食品冻结前必须进行冷却和冻结处理工序，在冻结中不得有热货进库。食品在冷却过程中，库房温度保持在－1～0 ℃。当肉体内温度(对于白条肉是指后腿肌肉厚处温度)达到0～4 ℃时冷却即完成。食品冻结时，库温应保持在设计要求的最低温度，当肉体内部温度不高于冻藏间温度3 ℃时，冻结即完成，如冻结物冷藏间温度为－18 ℃，食品冻结后温度必须在－15 ℃以下。

2. 果蔬入库前的准备工作

果蔬入库前要进行挑选和整理。挑选工作要仔细、逐个进行，将带有机械伤、虫伤的果蔬产品分别剔除筛选，因为果蔬中含有大量水分和营养物质，有利于微生物生存，而微生物侵入果蔬体内的途径主要是果蔬的机械伤或虫伤的伤口处，微生物侵入后，果蔬很快会腐烂变质。另外，不同成熟度的果蔬也不宜混在一起贮藏，因为较成熟的果蔬，再经过一段时间贮藏后会形成过熟现象，其特点是果体变软并即将开始腐烂。

有些果蔬经过挑选后，质量好的、可以长期冷藏的应逐个用纸包裹，并装箱或装筐。包裹果蔬用的纸，不要过硬或过薄，最好是用对果蔬无任何不良作用并经过化学药品处理的纸。有柄的水果在装箱(筐)时，要特别注意勿将果柄压在周围的果体上，以免将其他果实的皮碰破。在挑选整理过程中，要注意轻拿轻放，以防因操作不慎而使果体受伤。

3. 其他食品入库前的准备工作

在食品到达前，应当做好一切准备工作。食品到达后必须根据发货单和卫生检查证，双方在冷库的月台上交接验收后，立即组织入库。在入库过程中，对有强烈挥发性气味和腥味的食品、要求不同贮藏温度的食品、须经高温处理的食品应用专库贮藏，不得混放，以免相互感染串味。

（1）下列食品禁止入库。

① 变质腐败、有异味、不符合卫生要求的食品。

② 患有传染病的畜禽商品。

③ 雨淋或水浸泡过的鲜蛋。

④ 用盐腌或盐水泡过(已做防腐处理的库房和专用库除外)、没有严密包装的食品。

⑤ 流汁流水的食品。

（2）下列食品要经过挑选、整理或改换包装后才能入库。

① 质量不一、好次混淆及蔬菜、水果腐烂率在5%以上者。

② 污染或夹有污物的食品。

③ 肉制品及不能堆垛的零散商品。

4. 严格掌握库房的温度、湿度

根据食品的自然属性和所需要的温度、湿度选择库房，并力求保持库房温度、湿度的稳定。对冻结物，冻藏间的温度要保持在－18 ℃以下，库温只允许在进、出货时短时间内波动，正常情况下温度波动不得超过1 ℃；在大批冻藏食品进、出库过程中，一昼夜升温不得超过4 ℃。冷却物冷藏间在通常情况下，库房温度升降幅度不得超过0.5 ℃，在进、出库时，库温升高不得超过3 ℃。

外地运来的温度不合要求的冷却或冻结食品，允许少量进入冻藏间贮藏，但应保持库内正常贮藏温度。如温度高于－8 ℃，应当在冻结间中进行再冻后方能进入冷库贮藏。

为了减少食品的干耗，保持原有食品的色泽，对易于镀冰衣的食品，如水产品、禽、兔等，最好镀冰衣后再贮藏。

5. 认真掌握贮藏安全期限

对冷藏食品要认真掌握其贮藏安全期限，执行先进先出制度，并经常进行定期或不定期的食品质量检查。如果食品将要超过贮藏期，或发现有变质现象，应及时处理。根据我国商业系统的冷库使用和维修管理试行办法，对各种不同食品的安全贮藏期有不同规定。

对特殊要求或出口的食品，应按合同规定办理。贮藏安全期系指质量良好的食品从初次冷加工开始计算，到不失去商品价值的时间，其长短与食品经历的温度有很大的关系。

四、冷库的合理使用

冷库担负着果品、蔬菜、畜产、水产等易腐食品以及饮料和部分工业原料等商品的加工、贮藏任务，为充分发挥冷库的冷藏、冻结能力，确保安全生产，保证产品质量，除应按设计要求合理使用冷库外，还应做好冷库的维护工作。

1. 正常使用冷库,注重日常维护

(1) 要特别注意防水、防潮、防热气、防跑冷、防逃氨等,严格把好“冰、霜、水、门、灯”五关;要管好冷库门,商品进出时要随手关门,库门损坏要及时维修,做到开启灵活、关闭严密、不逃冷;风幕应运转正常。

(2) 要认真做好建筑物的维护与保养。空库时,冻结间和冻结物冷藏间温度应保持在−5 ℃以下,防止冻融循环;冷却物冷藏间应保持在露点温度以下,避免库内滴水受潮;商品堆垛、吊轨悬挂,其质量不得超过设计负荷,防止损坏建筑物;没有地坪防冻措施的冷却物冷藏间,在使用中应防止地坪冻臌;冷库地下自然通风管道应保持畅通,不得积水、有霜,不得堵塞,地下防冻加热油管要专人负责,每班检查一次并做好记录;要定期对建筑物进行全面检查,发现问题及时修复。

(3) 要经常维护电器线路。库内电器线路要经常维护,防止发生漏电事故,出库房时要随手关灯。

2. 合理码垛,提高冷库利用率

对食品进行合理码垛,正确安排,能使库房增加装载量,即提高单位容积的装载量和充分利用有效容积。具体有以下措施。

(1) 在安全荷载能力下,合理码垛。冷库楼面单位面积上平均所允许的承载质量为冷库的安全荷载能力,提高单位容积的装载量必须以冷库楼面允许的安全负荷和食品保管质量要求为前提。冷库荷载标准见表2-20。

表 2-20 冷库荷载标准

序号	房间名称	活荷载 /(kg·m^{-2})	序号	房间名称	活荷载 /(kg·m^{-2})
1	人行楼梯间	350	5	冻结物冷藏间	2 000
2	冷却间、冻结间	1 500	6	制冰间	2 000
3	运货穿堂、站台、收发货间	1 500	7	储冰间	900h
4	冷却物冷藏间	1 500	8	装隔热材料的阁楼	100

注:1. 单层库房冻结物冷藏间堆货物高度达6 m时,地面均布活荷载可采用300 kg/m^2。

2. h为堆冰高度(m)。

3. 表中序号2~5项适用堆货高度不超过5 m的一般库房,并已包括铲车运行载荷在内;贮存冰蛋和桶装油脂等重大的货物时,其楼面和地面活荷载可按实际情况确定。

4. 楼板下有吊重时,按实际情况另加。

(2) 提高单位容积载货量。根据不同食品容重不同正确安排食品,合理提高食品堆码的密度。各类冷冻食品的单位平均密度值见表2-21。

表 2-21 各类冷冻食品的单位平均密度值

食品名称	单位平均密度 /(kg·m^{-2})	食品名称	单位平均密度 /(kg·m^{-2})
冻猪肉	375	冻羊肉	300
冻鱼	450	冻肉或副产品(块状)	650
冻家禽(箱装)	350	冻小鱼(箱装)	350
鲜蛋(箱装)	320	冻鱼(箱装)	300

续表

食品名称	单位平均密度/(kg·m^{-2})	食品名称	单位平均密度/(kg·m^{-2})
新鲜水果(箱装)	340	冻鱼片(箱装)	550
冰蛋(灌装)	550	动物油脂(箱装)	630
冰块(桶制冰块)	800	动物油脂(桶装)	540
罐头食品	600	其他食品	300
冻牛肉	400		

(3) 充分利用有效容积,扩大货堆容量。

3. 果蔬库的合理使用

(1) 果蔬入库后要采取逐步降温的办法。果蔬在采收后,最好首先在原料产地及时进行预冷,预冷后的果蔬用冷藏车运到冷库可直接进行冷藏。在原料产地未经冷却的果蔬,进入冷藏间后,要采取逐步降温的办法,以防止某些生理病害的发生。例如红玉苹果先在2.2℃贮藏,然后再降到0℃贮藏,此法可减少红玉斑点和虎皮病的发生;又如运输途中温度较高的鸭梨,若直接进入0℃库房贮藏,很容易发生黑心病,而采取逐步降温的办法,可大大减少黑心病的发生,并可延长鸭梨的贮藏时间。

(2) 适温贮藏。不同种类的果蔬能忍受低温的能力是各不相同的,不适宜的低温和冷冻会影响果实正常的生理功能,引起产品的风味品质的变化或产生某些生理病害,这对贮藏是不利的。

就水果而言,生长在南方或是夏季成熟的水果,适宜较高温度贮藏,不适当的低温或冻结会影响果实的正常生理功能,使品质、风味发生变化或产生生理病害,不利于贮藏。例如香蕉长期放在低于12℃的温度下便不能催熟,即使是短期遭受低温危害的香蕉,催熟后仍果心发硬、果皮发黑。而北方生长的水果,如秋季成熟的苹果、梨等果实,一般都可在0℃左右的温度环境中贮藏,如金冠、红星苹果适宜贮藏温度为0.5~1℃,鸡冠、国光苹果适宜贮藏温度为−1~0℃,刀豆、青豆适宜贮藏温度为1~3℃。因此果蔬贮藏时,应根据种类不同,控制不同的贮藏温度。

(3) 湿度调节。采摘后的果蔬,不能再从母体上获得水分供给,在长期贮藏过程中,水分逐渐蒸发流失。大多数水果蔬菜其干耗(重量损失)超过5%时,就会出现萎蔫等现象,鲜度明显下降。特别是水果,当干耗低于5%时就不可能恢复原状。果蔬的水分蒸发,一方面是由于呼吸作用,散发出一部分水分;另一方面是贮藏环境的空气湿度过低,引起果蔬萎蔫,降低了食品价值。如果贮藏库湿度过低,可在鼓风机前配合自动喷雾器,随冷风将微雾送入库房空气中,增加空气湿度。没有自动喷雾器时,也可在地面上洒些清洁的水,或将湿的草席盖在包装容器上,以提高冷藏间的相对湿度。但如果湿度过高,果蔬的表面过于潮湿,有时还凝有水珠,可在库内放些干石灰、无水氯化钙或干燥的木炭吸潮。另外,冷藏间的温度和相对湿度都应尽量保持稳定,不得有较大幅度波动,否则会刺激果蔬的呼吸作用,增加呼吸消耗,降低其贮藏性。

五、冷库的管理

冷库是保证新鲜易腐食品长期供应市场、调节食品供应随季节变化而产生的不平衡、提高人民生活水平所不可缺少的。做好库房的管理工作，对保证冷藏食品的质量和提高企业的经济效益非常重要。

（一）冷库的操作管理

1. 正确使用冷库，保证安全生产

冷库是用隔热材料建设的低温密闭库房，结构复杂，造价高，具有怕潮、怕水、怕热气、怕跑冷的特点，最忌隔热体内有冰、水、霜，一旦损坏，就必须停产修理，严重影响生产。为此，在使用库房时，要注意以下问题。

(1) 防止水、气渗入隔热层。库内的墙、地坪、顶棚和门框上应无冰、霜、水，要做到随有随清除。没有下水道的库房和走廊，不能进行多水性的作业，不要用水冲洗地坪和墙壁。库内排管和冷风机要定期冲霜、扫霜，及时清除地坪和排管上的冰、霜、水。经常检查库外顶棚、墙壁有无漏水、渗水处，一旦发现，必须及时修复。不能把大批量没有冻结的熟货直接放入低温库房，防止库内温升过高，造成隔热层冻融而损坏冷库。

(2) 防止因冻融循环把冷库建筑结构冻酥。库房应根据设计规定的用途使用，高、低温库房不能随意变更(装配式冷库除外)。原设计有冷却工序的冻结间，若改为直接冻结间，要配有足够的制冷设备，还要控制进货的数量以控制合理的库温，避免库房内产生滴水。

(3) 防止地坪(楼板)冻臌和损坏。冷库的地坪(楼板)在设计上都有规定，能承受一定的负载，并铺有防潮和隔热层。如果地坪表面保护层被破坏，水分流入隔热层，会使隔热层失效。如果商品堆放超载，会使楼板产生裂缝。不能将商品直接散铺在库房地坪上冻结。拆货垛时不能采用倒垛方法。脱钩和脱盘时，不能在地坪上摔击，以免砸坏地坪或破坏隔热层。另外，库内商品堆垛重量和运输工具的装载量不能超过地坪的单位面积设计负荷。每个库房都要核定单位面积最大负荷和库房总装载量(地坪如大修改建，应按新设计负荷要求核定)，并在库门上做出标志，以便管理人员监督检查。库内吊轨每米长度的载重量，包括商品、滑轮和挂钩的总重量，应符合设计要求，不许超载，以保证安全。特别要注意底层的地坪没有做通风等处理的库房，使用温度要控制在设计许可范围内。设有地下通风的冷库，要严格执行有关地下通风的设计说明，并定期检查地下通风道内有无结霜、堵塞和积水，并检查回风温度是否符合要求。应尽量避免由于操作不当而造成地坪冻臌。地下通风道周围严禁堆放物品，更不能做新的建筑。

(4) 库房内货位的间距要求。为使商品堆垛安全牢固，便于盘点、检查、进出库，对商品货位的堆垛与墙、顶、排管和通道的距离都有一定要求，详见表 2-22。库内要留有合理宽度的走道，以便运输操作和保证安全。库内操作要防止运输工具和商品碰撞冷藏门、柱子、墙壁、排管、制冷系统的管道和电梯门等。

表 2-22 商品货位的堆垛与墙、顶、排管和通道的距离要求 mm

建筑物名称	货物应保持的距离	建筑物名称	货物应保持的距离
高温库顶棚	≥300	低温库顶棚	≥200
顶排管	≥300	墙	≥200
墙排管	≥400	风道底部	≥200
冷风机周围	≥1 500	手推车通道	≥1 000
铲车通道	≥1 200		

(5) 冷库门要经常进行检查。如发现变形、密封条损坏、电热器损坏,要及时修复。当冷库门被冻死拉不开时,应先接通电热器,然后开门,不可硬拉。

(6) 冷库门口是冷热气流交换最剧烈的地方,地坪上容易结冰、积水,应及时清除。

(7) 库内排管扫霜时,严禁用钢件等硬物敲击排管。

2. 加强管理工作,确保商品质量

提高和改进冷加工工艺,保证合理的冷藏温度,是确保商品质量的重要一环。食品在冷藏间如保管不善,易发生腐烂、干耗、冻结烧、脂肪氧化、脱色、变色、变味等现象。为此,要有合理的冷加工工艺和保证合理的贮藏温度、湿度、风速等。

商品在贮藏时,要按品种、等级和用途情况,分批分垛位贮藏,并按垛位编号,填制卡片悬挂于货位的明显地方。要有商品保管账目,正确记载库存货物的品种、数量、等级、质量、包装以及进出的动态变化,还要定期核对账目,出库一批,清理一批,做到账货相符。要正确掌握商品贮藏安全期限,执行先进先出的制度。定期或不定期地进行商品质量检查,如发现商品有霉烂、变质等现象,应立即处理。有些商品如家禽、鱼类和副产品,在冷藏时要求表面包冰衣。如长期冷藏的商品,可在垛位表面喷水进行养护,但要防止水滴在地坪、墙和冷却设备上。冻肉在码垛后,可用防水布或席子覆盖,在走廊边或靠近冷藏门处的商品尤应覆盖好,要求喷水结成 3 mm 厚的冰衣。在热流大的时候,冰衣易融解,要注意保持一定的厚度。

(二) 冷库库房的卫生管理

食品进行冷加工,并不能改善和提高食品的质量,仅是通过低温处理,抑制微生物的活动,达到较长时间贮藏的目的。因此,在冷库使用中,冷库的卫生管理是一项重要工作。要严格执行国家颁发的卫生条例,尽可能减少微生物污染食品的机会,以保证食品质量、延长保藏期限。

1. 冷库的卫生和消毒

1) 冷库的环境卫生

食品进出冷库时,都需要与外界接触,如果环境卫生不良,就会增加微生物污染食品的机会,因而冷库周围的环境卫生是十分重要的。冷库四周不应有污水和垃圾,冷库周围的场地和走道应经常清扫,定期消毒。垃圾箱和厕所应离库房有一定距离,并保持清洁。运输货物用的车辆在装货前应进行清洗、消毒。

2) 库房和工具设施的卫生与消毒

冷库的库房是进行食品冷加工和长期存放食品的地方,库房的卫生管理工作是整个冷库卫生管理的中心环节。在库房内，由于相对湿度较高，霉菌较细菌繁殖得更快些，并极易侵害食品，因此库房应进行不定期的消毒工作。运货用的手推车以及其他载货设备也能成为微生物污染食品的媒介，也应经常进行清洗和消毒。库内冷藏的食品，不论是否有包装，都要堆放在垫木上。垫木应刨光，并经常保持清洁，垫木、小车以及其他设备，要定期在库外冲洗、消毒。可先用热水冲洗，并用2%浓度的碱水(50 ℃)除油污，然后用含有效氯0.3%～0.4%(质量分数)的漂白粉溶液消毒加工。用的一切设备，如铁盘、挂钩、工作台等，在使用前后都应用清水冲洗干净，必要时还应用热碱水消毒。

冷库内的走道和楼梯要经常清扫，特别在出入库时，对地坪上的碎肉等残留物要及时清扫，以免污染环境。

2. 消毒剂和消毒方法

1) 抗霉剂

冷库用的抗霉剂有很多种，常与粉刷材料混合在一起进行粉刷。

(1) 氟化钠法：在白陶土中加入1.5%(质量分数)的氟化钠(或氟化铁)或2.5%(质量分数)的氟化铵，配成水溶液粉刷墙壁。

(2) 羟基联苯酚钠法：当发霉严重时，在正温的库房内，可用2%(质量分数)的羟基联苯酚钠溶液刷墙，或用同等浓度的药剂溶液配成刷白混合剂进行粉刷。消毒后，地坪要洗刷并干燥通风后，库房才能降温使用。用这种方法消毒，不可与漂白粉交替或混合使用，以免墙面呈现褐红色。

(3) 硫酸铜法：将硫酸铜2份和钾明矾1份混合，取此1份混合物加9份水在木桶中溶解，粉刷时再加7份石灰。

(4) 用2%(质量分数)过氧酚钠盐水与石灰水混合粉刷。

2) 消毒剂

库房内消毒有以下几种方法。

(1) 漂白粉消毒。漂白粉可配制成含有效氯0.3%～0.4%(质量分数)的水溶液[1 L水中加入含16%～20%(质量分数)有效氧的漂白粉20 g]，在库内喷洒消毒，或与石灰混合粉刷墙面。配制时，先将漂白粉与少量水混合制成浓浆，然后加水至必要的浓度。

在低温库房进行消毒时，为了加强效果，可用热水(30～40 ℃)配制溶液。用漂白粉与碳酸钠混合液进行消毒，效果较好。配制方法是，在30 L热水中溶解3.5 kg碳酸钠，在70 L水中溶解2.5 kg含25%(质量分数)有效氯的漂白粉，将漂白粉溶液澄清后，再倒入碳酸钠溶液，使用时，加两倍水稀释。用石灰粉刷时，应加入未经稀释的消毒剂。

(2) 次氯酸钠消毒。可用2%～4%(质量分数)的次氯酸钠溶液，加入2%(质量分数)的碳酸钠，在低温库内喷洒，然后将门关闭。

(3) 乳酸消毒。每立方米库房空间需用3～5 mL粗制乳酸，每份乳酸再加1～2份清水，放在瓷盘内，置于酒精灯上加热，再关门几小时消毒。

3) 消毒和粉刷方法

库房在消毒粉刷前，应将库内食品全部搬出，并清除地坪、墙和顶板上的污秽，发现有霉菌的地方应仔细用刮刀或刷子清除。在低温库内，要清除墙顶和排管上的冰霜，必要时需将库温升至正温。库房内刷白,每平方米表面消毒所消耗的混合剂约为 300 mL,在正温库房可用排笔涂刷,负温时可用细喷浆器喷洒。有时会出现一层薄溶液冻结层,经1～3 天以后,表面会逐步变干。

冷库内消毒的效果,根据霉菌孢子的减少来评定。因此,在消毒前后均要做测定和记录。消毒后,每平方厘米表面上不得多于一个霉菌孢子。

4) 紫外线消毒

紫外线消毒一般用于冰棍车间模子等设备和工作服的消毒。不仅操作简单、节约费用,而且效果良好。每立方米空间装置功率为 1 W 的紫外线光灯,每天平均照射 3 h,即可对空气起到消毒作用。

(三) 冷库工作人员的个人卫生

冷库工作人员经常接触多种食品,如不注意卫生,本身患有传染病,就会成为微生物和病原菌的传播者。对冷库工作人员的个人卫生应有严格的要求,冷库作业人员要勤理发、勤洗澡、勤洗工作服,工作前后要洗手,保持个人卫生。同时,必须定期检查身体,如发现患传染病者,应立即对其进行治疗并调换岗位,未痊愈时,不能进入库房与食品接触。

库房工作人员不应将工作服穿到食堂、厕所和冷库以外的场所。

(四) 食品冷加工过程中的卫生管理

1. 食品冷加工的卫生要求

食品入库冷加工之前,必须进行严格的质量检查,不卫生的和有腐败变质迹象的食品,如次鲜肉和变质肉,均不能进行冷加工和入库。食品冷藏时,应按食品的不同种类和不同的冷加工最终温度而分别存放。如果冷藏间大而某种食品数量少,单独存放不经济,也可考虑不同种类的食品混合存放,但应以不互相串味为原则。具有强烈气味的食品如鱼、葱、蒜、乳酪等和贮藏温度不一致的食品,严禁混存在一个冷藏间内。

对冷藏中的食品,应经常进行质量检查,如发现有软化、霉烂、腐败变质和异味感染等情况,应及时采取措施,分别加以处理,以免影响其他食品,造成更大的损失。

正温库的食品全部取出后,库房应通风换气,利用风机排除库内的混浊空气,换入过滤好的新鲜空气。

2. 除异味

库房中发生异味一般是由于贮藏了具有强烈气味或腐烂变质的食品所致。这种异味能影响其他食品的风味,降低质量。臭氧具有清除异味的性能,它是 3 个原子的分子结构,用臭氧发生器在高电压下产生,其性质极不稳定,在常态下即还原为两个原子的氧,并放出初生态氧(O)。初生态氧性质极活泼,化合作用很强,具有强氧化剂的作用,因而利用臭氧不仅可以清除异味,而且浓度达到一定程度时,还具有较好的消毒作用。利用臭氧除异味和消毒,不仅适用于空库,对装满食品的库房也很适宜。臭氧处理的效能取决于它的浓度,浓度越大,氧化反应的速度也就越快。由于臭氧是一种强氧化剂,长时间呼吸浓度很高的臭氧对人体有害,因此臭氧处理时操作人员最好不留在库内,待处理 2 h 后再进入。利用臭氧处理空库时，浓度可达 40 mg/m^3；对有食品的库，浓度则依食品的种类而定：鱼类和干酪为 1～2 mg/m^3，蛋类为 3 kg/m^3。如果库内存有含脂肪较多的食品，则不应采用臭氧处理，以免脂肪氧化变质。

此外，用甲醛水溶液（福尔马林溶液）或 5%～10%（质量分数）的醋酸与 5%～20%（质量分数）的漂白粉水溶液，也具有良好的除异味和消毒作用。这种办法目前在生产中广泛采用。

3. 灭鼠

鼠类对食品贮藏的危害性极大，它在冷库内不但糟蹋食品，而且散布传染性病菌，同时还能破坏冷库的隔热结构，损坏建筑物。因此，消灭鼠类对保护冷库建筑结构和保证食品质量有着重要意义。鼠类进入库房的途径很多，可以由附近地区潜入，也可以随有包装的食品一起进入冷库。冷库的灭鼠工作应着重放在预防鼠类进入上。例如在食品入库前，对有外包装的食品应进行严格检查，凡不需带包装入库的食品尽量去掉包装。建筑冷库时，要考虑在墙壁下部放置细密的铁丝网，以免鼠类穿通墙壁潜入库内。发现鼠洞要及时堵塞。消灭鼠类的方法很多，可用机械捕捉、毒性饵料诱捕、气体灭鼠等方法。用二氧化碳气体灭鼠效果较好。由于这种气体对食品无毒，用其灭鼠时，不需将库内食品搬出。在库房降温的情况下，将气体通入库内，将门紧闭即可灭鼠。二氧化碳灭鼠的效果取决于气体的浓度和用量，如在 1 m^3 的空间内，用体积分数为 25%的二氧化碳 0.7 kg，或用体积分数为 35%的二氧化碳 0.5 kg，一昼夜即可彻底消灭鼠类。二氧化碳对人有窒息作用，可造成死亡，操作人员必须戴氧气呼吸器才能入库充气和检查。在进行通风换气降低二氧化碳浓度后，方可恢复正常进库。

用药饵毒鼠，要注意及时消除死鼠。一般是用敌鼠钠盐来做毒饵，效果较好。具体配方：面粉 100 g，猪油 20 g，敌鼠钠盐 0.05 g，水适量。先将敌鼠钠盐用热水溶化后倒入面粉中，再将猪油倒入，混匀，合好，压成 0.5～1 cm 的薄饼，烙好后，切成 2 cm 左右的小方块作为毒饵。

【复习思考题】

一、名词解释

冷害；后熟作用；肉的成熟

二、思考题

1. 降低温度可减少食品由于微生物生长引起的腐败变质，低温是如何对微生物产生影响的？

2. 食品冷却的目的和冷却方法有哪些？

3. 冷水冷却和空气冷却分别适用于哪些类型食品的冷却？它们各自的优缺点有哪些？

4. 请说明真空冷却的原理及应用范围。

5. 食品冷藏过程中的质量变化有哪些？请举例说明。

6. 防止和延缓淀粉老化的措施有哪些？

【即测即练】

第三章

食品的冻结与冻藏

【本章导航】

本章主要了解常见的食品冻结设备；熟悉食品冻结和冻藏的过程、方法；掌握冻藏过程中容易发生的变化及控制措施；了解食品解冻过程、方法及其质量控制。

为何冷冻下的潮汕牛肉丸口感反而更好

冰冻食品在部分人的意识里跟“不营养、不健康”画了个等号，殊不知是自己的做法而导致了速冻食品或多或少的口感变化才产生了这种意识，殊不知温度是罪魁祸首。菲凡食品潮汕牛肉丸生产厂家带你了解吧。

速冻温度不同潮汕牛肉丸保质期不同

大家应该都有这么个体会，刚炒上来的菜会比过一段时间再来吃的味道相差很多。同样地，速冻的牛肉丸在温度不同的条件下，口感也会相差很多。例如：手打牛肉丸的包装上都有标示冷冻温度－18 ℃，保质期一年，但这并不意味着在－8 ℃也能保存一年。如果出厂后一直保存在－18 ℃，那么一年之内可以放心食用，但如若没有一直保存在－18 ℃，那么就不能保证一年之内不发生质变。因为所有的化学和酶反应速度都受温度的影响。一般来说，温度越低，营养素的分解、风味的损失、脂肪的氧化等速度就越慢，产品的品质也就能越长时间保持稳定。

－40 ℃使潮汕牛肉丸保持原汁原味

通过对鲜肉进行细条分割后冷却至 4 ℃，放入绞肉机内绞碎，按比例放入打浆机内打成肉浆，根据产品的大小，通过定型机进行出丸定型并落入 60 ℃的水槽进行定型，定型达到一定标准后进入煮制环节，90 ℃以上的煮制完毕后转进产品冷却，包装后进行速冻(－40 ℃)入库并采用真空包装。通过急速低温加工出来的速冻食品，食物组织中的水分、汁液不会流失，而且在这样的低温下，微生物基本上不会繁殖，食品的安全有了保证。

资料来源：https://www.ffsp88.com/ffkx/whldxdcsnrw.html.

制冷是维持人类营养资源方面独一无二的手段。世界范围每年生产的接近 50 亿吨的食品中，约有 20 亿吨需要冷加工，但只有 4 亿吨得到有效的冷藏。几乎所有植物性和动物性农产品收获后或成熟后的处理都离不开冷却，而冷冻已经被认为是长期保存易腐食品天然品质属性的主要商业手段，因此，冷冻对全球经济和人类生活有着重大影响。从经营额来看，每年全世界在制冷方面的投资超过了 1 700 亿美元，而全部冷加工食品的成本超过了 12 000 亿美元（这个数额超过了美国军费的 3.5 倍）。全世界有 7 亿～10 亿台家用冰箱和 3 亿立方米的冷藏设施。每年全世界各种冷冻食品的产量约为 5 000 万吨（再加 2 000 万吨的冰淇淋和 300 万吨鱼），并且每年的增长率高达 10%。因此，制冷占了全球用电量的 15%，从而很大程度上决定了全球经济稳定性（从能量效率和环境友好角度看）。

20 世纪初，人们大多采用机械和化学方法保藏食品。快速冷冻作为一种工业过程出现于 90 多年前，当时，Clarence Birdseye 发现了一种闪冻食品的方法，并将其公布，这是食品工业出现的最为重大的事件之一。Birdseye 在逗留北极期间观察到，冰、风和低温的结合使刚捕获的鱼几乎在瞬间冻结。更为重要的是，他还同时发现，如此快速冻结的鱼煮熟后食用，在味道和质地上几乎与鲜鱼煮熟后没有什么差别。经过多年的努力，他发明了一种将蜡纸板箱包装的光鱼、带骨肉或蔬菜进行闪冻的系统（美国专利号 1773079，1930）。随后他将系统推向市场，并引出了冷冻食品制造、运输和销售方面的一些新措施（如双板冷冻机结构、零售展示柜，可租赁的铁路运输冷藏车以及在马萨诸塞州斯普林菲尔德零售冷冻产品）。

因此，速冻逐渐被人们认为是新鲜易腐食品长期保藏的一种广泛采用的工业化方法。冷冻速率对冷冻食品的品质有很大的影响，冷冻食品中所含的水分迅速冷冻成细小冰晶，从而可以防止细胞组织损伤，并且可以迅速抑制腐败微生物生长和酶促过程。

冷冻时间的缩短和冷冻设备产量的提高可以从以下方面达到：①降低冷冻介质的温度（通常需要较大的设备投资和操作成本）；②提高表面传热系数（增加冷冻介质的速度及增加边界层湍流，涉及表面相变效应和较少包装）；③减少被冷冻物体的大小（对小产品进行单体冻结或将体积大的产品切割成小尺寸产品）。

第一节　食品的冻结

新鲜动物性食品，冷藏贮期不足 7 天，若要直接长期贮藏，就必须经过冻结处理，采用冻藏。一般食品温度越低，质量变化越缓慢。质量变化是由酶、微生物及氧化作用等引起的，且作用都随温度降低而变弱。此外因蒸发而引发的干燥现象亦随温度降低而变弱。防止微生物繁殖的临界温度是 −12 ℃，但在此温度下，酶及非酶作用和物理变化都还不能有效地被抑制，所以必须采用更低的温度，我国实际使用时的推荐温度是 −18 ℃。在这样低的温度下食品内含有的水分必定要结冰。肉类若不经前处理直接冻结，对解冻后的感官品质影响较小。但果蔬类若不经前处理直接冻结，则解冻后的品质要恶化，所以蔬菜须经漂烫杀酶、水果进行加糖等前处理后再行冻结。将结冰及低温造成的影响减弱或抑制到最低限度，是冻结工序中的技术关键。

一般称冻结加工品为冻结食品或冷冻食品。冻结食品的含义通常包括以下四个方面：冻结前经过预处理；用速冻法冻结；冻结后产品中心温度达到 −18 ℃以下；有适宜的包装并在冷链下运销。

一、冻制或冻结前对原料加工的工艺要求

只有新鲜优质的原材料才能供冻制之用。就水果来说,还必须选用适宜于冻制的品种,有些品种不宜冻制,否则不是冻制品品质低劣便是不耐久藏。冻制用果蔬应在成熟度最高时采收。此外,为了避免酶和微生物活动引起不良变化,采收后应尽快冻制。

就蔬菜来说,原料表面上的尘土、昆虫、汁液等杂质被清除后,还需要在 100 ℃热水或蒸汽中进行预煮,以破坏蔬菜中原有酶的活力,从而显著地提高冻制蔬菜的耐藏性。预煮时间随蔬菜种类、性质而异,青刀豆 1～1.5 min,而甜玉米则需要 11 min。预煮时虽杀灭了大量的微生物,但仍有不少细菌残留下来。为了阻止这些残存细菌的腐败活动,预煮后和包装冻制前应立即将原料冷却到 10 ℃以下。

水果的酶性变质比蔬菜还要严重些,可是水果不宜采用预煮的方法破坏酶的活力,否则会破坏新鲜水果原有的品质。冻制水果极易褐变,这是氧化酶活动的结果。为了有效地控制氧化,在冻制水果中常加有以浸没水果为度的低浓度糖浆,有时还另外添加柠檬酸、抗坏血酸和二氧化硫等添加剂以延缓氧化作用。

肉制品一般在冻制前并不需要特殊加工处理。目前美国及部分欧洲国家在冻制肉之前为了防止肉的冷收缩以提高肉的嫩度,普遍使用电刺激手段处理。在国外,为了适应他们烹调特点和口味的要求,牛肉一般须先冷藏进行酶嫩化处理。不过,如果冷藏期超过 7 天,这就会对冻肉制品在冻藏时的耐藏性产生影响。

就家禽来说,试验表明,凡是屠宰后 12～24 h 内冻结的,其肉质要比屠宰后立即冻结的具有较好的嫩度。如屠宰后超过 24 h 才冻结,肉的嫩度无明显改善,而贮藏期却反而缩短。

对于预煮的制品或一些调理制品,则采用合适包装后,即可冻制。

任何冻制食品最后的品质及其耐藏性决定于下列各种因素。

(1) 冻制用原料的成分和性质。

(2) 冻制用原料的严格选用、处理和加工。

(3) 冻结方法。

(4) 贮藏情况。

二、食品的冻结过程

(一) 食品的冰点

当食品的温度降至水的冰点 0 ℃以下时,食品中液态的水转变成固态的冰,食品开始变硬。冰晶开始出现的温度称为冻结点或冰点。食品中的水分不是纯水,大多是含有机盐或有机物的溶液,其冻结点比纯水低。冻结点的高低不仅受水分含量的影响,而且受溶解成分的水分状态的影响。根据拉乌尔(Raoult)稀溶液定律: $\Delta Tf = K_f b$, K_f 为与溶剂有关的常数,水为 1.86,即质量摩尔浓度每增加 1 mol/kg,冻结点就会下降 1.86 ℃。因此食品物料要降到 0 ℃以下才产生冰晶。各种食品的成分存在差异,含水率存在差异,其冻结点也不相同,如表 3-1 所示。一般植物性食品、果品、蔬菜的冻结点大多为－3.8～－0.6 ℃。

有些食品的冻结点可能更低，尤其是在缓慢冻结过程中，若溶液浓度逐渐增大，其冻结点还会下降。

表 3-1　几种常见食品的冻结点及含水率

品种	冻结点/℃	含水率/%	品种	冻结点/℃	含水率/%
牛肉	－1.7～－0.6	71.6	葡萄	－2.2	81.5
猪肉	－2.8	60	苹果	－2	87.9
鱼肉	－2～－0.6	70～85	青豆	－1.1	73.4
牛奶	－0.5	88.6	橘子	－2.2	88.1
蛋白	－0.45	89	香蕉	－3.4	75.5
蛋黄	－0.65	49.5			

（二）食品的冻结过程和冻结曲线

当温度下降至冻结点，潜热被排除后，液体与固体之间开始转变，进行结冰。结冰包括晶核的形成和冰晶体的增长两个过程。晶核的形成是极少部分的水分子有规则地结合在一起形成结晶的核心，这种晶核是在过冷条件达到后才出现的。冰晶体的增长是其周围的水分子有次序地不断结合到晶核上面去，形成大的冰晶体。只有当温度很快下降至比冻结点低得多时，水分同时析出形成大量的结晶核，这样才会形成细小而分布均匀的冰晶体。

1. 冷冻时水的物理特性

水的冻结包括两个过程：降温与结晶。当温度降至冰点，接着排除了潜热时，游离水由液态变为固态，形成冰晶，即结冰；结合水则要脱离其结合物质，经过一个脱水过程后，才冻结成冰晶。

冻结时，表面的水首先结冰，然后冰层逐渐向内伸展。当内部水分因冻结而膨胀时，会受到外部冻结了的冰层的阻碍，因而产生内压，这就是所谓"冻结膨胀压"；如果外层冰体受不了过大的内压，就会破裂，冻品厚度过大、冻结过快，往往会形成这样的龟裂现象。

2. 冻结温度曲线和冻结率

食品温度在冻结过程中逐步下降。"冻结温度曲线"是反映食品温度与时间的关系曲线。食品的冻结温度曲线和冻结水分量如图 3-1 所示。

（1）初阶段：即从初温至冻结点，这时放出的是"显热"，显热与冻结过程中所排出的总热量比较，其量较少，故降温快，曲线较陡。其中还会出现过冷点(温度稍低于冻结点)。因为食品大多有一定厚度，冻结时其表层温度降得很快，所以一般食品不会有稳定的过冷现象出现。

（2）中阶段：此时食品中水分大部分冻结成冰(一般食品从冻结点下降至其中心温度为－5 ℃时，食品内已有 80%以上水分冻结)，由于水转变成冰时需要排除大量潜热，整个冻结过程中的总热量的大部分在此阶段放出，故当制冷能力不是非常强大时，降温慢，曲线平坦。

（3）终阶段：从成冰后到终温(一般是－18～－5 ℃)，此时放出的热量，其中一部分

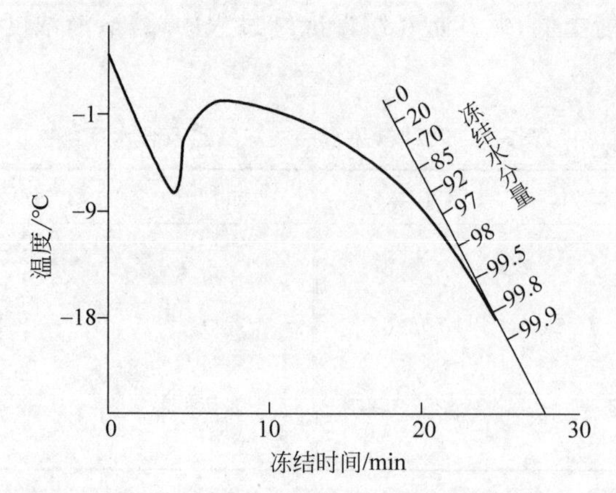

图 3-1 冻结温度曲线和冻结水分量

是冰的降温，一部分是内部余下的水继续结冰，冰的比热比水小，其曲线应更陡，但因还有残余水结冰所放出的潜热大，所以曲线有时还不及初阶段陡峭。

在冻结过程中，要求中阶段的时间短，这样的冻结产品质量才理想。中阶段冻结时间的快慢，往往与冷却介质导热快慢有很大关系。如在盐水中冻结就比在空气中冻结迅速，在流动的空气中就比静止的空气中冻结得快，如图 3-2 所示。因此速冻设备很重要，要创造条件使之快速冻结，尤其中阶段的冻结，通过的时间要短，才能得到质量良好的速冻产品。

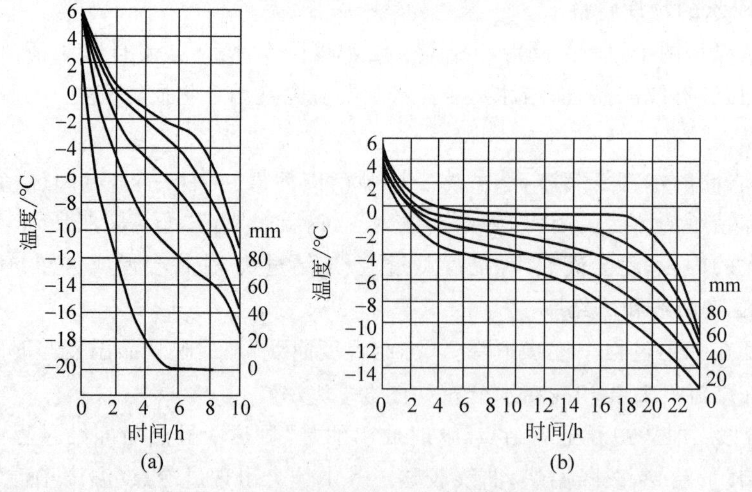

图 3-2 在不同介质中的冻结温度曲线

(a) 在盐水中冻结；(b) 在空气中冻结

冻结期间不同深度食品层温度随时间的变化：在任一时刻食品表面的温度始终最低，越接近中心层温度越高。不同的深度，温度下降的速度是不同的。冷冻曲线平坦段的长短与冷却介质的导热性有关。采用导热快的冷却介质，可以缩短中间阶段的曲线平坦段。图 3-2 中显示在盐水中冻结曲线的平坦段要明显短于在空气中的平坦段。

大部分食品中心温度在－5～－1 ℃降温过程中，约有 80%的水分形成冰晶，这个温度范围称为“最大冰晶生成带”。研究表明，应以最快的速度通过最大冰晶生成带，这是保证冻品质量最重要的温度区间。

冻结食品要在长期贮藏中能充分抑制微生物生长及降低生化反应，一般要求有90%以上的水变成冰时才能达到目的，这是保证冻品质量的冻结率。食品中的水分冻结量即为冻结率。冻结率与温度的关系，可用下式表示：

$$\omega=(1-t_{p}/t)\times 100\%$$

式中，ω 为冻结率，%；t_{p} 为食品的冻结点，℃；t 为冷冻食品的温度，℃。

例如，食品的冻结点为−1 ℃，降到−5 ℃时的冻结率为

$$\omega=[1-(-1/-5)]\times 100\%=80\%$$

食品汁液中的水分随冰晶形成过程的进行而逐步减少，使剩余汁液的浓度增大，冻结点也随之降低，浓缩的水溶液完全冻结时的温度称“共晶点”。多数食品的共晶点为−65～−55 ℃，冷冻冷藏中这一温度很难达到，因此，即使冷冻，食品中仍会有部分水分保持未冻状态。这样低的温度，在技术和经济上都有难度，在加工工艺上难以应用，一般只要求中心温度在−30～−18 ℃，这样就足以保证冻品的质量。

三、冻结速度和冻结时间

1. 速冻的定义

速冻的定性表达：外界的温度降与细胞组织内的温度降不等，即内外有较大的温差；而慢冻是指外界的温度降与细胞组织内的温度降基本上保持等速。

速冻的定量表达：按时间划分和按推进距离划分两种方法。

1）按时间划分

食品中心温度从−1 ℃降到−5 ℃所需的时间（通过最大冰晶生成带的时间），在30 min内，为快速冻结；超过30 min，属于慢速冻结。一般认为，在30 min内通过−5～−1 ℃的温度区域所冻结形成的冰晶，对食品组织影响最小，尤其是果蔬组织质地比较脆嫩，冻结速度应要求更快。由于食品的种类、形状和包装等情况不同，这种划分方法对某些食品并不十分可靠。

2）按推进距离划分

以−5 ℃的冻结层在单位时间内从食品表面向内部推进的距离为标准（冻结速度 v 的单位是cm/h）：

缓慢冻结　$v=0.1\sim1$ cm/h；

中速冻结　$v=1\sim5$ cm/h；

快速冻结　$v=5\sim20$ cm/h；

超速冻结　$v>20$ cm/h。

国际制冷学会的冻结速度定义：食品表面与中心点间的最短距离，与食品表面达到0 ℃后至食品中心温度降到比食品冻结点低10 ℃所需时间之比。即

$$v=L/t$$

式中，L 为食品表面与温度中心点间的最短距离，cm；t 为食品表面达0 ℃后，食品温度中心降至比冻结点低10 ℃所需的时间，h。

例如,食品中心与表面的最短距离为10 cm,食品冻结点为-2 ℃,其温度中心降到比冻结点低10 ℃即-12 ℃时所需时间为15 h,其冻结速度为$v=10/15=0.67$ cm/h。

根据这一定义,食品中心温度的计算值随食品冻结点不同而改变。如冻结点-1 ℃时中心温度计算值需达到-11 ℃,冻结点-3 ℃时其值为-13 ℃。

2. 冻结速度与冰晶分布的关系

冻结速度与冰晶分布有密切的关系,一般冻结速度越快,通过-5~-1 ℃温度区间的时间越短,冰层向内伸展的速度比水分移动速度越快时,速冻形成的冰晶多且细小均匀,水分从细胞内向细胞外转移少,冰晶分布越接近新鲜物料中原来水分的分布状态,不至于对细胞造成机械损伤。冷冻中未被破坏的细胞组织,在适当解冻后水分能保持在原来的位置,并发挥原有的作用,有利于保持食品原有的营养价值和品质。

从表3-2和表3-3可以看出,当采用不同的冻结方式或冻结介质时,由于冻结速度不同,形成冰晶的大小与状态也不一样。

表3-2 冻结速度与冰晶状态的关系(鱼肉)

冻结速度(通过-5~-1 ℃的时间)	冰结晶			数量	冰层伸展速度I与水分移动速度ω的比较
	位置	形状	大小(直径×长度)/μm		
数秒	细胞内	针状	1~10~5×5	无数	$I\geqslant\omega$
1.5 min	细胞外	杆状	0~20×20~500	多数	$I>\omega$
40 min	细胞内	柱状	5~100×100以上	少数	$I<\omega$
90 min	细胞外	块粒状	50~200×200以上	少数	$I\leqslant\omega$

表3-3 冻结速度与冰晶大小的关系(龙须菜)

冻结方法	冻结温度/℃	冻结速度次序	冰晶大小/μm		
			厚	宽	长
液氮	-196	1	0.5~5	0.5~5	5~15
干冰+乙醇	-80	2	6.1	18.2	29.2
盐水(浸)	-18	3	9.1	12.8	29.7
平板	-40	4	87.6	163.0	320.0
空气	-18	5	324.4	544.0	920.0

冻结速度慢,细胞外溶液浓度较低,冰晶首先在细胞外产生,而此时细胞内的水分是液相。在蒸汽压差作用下,细胞内的水向细胞外移动,形成较大的冰晶,且分布不均匀。除蒸汽压差外,因蛋白质变性,其持水能力降低,细胞膜的透水性增强而使水分转移作用加强,从而产生更多更大的冰晶大颗粒。

缓冻形成的较大冰晶会刺伤细胞,破坏组织结构,使解冻后汁液流失严重,影响食品的价值,甚至不能食用。

还应指出,冰晶状态不仅受冻结速度的影响,还与原料的特性有很大关系。也就是说,在相同的冻结速度下,鱼、肉、果、蔬等食品的冰晶状态存在一定的差异,甚至同一种食品也可观察到因新鲜度及生理特性等不同而产生的差异。比如,随着狭鳕鱼肉从死后僵硬向解僵的推移，发生在细胞外的冻结将会增加。此外，产卵期的狭鳕鱼、饥饿状态下的鲤鱼等都更加容易产生细胞外的结冰现象。

3. 冰晶体对食品质量的影响

肉类和果蔬等都是由细胞壁或细胞膜包围住的细胞构成，在所有的细胞内都有胶质状原生质存在，水分则存在于原生质或细胞间隙中，或呈结合状态，或呈游离状态。一般情况下，细胞内溶液的浓度总要和细胞外溶液的浓度基本相同，即保持内外等渗的条件。冻结过程中温度降到食品冻结点时，与亲水胶体结合较弱、存在于低浓度溶液内的部分水分（主要是处于细胞间隙内的水分）就会首先形成冰晶体，从而引起冰晶体附近溶液浓度升高，即胞外溶液的浓度上升，高于胞内溶液的浓度。此时，胞内水分透过细胞膜向外渗透。

在缓慢冻结的情况下，细胞内的水分不断穿过细胞膜向外渗透，以至细胞收缩，过度脱水。如果水的渗透率很高，细胞壁可能被撕裂和折损。同时，冰晶体对细胞产生挤压，且细胞和肌纤维内汁液形成的水蒸气压大于冰晶体的蒸汽压，导致水分向细胞外扩散，并围绕在冰晶体的周围。结果随着食品温度不断下降，存在于细胞与细胞间隙内的冰晶体就不断地增大（直至它的温度下降到足以使细胞内部所有汁液转化成冰晶体为止），从而破坏了食品组织，使其失去了复原性。

冻结过程中食品冻结速度越快，水分重新分布的现象越不显著。因为速冻时组织内的热量迅速向外扩散，温度迅速下降到能使那些尚处于纤维内或细胞内的水分或汁液，特别是那些尚处于原来状态的水分全部形成冰晶体，因此，所形成的冰晶体积小、数量多，分布也比较均匀，有可能在最大限度上保证冻制食品的品质。

有些食品本身虽非细胞构成，但冰晶体的形成对其品质同样会有影响（如奶油类的乳胶体、冰淇淋类的冻结泡沫体）。

长期以来，人们一直认为冻结速度越快，则冻结食品质量越好。其理由是冻结速度越快，食品受酶和微生物的作用越小；冻结速度越快，冰晶对食品组织的损伤作用越小。因此，为了得到高质量的冻结食品，必须进行快速冻结。

然而，冻结速度过快，也会对食品质量产生不良影响。冻结速度过快，会在食品结构内部形成大的温度梯度，从而产生张力，导致结构破裂，应该尽力避免。许多研究表明，冻结速度只是影响冻结食品质量的一个因素，还有许多因素如原料特性、辅助处理、冻藏条件等都会对冻结食品质量产生较大的影响。因此，单纯强调冻结速度，并不一定能得到高质量的冻结食品。

有关冻结速度与冻结食品质量之间的关系还应考虑到以下几个方面。

（1）对于大多数食品，冻结速度在某一范围内的快慢并不会使食品的质量产生太大的差异。当然这并不是说快速冻结对食品质量不重要，而是说，冻结速度对食品质量的影响依种类而异。比如，鱼肉、禽肉与其他动物性食品相比，对冻结速度的变化比较敏感，若冻结速度缓慢，其质量就会受到较大影响，但对牛肉、猪肉就影响比较小。

（2）对于体积大的食品，要使它们以均匀的速度进行冻结，现行的冻结方法是难以做到的。从食品的表面到内部，冻结速度存在一定的差异，从而使其质量也有不同。

（3）影响冰晶状态的因素，除冻结速度外，还有原料的新鲜度、生理状态、添加盐类或糖类等辅助处理等。上述因素不同，即使冻结速度一样，冰晶的状态也会有差别。

(4) 最大冰晶生成带的温度范围是－5～－1 ℃，但有不少食品的冰点低于－1 ℃，有些甚至低于－5 ℃。考虑到这些事实，以通过最大冰晶生成带的时间来判断冻结速度的快慢，有时是不妥当的。

(5) 冰晶的状态是不稳定的，在冻藏过程中经常发生冰晶生长和重结晶现象。冻藏时间越长，冻藏温度波动越频繁，波动幅度越大，则上述现象越严重。冰晶生长和重结晶将破坏快速冻结时所形成的良好冰晶状态，使快速冻结的优越性完全丧失。

4. 浓缩的危害性

大多数冻藏食品，只有全部或几乎全部冻结的情况下才能够保持成品的良好品质。食品内如果还有未冻结的核心或部分未冻结区存在，就极易出现色泽、质地和胶体性质等方面的变质现象。由于浓缩区水分少，可溶性物质受到“浓缩”，如 H^+、Ca^{2+} 浓度增加，可能会导致很多危害。

(1) 溶液中若有溶质结晶或沉淀，其质地就会出现沙粒感。

(2) 在高浓度的溶液中若仍有溶质未沉淀出来，蛋白质就会因盐析而变性。

(3) 有些溶质属酸性，浓缩会引起 pH 值下降，当 pH 值下降到蛋白质的等电点(溶解度最低点)以下时会导致蛋白质凝固。

(4) 胶体悬浮液中阴、阳离子处在微妙的平衡状态，其中有些离子还是维护悬浮液中胶质体的重要离子。如这些离子的浓度增加或沉淀，会对它的平衡产生干扰作用。

(5) 食品内部存在着气体成分，当水分形成冰晶体时，溶液内气体的浓度也同时增加，可能导致气体过饱和，最后从溶液中挤出。

(6) 如果食品微小范围内溶质的浓度增加，会引起相邻的组织脱水。解冻后这种转移水分难以全部复原，组织也难以恢复原有的饱满度。

四、冻结方法

按生产过程的特性，冻结系统可分为批量式冻结、半连续式冻结和连续式冻结三类。

(1) 批量式冻结：先装载一批产品，然后冻结一个周期，冻结完毕后，设备停止运转并卸货。

(2) 半连续式冻结：将批量式冻结器的一个较大的批量分成几个较小的批量，在同一个冻结器内进行相对连续的处理。

(3) 连续式冻结：产品连续地或有规律间断地通过冻结器，采用机械化且常是全自动化的系统。

有规律间断式与半连续式的区别在于以下方面：一次装运产品的数量不同(有规律间断式是一袋、一纸盒或一盘，半连续式则是含许多袋、盘、纸盒的一辆车或一个货架)；装货与等待的时间不同(有规律间断式往往只有几秒钟，不影响流水线的运行，而半连续式则需要较长的时间，形成明显的中断)。

冻结方法对食品的冻藏品质影响很大，不同的冻结方法会导致不同的冻结食品品质。根据食品接触的降温介质不同，目前常见的食品冻结方法有空气冻结法、接触平板冻结法、盐水冻结法、液氮冻结法等。其中空气冻结法是食品冻结的主要方法，绝大多数食品采用这种方法。

根据食品采用的冻结设备类型不同，食品冻结方法又可分为冻结速度较慢的冷库空气冻结法和速冻装置冻结法，后者具体可分为隧道式冻结法、螺旋式冻结法、流化床冻结法、接触平板冻结法、盐水冻结法、液氮冻结法等。

（一）空气冻结法

空气冻结是用低温空气作为介质以带走食品的热量，食品获得冻结的技术。根据空气是否流动，空气冻结有两种情形，即静止空气冻结和吹风冻结。前者因冻结速度太慢，且劳动强度大等，已弃之不用。目前主要使用吹风冻结设备。

吹风式冻结装置用空气作为传热介质。早期的吹风式冻结装置是一个带有冷风机及制冷系统的冷库。通过对气流控制技术和产品传送技术的不断改进，现在有了各种水平的冻结设备。

吹风冻结按食品在冻结过程中是否移动分成固定位置式和流化床两种形式。固定位置式冻结设备有冻结间、隧道式冻结器、螺旋式冻结器等，是使用最广泛的冻结设备。流化床冻结设备适合于冻结个体小、大小均匀且形状规则的食品，如豆类、扇贝柱等。

1. 隧道式冻结器

隧道式冻结器是较早应用的吹风冻结系统。“隧道”这个名称现在已被用来泛指吹风冻结器，而不管它是否具有隧道的形状。隧道式冻结器的结构如图 3-3 所示，它主要由绝热外壳、风机、蒸发器、吊挂装置或小货车或传送带等部分组成。

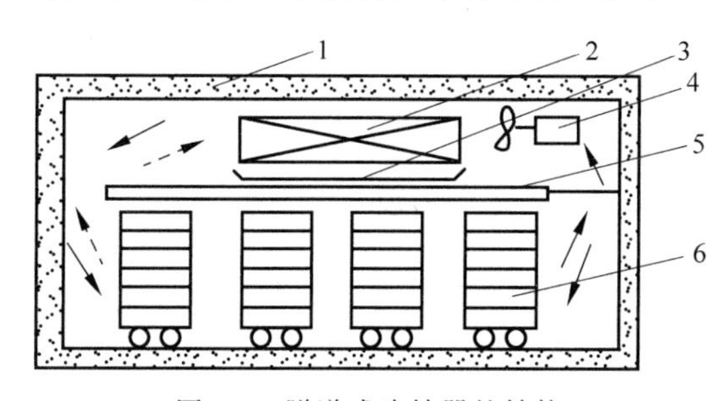

图 3-3　隧道式冻结器的结构

1—绝热外壳；2—蒸发器；3—承水盘；4—可逆转的风机；5—挡风隔板；6—小货车

该方法主要利用隧道传送带式连续冻结装置，不锈钢制的网状传动带在冷风下进行食品冻结。风的流向可与食品平行、垂直、顺向或逆向。传动带移动速度可根据冻结时间进行调节。

在冻结时，肉胴吊挂在吊钩上，鱼等食品装在托盘中并放在小货车上，散装的个体小的食品如蛤、贝柱及虾仁等放在传送带上进入冻结室内。风机强制冷空气流过食品，吸收食品的热量使食品冻结，而吸热后的冷风再由风机吸入流过蒸发器重新被冷却。如此反复循环，直至食品全部冻结。空气温度一般为－35～－30 ℃，冻结时间随食品种类、厚度不同而异，一般为 8～40 min。

这种冻结设备具有劳动强度小、易实现机械化、自动化、冻结量较大、成本适中等优点，生产行业中常采用隧道式冻结装置作为速冻的最佳设备。物料通过传送带从进料口到出料口的过程中被冻结。这种方式适用于肉类、调理食品、水产、菜肴、冰淇淋等。其缺点是冻结时间较长、干耗较多、风量分布不太均匀。

2. 螺旋式冻结器

由于使用伸展开的传送带的冻结装置占地面积大，所以出现了螺旋式冻结器。

螺旋式冻结器的结构如图 3-4 所示。该装置由转筒、蒸发器、风机、传送带及一些附属设备等组成，其核心部分是依靠液压传动的转筒。其上以螺旋形式缠绕着网状传送带，传送带的一边紧靠在转筒上，借摩擦力及传送带传动机构的动力，使传送带随着转筒一起运动。网带需专门设计，它既可直线运行，也可缠绕在转筒的圆周上，在转筒的带动下做圆周运动。当网带脱离滚筒后，依靠链轮带动。因此，即使网带很长，网带的张力却很小，动力消耗不大。

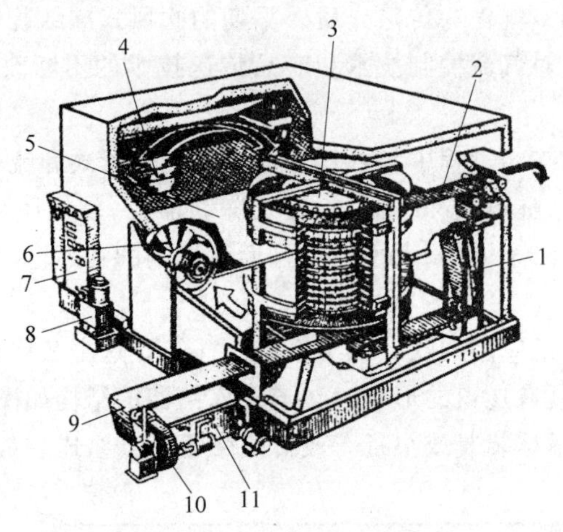

图 3-4 螺旋式冻结器的结构

1—张紧装置；2—出料口；3—转筒；4—蒸发器；5—分隔气流通道的顶板；6—风机；7—控制器；8—液压装置；9—进料口；10—干燥传动带的风扇；11—传动带清洗装置

冷风在风机的驱动下与放置在传送带上的食品做逆向运动和热交换，使食品获得冻结。传送带的层距、速度等均可根据具体情况来调节。

冻结时间可在 20 min～2.5 h 范围内变化，故可适应多种冻品的要求，从食品原料到各种调理食品，都可在螺旋式冻结装置中进行冻结，这是一种发展前途很大的连续冻结装置。

螺旋式冻结装置适用于冻结单体不大的食品，如饺子、烧卖、对虾、经加工整理的果蔬，还可用于冻结各种熟制品，如鱼饼、鱼丸等。

螺旋式冻结装置有以下优点。

(1) 紧凑性好。由于采用螺旋式传送，整个冻结装置的占地面积较小，其占地面积仅为一般水平输送带面积的 25%。

(2) 在整个冻结过程中产品与传送带相对位置保持不变。冻结易碎食品所保持的完整程度较其他型式的冻结器好，这一特点也允许同时冻结不能混合的产品。

(3) 可以通过调整传送带的速度来改变食品的冻结时间，用以冷却不同种类或品质的食品。

(4) 进料、冻结等在一条生产线上连续作业，自动化程度高。

(5) 冻结速度快,干耗小,冻品质量高。

螺旋式冻结装置的缺点是,小批量、间歇式生产时耗电量大,成本较高。

3. 流化床冻结器

某些小颗粒食品如青豆、草莓、小虾等,食用时需一个个分开,如果用盘装冻结,会冻成一块,食用麻烦。流化床冻结是将待冻食品放在开孔率较小的网带或多孔板槽上,高速冷空气流自上而下流过网带或槽板,将待冻食品吹起呈悬浮状态,使固态待冻食品具有类似于流体的某些表现特性,然后在这种条件下进行冻结。一般蒸发温度在−40 ℃以下,垂直向上的风速为6～8 m/s,冻品间风速为3～5 m/s,5～10 min内就能使食品降到−18 ℃。由于把食品吹成悬浮状态需要很大的气流速度,故被冻结物的重量受到一定限制。

这种冻结技术的关键在于实现流化态,其原理为:当冷空气以较低流速自下而上地穿过食品层时,食品颗粒处于静止状态,称为固定床;随着气流速度的增加,食品层两侧的气流压力降也将增加,食品层开始松动;当压力降达到一定数值时,食品颗粒不再保持静止状态,部分颗粒向上悬浮,造成食品床膨胀、空隙率增大,开始进入预流化状态,这种状态是介于固定床与流化床之间的过渡态,成为临界流化状态。

临界风速和临界压力降是形成流化床的必要条件,正常流化态所需风速与食品颗粒的质量和大小有关,随颗粒质量和颗粒直径的增大而增大,但与固定床厚度无关。

当风速进一步提高时,食品层的均匀和平稳态受到破坏,流化床中形成沟道,一部分冷空气沿沟道流动,使床层的压力降恢复到流化态开始时的水平,并在食品层中产生气泡和激烈的流化作用。由于食品颗粒与冷空气的强烈相互作用,食品颗粒呈无规则的上、下相对运动,因此,食品层内的传质与传热十分迅速,实现了食品单体快速冻结(IQF),冻品相互不黏结。

流化床冻结器有两种型式,即盘式和带式。

如图3-5所示,盘式流化床冻结器冻结产品时,产品在一块稍倾向于出口的穿孔板上移动的同时被冻结。为了防止不易流化的食品结块,采用机械的或磁性的装置进行震动或搅拌。

带式流化床冻结器冻结产品时,产品是放在一条金属网制成的传送带上。传送带可做成单层,如图3-6所示,也可做成多层。传送带以一定速度由入口处向出口处移动,食品在此过程中被冻结。

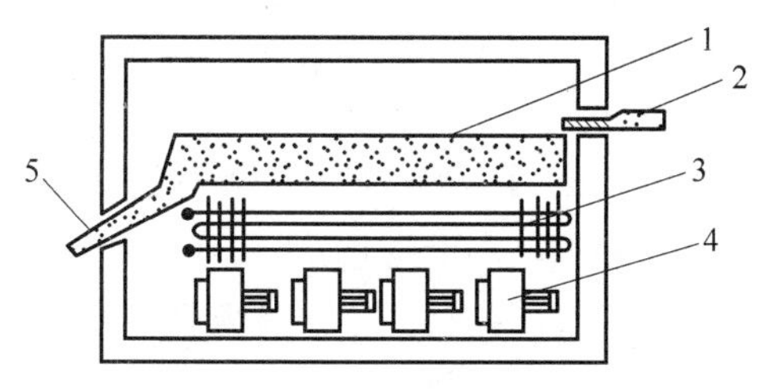

图3-5 盘式流化床冻结器

1—料盘;2—进口;3—蒸发器;4—风机;5—出口

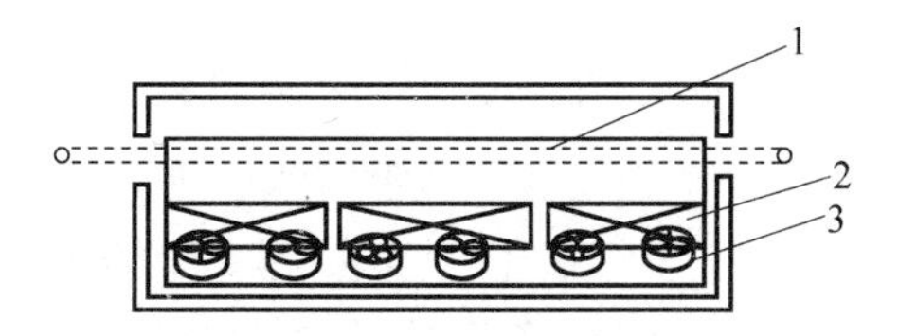

图3-6 单层带式流化床冻结器

1—传送带;2—蒸发器;3—风机

与盘式流化床冻结器相比,带式流化床冻结器的适用范围更宽,它可在半流态化、流态化甚至在固定床条件下冻结食品,它对产品的损伤也较小些。但是带式流化床冻结器的冻结时间较长,冻结量较少,占地面积较大。

流化床冻结器需定时冲霜。冲霜的方法有空气喷射法和乙二醇喷淋法等。前者是用喷嘴将干燥的冷空气喷射到霜层上,利用空气射流的冲刷作用和霜的升华作用来除霜。后者是用喷嘴将乙二醇溶液喷洒到霜层,使之融化而除去。冲霜后的乙二醇溶液应加以回收。

流化床冻结法的优点有以下几方面。

(1) 换热效果好,冷冻效率高,液态化食品有很大的总体传热表面以及很高的表面传热系数。

(2) 冷冻产品具有良好的品质,呈现吸引人的外观,不会粘在一起。

(3) 冷冻过程可以实现连续化和自动化。

流化床冻结法的不足有以下几方面。

(1) 需要两级制冷机组,维持约－45 ℃的蒸发温度,投资和动力成本高。

(2) 与沉浸式冷冻相比,表面传热系数和冷冻速率低。

(3) 需要高速率和高压力的空气流,风机能耗大。

(4) 产品与蒸发制冷剂之间温差大,会使产品表面失去一些水分,并使空气冷却器表面很快结霜。

(5) 过程参数对产品形状、质量和大小很敏感,均需要小心控制,不同食品品种要有专门的控制参数。

(二) 金属表面接触式冻结

金属表面接触式冻结技术通过将食品与冷的金属表面接触来完成食品的冻结。与吹风冻结相比,此种冻结技术具有两个明显的特点:①热交换效率更高,冻结时间更短;②不需要风机,可显著节约能量。其主要缺陷是不适合冻结形状不规则及大块的食品。

属于这类冻结方式的设备有钢带式冻结器、平板冻结器等。其中以平板冻结器使用最广泛。

1. 钢带式冻结器

钢带式冻结装置的主体是钢带传输机,传送带由不锈钢制成,在带下喷盐水,或使钢带滑过固定的冷却面(蒸发器)使食品降温。同时,食品上部装有风机,用冷风补充冷量,传送带移动速度可根据冻结时间以及冻品类型进行调节。因为产品只有一边接触金属表面,食品层以较薄为宜。

如图 3-7 所示,在冻结时,食品被放在钢质传动带上。传送带下方设有低温液体喷头,向传动带背侧喷洒低温液体使钢带冷却,进而冷却和冻结与之接触的食品。喷洒的低温液体主要有氯化钙溶液、丙二醇溶液等,温度通常为－40～－35 ℃。因为食品层一般较薄,所以冻结速度快,冻结 20～25 mm 厚的食品约需 30 min,而冻结 15 mm 厚的只需 12 min。

钢带式冻结器适于冻结鱼片调理食品及某些糖果类食品等,其主要优点如下。

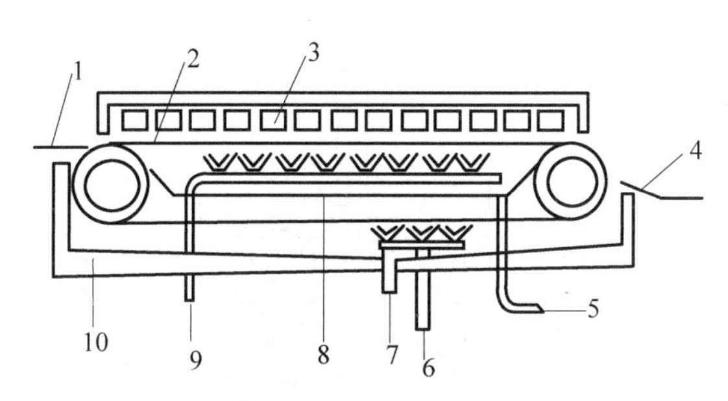

图 3-7　钢带式冻结器

1—进料口；2—钢带；3—风机；4—出料口；5—盐水出口；6—洗涤出口；7—洗涤水出口；8—盐水收集器；9—盐水入口；10—围护结构

(1) 可以连续运行。

(2) 易清洗和保持卫生，能在几种不同温度区域操作。

(3) 干耗较小。改变带长和带宽，可大幅度提高产量。

流化床冻结法的缺点是占地面积大。

2. 平板冻结器

平板冻结是接触式冻结方法中最典型的一种。它是由多块平板蒸发器组成，平板内有制冷剂循环通道；平板进出口接头由耐压不锈钢软管连接；平板间距的变化由油压系统驱动进行调节，将被冻食品紧密压紧。由于食品与平板间接触紧密，且铝合金平板具有良好的导热性能，故其传热系数高。

在平板冻结器中，核心部分是可移动的平板。平板内部有曲折的通路，循环着液体制冷剂或载冷剂。平板可由不锈钢或铝合金制作，目前以铝合金制作的平板较多。相邻的两块平板之间构成一个空间，称为“冻结站”。食品就放在冻结站里，并用液压装置使平板与食品紧密接触。由于食品和平板之间接触紧密，且金属平板具有良好的导热性能，故其传热系数较高。当接触压力为 7～30 kPa 时，传热系数可达 93～120 W/(m^2・℃)。平板两端分别用耐压柔性胶管与制冷系统相连。

根据平板布置方式不同，平板冻结器有三种形式：卧式、立式和旋转式。它们的主要区别是：卧式平板冻结器按水平方式布置，立式平板冻结器按竖直方式布置，而旋转式平板冻结器则布置在间歇转动的圆筒上。目前，卧式和立式两种平板冻结器使用较广泛，旋转式平板冻结器主要用于制造片冰。

卧式平板冻结器如图 3-8 所示，平板放在一个隔热层很厚的箱体内，箱体一侧或相对两侧有门。一般有 7～15 块平板，板间距可在 25～75 mm 之间调节。适用于冻结矩形和形状、大小规则的包装产品，主要用于冻结分割肉、鱼片、虾和其他小包装食品。这种冻结器的优点主要是：冻结时间短，占地面积少，能耗及干耗少，产品质量好。其缺点主要是不易实现机械化、自动化操作，工人劳动强度大。

立式平板冻结器的结构原理与卧式平板冻结器相似，只是冻结平板垂直排列。平板一般有 20 块左右，冻品不需装盘或包装，可直接倒入平板间进行冻结，操作方便。

立式平板冻结器与卧式平板冻结器的主要差别在于前者可以用机械方法直接进料，实现机械化操作，节省劳力，不用贮存和处理货盘，大大节省了占用空间。立式平板冻结

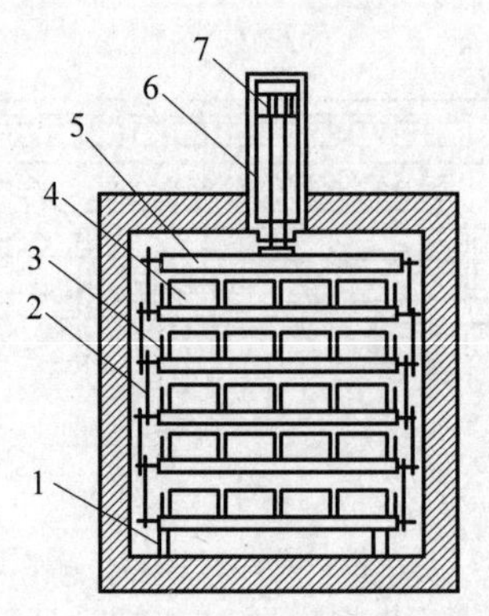

图 3-8 卧式平板冻结器

1—支架；2—链环螺栓；3—垫块；4—食品；5—平板；6—液压缸；7—液压杆件

器最适用于散装冻结无包装的块状产品，如整鱼、剔骨肉和内脏，也适用于带包装产品。其缺点是不如卧式平板冻结器灵活，一般只能冻结一种厚度的产品，且产品易变形。

平板冻结器的优点如下。

(1) 对厚度小于 50 mm 的食品来说，冻结速度快，干耗小，冻品质量高。

(2) 在相同的冻结温度下，它的蒸发温度可比吹风式冻结装置提高 5～8 ℃，而且不用配置风机，电耗比吹风式减少 30%～50%。

(3) 可在常温下工作，改善了劳动条件。

(4) 占地少，节约了土建费用，建设周期也短。

平板冻结器的缺点是，厚度超过 90 mm 的食品不能使用，未实现自动化装卸的装置仍需较大的劳动强度。

此外，必须指出，平板冻结器的冻结效率与下列因素密切相关。

(1) 待冻食品的导热性。

(2) 产品的形状。

(3) 包装情况及包装材料的导热性。

(4) 平板表面状况，如是否有冰霜或其他杂物。

(5) 平板与食品接触的紧密程度。

其中尤以后两个因素的影响最为严重，如果平板表面结了一层冰，则冻结时间就会延长 36%～60%。如果平板与食品之间留有 1 mm 的空隙，则冻结速度将下降 40%。

（三）与冷剂直接接触冻结

与冷剂直接接触冻结是将已包装或未包装的食品与液体制冷剂或载冷剂接触换热，从而获得冻结的技术。由于此种冻结方式的换热效率很高，因此冻结速度极快。所用制冷剂或载冷剂应无毒、不燃烧、不爆炸，与食品直接接触时，不影响食品的品质。常用的制冷剂有液氮、液态二氧化碳及液态氟利昂等，常用的载冷剂有氯化钠、氯化钙及丙二醇的水溶液等。载冷剂经制冷系统降温后与食品接触，使食品降温冻结。

1. 盐水冻结法

一般以氯化钠和氯化钙溶液为食品与蒸发管间的热传导介质，这种方法除冻结鱼类外，在肉类工业中目前还极少应用，但盐水制冰在冷库中普遍采用。

将食品包装在不渗透的包装内，放入盐水池中。为了防止冻结不均匀和外观不一，产品必须完全进入冻结介质中。盐水池中的冻结介质以 0.1 m/s 的速度循环。如果产品不能完全浸泡在冻结介质中，则应用喷淋的方法将液体喷在未浸入的部分。与载冷剂接触冻结常用的是盐水浸渍冻结，主要用于鱼类冻结。其优点是冷盐水既起冻结作用，又起输送鱼的作用，省去了机械送鱼装置，冻结速度快，干耗小。其缺点是装置的制造材料要求比较特殊。

盐水浸渍冻结法传热效率很高，冻结速度极快，冻结食品物料的质量高、干耗小。浸渍冻结装置是将物品直接和温度很低的冷媒接触，从而实现快速冻结的一种装置。比如连续式盐水冻结器，鱼从进料口同冷盐水一起经进料管进入冻结器的底部，经冻结后鱼体密度减轻，上浮，随盐水流向冻结器上部，由出料机构将鱼送至滑道；在这里鱼和盐水分离，冻好的鱼由出料口排出；经滑道分离鱼后，盐水进入除鳞器，除去鳞片等杂物的盐水进入蒸发器再冷却；由盐水蒸发器制得的冷盐水经泵输送至进料口，经进料管进入冻结器，与鱼换热后盐水升温，由冻结器上部溢出，再进入滑道，如此反复循环。该装置液态低温介质能与形态不规则的食品如龙虾、蘑菇等密切接触，冻结速度快，若对低温液体再加以搅拌，则冻结速度还可进一步提高。在浸渍过程中，食品和空气接触时间少，适于冻结易氧化食品。只是在冻结未包装食品时，在渗透压作用下，食品内汁液会向介质渗出，以致介质污染和浓度降低，并导致低温介质冻结温度上升。

2. 液氮冻结法

液氮、液态二氧化碳及液态氟利昂与食品直接接触，吸收热量而汽化，使食品发生冻结。这类冻结设备目前使用较多的是液氮冻结器，液态二氧化碳和液态氟利昂冻结器使用相对少一些。尽管上述几种制冷剂的性质差异明显，但它们的冻结装置基本相同。不同之处在于液态二氧化碳和液态氟利昂冻结器一般均设有回收系统。

与一般的冻结装置相比，液氮或液态二氧化碳冻结装置的冻结温度更低，所以常称为低温或深冷冻结装置。这种制冷装置中没有制冷循环系统，冻结设备简单，操作方便，维护保养费用低，冻结装置功率消耗很小，冻结速度快(比平板冻结装置快 5～6 倍)，冻品脱水损失少，质量高。液氮喷淋冻结装置由预冷段、液氮喷淋段和冻结均温段三个区段组成。液氮的汽化潜热为 198.9 kJ/kg。

液氮喷淋冻结装置所采用的制冷介质是液氮，利用循环风机，将液氮的冷量在冷气循环管道中循环流动，通过控制阀门调节液氮喷淋量和循环风机转速调节冷气流量，来控制冻结仓内的温度，冻结温度最低可达到－100 ℃以下。由于液氮在大气压下于－196 ℃沸腾蒸发，当其与食品接触时可吸收 198.55 kJ/kg 的蒸发潜热，如再升温至－20 ℃，其比热容以 1.05 kJ/(kg·℃)计，则还可以再吸收 183.50 kJ/kg 的显热。二者合计可吸收 382.05 kJ/kg 的热量。

液氮喷淋冻结装置如图 3-9 所示，外形呈隧道状，中间是不锈钢丝制的网状传送带，食品置于带上，随带移动。箱体外以泡沫塑料隔热，传送带在隧道内依次经过预冷区、冻结区、均温区，冻结完成后到出口处。液氮贮于室外，以 0.35 kg/cm 的压力引入冻结区进行喷淋冻结。吸热汽化后的氮气温度仍很低，为－10～－5 ℃，由搅拌风机送到进料口，冷却刚进入隧道的食品，此即预冷区。由于液氮蒸发后，其蒸汽温度依然较低，为了充分发挥液氮的制冷效果，可设置风机将蒸汽逆食品的走向导出，利用液氮蒸汽对食品进行预冷。食品由预冷区进入冻结区，即与喷淋的－196 ℃液氮接触，食品瞬间即被冻结，因为时间短，食品表面与中心的瞬时温差很大。冻结温度和冻结时间，根据食品的种类、形状，可调整贮液罐压力以改变液氮喷射量，以及通过调节传送带速度来加以控制，以满足不同食品的工艺要求。为使食品温度分布均匀，由冻结区进入均温区需数分钟。

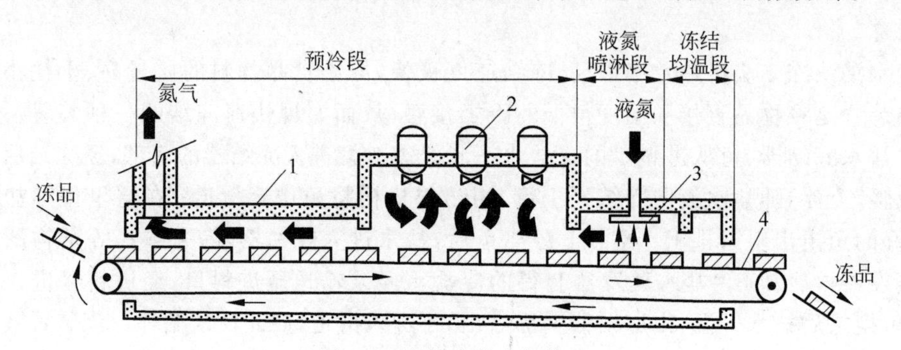

图 3-9　液氮喷淋冻结装置

1—隔热外壳；2—轴流风机；3—液氮喷嘴；4—传送带

另一种为液氮浸渍式冻结装置（图 3-10），它由液氮槽、传送带和隔热箱体等组成。工作时，传送带将被冻结食品从隔热箱体的一端送入液氮槽中，食品在液氮中迅速被冻结，然后在箱体的另一端被送出。

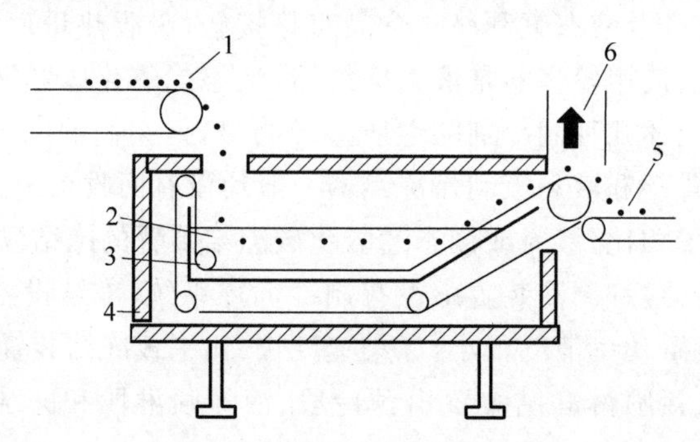

图 3-10　液氮浸渍式冻结装置

1—进料口；2—液氮；3—传送带；4—隔热箱体；5—出料口；6—氮气出口

也有研究将液氮用于流态化冻结装置，如图 3-11 所示。液氮流态化冻结装置由液氮喷淋与流态化冻结两部分组成。首先，食品由输送带送入预冻段，在该段由液氮喷淋装置 2 向食品喷淋液氮，使得食品表面迅速形成冰膜，增大食品的机械强度，然后将预冻的食品送入流态化冻结阶段。在此阶段，食品由刮板 4 分为不同区域，并由刮板推动前行。作为冷源的液氮由液氮喷淋头 8 喷出，风机将雾化后的低温氮气强制流过食品层，使得食品层流态化并迅速冻结。

还有一种液氮喷淋与空气鼓风相结合的冻结装置，被冻食品先经液氮喷淋，使其表层很快冻结，这样可减少脱水损耗；然后再进入鼓风式冻结装置，完成产品冻结过程。这样

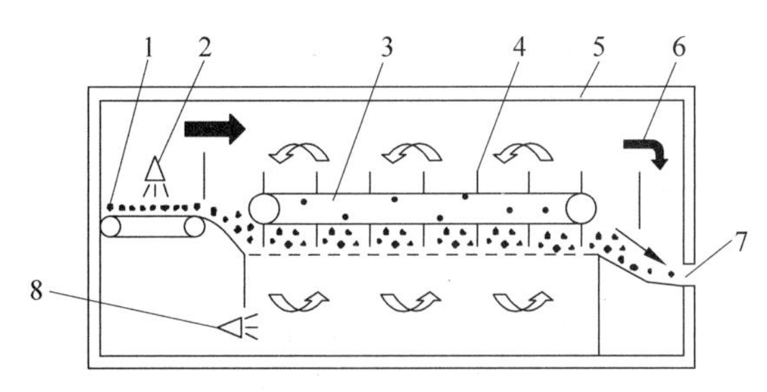

图 3-11　液氮流态化冻结装置

1—预冻段；2、8—液氮喷淋头；3—冻结输送链；4—刮板；5—隔热箱体；6—排废弃口；7—出料口

的冻结装置可使冻结能力增强，液氮的消耗量也可减少。

液氮冻结几乎适于冻结一切体积小的食品。

液氮冻结装置的优点如下。

(1) 液氮可与形状不规则的食品所有部分密切接触，从而使传热的阻力降到最小限度。

(2) 液氮无毒，且对食品成分呈惰性，所以可在冻结和带包装过程使氧化变化降到最小限度。

(3) 冻结食品的质量高。由于液氮与食品直接接触，以 200 ℃以上的温差进行强烈的热交换，故冻结速度极快，每分钟能降温 7～15 ℃。食品内的冰晶细小而均匀，解冻后食品质量高。

(4) 冻结食品的干耗小。用一般冻结装置的食品，其干耗率在 3%～6%，而用液氮冻结，干耗率仅为 0.6%～1%。所以尤其适合冻结含水分较高的食品，如杨梅、番茄、蟹肉等。

液氮冻结装置的主要缺点是冻结成本高，比一般鼓风冻结装置高 4 倍左右，主要是因为液氮的成本较昂贵。此外，液氮的消耗量大，一般每 1 kg 冻品液氮消耗量为 0.9～2 kg。对于 5 cm 厚的食品，经 10～30 min 即可完成冻结，冻结后食品表面温度为−30 ℃，热中心温度达−20 ℃。

五、食品在冻结时的变化

(一) 物理变化

1. 体积膨胀

由于冰的密度比水的密度小，0 ℃时冰比水的体积增大约 9%。冰的温度每下降 1 ℃，其体积收缩 0.005%～0.01%，所以含水分多的食品冻结时体积会膨胀。冻结时表面水分首先成冰，然后冰层逐渐向内部延伸。当内部的水分因冻结而膨胀时会受到外部冻结层的阻碍，于是产生内压，当外层受不了这样的内压时就破裂，逐渐使内压消失。采用温度较低的液氮冻结，冻品厚度较大时产生的龟裂就是内压造成的。在食品通过 5～−1 ℃最大冰晶生成带时膨胀压曲线升高达到最大值。当食品抵抗不住此压力会产生龟裂，食品厚度大、含水率高、表面温度下降极快时易产生龟裂，速冻汤圆就常出现龟裂质量问题，玻璃瓶装饮料放入冻结室出现爆裂也是这个道理。

2. 比热容下降

比热容是1 kg物体温度上升或下降1 ℃时所吸收或放出的热量。水的比热容为4.184 kJ/(kg·℃)，冰的比热容为2.092 kJ/(kg·℃)，冰的比热容是水的1/2。表3-4为部分食品的比热容。

表3-4 部分食品的比热容

食品种类	含水率/%	比热容/[kJ·(kg·℃)$^{-1}$]	
		冷却状态	冻结状态
肉(多脂)	50	2.51	1.46
肉(少脂)	70～76	3.18	1.71
鱼(多脂)	60	2.84	1.59
鱼(少脂)	75～80	3.34	1.80
鸡(多脂)	60	2.84	1.39
鸡(少脂)	70	3.18	1.71
鸡蛋	70	3.18	1.71
白脱	10～16	2.68	1.25
牛奶	87～88	3.93	2.51
奶油	75	3.55	2.09
蔬菜、水果	75～90	3.33～3.76	1.67～2.09

食品的比热容因含水量而异，含水量多的食品比热容大，含脂量多则比热容小。对于一定含水量的食品，冻结点以上比冻结点以下比热容大。比热容大的食品冷却和冻结时需要的冷量大，解冻时需要的热量也多。

3. 导热系数增加

水的导热系数为2.09 kJ/(m· h·℃)，冰的导热系数是水的4倍，所以冻结时冰层向内逐渐融化成水，导热系数降低，从而减慢解冻速度。导热系数还受含脂量的影响，含脂量大，导热系数小。导热系数还有方向性，热流方向与肌肉纤维平行时导热系数大，垂直时小。

表3-5和表3-6是几种食品在不同温度下的导热系数，它们随温度变化而变化。

表3-5 食品的导热系数(冻结点以上)

食品种类	导热系数λ /[kJ·(m·h·℃)$^{-1}$]	食品种类	导热系数λ /[kJ·(m·h·℃)$^{-1}$]
新鲜的肉	1.80	鸡	1.47
牛油	0.63	鱼	1.37
猪肉	0.64	蛋液(蛋黄与蛋白混合)	1.06
牛肉少脂	2.00		

表 3-6 牛肉与猪肉的导热系数

品温/℃	牛肉 λ/[kJ·(m·h·℃)$^{-1}$]		猪肉 λ/[kJ·(m·h·℃)$^{-1}$]
	少脂	多脂	
30	1.76	1.76	1.76
0	1.71	1.71	1.71
−5	3.34	3.80	2.76
−10	4.31	4.85	3.55
−20	5.14	5.64	4.64
−30	5.52	5.94	5.23

为了便于对新鲜食品冻结前后的比热容和导热系数变化规律进行更好的掌握，总结出如下实用经验：食品冻结前后的比热容和导热系数与食品水分含量直接相关，因其中的干物质占的比重很小。因此，食品的比热容和导热系数值也可自行估算。

水和冰的比热容分别为 4.184 kJ/(kg·℃)和 2.092 kJ/(kg·℃)，导热系数分别为 2.09 kJ/(m· h·℃)和 8.36 kJ/(m· h·℃)，多数蔬菜含水量为 90%～95%，由于水果含糖，多数水果含水量为 85%～ 90%，瘦肉类为 70%左右。它们的比热容和导热系数分别用水或冰的比热容和导热系数乘以含水量即可。

由于冻结点以下水并未完全结冰，故比热容估算值会比查表数据偏小 10%左右，导热系数估算值比查表数据偏大 10%左右。

4. 干耗

冻结过程不仅是传热过程，而且是传质过程，会有一些水分从食品表面蒸发出来，从而引起干耗。干耗除了造成工厂企业很大的经济损失外，还影响食品质量 和外观。以日宰 2 000 头的肉联厂为例，干耗以 2.8%或 8%计算，年损失 600 多吨肉，可达 5～15 000 头猪。冻结中的干耗与冻结装置的性能有很大关系。设计不好的装置干耗可达到 5%～7%，而设计优良的则可降至 0.5%～1%。干耗的经济损失相当于冻结费用，因此选择冻结装置时应重视干耗。

干耗的原因是空气在一定温度下只能吸收定量的水蒸气，达到最大值时称为饱和水蒸气。这种水蒸气有一个对应的饱和蒸汽压。当空气中水蒸气的含量未达到饱和时，其蒸汽压小于饱和水蒸气压。鱼、肉等由于含有水分其表层接近饱和水蒸气压。当冻结室中的空气未达到水蒸气饱和状态时，在蒸汽压差的作用下食品表面的水分向空气中蒸发，表层水分蒸发后内层的水分在扩散作用下向表层移动，直到空气达到饱和为止。由于冻结室内的空气连续不断地经过蒸发器，空气常处于不饱和状态，所以冻结过程中干耗一直在进行着。

除蒸汽压差外，干耗还与食品表面积、冻结时间等有关，蒸汽压差大、表面积大则干耗也大。用不透气的包装材料使食品表面的空气层处于饱和状态，蒸汽压差就小，能减少干耗。生产中实际干耗量的计算常用重量法，即用重量损失百分数表示，如 1 000 t 猪肉冻结过程中，重量减少至 980 t，则冻结干耗为 2%。

冻结室中的温度与风速对干耗有显著影响，也是防止干耗的重要控制参数。

温度低，空气需要的饱和含水量亦低，这样食品只要蒸发少量水就能使空气饱和，干耗就小。某肉联厂曾做过试验，使冻结室空气温度从－8 ℃经20 h后分别降到－21 ℃和－25 ℃，在整个降温过程中二者始终相差3～4 ℃。比较它们之间的干耗，终温降到－25 ℃的干耗1.65%，降到21 ℃的干耗2.4%，二者相差0.75%，故冻结室温度低干耗小。

一般风速加快干耗增大，但如果温度高则不一定如此。例如羊肉，一组风速2 m/s，相对湿度92%，温度0 ℃；另一组风速0.01 m/s，相对湿度85%，温度2 ℃。经152 h后，风速在0.01 m/s的干耗量反比2 m/s的大1.7%，所以高湿低温即使风速大些也不会过分干耗。

（二）组织学变化

植物组织一般比动物组织冻结时损伤大。差异的原因如下。

（1）植物组织有大的液泡，这种液泡使植物细胞保持高的含水量，含水量高，结冰的损伤大。

（2）植物细胞有细胞壁，动物细胞只有细胞膜，壁比膜厚又缺乏弹性，冻结时易胀破。

（3）二者细胞内成分不同，特别是高分子蛋白质、碳水化合物含量不同，有机物组成也不同。

由于这些差异，在同样冻结条件下，冰晶的生成量、位置、形状不同，造成的机械损伤及胶体的损伤程度也不同。植物组织缓慢冻结时，最初在细胞间隙及维管束处生成冰晶。相同温度下细胞液的蒸汽压大于冰的蒸汽压，于是细胞内的水向细胞间隙的冰上移动，在细胞内形成冰晶。故植物细胞的致死仅与冰晶在细胞内形成有关，而与冷却温度和冻结时间无关。植物因冻结致死后氧化酶活性增强而出现褐变，故植物性食品如蔬菜，在冻结前还需经烫漂工序以破坏酶的活性防止褐变，而动物性食品因是非活性细胞则不需要此工序。

基于以上原因，新鲜果蔬的贮藏应首选冷藏，在冷藏不能满足贮期要求时，才考虑冻结贮藏，目前冻藏果蔬主要用于出口欧美、日本等国家和地区。

（三）化学变化

1. 蛋白质冻结变性

冻结后的蛋白质变化是造成质量、风味下降的原因，这是肌动球蛋白凝固变性所致。鱼、肉等动物性食品中，构成肌肉的主要蛋白质是肌原纤维蛋白。在冻结过程中，肌原纤维蛋白会发生冷冻变性，表现为盐溶性降低、ATP酶活性减小、盐溶液的黏度降低、蛋白质分子产生聚集使空间立体结构发生变化等。蛋白质冷冻变性的肌肉组织，持水力下降，质地变硬，口感变差，作为食品加工原料时，加工适宜性下降。例如，用蛋白质冷冻变性的鱼肉作为加工鱼糜制品的原料，其产品缺乏弹性。

造成蛋白质变性的原因有以下几点。

（1）盐类、糖类及磷酸盐的作用。冻结时食品中的水分形成冰晶，被排出的盐类、酸类及气体等不纯物就向残存的水分移动，未冻结的水分成为浓缩溶液。冰晶生成时，无机盐浓缩、盐析作用或盐类直接作用使蛋白质变性。

（2）脱水作用。慢速冻结时，肌细胞外产生大冰晶，肌细胞内的肌原纤维被挤压，集结成束，并因冰晶生成使蛋白质分子失去结合水，肌原纤维蛋白质分子互相靠近，蛋白质的反应基互相结合形成各种交联，因而发生凝集。

(3) 脂类分解氧化产物的作用。脂肪对肌肉蛋白的变性亦有影响。脂肪水解产生游离脂肪酸但很不稳定，氧化结果产生低级的醛、酮等产物，促使蛋白质变性。脂肪的氧化水解是在磷脂酶的作用下进行的，这些酶在低温下作用仍很强。

(4) 特异酶分解产物的作用。鳕鱼、狭鳕等鱼类的体内存在着特异的酶，能将氧化三甲胺分解成甲醛和二甲基苯胺，甲醛会促使鳕鱼肉内的蛋白质发生变性。

以上这些原因是互相伴随发生的，因动物性食品肉类种类、生理条件、冻结条件不同而由其中一个原因起主导作用。其中脂肪的分解氧化在冻结时不明显，在冻藏时较突出。

2. 变色

食品冻结过程中发生的变色主要是冷冻水产品的变色，从外观上看，通常有褐变、黑变、褪色等现象。水产品变色的原因包括自然色泽的分解和产生新的变色物质两方面。自然色泽的分解，如红色鱼皮的褪色、冷冻金枪鱼的变色等，产生新的变色物质如虾类的黑变、鳕鱼肉的褐变等。变色不但使水产品的外观变差，有时还会产生异味，影响冻品的质量。

(四) 生物和微生物的变化

1. 生物的变化

生物是指小型生物，如寄生虫和昆虫之类。牛肉、猪肉中寄生的无钩绦虫、有钩绦虫等的孢囊在冻结时会死亡；猪肉中旋毛虫的幼虫在－15 ℃下 20 天后死亡；大马哈鱼的裂头绦虫的幼虫在－15 ℃下 5 天死亡。因此冻结对肉中的寄生虫有杀死作用。联合国粮农组织(FAO)和世界卫生组织(WHO)共同建议，肉类寄生虫污染不严重时在－10 ℃下至少贮存 10 天。

2. 微生物的变化

微生物包括细菌、霉菌、酵母菌等，其中对食品腐败影响最大的是细菌。引起食物中毒的一般是中温菌，它们在 10 ℃以下繁殖缓慢，4.5 ℃以下不繁殖。鱼类的腐败菌一般是低温菌，它们在 0 ℃以下繁殖缓慢，－10 ℃以下则停止繁殖。微生物一般都有最适生长温度范围，超出正常范围则对其生长造成影响。冻结阻止了细菌菌体的发育、繁殖，但由于细菌产生的酶还有活性，生化过程仍然缓慢进行，降低了品质，所以冻结的食品的贮藏期仍有一定期限。

冻结前进行成熟的肉，如在成熟阶段污染了细菌导致产生大量的酶和毒素，则这种肉在冻结前必须进行卫生处理。冻结的食品在冻结状态下贮藏，冻结前污染的微生物数随着贮藏时间的延长会逐渐减少。但各种食品差异很大，有的几个月，有的一年才能消灭。细菌比霉菌、酵母菌对冻结的抵抗力更强，这样无法保证利用冷冻低温来杀死污染的全部细菌。所以要求在冻结前尽可能减少污染或杀灭细菌。

食品在－10 ℃时大部分水已冻结成冰，剩下溶液浓度增高，水分活性降低，细菌不能繁殖。所以－10 ℃对冻结食品是个最高的温度限度。

国际冷冻协会建议为防止微生物繁殖必须在－12 ℃下贮藏，为防止酶的破坏作用及物理变化，贮藏温度必须低于－18 ℃。

第二节　食品的速冻

一、速冻食品的概念、分类与特点

随着科学技术的发展、市场经济的深化改革，为了满足消费者日益增长的生活需要，人们打破了自然气候的制约，用人为的办法平衡食品供应的淡旺季矛盾，使消费者一日三餐都能吃到新鲜可口和富有营养的食品。因此，速冻食品就应运而生了。

（一）速冻食品的概念

速冻食品就是将新鲜的农产品、畜禽产品和水产品等原料与配料经过加工后，利用速冻装置使食品中心温度在20～30 min内从－1 ℃降至－5 ℃，然后再降到－18 ℃，并经包装后在－18 ℃及其以下的条件进行冻藏和流通的方便食品。

（二）速冻食品的分类

目前，速冻食品可分为果蔬类、水产类、畜禽类、调理类等。

果蔬类食品，除水果、蔬菜单体外，还包括水果、蔬菜按照客户要求切分成不同规格的片状、块状、条状、丝状等半成品。果蔬类食品属于植物性食品，当植物性食品冻结速度很慢时，形成的较大颗粒的冰晶会破坏其组织结构而在解冻过程中造成大量汁液流失。因此，果蔬类食品必须采用快速冻结。

水产类食品，主要指鱼、虾、蟹等海产品以及淡水鱼的精深加工产品。由于水产品捕捞后鲜度下降很快，因此要求冻结速度快，并在更低的温度下冷藏，如金枪鱼的冷藏温度为－50～－45 ℃，比一般冷冻食品的冻结温度低很多。

畜禽类食品，包括猪肉、牛肉、羊肉等牲畜肉，也包括鸡肉、鸭肉、鹅肉和鹌鹑肉等禽肉。不管是牲畜肉还是禽肉，作为速冻食品进行冻结时，都不是胴体肉，而是分割肉。因为胴体肉的冻结速度再快，也很难在30 min内完成冻结。

调理类食品在我国起步较晚，但发展速度很快。20世纪80年代后期，我国开始出现速冻调理食品，当时的品类相对较少，加工方法简单，以米面制品居多。

米面类食品是指以米、小麦粉、杂粮等粮食为主要原料或同时配以（单一或多种配料）肉、禽、蛋、奶、蔬菜、果料、油、调味品为馅料，经成型、生制（或熟制）、速冻、包装而成的食品，包括速冻水饺、包子、花卷、馒头、汤圆等产品。

（三）速冻食品的特点

速冻食品具有以下特点。

(1) 能最大限度地保持食品原有的新鲜度，体现在“色、香、味、形、劲”俱佳，而且解冻后汁液流失少。因为食品是用低温快速冻结，食品的细胞内外在很短时间内达到冰晶温度，造成在细胞内外同时形成无数极小型的针状结晶冰，从而避免了因慢速冻结引起的“冻结膨胀、机械损伤、脱水损害”等质量问题，而且速冻食品在解冻后能获得最大可逆性，极小型的冰晶很容易变成水回到原有的细胞组织中去，几乎能完全恢复冻结前的状况。

(2) 速冻食品冻藏期长。因为速冻食品的温度已降到－18 ℃，并在－18 ℃以下冻藏，食品内的微生物已完全停止生长繁殖，酶的活性已严重受到抑制，其催化作用已十分微弱。食品内的生物化学反应速度明显减弱以至基本停止，从而达到长期贮藏保鲜的目的。一般速冻食品，如速冻蔬菜在－18 ℃低温库中可贮藏 12～18 个月，其贮藏期之长是其他蔬菜保鲜方法所不及的。

(3) 速冻食品的包装、运输及携带方便。

(4) 速冻食品卫生，食用方便、省时。

由于速冻食品在速冻加工前已经过整理、清洗、烫漂等若干工序，而且这些工序过程的卫生条件十分严格，因此，速冻食品一般都符合食用卫生标准，即大肠杆菌群≤130/100 g、滴滴涕≤0.1 mg/kg。速冻食品的销售对象，一是家庭，二是工厂学校、机关、医院等的食堂，三是饭店、餐馆等。烹调时不需任何加工，都是成品或半成品，稍微解冻即可烹调或直接食用，实现随取随用、快速烹调，节省人力和做饭时间。

(5) 速冻食品具有较高的营养价值和食用价值。例如，测定维生素 C 含量的损失常常作为鉴别速冻蔬菜品质的重要指标，国外要求其损失率不超过 40%，即认为是正常的。有关资料表明，新鲜蔬菜在 10 ℃时保存 4～6 天，在 20 ℃时保存 2～3 天，其维生素 C 均可损失 40%。而速冻蔬菜在－18 ℃下可保存 12 个月左右，其维生素 C 总损失仍可控制在 40%左右。在总损失 40%中，速冻前蔬菜在热水中烫漂损失的维生素 C 为 10%～30%，如果取消烫漂工序，光在冷水里清洗则损失会很少，这与家庭烹调时先切后洗是一样正常的。其他营养成分如还原糖、有机酸等，则变化不大。因此，速冻蔬菜经长期冻藏后仍具有较高的营养成分和食用价值。

(6) 调节淡旺季。果蔬生产有季节性，夏秋大量上市，冬春较少。若在夏季和秋初加工速冻蔬菜，到冬季及春季上市，既可调节市场淡旺季，又满足了人民生活的需要。

(7) 换取外汇。目前，一些国家速冻蔬菜加工较少，主要靠进口。我国有丰富的资源，又有加工的技术和设备，可大量加工速冻蔬菜，进入国际市场换取外汇。

(8) 减少浪费。果蔬大量上市时，有的地区供过于求，使果蔬大量腐烂变质，造成很大浪费。如果加工成速冻果蔬，就可减少旺季时的损失浪费。

(9) 防止污染。如果果蔬供过于求，将造成果蔬腐烂，污染城市环境。速冻果蔬在产地去掉不可食部分，可减少消费地的垃圾数量，减轻了食品部门和环卫部门的运输负担。

(10) 节约资源。家庭、食堂食用果蔬前，都将不可食的部分去掉，当作垃圾处理。冷冻食品厂在加工速冻果蔬时，将这些不可食部分集中处理，加工成饲料或其他产品，能有效地利用资源。

二、影响速冻食品质量的因素

(一) 影响速冻食品质量的共性因素

影响速冻食品质量的共性因素，主要是原料、加工方式、工艺流程和贮藏管理与低温流通，四者缺一不可。

1. 选择适宜速冻加工的品种是保证产品质量的基础

食品的种类很多，每一种类食品又有不同的品种和类型，少则几个，多则几十个。不同的品种，加工出的产品质量是不同的。为此，选择适宜速冻加工的品种是很有必要的。

2. 采用专用速冻设备生产是保证产品质量的关键

只有采用专用速冻设备，才能保证食品组织中的水快速冻结成冰，在细胞内外都能均匀形成很小的冰晶，而且冰晶数量多、粒子小，其直径一般在 100 μm 以下，分布均匀，不会损伤细胞组织，从而保证产品质量。

3. 制定速冻食品标准是保证产品质量的前提

速冻食品作为一种商品，必须具有一定的生产标准。速冻食品标准应包括工艺流程、产品质量、贮藏要求三部分；应提出原料（品种、规格、质量）、冻前处理、冻结各环节的最佳条件；卫生指针、包装要求、不同种类速冻食品的最佳贮藏条件等。另外，标准还应有国际标准与国内标准。各生产企业只有按统一标准进行加工生产，产品质量才能有效地得到保证，否则，就无法衡量商品质量的优劣。标准一般分为国际标准、国家标准、部颁标准、地方标准和企业标准。

4. 贮藏管理与低温流通是保证产品质量的最后一环

速冻食品应做到：一是冻藏温度保持相对稳定在 −18 ℃或其以下（视不同产品而异），温度波动每天控制在±1 ℃以内，以防止产品再结晶而导致结块、变色和变味。二是保持冷库内相对湿度在 95%～98%，产品应密封包装好，以防止产品升华变干。三是避免灯光长时间照射和贮藏期过长，以防止产品氧化酸败变质。四是保证商品的低温流通。随着商场的冷柜和家庭冰箱、冰柜的普及，低温流通网络日趋形成，将为速冻食品进步发展提供保障。

（二）影响速冻食品质量的具体因素

速冻食品的质量是否良好，与冷冻加工过程中的各个环节有直接关系。其品质主要取决于四方面因素：原料的品质、速冻前的处理要求、速冻过程中影响品质的因素及速冻后续过程中影响品质的因素。

1. 原料的品质

1）初始品质

具备速冻加工条件的食品，其初始品质的好坏直接影响速冻食品的品质。一般认为，初始品质越好，新鲜度越高，其速冻加工后的品质也就越好。对于果蔬类食品，采摘期、采摘方式、虫害、农药以及成熟度等是影响初始品质的主要因素。果蔬收获时间过早或过晚、虫害和农药污染严重、采摘时造成机械损伤等都不利于其冻结加工品质。对于肉类食品，屠宰前动物是否安静休息、屠宰后冲洗和放血是否干净、胴体污染控制的程度以及对胴体是否进行适当冷却等，都是影响冻结质量的重要因素。为了保证水产品的新鲜度，应在捕捞后迅速冷却和速冻。

2）收获、屠宰或捕捞后与速冻加工之间的时间间隔

一般来说，收获、屠宰或捕捞后与速冻加工之间的时间间隔越短，速冻食品质量越好。对果蔬类食品，如青刀豆，收获 24 h 后再速冻加工，会出现严重的脱水、变色等现象，即使

采用较先进的流态化冻结方法进行冻结，其产品质量（尤其是色泽、口感等）也会大大下降。对畜肉类食品，畜肉的褐变与其屠宰后与氧接触的时间有很大关系，因肌肉的肌红蛋白受空气中氧的作用会变色。畜肉褐变的色调由氧合肌红蛋白和氧化肌红蛋白的比例而定。氧化肌红蛋白量超过50%时呈褐色，量较少则呈鲜红色。因此，对不需成熟作用的畜肉类，屠宰后应尽快速冻。

但如果时间间隔不够，对一些速冻食品解冻后的品质也有不良影响。例如，去骨的新鲜肉（包括鲸肉）在未达到僵硬前，就在很低的温度下速冻，然后冻藏，当解冻时随着品温的升高，肌肉开始出现死后僵硬现象，肌球蛋白与肌动蛋白的结合形成肌动球蛋白使肌肉收缩将水挤出，同时，肌肉内的冰晶随着品温的升高而变成水，形成体液的大量流失，结果使质量减轻、肌肉变形。若畜鱼肉经僵硬后再进行速冻，则此现象就不会发生。

2. 速冻前的处理要求

1）果蔬类食品速冻前的处理要求

果蔬类食品速冻前的加工处理包括原料挑选及整理、清洗、切分、漂烫、冷却等环节。对每一环节必须认真操作，否则，都会影响速冻质量。例如，挑选、整理原料时，不能食用的部分是否剔除，大小是否均匀；清洗是否符合卫生标准；切分是否整齐；漂烫时间、温度是否达到要求；冷却温度的高低及速冻前需要包装的食品其包装是否严密等。同时，酶的数量及活性对于果蔬类食品冻结及冻藏质量的影响尤为重要。不经过漂烫直接进行冻结，不可能完全使其失活。为了使酶失活，对具体果蔬品种应控制其相应的漂烫时间及温度，但个别品种因工艺要求也可不经漂烫而直接速冻。

2）肉类食品速冻前的处理要求

为保持牛羊肉类食品的鲜嫩度，速冻前需要在0～2 ℃的冷却间内冷却成熟。在此过程中，选择适宜的冷却条件和冷却方式尤其重要。一般认为，低温冷却以空气温度0～2 ℃、相对湿度86%～92%、流速0.15～0.5 m/s为宜。

3. 速冻过程中影响品质的因素

溶液中溶质的重新分布、冰晶体的形成和长大、残留液的浓缩现象等，都会影响到速冻食品的品质，但关键因素是冻结速度。研究表明，冻结速度越快，冻结溶液内溶质的分布往往越趋均匀，产生的冰晶颗粒越小，解冻后的复原性越好，残留液浓缩的危害性下降。因此，与冻结速度有关的各种条件都是影响速冻食品品质的因素，主要有以下几个方面。

1）冷却介质温度的影响

在相同条件下，冷却介质温度越低，冻结速度越快。但需要指出的是，冷却介质温度越低，制冷装置的能量消耗也越大。因此，从经济方面考虑，应选择合理的冷却介质温度。根据我国的具体情况，采用氨做制冷剂，蒸发温度一般选择在－45～－35 ℃之间。

如果采用强制送风连续式冻结装置，那么，冷却介质温度还受蒸发器结霜速度的限制。当蒸发器霜层达到一定厚度时，由于传热效果降低，冷却介质温度会升高，此时应及时融霜，以保证一定的冷却介质温度和冻结时间。

2）传热系数 k 值的影响

由牛顿冷却定律 $Q=Fk\Delta t$ 可知，在速冻过程中，增大传热系数 k 值即增大传热量，是提高冻结速度的重要手段。但是，实际上由于影响因素多，确定传热系数 k 值相当困难。

例如，采用流态化冻结方法，空气流速、食品形状等都是影响传热系数 k 值的主要因素，因此，可适当提高空气流速来提高冻结速度。研究表明，将青豆置于－30 ℃的静止空气中冻结，冻结时间大约需要 2 h，而在同一温度下，空气流速增加到 4.5 m/s，则冻结时间只需 10 min。在一般情况下，冻结速度与空气流速之间的变化并不是呈线性关系。而空气流速增加，食品干耗将增大，因此，从经济方面考虑，确定适宜的空气流速是完全必要的。

3）食品成分的影响

各种食品的导热性因其成分不同而有明显差异。含水量较高的食品比含空气和脂肪量较高的食品更易导热。这是水的导热系数[0.604 W/(m·K)]比脂肪的导热系数[0.15 W/(m·K)]和空气的导热系数[0.006 W/(m·K)]大得多的缘故。因此，在速冻过程中当冻结温度一定时，不同食品应采用各自不同的冻结时间，否则，有可能造成能源的浪费或影响食品的速冻品质。

4）食品尺寸规格的影响

食品的大小和厚薄是影响冻结速度的重要因素。较大、较厚食品的冻结速度不可能很快，因为越接近食品的中心部位，冻结越缓慢。在良好的传热条件下，冻结时间与食品厚度的平方成正比。因此，减少食品的厚度是提高冻结速度的重要措施。一般认为 3～100 mm 厚度最适合冻结。

5）食品速冻终止温度的影响

食品速冻终止温度（一般指食品中心温度）应低于或等于速冻后冻藏温度（一般为－18 ℃），这有利于保持食品速冻状态下形成的组织结构。如果食品的速冻终止温度高于冻藏温度，那么，在冻藏中就会出现食品的再次缓慢冻结，食品组织内部未冻结的水分就会生成较大的冰晶，从而出现组织结构被破坏、蛋白质变性、解冻时汁液流失增加等现象，影响速冻食品的质量。

6）机械传送方式的影响

研究表明，机械传送方式对速冻食品的质量有一定影响（尤其在采用流化床速冻装置时）。适宜的机械传送可以防止物料与传送带黏结或物料与物料黏结，从而保证物料的完整性和实现单体快速冻结。例如，采用水平传送带传送冻结食品，在微冻区往往会出现黏结现象。

此外，机械传送装置的运行速度必须根据不同品种的要求而做适当调整。运行过快，达不到规定的冻结时间，不能保证速冻质量；运行过慢，则会影响生产速度、耗能增高等。

4. 速冻后续过程中影响品质的因素

在速冻后冻藏、运输、销售及家庭食用前的储存过程中，影响速冻食品品质的因素主要是温、湿度的波动及储存方式。一般食品在速冻过程中，大约 90%的水分被冻结，微生物与酶的作用被有效地抑制，因此，可以长期储存。但是，如果在上述各环节中出现较大的温、湿度波动（尤其是温度波动发生在－18 ℃以上），再加上冻藏时间长而出现的缓慢氧化作用，往往使速冻食品出现再结晶、干耗大、变色等，从而使其品质下降。因此，为保证速冻食品的品质，应尽可能形成冻藏、运输、销售及家庭贮存全过程的冷藏链，使速冻食品始终处于－18 ℃以下的恒定温度。

三、食品速冻前处理技术

（一）植物性食品速冻前处理技术

植物性食品速冻前处理主要是指果蔬原料速冻前的各种处理。果蔬处理一般的工序为：原料采摘→运输→原料处理(对蔬菜，去蒂、皮、荚、筋和清洗、切分等；对水果，清洗、分级、去蒂、去皮核、切分等)→烫漂或浸渍(对蔬菜，烫漂；对水果，加糖或维生素等)→冷却→滤水→速冻前布料。

（二）动物性食品速冻前处理技术

动物性食品速冻前处理主要有原料处理(包括宰前管理、宰杀、清理、清洗等)和原料冷却两类。

1. 原料处理

宰前管理是保证速冻动物性原料质量的第一关。牲畜在屠宰前若处于疲劳状态，则糖原含量较低，糖原的分解过程变短，僵直后乳酸绝对含量也较少，因此，僵直期大大缩短。由于在僵直状态时 pH 值较低，组织结构比较致密，不利于微生物的繁殖，从畜肉类耐贮藏的角度来看，应尽量延长肉类的僵直期。待宰的禽类，须在宰前 12～24 h 内绝食，充分饮水。绝食和饮水的目的是减少内容物，尤其是实膛，如不绝食和饮水，会使嗉囊过大，容易腐败，影响禽体的质量。

牲畜宰杀时应控制好放血，时间过短会使放血不良、胴体色泽不好。相反，放血时间过长会形成尸僵，不容易褪毛，还会造成破皮。对禽体来说，宰杀后还需烫毛(连带清洗)、清理内脏，然后把胴体做成适当的形状(塞嘴、包头等)后冷却。总之，应根据速冻品种的需要，在清理好内脏后进行适当的切割、洗去血污等，送冷却间冷却。

2. 原料冷却

冷却是将动物性原料的品温快速降到接近其冻结点的操作。

鱼类等水产品在捕获后易死亡，常常由于条件限制不能立刻进行速冻，因此，必须快速冷 却。一般来说，冷却的温度范围为－15～0 ℃。如采用超冷却的方法，即在冻结点附近的温度范围内冷却，这对后续的速冻加工是非常有利的。

畜肉类冷却是把原料冷却到冻结点以上的温度，一般为 0～4 ℃。

（三）速冻食品的微生物及其控制

1. 速冻食品的微生物概况

世界各国对于速冻食品中微生物的控制都非常严格。速冻食品所含的微生物，随原料的种类、制造方法的不同而有很大的差别。最常见的细菌有极毛杆菌、黄杆菌等低温细菌，约占总菌数的 40%。速冻鱼类中主要腐败细菌为极毛杆菌和无色杆菌，另外，可分离出褐色小球菌的阳性菌；家禽肉类和蛋类中多为沙门氏菌；水果中的微生物则以酵母和乳酸杆菌居多。速冻食品中亦常发现耐低温的酵母如假丝酵母、圆酵母、丝孢酵母、红酵母等，而常见的霉菌则有交链孢属、头孢霉属、芽枝霉属、毛霉属、淡黄青霉、分枝孢属等。

此外,亦不可忽视速冻食品所含的低温性嫌气菌,如速冻远洋鱼肉食品上常发现的梭状芽孢杆菌及速冻近海栖息性鱼食品上的丙酸杆菌、明串球菌等。

2. 速冻食品的微生物污染源及其控制

1) 设备方面

速冻食品在操作过程中要讲究卫生,但在某些环节上(如家禽类宰杀、拔毛或蔬菜去皮等场所)往往不易保持清洁,故必须考虑以下几方面: 通风设备良好,避免污浊空气流入; 排水设备良好,应经常洗刷污秽场地; 要保持切割机、输送带和冻结间等的清洁。

2) 工作人员方面

工作人员的健康情况、个人的卫生习惯以及对卫生方面的认识,都直接关系到食品卫生制度的贯彻,应特别注意管理。

3) 原料方面

原料的清洁程度对成品的含菌数有很大的影响,一般原料可能被污染的途径有: 工作人员携带病原菌接触原料; 操作工具和设备不卫生; 空气中污染了微生物。

因此,在管理中除了保持操作设备及工作人员清洁外,还必须注意不要使原料在室温下暴露过久,不用的原料须登记好日期,进行低温冷藏。

4) 加工过程方面

加工过程中不卫生是微生物污染的主要原因,而成品含菌数的多少完全可以反映工厂卫生条件的好坏。这里尤其应注意控制速冻食品加工过程中的温度。

3. 速冻食品的微生物检查

微生物检查的目的是确保食品卫生与质量的优良。

1) 总菌数的检查

总菌数的检查方法包括显微镜法(直接涂抹法)、薄膜过滤法、稀释平板法等。总菌数检查只能反映食品在速冻过程中的卫生状况、原料新鲜度、温度控制和操作人员卫生状况等,不能完全保证产品的安全性。一般多用直接涂抹法来检查微生物的情况,以表明食品在速冻加工时细菌活动的实际状态。

2) 大肠菌群的检查

大肠菌群可以由土壤和粪便污染,一般作为饮用水的卫生指标。常温下这些细菌在食品中可以繁殖,但在冻藏过程中很快消失,又因其检查手续烦琐,故大肠菌群的定量检查在冷冻食品卫生管理上没有太大意义,而定性试验则是必要的。

3) 其他菌的检查

葡萄球菌、蜡状杆菌、沙门氏菌均会引起食物中毒,必须严加控制。

4. 速冻食品微生物的控制标准

一般来说,微生物在食品中的分布很不均衡,确定可靠的取样及检验方法比较困难,但把速冻食品的微生物控制在一定的范围之内是非常重要的。因此,一些外贸单位制定了速冻调理食品中对微生物的控制要求。

四、常见果蔬的速冻工艺

速冻果蔬起始于20世纪30年代,其品质好,接近新鲜果蔬的色泽、风味和营养价值,保存时间长，食用方便。近20年来，随着冷链运输和冰箱等的普及而迅速发展。速冻蔬菜的主要消费国是美国、欧洲及日本，其中美国既是消费国也是出口国。我国20世纪60年代开始逐渐成为速冻蔬菜出口大国，生产企业300多家，产品销往欧美及日本，年创汇2亿多美元。

可用于速冻的水果有葡萄、桃、李子、杏、樱桃、草莓、荔枝、梨等。而蔬菜的种类较多，有果菜类、瓜类、豆类、叶菜类、茎菜类、根菜类、食用菌类等，如马铃薯、甜玉米、青刀豆、毛豆、菠菜、菜花、胡萝卜、马蹄、藕、芋头等。

几种果蔬的冻结参数见表3-7。大多数果蔬的冰点在－1 ℃左右，最大冰晶生成带在－5～－1 ℃之间，且冻结过程具有明显的3个阶段(快→慢→快)。但很多果蔬的冰点远低于－1 ℃，最大冰晶生成带也远低于－5～－1 ℃这个温度区域，如荔枝、龙眼、板栗等。对于这类果蔬，－5～－1 ℃最大冰晶生成带的观点并不适用，而且它们的最大冰晶生成带的下限可能低于－18 ℃，要严格达到速冻的要求则在速冻过程中应尽可能地加快冻结速度。

表3-7　几种果蔬的冻结参数

果蔬种类	冻结温度/℃	冻结点/℃	过冷点/℃	最大冰晶生成带/℃	通过最大冰晶生成带的时间/min
芋头	－80	－1.7	－2.8	－15～－1.7	22
牛肝菌	－80	－1.1	－1.7	－5～－1	≤10
香菇	－40	－1.5	－1.6	－7.4～－1.6	24
子姜	－40	－1.8	－1.9	－9.0～－1.8	25
荔枝	－35	－3.3	－3.5	－15～－3	49
龙眼	－40	－2.8	－3.2	－14～－2	35
板栗	－35	－2.8	－3.4	－15～－2.8	35

(一) 菠菜的速冻

1. 工艺流程

菠菜的速冻工艺流程为：原料→清洗→烫漂→冷却→冻结→包冰衣→冷藏。

2. 操作要点

(1) 原料：选用鲜嫩、无黄叶、无白斑、无抽薹、无病虫害的圆叶品种菠菜。

(2) 预处理：因菠菜水分蒸发快，易腐烂变质，采收后要及时处理，剪掉根头，修去根须，挑出抽薹株。

(3) 烫漂：用清水将菠菜洗净，捆成小把；排放入竹筐，然后进行烫漂，先烫根部1 min，再烫叶子1 min，注意不要烫漂过度。

(4) 冷却：烫漂后的菠菜要立即投进冷水中冷却，至中心温度为10 ℃，冷却速度对菠菜影响很大。

(5) 冻结：冷透的菠菜沥去水分，整齐地摊放在长18 cm、宽13 cm的格子内，置于－35 ℃左右的速冻机中冻结，至中心温度为－18 ℃以下。

(6) 包冰衣：冻结后对菠菜进行包冰衣。将冻好的菠菜取出，放进 3～5 ℃的冷水中浸渍 3～5 s，立即捞出。包好冻衣的菠菜装进聚乙烯塑料袋密封，在−18 ℃以下冷藏。

（二）青豌豆的速冻

1. 工艺流程

青豌豆的速冻工艺流程为：原料→洗涤→烫漂→冷却→甩干→速冻→冷藏。

2. 操作要点

(1) 原料：选择白花品种为宜。此品种不易变色且含糖量高、淀粉含量低、质地柔软、风味爽口。注意采摘期应严格掌握，过早或过晚采摘质量悬殊，如采收过早，水多、粒小、糖低、易碎；如采收过迟，质地粗劣、淀粉多、风味不好。以 7～8 mm、8～9 mm、9～10 mm 和 11 mm 分级，在 2.7%盐水中浮选，用冷水冲洗。

(2) 烫漂：在 100 ℃水中灭酶 2～4 min，并及时在冷水中冷却，把不完整粒去除。

(3) 甩干：用甩干机，转速 2 000 r/min，30 s 甩干水分。

(4) 速冻：在−30 ℃下速冻，使中心温度达到−18 ℃。

(5) 装盒：每盒豆粒有 0.4 kg、1 kg、2.5 kg、10 kg 等规格。

(6) 冷藏：贮存于−18 ℃的冷库中。

（三）草莓的速冻

1. 工艺流程

草莓的速冻工艺流程为：选果→清洗→消毒 →摆盘→护色→速冻→包装→冷藏。

2. 操作要点

(1) 原料：按照速冻对原料质量的要求，选择成熟度适中、大小均匀、果形完整的新鲜浆果。病虫果、畸形果、未熟果等均应拣出。

(2) 除萼：人工将果柄、萼片摘除干净。

(3) 洗果：冲洗 10 min 左右，重复一遍，洗净为止。

(4) 消毒、淋洗：用浓度为 0.02%～0.05%的高锰酸钾水溶液浸洗 4～5 min，然后用水淋洗 1～2 次。

(5) 控水、摆盘：将果实表面的水分控干，或用吹风机吹干，以免冷冻时果实相互粘连。

(6) 护色：按比例加糖加维生素 C 来控制氧化，防止褐变。

(7) 速冻：摆好盘后立即送入速冻间，温度宜保持在−25 ℃或更低，直到果心温度达−18～−15 ℃。盘不重叠，果心经 4～6 h 即可冻结并达所要求的低温。

(8) 包装和冷藏：包装材料在−10 ℃下预冷，包装必须在−5 ℃下进行，避免发生重结晶现象。包装后在−18 ℃的冷库中保存。

（四）荔枝的速冻

1. 工艺流程

荔枝的速冻工艺流程为：品种选择→清洗→热烫与冷却→护色→预冷→速冻→包装→冷藏。

2. 操作要点

(1) 原料：选择大田栽培中不易裂果的品种，如怀枝、黑叶、白蜡、桂味等。果实成熟时颜色不够鲜红的品种如妃子笑、三月红等应避免选用。

(2) 清洗：用洁净水在空气浮选机中清洗，要保证荔枝不沉于浮选机底部。

(3) 热烫与冷却：采用热水热烫或蒸汽热烫荔枝，用洁净水和后序预冷后的低温水立即冷却热烫后的荔枝。

(4) 护色：最好在护色槽中对荔枝护色，控制护色液的组成、浓度及护色时间。

(5) 速冻：通过震动布料机及刮板使预冷的荔枝单层分布于网状输送带上，进入速冻机，采用流化床式速冻法进行单体速冻，使荔枝的几何中心温度降到−18 ℃。

(6) 包装和冷藏：包装必须在−5 ℃以下环境中进行，温度在−4 ℃以上时，速冻荔枝会出现重结晶现象，这样会降低荔枝的品质。包装后在−18 ℃的冷库中保存。

第三节　食品的冻藏

公元1550年以前，已发现在天然冰中添加化学药品能降低冰点。1863年，美国应用这一原理，以冰和食盐为冷冻介质，首先工业化生产冻鱼。1864年，氨压缩机获得法国专利，为冻藏食品创造了条件。1880年，澳大利亚首先应用氨压缩机制冷生产冻肉，销往英国。1889年，美国制成冰蛋。1891年，新西兰大量出口冻羊肉。1905年和1929年，美国大规模生产冻水果和冻蔬菜，1945—1950年大规模生产多种速冻方便食品。20世纪60年代初，流化床速冻机和单体速冻食品出现。1962年，液氮冻结技术首先应用于工业生产。

食品经过冷却或冻结后，应放在冷藏间或冻藏间贮藏，并尽可能使食品温度和贮藏间的介质温度处于平衡状态，以抑制食品中的各种变化，确保食品的鲜度和质量。由于冷却后的食品在冷藏间贮藏不发生相变，故能保持生体食品的鲜活状态和非生体食品的鲜度，达到保鲜和短期贮藏的目的。对于冻结后的食品在冻藏间贮藏，因80%以上的水冻结成冰，故能达到长期贮藏保鲜的目的。

为了保持食品的质量，在冷库内贮藏食品时，应遵守以下原则。

(1) 食品入库前必须经过严格检验，不适宜长期贮藏的食品应剔出。

(2) 按照食品要求的温度条件进行贮藏。温、湿度要求不相同的食品，不得共存在一个贮藏间内。

(3) 异味食品应分别贮藏，否则，会影响食品质量。对于贮藏规程相同，而又不产生强烈气味的各种食品，允许在同贮藏间内贮藏。

(4) 食品贮藏的兼容性。

我国冷库的冻结物冷藏间的温度一般为−20～−18 ℃，而且要求在一昼夜间，室温的升降幅度不得超过1 ℃，如库温升高，不得高于−12 ℃。在这种稳定的低温条件下，脂肪、蛋白质的分解，酶、微生物的作用及食品的颜色变化、干耗等都变得缓慢了。冻藏温度越低，变化就越小，贮藏期限就越长。冻藏的冻结物的质量在很大程度上与空气的相对湿度和循环速度有关：相对湿度越高，循环速度越低，食品的干耗就越小。要求食品在冻结时，其温度必须降到不高于冻结物冷藏间的温度3℃，然后再转库贮藏。例如，冻结物冷藏间的温度为−18℃，则食品的冻结温度应在−15℃以下。长途运输中装车、装船的食品冻结温度不得高于−15℃；外地调入的冻结食品，其温度如高于−8℃，应复冻到要求温度−15℃后，方可入低温库冻藏(注意只允许复冻一次)。

食品在出库过程中，低温库的温度升高不应超过4℃，以保证库内食品的质量。食品在冻结贮藏中，应注意不要超过允许的冻藏期，以避免食品丧失商品价值和使用价值。

一、冻结食品的包装

冻结食品在冻藏前，绝大多数情况下需要包装。冻结食品的包装不仅可以保护冻结食品的质量，防止其变质，还可以使冷冻食品的生产更加合理化，提高生产效率。另外，科学合理的包装还可以给消费者卫生感、营养感、美味感和安全感，从而提高冻结食品的商品价值，有力推动冻结食品的销售。

1. 冻结食品包装的一般要求

(1) 能阻止有毒物质进入食品中，包装材料本身无毒性。

(2) 不与食品发生化学作用，包装材料在−40℃低温和在高温处理(如在烘烤炉或沸水中)时不发生化学及物理变化。

(3) 能抵抗感染和不良气味，这对于那些易被感染和吸收气味的产品如脂肪、巧克力或香料等尤为重要。

(4) 防止微生物及灰尘污染。

(5) 不透或基本不透过水蒸气、氧气或其他挥发物。

(6) 能在自动包装系统中使用，由于包装系统的自动化程度越来越高，这点显得十分重要。

(7) 包装大小适当，以便在商业冷柜中陈列出售。

(8) 包装材料应具有良好的导热性能，如果是冻结之后再包装，此点不做要求。

(9) 能耐水、弱酸和油；必要时应不透光，特别是紫外线；对微波有很好的穿透力，以便于在微波炉中回火或加热。

(10) 易打开并能重新包装，这点对于方便顾客、减少包装材料的浪费和环境的污染很重要。

2. 包装材料

能够用于冻结食品的包装材料很多，主要有薄膜类、纸、纸板类以及它们的复合材料等。

1) 薄膜

这是广泛用于冻结食品工业中的一类包装材料，常用的薄膜有聚乙烯、聚丙烯、聚酯、聚苯乙烯、聚氯乙烯、聚酰胺及铝箔等。

聚乙烯：热封性能良好，价格便宜，但对高温和水蒸气的阻抗能力差。

聚丙烯：与聚乙烯的性能相似，但对水蒸气的阻抗力较好，在低温下易变脆。

聚酯：耐高温并能抗油脂及水蒸气。用于烘烤板盘的内衬。

聚苯乙烯：是较好的用于冻结食品的硬塑料。虽然价格较贵，但很稳定，在冻结食品的温度下有很好的机械强度。

聚氯乙烯：用作硬质容器，价格比聚苯乙烯便宜，但抗冲击能力较差。

聚酰胺：即尼龙，是一种具有很好的强度和模压特性的材料，价格昂贵，适用于复合蒸煮袋包装。

铝箔：常用作家庭冻结食品的包装，使用方便，导热性能好，能与产品紧贴。但机械强度较差，不宜用作微波食品的包装。

2）纸类包装材料

冻结食品中所用纸类包装材料一般有三种：纸、纸板（厚 3～11 mm）及纤维板。

纸一般用作冻结食品包装的面层，提供光滑表面，进行高质量的印刷。

纸板用作可折叠的硬质箱子，它由多层不同材料制成。使用广泛的是白面粗纸板，一面是漂白新鲜纸浆制的白色表层，其余是灰色含有大量废纸渣的内层。这种纸板外观质量很高，但比纯粹用新鲜纸浆制成的纸板更便宜。

纤维板用于生产外包装箱。硬纸板主要是由回收废纸浆制成，外贴一层牛皮纸做硬表皮。波纹板包括三层复合在一起的纸板，中间一层是波纹槽形层板，两个外层是牛皮纸衬面。重磅波纹纸板含有两个或 3 个芯层，在冻结食品工业中用作托盘的角柱或其他承重部分。

3）复合薄膜

它是由两种或两种以上的薄膜，或由玻璃纸与薄膜，或由铝箔与塑料薄膜等，通过挤压而成的。这种复合材料可克服单一薄膜的缺陷，保留其优越性，在冻结食品工业中使用越来越多。常用的复合薄膜材料有聚乙烯/玻璃纸、高密度聚乙烯/聚酯、聚乙烯/铝箔、聚乙烯/尼龙/聚酯等。

3. 包装方式

1）成型、装填及封口包装

用成卷的热封性塑料、层压膜或涂膜纸等做成袋状或盘状包装，在包装机械中同时或间歇地进行成型与装填及封口的包装方式。产品在机械中的运动方向可以是水平的（如冰淇淋等易碎产品），也可以是垂直的（如冻结蔬菜等）。

2）收缩及拉伸包装

将薄膜制成各种形状的袋子，将食品装入后，包装快速通过热风炉或浸在热水中，使薄膜收缩并把所装食品紧紧包住。拉伸膜具有弹性，在施加拉力下使用，把食品包在一起。

3）真空包装和充气包装

有些产品如需长期贮藏则需要缺氧的环境，可以通过真空或充气包装来达到。真空包装是先将包装袋内的空气抽出然后密封，充气包装则是在抽出空气后再充入 CO_2 或 N_2 等惰性气体，然后密封。不管是真空包装还是充气包装，包装内 O_2 的含量均应控制在 0.5%～5%以内。

二、冻结食品的贮藏及 TTT 概念

（一）冻结食品的贮藏

商业上冻结食品通常是贮藏在低温库（或称冻藏室）中，要求贮藏温度控制在－18 ℃

以下或者更低，温度要稳定，减少波动，且不应与其他有异味的食品混藏。低温库的隔热效能要求较高，保温要好，一般应用双级压缩制冷系统进行降温。速冻产品的冻藏期一般可达 10～12 个月，条件好的可达 2 年。

在冻藏过程中，如果控制不当会造成冰晶成长、干耗和冻结烧而影响冻结食品的品质。冻结食品的贮藏质量主要受贮藏条件即受冻藏温度、相对湿度及空气循环等因素的影响。

1. 冻藏温度

根据温度与微生物、酶作用的相互关系，可知温度越低，食品品质保持越好，贮藏期也越长。但是，随着冻藏温度的降低，运转费用将增加，因此，应综合各种因素的影响来决定合适的冻藏温度。国际制冷学会推荐－18 ℃为冻结食品的实用贮藏温度，因为食品在此温度下可贮藏一年而不失去商品价值，且所花费的成本也比较低。

但是，从冻结食品发展趋势来分析，以－30 ℃为贮藏温度较为适宜。这种温度下贮存的冻结食品，其干耗比在－18 ℃下贮藏时减少一半以上。

不管采用什么温度贮藏冻结食品，为了防止冰晶生长、增加干耗及质量劣变，应尽量保持温度的稳定。

2. 相对湿度

冻结食品在贮藏时，可以采用相对湿度接近饱和的空气，以减少干耗和其他质量损失。

3. 空气循环

空气循环的主要目的是带走从外界透入的热量和维持均匀的温度。由于冻结食品的贮藏时间相对较长，因此，空气循环的速度不能太快，以减少食品的干耗。通常可以采用包装或包冰衣等措施来减小空气循环对水分损失的影响。空气循环可以通过在冻藏室内安装风机或利用开门、渗透和扩散等方法来达到。

冻结食品的流通运销，要应用有制冷及保温装置的汽车、火车、船、集装箱等专用设施，运输时间长的，温度要控制在－18 ℃以下，一般可用－15 ℃，销售时也应配有低温货架与货柜。整个商品供应过程也应采用冷链流通系统。由冷冻厂或配送中心运来的冷冻产品在卸货后，应立即转移到冻藏库，不应在室内或室外自然条件下停留。零售市场的货柜应保持低温，一般仍要求－18～－15 ℃。

（二）冻结食品的 TTT 概念及采用方法

当把某种冻结食品放在某种冻藏条件下冻藏时，需要知道该冻结食品能贮藏多长时间。这也就是说，必须了解冻结食品在冻藏过程中的质量变化情况。

1. 冻结食品的 TTT 概念

1）TTT 概念

冻结食品在冻藏之前所具有的质量称为初期质量，而到达消费者手中的冻结食品所具有的质量，则称为最终质量。显然，初期质量与原料状况，包括冻结在内的加工方法及包装等因素有关，上述三种因素也称作 PPP 因素（product of initial quality ,processing method and package），即 PPP 因素决定了冻结食品的初期质量。

根据 Arsdel 等长达 10 多年的研究结果发现，冻结食品的最终质量是由它所经历的流通环节的温度-时间来决定的。贮藏温度越低，则冻结食品的品质稳定性越好，也就是说冻结食品的贮藏时间越长。贮藏时间与允许的温度之间存在一种相互依赖的关系，我们把它称作 TTT 关系（time-temperatre tolerance）。TTT 概念揭示了冷冻食品的容许冻藏期与冻藏时间、冻藏温度之间的关系，即冷冻食品在流通过程中的品质变化主要取决于温度，冷冻食品的冻藏温度越低，保持优良品质的时间就越长，容许冻藏期也越长。

TTT 关系还包括一条极为重要的算术累积规律，即由时间-温度因素引起的冻结食品的质量损失，不管是否连续发生，都将是不可逆的和逐渐积累的，质量损失的累积量与所经历的时间温度的顺序无关。例如，某冻结食品在 −15 ℃下贮藏 2 个月再在 −18 ℃下贮藏 3 个月所发生的质量损失量与其先在 −18 ℃下贮藏 3 个月，然后再在 −15 ℃下贮藏 2 个月的质量损失量完全相同。

2）TTT 计算

当已知某种冻结食品的 TTT 曲线和它所经历的温度-时间时，我们可计算出任何一个流通环节中该冻结食品的质量损失，或整个流通过程中该冻结食品的总质量损失，也可估计出在某种贮藏温度下，该冻结食品的最大允许贮藏时间。计算方法介绍如下，首先，从 TTT 曲线图中查出某种贮藏温度（t_i）下的最大贮藏期（h）。那么在该贮藏期内，冻结食品每日质量损失（L_i）可用下式计算：

$$L_i = \frac{1}{t_i}$$

如果冻结食品在某种温度 t_i 下实际储存时间为 τ_i 天，则在该贮藏时间内质量损失 ΔL_i 为

$$\Delta L_i = \frac{\tau_i}{t_i}$$

如果冻结食品经历了多种温度-时间变化，则总的质量损失 L 可用下式计算：

$$L = \sum_{i}^{n} \Delta L_i$$

2. TTT 研究中采用的方法

冷冻食品的 TTT 研究中常用的是感官评价（organoleptic test）配合理化指标测定。通过感官评价能感知品质变化时，其间所经历过的贮藏天数依贮运中的品温而异，温度越低，能保持品质不变化时间越久。贮藏期的长短与贮运温度的高低之间的关系，一般称为“品质保持特性”。例如同一品温的冷冻橙汁（浓缩）与冷冻蔬菜比较，感知其品质变化需较长的天数，像这样食品置于同一条件下而呈不同的贮藏性，即为品质保持特性。

品质评定由熟练掌握品质评定标准的成员组成感官鉴定小组进行鉴定，方法有三样两同鉴别法（duo-trio test）或三角鉴别法（triangular test）。初始高质量的冷冻食品，在某一温度下贮藏，并与放在 −40 ℃下贮藏的对照品比较，当某一时间感官鉴定小组中 70% 的成员能识别出此温度下的冷冻食品与 −40 ℃下贮藏的对照品有品质差异时，则该贮藏温度下冷冻食品所经历的时间称为高品质冻藏期，又叫高品质寿命（high quality life，HQL）。实际上，感官鉴定小组对冻结食品品质的评定，常把条件稍做放宽，降到以不失

去商品价值为标准，这就成为实用冻藏期（practical storage life，PSL）。高质量冻藏期通常从冻结结束后开始算起，而实用冻藏期一般包括冻藏、运输、销售和消费等环节。HQL和PSL的长短是由冻结食品在流通环节中所经历过的品温决定的，品温越低，HQL和PSL的时间越长。如是同样的贮藏期相比较，则品温低的一方品质保持较好。也就是说，冻结食品的耐贮藏性是受所经历过的时间和品温影响的。

在TTT研究中除了采用感官鉴定的方法外，还结合进行理化方法的测定。由于冻结食品品温的变动，构成食品品质的诸要素如食味、香味、肉质、色泽、形状也发生了变化，由感官鉴定小组进行合理的评分，同时也可进行一些理化方法的检测。例如测定维生素C的含量、叶绿素中脱镁叶绿素的含量、蛋白质变性、脂肪氧化酸败等，可根据食品的种类选择测定的项目。实践证明，高水平的感官鉴定结果与理化方法测定的结果是一致的。由于感官鉴定小组对冻结食品所做的鉴定结果与理化方法检测的结果是一致的，而且对于食品来说，感官鉴定更为直接，因此，国外对感官鉴定小组所做的鉴定结果通常都给予高度的信赖。

3. TTT概念的例外

大多数冷冻食品贮藏温度与实用贮藏期的关系是符合TTT关系的，但也有些例外情况。

（1）由于原料品质不同，同一种食品的贮藏温度与实用贮藏期的关系存在差异。

（2）同一食品因加工工序不同，贮藏期也会发生变化。

（3）包装处理后食品的实用贮藏期延长。

（4）非常短时间（30 min左右）高频率的温度变动，会极大地缩短食品的实用贮藏期。

（5）某些食品的保藏期与温度之间并无一定的关系。即使贮藏温度变化，贮藏期限却几乎不变；或是贮藏温度降低，贮藏期限反而缩短。例如冷冻的腌制肉，其品温从－5 ℃降低至－40 ℃的范围中，过氧化值、TBA（血清总胆汁酸）值、游离脂肪酸含量呈上升趋势，贮藏期显著缩短；如果品温降至－40 ℃以下，则贮藏温度降低、实用贮藏期延长的TTT关系又得到恢复。

三、食品冻藏时的变化

（一）食品冻藏时的物理变化

1. 冰晶的成长和重结晶

在冻藏阶段，除非起始冷冻条件产生的冰晶总量低于体系热力学所要求的总量，否则在给定温度下，冰晶总量为一定值。

冻结食品在－18 ℃以下的低温冷藏室中贮藏，食品中90%以上的水分已冻结成冰，但其冰晶是不稳定的，大小也不均匀一致。在冻藏过程中，如果温度经常波动，冻结食品中微细的冰晶数量会逐渐减少、消失，大的冰晶逐渐生长，变得更大，整个冰晶数量大大减少，这种现象称为冰晶的成长。冻藏的过程中，由于冻藏期很长，再加上温度波动等因素，冰晶就有充裕的时间长大。这种现象会给冻结食品的品质带来很大的影响。大冰晶使细胞受到机械损伤、蛋白质发生变性，解冻时汁液流失量增加，食品的口感、风味变差，营养价值下降。

冰晶的成长是由于冰晶周围的水或水蒸气向冰晶移动,附着并冻结在它上面的结果。其原因主要在于水蒸气压差的存在。冻结食品中还有残留未冻结的水溶液,其水蒸气压大于冰晶的水蒸气压;在冰晶中各粒子大小不同,即使同一温度下,其水蒸气压也各异。小冰晶的表面张力大,其水蒸气压要比大冰晶的水蒸气压高。水蒸气总是从水蒸气压高的一方向水蒸气压低的一方移动,因而小冰晶的水蒸气不断地移向大冰晶的表面,并凝结在它的表面,使大冰晶越长越大,小冰晶逐渐减少、消失。但是,这样的水蒸气移动速度极其缓慢,所以只有在冻结食品长期贮藏时才需要考虑此问题。

更多的情况是冻结食品的表面与中心部位之间有温度差,从而产生水蒸气压差。如果冻藏室的温度经常变动,当室内空气温度高于冻结食品温度时,冻结食品表面的温度也会高于中心部位的温度,表面冰晶的水蒸气压高于中心部位冰晶的水蒸气压,在水蒸气压差的作用下,水蒸气从食品表面向中心部扩散,促使中心部位微细的冰晶生长、变大。这种现象持续发生,就会使食品快速冻结生成的微细冰晶变成缓慢冻结时生成的大块冰晶,对细胞组织造成破坏。

重结晶是冻藏期间反复解冻和再结晶后出现的一种结晶体积增大的现象,冻藏室内的温度变化是产生重结晶的原因。通常,食品细胞或肌纤维内汁液浓度比细胞外高,故它的冻结温度也比较低。贮藏温度回升时细胞或肌纤维内部冻结点较低部分的冻结水首先融化,经细胞膜或肌纤维膜扩散到细胞间隙内,这样未融化的冰晶体就处于外渗的水分包围中。温度再次下降,这些外渗水分就在未融化的冰晶体的周围再次结晶,增大了冰晶体。

重结晶的程度直接取决于单位时间内温度波动次数和程度,波动幅度越大,次数越多,重结晶的情况也越剧烈。因此,即使冻结工艺良好、冰晶微细均匀,但是冻藏条件不好,经过重复解冻和再结晶,也会促使冰晶体颗粒迅速增大,其数量迅速减少,以致严重破坏组织结构,使食品解冻后失去弹性,口感风味变差,营养价值下降。冻藏过程中冰晶体和组织结构变化情况见表3-8。

表3-8 冻藏过程中冰晶体和组织结构变化情况

冻藏天数/天	冰晶直径/μm	解冻后的组织状态	冻藏天数/天	冰晶直径/μm	解冻后的组织状态
刚冻结	70	完全回复	30	110	略有回复
7	84	完全回复	45	140	略有回复
14	115	组织不规则	60	160	略有回复

为了减小冻藏过程中因冰晶的成长和重结晶现象给冻结食品的品质带来的不良影响,可从两个方面采取措施。

(1) 用快速深温冻结方式,使食品中90%水分在冻结过程中来不及移动,就在原位置变成微细的冰晶,其大小、分布都较均匀。同时由于冻结终温低,提高了食品的冻结率,使食品中残留的液相减少,从而减少冻结贮藏中冰晶的成长。

(2) 冻结贮藏室的温度要尽量低,并要保持稳定,减少波动,特别要避免−18 ℃以上的温度变动。

2. 干耗

食品在冷却、冻结、冻藏的过程中都会发生干耗，冻藏因期限最长，干耗问题也就最为突出。冻结食品的干耗主要是由于食品表面的冰晶直接升华而造成的。

在冻藏室内，由于冻结食品表面的温度、室内空气温度和空气冷却器蒸发管表面的温度三者之间存在着温度差，因而也形成了水蒸气压差。冻结食品表面的温度如高于冻藏室内空气的温度，冻结食品将进一步被冷却，同时由于存在水蒸气压差，冻结食品表面的冰晶升华，这部分含水蒸气较多的空气，吸收了冻结食品放出的热量，密度减小，向上运动，当流经空气冷却器时，在温度很低的蒸发管表面水蒸气达到露点，凝结成霜。冷却并减湿后的空气因密度增大而向下运动，当遇到冻结食品时，因水蒸气压差的存在，食品表面的冰晶继续向空气中升华。这样周而复始，以空气为介质，冻结食品表面出现干燥现象，并造成质量损失，即是干耗。冻结食品表面冰晶升华需要的升华热是由冻结食品本身供给的，此外，还有外界通过围护结构传入的热量，冻藏室内电灯、操作人员散发出的热量，冷库开门等也供给热量。

冻藏室的围护结构隔热不好、外界传入的热量多、冻藏室内收纳了品温较高的冻结食品、冻藏室内空气温度变动剧烈、冻藏室内蒸发管表面温度与空气之间温差太大、冻藏室内空气流动速度太快等，都会使冻结食品的干耗现象加剧。

为防止冻藏过程中食品的干耗，应该从以下几方面注意。

(1) 注意维护冷库围护结构的保温性能，减少从外界渗入的热量造成库房温度波动。

(2) 维护好冷藏门和风幕，在库门处加挂棉门帘或硅橡胶门帘，减少从库门进入的热量。

(3) 减少开门的时间和次数，减少不必要进入库房的次数，库内操作人员离开时要随手关灯，减少外界热量的流入。

(4) 控制冻藏室内进货的温度，不能让品温较高的冻结食品进库。

(5) 防止冻藏室内蒸发管表面温度与空气温度之间温差太大，保持冻藏室较高的相对湿度，温度和湿度不应有大的波动。

(6) 在冻藏室内要增大冻品的堆放密度，加大堆垛的体积，提高装载量，如果在货垛上覆盖帆布篷或塑料布，也可减少食品干耗。

(7) 保持冻藏室内空气流速在合理的范围内，对于采用冷风机的冻藏间来说，商品都要包装或镀冰衣，库内气流分布要合理，并要保持微风速。

3. 冻结烧

干耗的初始阶段大多仅仅在冻结食品的表层发生冰晶升华，时间长后逐渐向里推进，达到内部冰晶升华。这样不仅使冻结食品脱水造成质量损失，而且冰晶升华后留存的细微空穴大大增加了冷冻食品与空气的接触面积。在氧的作用下，食品中的脂肪氧化酸败，表面发生黄褐变，使食品的外观损坏，食味、风味、质地、营养价值都变差，这种现象称为冻结烧(freezer burn)。冻结烧部分的食品含水率非常低，接近2%～3%，断面呈海绵状，蛋白质脱水变性，食品质量严重下降。

对于食品本身而言，可采用加包装或镀冰衣的方法。包装通常有内包装和外包装之分，对于冻品的品质保护来说，内包装更为重要。由于包装把冻结食品与冻藏室的空气隔开了，可防止水蒸气从冻结食品中移向空气，抑制了冻品表面的干燥。为了达到良好的保护效果，内包装材料不仅应具有防湿性、气密性，还要求在低温下柔软，有一定的强度和安全性。在包装食品时，内包装材料要尽量紧贴冻品，如果两者之间有空气间隙，则水蒸气蒸发、冰晶升华仍可在包装袋内发生，其结果是包装袋内冻结食品表面仍会干燥。

镀冰衣主要用于冻结水产品的表面保护，特别是对多脂肪鱼类来说尤为重要。因为多脂鱼类含有大量高度不饱和脂肪酸，冻藏中很容易氧化而使产品发生油烧现象，此现象主要发生在离表皮 1 mm 的范围内。镀冰衣可让冻结水产品的表面附着一层薄的冰膜，在冻藏过程中由冰衣的升华替代冻鱼表面冰晶的升华，使冻品表面得到保护。同时冰衣包裹在冻品的四周，隔绝了冻品与周围空气的接触，就能防止脂类和色素的氧化，使冻结水产品可做长期贮藏。冻鱼镀冰衣后再进行内包装，可取得更佳的冻藏效果。用清水给冻鱼镀冰衣时，由于冰衣附着力弱、附着量小，过不久要再镀冰衣，而且所镀冰衣比较脆，有时会产生裂缝。为了克服这些缺点，可在镀冰衣的水中加入糊料或被膜剂来强化冰衣，使用的糊料有褐藻酸钠、海藻酸钠等。在同一温度下，糊料冰衣比清水冰衣的附着量增加了 2～3 倍，附着力也增强，且冰衣软化后，不易龟裂，可延迟再镀冰衣的时间。

（二）食品冻藏时的化学变化

1. 蛋白质的冻结变性

食品中的蛋白质在冻结过程中会发生冻结变性，在冻藏过程中，冻藏温度的变动和冰晶的成长，会增加蛋白质的冻结变性程度。

通常认为，冻藏温度低，蛋白质的冻结变性程度小。鱼类因鱼种不同，其蛋白质的冻结变性程度有很大差异，这与鱼肉蛋白质本身的稳定性有关。例如鳕鱼肉的蛋白质很容易冻结变性，而狭鳞庸鲽却不容易变性。此外，鱼肉蛋白质的冻结变性还受到共存物质的影响，如脂肪的存在，特别是磷脂质的分解产生的游离脂肪酸，是促进蛋白质变性的因素；又如钙、镁等水溶性盐类会促进鱼肉蛋白质冻结变性；而磷酸盐、糖类、甘油等可减少鱼肉蛋白质的冻结变性。

2. 脂类的变化

冷冻鱼脂类的变化主要表现为水解、氧化以及由此产生的油烧。

鱼类按含脂量的多少可分为多脂鱼和少脂鱼。鱼类在冻藏过程中，脂肪酸往往因冰晶的压力由内部转移到表层中，因此很容易在空气中氧的作用下发生自动氧化，产生酸败臭。脂肪酸败并非油烧，只有当与蛋白质的分解产物共存时，脂类氧化产生的羰基和氨基反应，脂类氧化产生的游离基与含氮化合物反应，氧化脂类互相反应，其结果使冷冻鱼发生油烧，产生褐变。

鱼类在冻藏过程中，脂类发生变化的产物中还存在着有毒物质，如丙二醛等，对人体健康有害。另外，脂类的氧化会促进鱼肉冻藏中的蛋白质变性和色素的变化，使鱼体的外观恶化，风味、口感及营养价值下降。由于冷冻鱼的油烧主要是由脂类氧化引起的，因此可采取下列措施加以防止。

（1）用镀冰衣、包装等方法，隔绝或减少冷冻鱼与空气中氧的接触。

（2）库温要稳定、少变动。

(3) 降低水产品的冻藏温度,尽可能地使反应基质即高度不饱和脂肪酸凝固化,就可以大大降低脂类氧化反应的速度。许多试验证明,冻藏温度在－35 ℃以下,才能有效地防止脂类氧化。

(4) 冻藏室要防止氨的泄漏,因为环境中有氨会加速冷冻鱼的油烧。

(5) 鲨鱼、鳐等鱼类最好不要与其他鱼类同室贮藏。

(6) 使用脂溶性抗氧化剂,最好是天然抗氧化剂。

3. 色泽的变化

冻结食品在冻藏过程中,因制冷剂泄漏造成变色(例如氨泄漏时,胡萝卜的橘红色会变成蓝色,洋葱、卷心菜、莲子的白色会变成黄色)。此外,其他凡是在常温下发生的变色现象,在长期的冻藏过程中都会发生,只是进行的速度十分缓慢。

1) 脂肪的变色

如前所述,多脂肪鱼类如带鱼、沙丁鱼等,在冻藏过程中因脂肪氧化会发生氧化酸败,严重时还会发黏,产生异味,丧失食品的商品价值。

2) 蔬菜的变色

植物细胞的表面有一层以纤维素为主要成分的细胞壁,它没有弹性。当植物细胞冻结时,细胞壁就会胀破。在氧化酶作用下,果蔬类食品容易发生褐变,所以蔬菜在速冻前一般要将原料进行烫漂处理,破坏过氧化酶,使速冻蔬菜在冻藏中不变色。如果烫漂的温度与时间不够,过氧化酶失活不完全,绿色蔬菜在冻藏过程中会变成黄褐色;如果烫漂时间过长,绿色蔬菜也会发生黄褐变,这是因为蔬菜叶子中含有叶绿素而呈绿色,当叶绿素变成脱镁叶绿素时,叶子就会失去绿色而呈黄褐色,酸性条件会促进这个变化。蔬菜在热水中烫漂时间过长,蔬菜中的有机酸落入水中使其变成酸性的水,会促进发生上述变色反应。所以正确掌握蔬菜烫漂的温度和时间,是保证速冻蔬菜在冻藏中不变颜色的重要环节。

3) 红色鱼肉的褐变

当鱼类死后,因肌肉中供氧终止,肌红蛋白与氧分离成还原性状态,呈暗红色。如果把鱼肉切开放置在空气中,还原型肌红蛋白就从切断面获得氧气,并与氧结合生成氧合肌红蛋白,呈鲜红色。如果继续长时间放置,含有二价铁离子的氧合肌红蛋白和还原型肌红蛋白就会自动氧化,生成含有三价铁离子的氧化肌红蛋白,呈褐色。

红色鱼肉的褐变,最有代表性的是金枪鱼肉的褐变。金枪鱼在－20 ℃下冻藏两个月以上,其肉色由红色向暗红色、红褐色、褐红色、褐色转变,作为生鱼片的商品价值下降。这种现象的发生,是由于肌肉中的肌红蛋白被氧化,生成氧化肌红蛋白。

冻结金枪鱼肉在冻藏中的变色与冻藏温度有很大的关系。冻藏温度为－18 ℃时,金枪鱼肉的褐变较为显著,贮藏两个月后,氧化肌红蛋白生成率已达50%。随着冻藏温度的降低,肌红蛋白氧化的速度减慢,褐变推迟发生。当冻藏温度在－78～－35 ℃范围内时,氧化肌红蛋白的生成率的变化不大,色泽保持时间长。因此,为了防止冻结金枪鱼肉的变色,冻藏温度至少要在－35 ℃,如果采用－60 ℃的超低温冷库,保色效果更佳。

4) 虾的黑变

虾类在冻结贮藏中,其头、胸、足、关节及尾部常会发生黑变,出现黑的斑点或黑箍,使商品价值下降。产生黑变主要是氧化酶(酚酶或酚氧化酶)使酪氨酸氧化,生成黑色素所致。黑变的发生与虾的鲜度有很大关系。新鲜的虾冻结后,因酚酶无活性,冻藏中不会发生黑变;而不新鲜的虾其氧化酶活性高,在冻结贮藏中就会发生黑变。

防止虾黑变的方法是煮熟后冻结,使氧化酶失去活性;摘除酪氨酸含量高、氧化酶活性强的内脏、头、外壳,洗去血液后冻结。由于引起虾黑变的酶类属于需氧性脱氢酶类,故采用真空包装是有效的。另外用水溶性抗氧化剂浸渍后冻结,冻后再用此溶液镀冰衣,冻藏中也可取得较好的保色效果。

5)鳕鱼肉的褐变

鳕鱼肉在冻结贮藏中会发生褐变,这是还原糖与氨化合物的反应,也叫美拉德反应造成的。鳕鱼死后,鱼肉中的核酸系物质反应生成核糖,然后与氨化合物反应,以N-配糖体、紫外光吸收物质、荧光物质作为中间体,最终聚合生成褐色的类黑精,使鳕鱼肉发生褐变。

−30 ℃以下的低温贮藏可防止核酸系物质分解生成核糖,也可防止美拉德反应发生。此外,鱼的鲜度对褐变有很大的影响,因此一般应选择鲜度好、死后僵硬前的鳕鱼进行冻结。

6)箭鱼肉的绿变

冻结箭鱼肉呈淡红色,在冻结贮藏中其一部分肉会变成绿色,这部分肉称为绿色肉。这种绿色肉在白皮、黑皮的旗鱼类中也能看到,通常出现在鱼体沿脊骨切成两片的内面。绿色肉发酸或有异臭味,严重时出现阴沟臭似的恶臭味。绿变现象的发生,是由于鱼的鲜度下降,因细菌作用生成的硫化氢与血液中的血红蛋白或肌红蛋白反应,生成绿色的硫血红蛋白或硫肌红蛋白而造成的。目前,除注意冻结前的鲜度外,对此现象没有更好的改进办法。

7)红色鱼的褪色

含有红色表皮色素的鱼类,在冻结贮藏中常可见到褪色现象,如红娘鱼等。这种褪色受光的影响很大,紫外光线350～360 nm照射时,褪色现象特别显著。

红色鱼的褪色是由于鱼皮红色色素的主要成分类胡萝卜素被空气中氧氧化的结果。当有脂类共存时,其色素氧化与脂类氧化还有相互促进作用。降低冻藏温度可推迟红色鱼的褪色。此外,用不透紫外光的玻璃纸包装;用0.1%～0.5%(质量分数)的抗坏血酸钠或山梨酸钠溶液浸渍后冻结,并用此溶液镀冰衣,对防止红色鱼的褪色均有效果。

综上所述,食品在冻藏中发生变色的机理是各不相同的,应采用不同的方法来加以防止。但是在冻藏温度这一点上有共同之处,即降低温度可使引起食品变色的化学反应速度减慢,如果降至−60 ℃左右,红色鱼肉的变色几乎完全停止。因此,为了更好地保持冻结食品的品质,特别是防止冻结水产品的变色,国际上水产品的冻藏温度趋于低温化,推荐水产品的冻藏库温为−23 ℃或更低。

4. 其他因素引起的变化

冻藏对植物组织体系造成的冷冻损伤的影响包括蛋白质沉淀、脂类氧化、聚合物聚集、色素氧化或水解。例如,叶绿素转变成脱镁叶绿素后将严重影响其感官指标。冷冻前的热处理能加速其过程,在未经烫漂的组织中,冷冻能抑制正常的酶催化过程。在贮藏期间，这些催化反应将继续进行，并产生大量对品质不利的产物。具有代表性的酶为：酯酶、脂肪氧化酶、多酚氧化酶以及白芥子中的胱氨酸裂解酶。不充分的烫漂会使酶的活性难以完全钝化，为了适当控制烫漂过程，有必要鉴别出何种酶使产品的色泽及风味发生变化。在不宜进行烫漂处理的场合，必须采取其他必要的措施抑制有害的酶催化过程。

目前有许多有效的抑制剂。但并非所有的品质下降过程均由酶催化作用而产生，根据该过程的化学机理，对于非酶过程的抑制也是很有必要的。在冻藏期间，每一过程均有一个特征速率，如果可能，有必要选择贮藏条件使此特征速率最小化。可以确信，在冻藏期间，通过使贮藏温度接近或低于最大冻结浓缩玻璃态（在体系冻结时产生）的特征转变温度，许多重要的品质降级速率能被控制至最小。

四、食品的冻藏工艺

速冻果蔬冻藏期间品质会随着时间延长而发生变化，显著的变化如叶绿素减少、维生素C减少。冻藏的果蔬在流通过程中其品质主要取决于四个因素：原料固有的品质；冻结前后的处理及包装；冷冻方式；产品在流通过程中所经历的温度和时间。部分冷冻果蔬在不同温度下的冻藏时间见表3-9。

表3-9 部分冷冻果蔬在不同温度下的冻藏时间

种类	冻藏时间/月		
	−18 ℃	−25 ℃	−30 ℃
加糖的桃、杏或樱桃	12	18	24
不加糖的草莓	12	18	＞24
加糖的草莓	18	＜24	＞24
柑橘类或其他水果果汁	24	＜24	＞24
龙须菜	18	＜24	＞24
刀豆	18	＜24	＞24
茎椰菜	15	24	＞24
卷心菜	15	24	＞24
花菜	15	24	＞24
马铃薯	24	＜24	＞24
胡萝卜	18	＜24	＞24
青豌豆	18	＜24	＞24
菠菜	18	＜24	＞24
带芯甜玉米	12	18	24
带棒的玉米	12	18	24
木瓜（薄片）	5	10	12
甘蓝	15	24	＞24
扁豆	18	＜24	＞24

为延长鱼类贮藏期，常采用低于−18 ℃的冻藏处理。部分冷冻水产品的冷藏期限见表3-10。鱼类冷冻完成后，应立即出冻、脱盘、包装，送入冻藏间冻藏。鱼类经过冷冻加工后，其死后变化的速度大大减缓，这是冷冻鱼类得以长期保藏的根本原因。但鱼体的变

化没有停止，即使将冻鱼贮藏在最适宜的条件下，也不可能完全阻止其死后变化的发生和进行，而且这些变化的量随着时间的积累而增加。

表 3-10　部分冷冻水产品的冻藏期限

种　类	贮藏期/月		
	−18 ℃	−25 ℃	−30 ℃
多脂肪鱼	4	8	12
少脂肪鱼	8	18	24
比目鱼	10	24	>24
龙虾和蟹	6	12	15
虾	6	12	12
真空包装的虾	12	15	18
蛤蜊和牡蛎	4	10	12

冻鱼在冻藏期间的变化，主要有质量损失（干耗）、冰晶生长、色泽变化和脂肪氧化等。干耗是由于冻藏间鱼产品表面、室内空气、盘管表面三者之间存在温差，进而产生水蒸气压差。干耗导致的冻鱼品质和质量下降以及经济损失，至今没有完全解决。冻藏期间的冰晶生长会导致鱼体的体积膨胀，与冷冻速度成反比，因此采用速冻方法可使冰晶细小而均匀。冻鱼的色泽变化主要是由美拉德反应和蛋白质转变导致。因此，需要保持冻藏温度低而稳定，最大限度地保持冻藏水产品的品质。

第四节　食品的解冻

冻结食品或作为食品工业的原料，或用于家庭、饭店及集体食堂，在消费或加工之前一定要经过解冻过程。解冻是使冻结品融化，恢复到冻前新鲜状态的工艺过程。从某种意义上讲，解冻可视为冻结的逆过程，由于冻结食品在自然放置下也会融化，所以解冻易被人们忽视。

冻结食品经解冻后，内部冰晶就会融解成水，它不能被肉质吸收重新回到原来状态时，就分离出来成为流失液。食品内物理变化越大，则流失液越多，所以流失液的产生率是评定冻品质量的指标之一。流失液不仅是水，而且还包括溶于水的成分，如蛋白质、盐类、维生素等，所以流失液不仅使重量减少，而且使风味营养成分亦损失，使食品在量和质两方面都受到损失。

如果原料新鲜，冻结速度快，冷藏温度低且波动又小，冷藏期短，则流失液少；若含水量多，流失液亦多。如鱼和肉比，鱼含水量多，故流失液也多；叶菜类和豆类相比，叶菜类含水量多，切得越碎，流失液越多。解冻时低温缓慢解冻比高温快速解冻流失液少，但蔬菜在热水中快速解冻比自然缓慢解冻流失液少。

随着冻结食品上市量的增加，特别是冻结已经作为食品工业原料的主要保藏手段，因此必须重视解冻工序，使解冻原料在数量和质量方面都得到保证，才能满足食品加工业生产的需要，生产出高品质的后续加工产品。也就是说，要使质量好的冻结品在解冻时质量不会下降，以保证食品工业稳定地得到高质量的原料，就必须重视解冻方法及了解解冻对食品质量的影响。

一、解冻过程概述

（一）解冻时细胞的复原

从食品水分存在的状态可知，其中占总水量15%左右的水分是在组织细胞外面。食品冻结时这部分水最先冻结，同时细胞内的水分逐渐向外渗透，在细胞外面冻结成冰，使细胞内部呈一定的脱水状态。当食品解冻融化时，细胞外面的冰先融化，然后向细胞内部渗透，并与细胞内的蛋白质重新结合，实现细胞形态上的复原。

食品解冻时细胞的复原程度直接影响解冻产品的质量，复原越好，解冻产品质量越高，反之则越低。但是，通常细胞复原的程度是不一样的，它取决于细胞内蛋白质的性质，如屠宰时动物的生理状态、肉的 pH 值、冻结和冻藏过程中冰晶的变化等都不同程度地影响肌肉蛋白质和水结合的能力。在通常情况下，肉的 pH 值越低，蛋白质变性越严重，和水的结合能力越低，解冻时复原的程度越差，失去水分也越多。

（二）解冻过程及解冻质量

1. 解冻过程

解冻是冻结时食品中形成的冰晶融化成水，所以可视为冻结的逆过程。解冻时冻品处在温度比其高的介质中，冻品表层的冰首先融化成水，随着解冻的进行，融化部分逐渐向内部延伸。由于水的热导率($0.58\ W \cdot m^{-1} \cdot K^{-1}$)仅是冰的热导率($2.33\ W \cdot m^{-1} \cdot K^{-1}$)的1/4左右，因此，解冻过程中热量不断地通过已解冻部分传入食品内部。此外，为避免表面首先解冻的食品被微生物污染和变质，解冻所用的温度梯度也远小于冻结所用的温度梯度。解冻速度随着解冻的进行而逐渐下降。这和冻结过程恰好相反，也就是说，由于被解冻食品表面的热导率，因此在相同的温度区间内，解冻所需时间比冻结时间长。例如厚10 cm的牛肉块，在15.6 ℃的流水中解冻与在−35 ℃的平板冻结器中冻结比较，冻结只需3 h，而解冻需5.5 h。与冻结过程相类似，解冻时在−5～−1 ℃时曲线最为平缓。对于冻结来讲，−5～−1 ℃是最大冰晶生成带；对于解冻来讲，−5～−1 ℃是最大冰晶融化带(或有效温度解冻带)，实践中也希望尽快通过这一温度带，以避免出现不良变化。

冻结食品在消费或加工前必须解冻，解冻状态可分为半解冻和完全解冻，根据解冻后的用途而定。用作加工原料的冻品，半解冻即中心温度达到−5 ℃就可以了，以能用刀切断为准，此时体液流失较少。解冻介质的温度不宜过高，以不超过15 ℃为宜，但对植物性食品如青豆等，为防止淀粉β化，宜采用蒸汽、热水、热油等高温解冻。冻结前经加热烹调等处理的方便食品，快速解冻比普通缓慢解冻好。但无论是半解冻还是完全解冻，都应尽量使食品在解冻过程中品质下降最小，使解冻后的食品质量尽量接近于冻结前的食品质量。

2. 解冻质量

解冻质量是指食品解冻后接近冻结前质量的程度。由于冻结过程与长期的冻结贮藏对食品的影响，不论用什么方法解冻，食品的质量都不会完全恢复到冻前的水平。但这绝不意味着解冻方法与食品解冻后的质量无关，可以不予重视。相反，解冻方法是否适当，与解冻后食品的质量密切相关。由于冰晶的机械损伤，解冻升温后，食品更容易受到酶与微生物的作用，冰融化成的水如不能很好地被食品吸收，将会增加汁液流失、解冻后脂肪氧化加剧、水分更容易蒸发等。

为了保证食品解冻后有较好的质量，应根据食品的种类、冻结前食品的状态，采用不同的解冻方法。从总的方面看，解冻方法应满足下列要求。

(1) 解冻的均一性，也就是食品内外层应尽量同步解冻，解冻过程中食品各部位的温度差应尽量小。

(2) 解冻的最终温度应适当，除烹调加工食品和含淀粉多的食品外，解冻终温多在 0 ℃左右，最高不超过 5 ℃。

(3) 尽量减少食品解冻后的汁液流失。

(4) 解冻过程中要尽量减少微生物对食品的污染，防止食品质量因解冻而下降。

(5) 尽量减少解冻过程中的干耗。

(6) 如果在高温下解冻，时间要尽量短。相反，如果解冻时间长，则一定要在低温下进行。

(7) 解冻后食品应尽量迅速加工或食用，不要久放。这与罐头开罐后要尽快食用一样。

食品解冻后的质量受多方面因素的影响，除了解冻方法，食品冻结前的生理状态以及冻结速度的快慢等，都会影响食品解冻后的质量。

二、常用的解冻方法

目前应用的解冻方法种类很多，为了便于理解和比较，可以将它们按不同的标准进行分类。

(1) 按加热介质的种类，可将解冻方法分成空气解冻法、水解冻法、电解冻法及组合解冻法四大类。

(2) 按热量传递的方式，可将解冻方法分成表面加热解冻法和内部加热解冻法两类。

(一) 空气解冻法

空气解冻法是利用空气作为传热介质，将热量传递给待解冻食品，从而使之解冻。空气解冻速度取决于空气流速、空气温度和食品与空气之间的温差等多种因素。空气温度是决定解冻速度的重要因素，也是保证产品质量的重要条件。

1. 空气解冻法的具体形式

空气解冻法有三种具体形式，即静止式、流动式和加压式，三者的区别在于：静止式的空气不流动；流动式的空气以 2～3 m/s 的速度流动；加压式的空气受到 2～3 kgf/cm^2 的压力，并以 1～2 m/s 的速度流动。上述三种解冻方式中，空气的温度可根据具体情况加以改变，但一般不允许超过 20 ℃。相对湿度取决于温度和包装状况。温度低时，相对湿度可高些；有包装解冻时，相对湿度不做特别的要求；无包装解冻时，如果是做零售解冻，则相对湿度应高些，以减少水分蒸发，保持食品的外观。此外，用空气解冻法完成解冻后，空气温度必须保持在4～5 ℃，以防止微生物的生长。一般空气温度在14～15 ℃、风速为2 m/s、湿度在95%～98%时，细菌的污染较小。

2. 空气解冻法的特点

空气解冻法是目前应用最广泛的解冻方法，它适用于任何产品的解冻。不过工业解冻一般不采用静止式空气解冻法。

空气解冻法的特点是简便、卫生、成本低，但空气导热系数低，解冻缓慢，解冻时常受空气的温度、湿度、流速和食品与空气间的温差影响，受空气中灰尘、蚊蝇、微生物污染的机会较多。比如重25 kg、厚15 cm的肉块，在20 ℃下解冻需24 h，而在5 ℃下则需50 h才能解冻。为了缩短解冻时间，同时又不引起产品质量的过大变化，可采用两段式解冻。即先将冻品送到温度在16～20 ℃之间、相对湿度接近100%的房间，在风速2～3 m/s的条件下解冻；当冻品平均温度达到0 ℃左右时，再把空气温度降到4～5 ℃、相对湿度降到60%，使产品表面冷却干燥，而内部则继续解冻。

空气解冻法的缺点是：解冻时间长、温度不均、解冻产品汁液流失较多、表面易酸化和变色、卫生条件差，容易污染微生物和混入异物。

（二）水解冻法

水解冻法是将冻结食品放在温度不高于20 ℃的水或盐水中解冻的方法。盐水通常为食盐水，盐浓度一般为4%～5%。一般水的流动速度不低于0.5 cm/s，以加快解冻过程。水解冻法有静止式、流动式、加压式、发泡式及减压式等形式。水解冻法的主要优点是解冻速度比空气解冻法快，但适用范围较窄。对于肉类及鱼片等制品，除非采用密封包装，否则不可用水解冻，以免发生污染、浸出过多的汁液、吸入水分、破坏色泽等不利变化。水解冻法比较适合整鱼、虾、贝等产品的解冻。

为了保持水解冻速度快的优点，又避免上述水解冻的缺点，可以采用减压水解冻法。该法也称为真空水蒸气凝结解冻法，是在真空条件下，把蒸汽冷凝时所放出的热量传递给冻品使之解冻的方法。

真空解冻对于较薄的原料(厚度小于5 cm)是非常合适的，其解冻速度非常快。但当原料的厚度逐渐增加时，其解冻速度快的优点将越来越不明显。真空解冻的主要缺点是解冻后产品非常潮湿。因此，除了鱼以外，它只用于需进一步加工的原料解冻。

（三）电解冻法

空气解冻法和水解冻法在解冻时，热量均由解冻介质传递到冻品表面，再由表面传递到内部，因此，解冻速度受到传热速率的限制。电解冻法则克服了传热速率的限制。因为在电解冻系统中，动能借助一个振动电场的作用传递给冻品分子，引起分子之间的无弹性碰撞，动能即转化成热量。热量产生的多少，主要取决于产品的导电特性。由于食品本身不是很均匀，因而食品的不同部位的加热速度可能不一致，这就会导致解冻不均匀，这点应在实际操作中加以重视。

1. 低频解冻

低频解冻又叫电阻解冻，即将 50～60 Hz 的低频电流加到冻品上使之解冻的方法。电流通过镍铬丝时，镍铬丝因电阻大而发热。根据这一原理，让电流通过冻结食品，在食品内部发生的电热使冰晶融化。最初冰晶的电阻大、电流小，在逐渐发热的过程中液态水增加，电阻减小、电流逐渐增大，电流为交流电。但是，50～60 Hz 电流加热只局限于平整的冰块中使用，且低温下冻品具有极高的电阻，冻品表面必须与上下电极紧密接触，否则解冻不均匀，并且易出现局部过热现象。因此，电解冻法适用范围有限，而且相对来说解冻时间较长。为了克服这个缺点，采用组合解冻法较为有效，即将整块鱼或肉放在水或空气中稍加热，以降低其电阻，然后再用电阻解冻，就可以大大地提高解冻速度。

2. 高频解冻

这种解冻方法是给予冻品高频率的电磁波，与远红外一样，也是将电能转变为热能，但频率不同。当电磁波照射食品时，食品中极性分子在高频电场中高速反复振荡，分子间不断摩擦，使食品内各部位同时产生热量，在极短的时间内完成加热和解冻。电磁波加热使用的频率，一般高频波（1～50 MHz）是 10 MHz 左右，微波（300 MHz～30 GHz）是 2 450 MHz 或 915 MHz。电磁波穿过食品表面照射内部时，随穿透深度加大，能量迅速衰减。穿透深度与电磁波频率成反比，所以高频波的穿透深度是微波的 5～14 倍，比微波解冻的速度还要快。同时，因为高频解冻时，随冻品温度的上升，介电常数增加很快，高频电压渐渐难以作用于冻品，不会发生如微波解冻那样使冻品局部过热的现象。−3 ℃以上时，高频感应失去解冻作用，所以装置中设一冷却器，以控制环境温度。目前，国内外已有 30 kW 左右的高频解冻设备投放市场（1 t/h，解冻时间 5～15 min，半解冻），可以迅速、大量地对冻肉或其他冻制品进行解冻，所用频率为 13 MHz。

3. 微波解冻

1）微波解冻的原理

微波解冻与高频解冻原理一样，是靠物质本身的分子极性来发热，利用电磁波对冻品中的高分子和低分子极性基团起作用，使其发生高速振荡，同时分子间发生剧烈摩擦，由此产生热量。国家标准规定，工业上用较小频率的微波只有 2 450 MHz 和 915 MHz 两个波带。微波加热频率越高，产生的热量就越大，解冻也就越迅速，但是微波对食品的穿透深度较小。微波发生器在 2 450 MHz 时，最大的输出功率只有 6 kW，并且其热能转化率较低，为 50%～55%。在 915 MHz 时，转化率可提高到 85%，可实现 30～60 kW 的输出功率。

从导电性能看，食品基本上是属于绝缘体，像大多数绝缘体一样，食品有许多分子（例如水分子等）是带有等量正负电荷的电偶极子。食品不处于电场中的时候，各个电偶极子的排列方向是任意的、随机的，整个食品并不显示极性。当食品处于电场中时，食品中的电偶极子沿着电场方向定向推列。当电场是交变电场时，由于电场方向不断变化，电偶极子的排列方向也以同样的频率发生变化。在排列方向交替变化的过程中，各个电偶极子相互碰撞、摩擦而发热，频率越高，发热量越多，这是微波解冻的原理。

2）影响微波解冻的因素

（1）频率。频率越高，微波产生的热量越多，解冻速度就越快。但是工业上微波只能使用915 MHz和2 450 MHz两种频率,不可随意改变。且频率越高,微波所能穿透的深度越小。因此,应根据具体情况选择合适的微波频率。

(2) 功率。功率越大,产生的热量就越多,对给定的冻品而言,解冻速度就越快。但是,加热速度也不可太快,以免使食品内部迅速产生大量的蒸汽,无法及时逸出而引起食品的胀裂甚至爆炸。

(3) 食品的形状和大小。冻结食品体积(或厚度)太大或太小,都会引起温度分布不均匀和局部过热。当食品有锐边和棱角时,这些地方极易过热。因此,用微波解冻时,食品呈圆形比方形解冻效果好,而以环形最好。

此外,影响微波解冻效果的因素还有含水量、比热容、密度、温度等。

3) 微波解冻的优点

微波解冻的最大优点是解冻速度极快,如25 kg箱装瘦肉在切开之前从-18 ℃升高到-3 ℃左右仅需5 min。此外,微波解冻还具有以下优点。

(1) 解冻质量好。由于解冻时间极短,因而食品在色、香、味等方面的损失都很小,且汁液流失量也很少,能较好保持食品原有品质。

(2) 微波具有非热杀菌能力。微波的非热杀菌效果主要依靠微波的电离作用,微波的量子能级仅为0.000 012 eV,大约为红外线的千分之一、紫外线的万分之一,而一般的化学键能均远远超过微波的量子能级。比如$H—CH_3$、$H_3C—CH$及H…OH这样较弱的结合键能级为3~6 eV,如果仅用微波辐射来破坏上述化学结构,相当于要同时吸收10^5以上个量子,这实际上是不可能的。因此,微波的杀菌作用并非单纯的非热杀菌,而可能是热致死与非热致死共同作用的结果。

4) 微波解冻的局限性

微波解冻的主要局限性是局部过热,也即加热不均匀。原因有以下几点。

(1) 微波加热的效果与食品本身的特点有密切的关系。食品通常是由蛋白质、脂肪、碳水化合物、无机物及水等多种成分构成的复杂有机体,且一般为非均质体。因此食品各部分介电性质存在差异,从而引起微波加热不均匀。

(2) 不同部位热效应存在差异。微波虽具有一定的穿透性,但在实际解冻时,由于受反射、折射、穿透及吸收等现象的影响,被加热物体在微波作用下不同部位产生的热效应就会有较明显的差异。另外,如果待解冻食品的体积过大,则微波可能穿透不了食品,使食品内部只能依靠热传导加热解冻,因此解冻速度比表层缓慢得多;如果待解冻食品体积过小,则会产生微波叠加现象,使内部加热解冻速度快于表层。

(3) 微波加热时易发生尖角效应。微波解冻食品时,由于食品的形状不太可能是单一的,电场就会向有角和边的地方集中,使这些地方产生的热量多、升温快。

微波解冻所产生的加热不均匀现象是微波加热本身所固有的缺陷,很难完全消除,可采用以下方法予以缓解。

① 采用间歇辐射与吹风相结合的方法,使热点上过多的热量向周围扩散。

② 按照半衰深度的大小,将食品分割成适当体积。

③ 为了消除尖角效应,可对表面有尖角的食品进行整形处理,如加工成环形或圆形。采用某些合适的包装材料如铝箔等也很有效。

微波解冻的其他缺点是成本较高，需要专门设备，且微波对人体有一定的损害作用。尽管微波解冻在目前还不是一种主要解冻方法，但已得到越来越多的重视。特别是大型冷冻超市的迅速发展，为微波解冻提供了广阔的应用前景。因为在这些场所采用微波解冻法，可以按需即时解冻，既方便灵活，又避免浪费，具有独特的优越性。

（四）其他解冻方法

1. 真空水蒸气凝结解冻

真空水蒸气凝结解冻是英国 Torry 研究所发明的一种解冻方法。它利用真空状态下，压力不同，水的沸点不同，水在真空室中沸腾时，形成的水蒸气遇到温度更低的冻结食品时就在其表面凝结成水珠，蒸汽凝结时所放出的潜热，被冻结食品吸收，使冻品温度升高而解冻。这种方法对于水果、蔬菜、肉、蛋、鱼及浓缩状食品均可适用。它的优点是：①食品表面不受高温介质影响，而且解冻时间短，比空气解冻法提高效率 2～3 倍；②由于氧气浓度极低，解冻中减少或避免了食品的氧化变质，解冻后产品品质好；③因湿度很高，食品解冻后汁液流失少。

它的缺点是：某些解冻食品外观不佳，且成本高。

2. 喷射声空化场解冻

喷射声空化场是一种通过压电换能器形成传声介质（溶液）喷柱，在喷柱前端界面处聚集了大量的空化核，这种聚集现象可认为是空化核因喷射而集中，具有可“空化集中”的效应。目前，关于利用喷射声空化场解冻冻藏食品的报道较少。但有实验证明：用喷射声空化场对冻结肉解冻比用 19 ℃空气、18 ℃解冻水对冻结肉解冻要快。喷射声空化场解冻时，通过冰晶融化带所用时间短，解冻肉的肉汁损失率较低，色差变化值较低，色泽保持较好。

3. 超声波解冻

超声波解冻是根据食品已冻结区比未冻结区对超声波的吸收要高出几十倍，而处于初始冻结点附近的食品对超声波的吸收最大的特性来解冻的。从超声波衰减温度曲线来看，超声波比微波更适用于快速稳定解冻。

研究结果表明：超声波解冻后局部最高温度与超声波的加载方向、超声频率和超声强度有关。解冻过程中要实现快速而高效的解冻，可以选择合适频率和强度的超声波。超声波解冻还可以与其他解冻技术组合在一起，为冷冻食品的快速解冻提供新手段。

单独使用某种方法进行解冻时往往存在一定不足，但将上述一些方法进行组合使用，可以取长补短。如在采用加压空气解冻时，在容器内使空气流动，风速在 1～1.5 m/s，就把加压空气解冻和空气解冻组合起来。由于压力和风速使冻品表面的传热状态改善，缩短了冻结时间，比如对冷冻鱼糜的解冻速率可达温度为 25 ℃的空气解冻的 5 倍。另外，将微波解冻和空气解冻相结合，可以防止微波解冻时容易出现的局部过热，避免食品温度不均匀。

三、食品在解冻过程中的质量变化

食品在解冻时，由于温度升高和冰晶融化，微生物和酶的活动逐渐加强，加上空气中氧的作用，将使食品质量发生不同程度的恶化。比如未加糖冻结的水果，解冻之后酸味增加、质地变软，产生大量的汁液流失，且易受微生物的侵袭；果汁的 pH 值降低，糖分含量增加。不经烫漂的淀粉含量少的蔬菜，解冻时汁液流失较多，且损失大量的 B 族维生素、维生素 C 和矿物质等营养素。烫漂后冻结的蔬菜解冻后，虽然质地及色泽变化不明显，但很容易受微生物的侵袭而变质。动物性食品解冻后质地及色泽都会变差，汁液流失增加，而且肉类还可能出现解冻僵硬的变质现象。由于动物屠宰后迅速冻结和冻藏，使 ATP 的降解反应基本停止，死后僵硬过程也随之停滞。在解冻时，由于温度升高而导致 ATP 的快速降解，引起肌肉强烈的、不可逆的收缩现象，就是所谓的解冻僵硬。解冻僵硬将导致肌肉嫩度的严重损失和大量的肉汁流失，必须防止此类现象的出现。

食品在解冻时的质量变化程度与原料冻结前的鲜度、冻结温度（速度）及解冻速度等因素有关。一般原料在冻结前的鲜度越好，则解冻时的质量变化越小。比如猪肋下肉在 −3 ℃下分别贮放 2 h、24 h、72 h、120 h、168 h，再分别装入聚乙烯塑料袋中于 −70 ℃下冻结。在 −25 ℃下冻藏 3 个月后于 1 ℃的空气中解冻 48 h，肉汁流失量和肉的保水率如图 3-12 和图 3-13 所示。从图 3-12 中可以看出，冻结前贮存 2 h 的肉，解冻之后肉汁流失最少，而保水率最好；随着贮存时间的增加，肉汁流失量呈逐渐增加趋势，相应的保水率也发生变化。

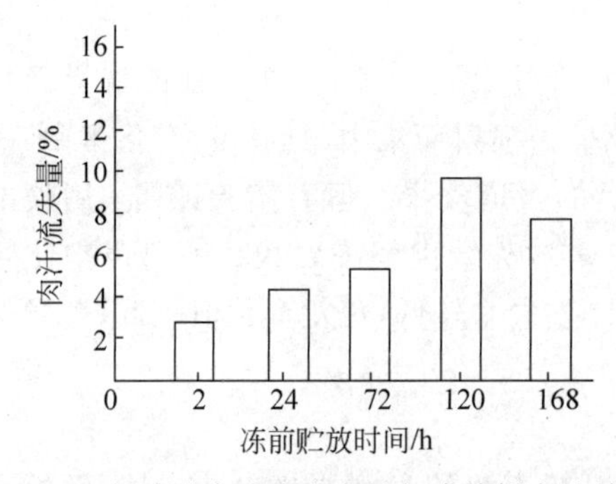

图 3-12 解冻时肉汁液流失量与冻前鲜度的关系

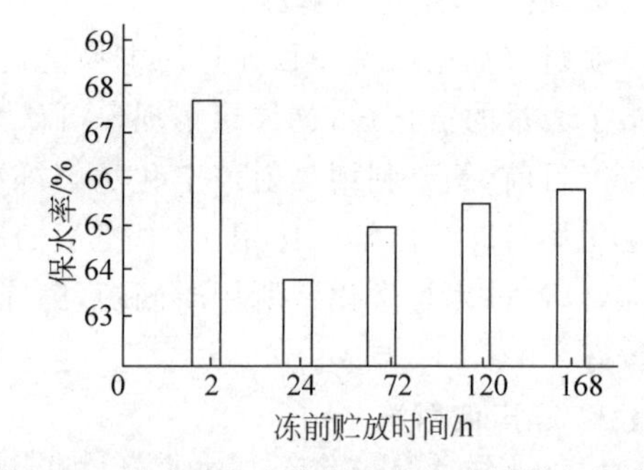

图 3-13 解冻后肌肉的保水率与冻前鲜度的关系

解冻速度对解冻质量的影响，一般认为，凡是采用快速冻结且较薄的冻结食品，宜采用快速解冻，而冻结畜肉和体积较大的冻结鱼类则采用低温缓慢解冻为宜。表 3-11 显示了解冻速度与不同部位猪肉的汁液流失量的关系。

表 3-11 解冻速度与不同部位猪肉的汁液流失量的关系

猪肉部位	−18 ℃下冻藏时间/天	肉汁液流失量/%		
		快速解冻	中速解冻	缓慢解冻
肩部	124	3.01	3.16	1.27
背部	114	3.38	1.66	
下腹部	116	1.43	3.09	1.25
大腿部	119	6.12	4.98	1.98
平均值		3.49	3.22	1.50

注：解冻终温 −1～0 ℃；快速解冻是指在 25 ℃下的空气中解冻 24 h；中速解冻是指在 10 ℃空气中解冻空气中解冻 25 h 时；缓慢解冻是指在 0～10 ℃空气中解冻 48 h 后再在 10 ℃空气中解冻 5 h。

另外，解冻方法对食品解冻后的质量也有一定的影响。以冻结鲣的解冻为例，见表3-12，从表中可以看出，水解冻的鲣在汁液流失率、色泽及过氧化值等质量指标方面优于空气解冻的鲣。

表3-12 解冻方法对解冻鲣的色泽、脂肪氧化的影响

冻前鲜度	冻藏条件	解冻方法	汁液流失率/%	色泽	酸价/(mg·g^{-1})	过氧化值/(mg·kg^{-1})
新鲜	−10 ℃，12个月	空气	70.1	暗色	178.5	122.6
	−10 ℃，12个月	流水	62.6	桃色	181.9	81.9
	−20 ℃，12个月	空气	69.1	暗色	90.0	286.4
	−20 ℃，12个月	流水	50.0	桃色	98.4	165.5
不新鲜	−20 ℃，12个月	流水	56.1	桃色	95.0	138.0
	−20 ℃，12个月	空气	64.7	暗色	109.4	256.0

四、几种典型食品的解冻

食品的最终产品质量不仅取决于冷冻技术，而且取决于解冻技术。因此，研发解冻技术十分必要。常用的解冻方法有空气解冻法与水解冻法，主要是靠介质与冻结物料间的温度差为驱动力，通过传热进行解冻。这些方法具有解冻时间长、易受微生物污染、汁液损失多、产品质量差等缺点，但成本低。

（一）速冻玉米的解冻

（1）蒸汽解冻方法：速冻玉米蒸汽解冻的最佳工艺参数为高压（115 ℃）蒸汽解冻15 min，常压蒸汽解冻20 min。

（2）常温静水解冻方法：带包装浸泡于常温静水中，水温控制在20±1 ℃，解冻终温控制在0±1 ℃。

（3）水煮解冻方法：水煮解冻的最佳工艺参数为常压水煮解冻25 min，加水量为：玉米不叠放时（每穗玉米的重量均在210～220 g之间），1穗玉米的加水量为2 160 mL，每增加1穗玉米，加水量减少约300 mL。

（4）微波解冻方法：微波解冻速度快、效率高、操作简单、耗能少，且营养成分损失少。微波解冻的最佳工艺参数为：解冻功率为300 W，时间2.5 min，加热功率为550 W，加热时间为3.5 min。

（二）肉类的解冻

1. 肉类食品解冻的条件和方法

我国当前在解冻肉类产品时最常见的方法是空气解冻法，空气解冻法是一种最简便的方法，它通过控制空气的温湿度、流速和风向而达到不同的解冻工艺要求。一般要求空气温度为14～15 ℃，相对湿度为90%～98%，风速为1 m/s左右。目前常用的设备主要有连续式送风解冻器、加压空气解冻器。前者是采用一定气流速度来融化肉，与静止空气

相比，解冻时间短、效果好，但缺点是占地面积大、投资费用高。

在选择解冻方法时，应首先考虑解冻时间长短、解冻温度高低；其次，还需结合解冻成本、生产方式等综合因素，以决定采用何种解冻方法。相对来说，解冻技术比冷冻技术发展缓慢。虽然随着现代高新技术不断应用于食品工业而诞生了许多新的解冻方法，如高压脉冲解冻法、欧姆解冻法等，但应用于实际生产中的并不多见。

2. 解冻速度对肉质的影响

对体积大的畜肉应采用慢速解冻，而厚度较薄的肉类产品，应采用快速解冻。包装较薄的肉片，采用快速解冻，肌纤维细胞内外冰晶几乎同时溶解，溶解后水分就能被肌肉细胞重新吸收，汁液流失也较少；由于解冻速度较快、时间短，又可防止解冻过程中生物化学变化引起的肉变质。

对大体积肉类，一般采用低温缓慢解冻。因为肉在冻结过程中，细胞外的水分先行冻结，然后在细胞内形成细小的冰晶，但由于较长时间的贮藏，冰晶逐渐成长，挤压细胞组织，并使蛋白质分子周围的部分结合水发生冻结，解冻融化的水分要充分地被细胞吸收需要一定的时间，所以，缓慢解冻由于水分的吸收，汁液流失相对较少，解冻后肉的质量接近原来状态。例如，猪肉在－33 ℃下冻结 24 h，在－18 ℃下贮藏后，经快速解冻汁液流失量为 3.05%，中速解冻为 2.83%，慢速解冻为 1.23%。由此可见，缓慢解冻对大体积的畜肉质量损失较少。

（三）冰蛋的解冻

冰蛋制品解冻要求速度快，解冻终止时的温度低，而表面和中心的温差小，这样既能使产品营养价值不受损失，又能使组织状态良好。常用的解冻方法有以下几种。

(1) 常温解冻法。这是经常使用的方法。将冰蛋制品移出冷藏库后，在常温清洁解冻室内进行自然解冻。此法优点是方法简单，但存在解冻时间较长的缺点。

(2) 低温解冻法。在 5 ℃或 10 ℃的低温下进行解冻，通常在 48 h 以内完成。国外常采用此法。

(3) 加温解冻法。此法即将冰蛋制品置于 30～50 ℃的保温室中进行解冻。解冻快，但温度必须严格控制，室内空气应流通。日本常采用此法解冻加盐或加糖冰蛋。

(4) 长流水解冻法。将装有冰蛋的容器置于清洁长流水中，由于水比空气传热性能好，因此流水解冻的速度较常温解冻快。

(5) 微波解冻法。利用微波特点对冰蛋制品进行解冻，冰蛋制品采用此法解冻不会使蛋白发生变性，能保证蛋品的质量，而且解冻时间短。

上述几种解冻方法以低温解冻和长流水解冻较为常用，解冻所需时间因冰蛋制品的种类而异，如冰蛋黄要比冰蛋白解冻时间短。采用不同解冻方法，产品需要的解冻时间也不一样。同一种冰蛋制品解冻快的品质要优于解冻慢的。

【复习思考题】

一、名词解释

冻结烧；高品质冻藏期；共晶点；最大冰晶生成带

二、思考题

1. 冻制食品最后的品质及其耐藏性取决于哪些因素?
2. 食品冻结温度曲线包括哪三个阶段?简要说明每个阶段的特点。
3. 以植物性食品为例,说明速冻前有哪些处理步骤。
4. 影响速冻食品质量的共性因素有哪些?
5. 说明决定冷冻食品质量的PPP和TTT的概念及其重要性。
6. 食品在冻藏过程中容易发生哪些变化?如何对其进行控制?
7. 为什么说速冻比缓冻更有利于保证冻品的品质?

【即测即练】

第四章

食品冷链技术

【本章导航】

了解食品冷链行业的起源、发展现状；熟悉我国冷链物流的现存问题及发展对策、冷链仓储的特点及趋势、不同食品冷链的需求情况；掌握冷链概念和冷链组成；了解食品冷藏运输的近况及典型食品的冷链；熟悉冷藏运输的分类及不同产品的冷藏销售过程、条件、要求；掌握不同冷藏运输特点。

速冻食品运输案例分析

某速冻食品公司在与某超市签订速冻食品采购协议后准备了数十吨速冻食品供应给超市，由于速冻食品公司的运输方式采用的是运输承包体制，运输公司所承包的运输货物中不仅有该速冻公司的速冻食品，还有某牛奶公司的袋装鲜奶。在交付货物时，超市方面发现由于运输条件不达标，该速冻食品公司所提供的速冻水饺、速冻汤圆因为温度过低而发生食品被冻裂冻散等现象，于是超市要求撤单，食品公司方面随即要求运输公司作出相应赔偿，运输公司为此事件赔偿该速冻食品公司数十万元。

案例分析问题：

1. 现阶段速冻食品运输中存在哪些问题？

冷藏集装箱运力不足，能够做到专业速冻食品运输的运输单位很少；

冷藏集装箱设备投资规模相当于同尺寸干货集装箱。卡车驾驶员人力资源缺口大，一时无法招聘到足够多的称职冷藏集装箱卡车驾驶员；

冷藏集装箱卡车货运风险大，专业性强，维修保养成本高，万一温度失去控制，造成货损货差，卡车公司就要被赔光破产，因此不少卡车运输公司并不乐意做冷藏集装箱卡车货运业务，宁可少赚钱，仍然做干货集装箱运输。

2. 如何解决速冻食品运输过程中出现的食品质量问题？

拼箱运输可以接受，但是必须做到所运输的货物可以在同一温度标准下运输。

第三方冷库方案，能够区别于工厂冷库的第三方存贮运输方式，在速冻食品出厂后能够运至第三方冷库，之后再根据实际需求情况运输至不同场所。

资料来源：https://www.doc88.com/p-805812951350.html? r=1.

FAO/WHO食品法规委员会成员来自与食品冷藏应用相关的以及冷链专业人员，在历史性的(针对臭氧耗损、全球变暖和可持续发展的)蒙特利尔、东京和约翰内斯堡世界峰会上起过重要作用。制冷和冷链是美国总统食品安全顾问关心的首要方面。工业化国家由于冷链不完善或缺乏会造成25%～30%的易腐食品的浪费，而发展中国家农产品的灾难性损失则是造成营养不良的主要原因。

冷冻作为最为安全和能保留大部分营养价值的技术之一，不应给人造成总体安全性的假象，并且也不应导致冷链管理中的疏忽和偷懒。冷冻在大大减少食品劣变现象的同时，仍然会发生一些生理和生物化学反应，而且，对于各种采用从农田到餐桌一条龙方式生产的植物性和动物性冷冻食品来说，如在整条生产、贮藏、运输、配送、零售和家庭处理的链中，不能维持适当加工处理条件，则这类不良反应还有加剧的可能。

第一节　食品冷链行业的发展现状

随着社会经济的发展和社会生活节奏的加快，人们对食品质量的要求越来越高。为了提高食品行业的竞争力，保证食品高度新鲜、营养和安全，减少食品腐坏、变质的概率，满足顾客需求，食品冷链行业应运而生。虽然近年来中国的冷链物流发展迅速，但与发达国家相比，我国的农产品在进入终端消费者手中之前的损耗量占到了世界首位，在发展中还存在着许多问题。因此，本节主要从冷链的物流、仓储、运输三个方面，结合不同种类食品的冷链需求情况，介绍我国食品冷链的发展现状及趋势，以促进我国冷链行业的良性发展，达到改善产品质量、降低产品损耗率和防止环境污染的目的。

一、食品冷链行业的起源

冷链起源于国外。冷链物流源于19世纪上半叶发达国家冷冻机的发明，随后各种冷冻和生鲜食品开始进入消费者家庭，以及后来电冰箱的使用，各种保鲜冷冻食品依次出现，使食品工业得到迅猛发展。早在1894年，美国阿尔贝特·巴尔里尔和英国人莱迪齐就提出冷藏链的概念。20世纪30年代后，欧洲和美国的冷链体系已初步建立，但真正得到发展和重视是在20世纪40年代。国外冷链物流的发展是随着食品安全理论和供应链理论共同发展的。1943年世界食品物流组织成立，主要致力于改善食品运输过程中的冷藏技术；1959年，由美国航空和航天局与皮尔斯柏利公司共同创造的食品安全管理体系——HACCP(Hazard Analysis and Critical Control Point)现已被世界各国用于对食品中的微生物、化学和物理危害等进行预防和安全控制。美国于2003年2月成立了冷链协会(CCA)，2004年，该协会发布了《冷链质量指标》，为后续对易腐货物的供应链认证奠定了基础。2007年，Ruerd Ruben等学者认为蔬菜供应物流应采用从批发商采购和供应商直接采购两种方式。2010年，则有学者进一步研究了基于冷链的生鲜食品配送模型。

冷链是一个物品在低温环境下的从生产到销售过程中的供应链，其中冷链物流的环节是整个冷链全过程中的重要环节，它涵盖了食品从生产加工到贮存、运输、销售的各个节点。

国内在冷链物流方面的相关研究起步较晚。进入21世纪后，我国的冷链市场得到较快的发展，与发达国家相比，我国规模化和系统化的冷链尚未形成，与社会的需求存在较大差距，仍属于起步阶段。我国食品冷链起步于1992年颁布的《中华人民共和国食品安全法》。近年来，随着食品产业的多方位发展和消费者对食品质量与营养安全要求的提高、消费理念的提升以及超市、商场、便利店等形式的快速发展，食品冷链物流也有新发展。在2006年的《物流术语》(GB/T 18354—2006)国家标准中提到关于冷链的相关描述，指出冷链物流定义为"根据物品特性，为保持其品质而采用的从生产到消费的过程中始终处于低温状态的物流网络"。因此，冷链物流也成为低温物流运输中比较特殊的形式。

冷链物流保存的对象主要可以分为以下三类。

(1) 鲜活的初级农产品和加工原料，如日常生活中所用到的鱼、肉、蛋、果蔬等。

(2) 经过加工容易变质的产品及半成品，比较典型的有冰淇淋、酸奶这类冷冻冷藏食品。

(3) 特殊商品，如医疗过程中使用的疫苗及某些低温保存的药品等。

近年来学者们在这方面的研究主要集中在某一单方面，而没有对冷链物流各个环节进行系统、全面、综合的分析研究，且法律法规和标准体系没有覆盖冷链的全过程。

二、冷链物流行业的发展现状

(一) 国内外冷链物流发展概况

1. 国外冷链物流研究现状

国外发达国家的冷链物流起步于19世纪中期，它们对于冷链物流的研究较早，因此在冷链物流理论体系建设方面相对国内更加成熟，研究内容也较为多样化，主要从冷链食品安全、农产品冷链物流的配送、冷链技术等方面对国外的农产品冷链物流进行梳理总结。

1) 交通基础设施完善

公路、铁路、水路纵横交错，有利于冷链物流的运输和配送。就美国而言，其洲际高速公路总长度高居世界首位，达到75 116 km，缩短了农副产品和水产品到达终端消费者手中的时间和距离；而像日本也加大力度修建发展公路、铁路、港口、航空枢纽，为冷链物流的快速发展提供了便利的渠道。

2) 重视冷链物流的法律法规和行业标准体系建设

加快建立冷链物流标准化，为冷链物流提供一个良好的发展环境。2002年美国冷链物流协会又颁布了涵盖加工、储运等各个行业能够用来评估冷链公司质量的有关法规，并且可以为美国冷链产品的认证提供依据；而日本的冷链建设是通过正式的立法来管理农产品流通，于1923年颁布的《中央批发市场法》可以规范地管理冷链产品的流通运输，2013年建设"效率化""安全、安心"的冷链体系目标，被日本第五次《综合物流施策大纲》所推出。欧美也注重信息系统的建设，健全冷链物流信息系统不仅能够在整条供应链中提供准确的市场信息，实现信息的可追溯性，也能帮助在冷链物流全过程中实施温度的全控制，还能利用GPS全球定位系统实现对冷藏运输车辆的实时监控，通过供应链上游和下游企业信息的实时共享，最大限度地降低物流损耗，保证食品安全。

3）冷链物流配送体系专业化

由于农产品具有易腐易变质的特点，为此消费者对农产品的新鲜度和配送的时效性提出了更高的要求。2010年，J. Kuo，M. Chen提出了一种基于多温度联合配送系统（MTJD）的物流服务模型，以实现对食品温度的检测和控制，提高末端配送效率。J. V. Duin，W. D. Goflau等提出了应用多元线性回归技术来支持对地址的智能识别，以提升"最后一公里"物流配送服务，同时减低配送成本。目前，像美国、加拿大等国外发达国家已经将生鲜果蔬的损腐率控制在5%左右，这说明了它们在农产品冷链配送体系建设方面已日趋完善。此外与第三方物流公司合作，可拥有自动化程度高且容量大的冷藏设施，以专业化程度保证易腐食品质量与安全。

4）冷链物流技术

冷链物流的核心技术主要包括保鲜技术、冷藏技术、冷链的节能技术和自动化技术等，这些冷链技术对拓展农产品市场规模与形式和促进冷链物流的发展至关重要。国外发达国家重视冷链物流中的设施设备，特别是制冷技术的创新与开发。早在1975年，日本就对不同产品品质和温度的关系、冷冻流通的设施设备以及冷链机械等保证冷链质量的相关设施展开了一系列研究，并通过发表《冷冻链指南》使得其制冷技术发展到了全程保鲜阶段。Atsushi，Abad将RFID（射频识别技术）技术引入冷链物流配送中，并利用带有温湿度传感器的RFID标签实时追踪冷链运输温度，监控产品在运输过程中的温度变化，预防其因温度不适当而导致的损失。R. Badia-Melis等为了提高易腐产品在运输和贮存过程中的监控能力，对人工神经网络、克立格法和电容式传热法等三种用于改善食品安全的数据估计工具进行了研究和比较，最后证明这些技术对减少产品损失有着重要作用。目前，国外发达国家已经将气调保鲜技术、预冷技术和冷库自动化技术等广泛应用到农产品的贮存和运输过程中，利用这些技术有效降低了农产品的损耗率。

2. 国内冷链物流现状与特点

20世纪50年代冷链物流才开始引入中国，虽然起步晚，但我国非常重视。2009—2012年，国务院陆续发布的物流"国九条"和"国十条"，标志着食品冷链物流行业环境的进一步改善。2013年以后，国家又制定出台了《国务院办公厅关于加快发展冷链物流保障食品安全促进消费升级的意见》《商务部等8部门关于开展供应链创新与应用试点的通知》等文件，将食品冷链纳入重点工程，大力推进食品冷链物流业的发展。随着冷链物流技术水平的不断提高以及电子商务的不断发展，消费者对冷链食品的需求逐渐扩大。冷链食品占据全国食品市场的30%以上，成为我国食品工业的重要组成部分。当前我国经济发展所面临的内部、外部环境依然复杂，世界经济虽已呈现出回暖迹象，但步履维艰，贸易保护主义风潮仍旧有蔓延趋势。经济运行存在着特有的复杂性和不确定性，仍然存在较大的下行压力。在宏观经济的大环境之下，冷链物流市场中部分传统业务受到一定的影响，如速冻食品、肉制品加工制造的合约冷链物流业务。但由于国家对食品安全的监管和消费水平的不断上涨，整体依然处于稳步发展态势，根据《中国物流年鉴2019》统计，2018年，我国食品冷链需求总量达到1.887亿吨，比2017年增长27.9%。我国近几年食品冷链物流需求总量及增长情况呈匀速增长。

冷链物流企业各项仓储运输环节指标增长趋势明显，尽管国家已经加快了对冷链物流技术的研发，但是由于技术创新基础较薄弱和应用设施类型落后等，我国农产品的损耗率一直居高不下，与发达国家相比还是存在较大差距。

如今国内的冷链物流现状呈现出以下几方面的发展特点。

1）企业自建冷链物流体系逐步走向第三方服务

过去很长时间，企业自建物流往往服务于内部业务体系，但随着专业技术的提升和体量的增大，许多企业的内部物流部门已经被剥离出来成为单独企业，内外服务比例开始倾斜。比如原来的双汇物流、领鲜物流和新兴的京东物流、安鲜达物流等都是如此，物流的资源正在被最大化地挖掘、更好地利用。

2）以低温技术为核心提高冷链的硬件设施建设能力

保存对象产品自身的特殊性，在常温或高温下容易腐败的特点，极大地决定了冷链物流必须全程保持产品的低温运输。随着人们更加关心食品的新鲜度、品质和风味等指标，产品在冷链的运输中愈是需要更高的环境要求及配置设备，低温冷冻等技术需要进一步提高改进，为保证产品的品质作出保障。

3）流通渠道变革导致冷链企业服务对象和服务方式在发生转变

移动互联网＋零售、餐饮，衍生出多元化、全渠道的流通模式和消费场景，如生鲜电商、零售 O2O(线上线下)、餐饮外卖等。这也给冷链企业带来了新的机遇和挑战，机遇在于服务的客户更加多样，用户数量更加庞大；挑战在于传统的服务方式不能满足新需求和新的模式。有很多冷链企业已经察觉到这种变化，并积极去应对这种变化。

4）全程运输的高度协调性，需要完备的物流体系支撑

由于电子商务的快速发展，商品交换摆脱了传统的地域和时间限制，长距离运输和即时订单的需求正在逐步增长。同样，冷链物流运输的货物在长距离运输过程中由于商品自身性质的特殊更加要求缩短运输时间和减少运输过程中的人为、外因破坏。因此，在这一过程中规范管理下的高度协调性为缩短运输时间、减少人为破坏提供了可能。同样基于电子商务的发展商品交换，正日益分解零碎化分散的交易为物流业带来了巨大挑战。此时进一步发展完备的物流体系便成为更好支持电子商务和物流业的最迫切的现实需要。

5）成本的不断上涨使得甲方企业更加重视供应链优化

以零售企业为例，随着租金、人工等费用的上涨，企业开始在供应链管理上寻求破解之道，而自建冷链 DC(配送中心)就是其中的妙招。以前是由厂家或者经销商直接送货到各地门店，现在则需要将货物送到配送中心，再统一配送到门店，既降低了成本又提高了效率。这种由供应商直配门店的方式，开始向零售企业主导的配送中心模式转变，如沃尔玛、大润发、家乐福等企业都开始尝试。

6）行业竞争加剧，企业抱团发展

一方面行业竞争越来越激烈，另一方面客户需求正在发生变化，客户从单一的服务需求上升到全面的需求，从区域的需求发展到全国性的需求。像海航冷链产业基金、新希望冷链物流板块等，都是抱团发展方面的实践者。由于冷链物流的技术要求较高、投入较大，因此分散的小规模的经营难以形成核心的竞争力。所以冷链物流企业若想取得长久

的发展和更大的收益，更加应该强调规模效应，扩大企业规模，实现技术上的突破。

综上所述，在查阅国外相关农产品冷链物流研究成果中发现，像美国、日本和加拿大等发达国家十分重视冷链物流的研究与应用。国内在冷链的体系结构和布局上还有待提高，以及在技术创新和设施完善方面有待进一步研究。通过分析冷链物流的发展现状，发现目前国内的冷链体系存在许多制度、体系、技术上等问题，需要针对这些问题提出对策和发展趋势预判。按照构建的食品安全保障体系和一些减缓食品腐败变质的方法来保障食品的质量安全，对农产品冷链物流研究逐渐由理论层面过渡到冷链技术的更新、风险控制等精细之处，可以提高顾客满意度和推动冷链物流企业的发展，也在很大程度上推动了以冷链物流作为支撑的相关行业的发展。

（二）我国冷链物流发展现状及改进对策

国外发达国家对冷链物流的相关理论和技术研究已经非常成熟，而我国的冷链物流行业正处于发展阶段，对技术创新、标准体系建设等方面的研究还很欠缺。不难得出目前我国冷链物流发展存在的问题。

1. 冷链物流硬件设施和技术水平落后

冷链物流的硬件系统包括冷库、冷藏车、物流设备等。完善的硬件体系能较好地提高运输效率。我国的冷链物流硬件设施相对缺乏，并且分布不均衡，主要集中于东部沿海地区和发达城市，中西部的设备严重短缺，整体来说冷链物流行业的硬件设施发展滞后。与此同时，冷链物流设备的匮乏严重导致产品损耗、成本的增加及运输效率的下降。基于此，切实提高冷链物流基础硬件设备的配备，有利于加快冷链物流行业的发展速度，也是目前此行业进一步发展必须解决的现实问题。

冷链物流的发展是建立在技术支持之上的。一方面，我们需要加紧对冷藏车和冷库的数量建设，同时也应运用现代化设备对冷藏车和冷库进行武装。例如，可以在冷藏车上配备较好的制冷系统、GPS 导航等。我国目前应重视促进增加各种容量、各种类型冷藏车数量的发展，以改变冷链用车种类单一的现状。另一方面，为适应需求，应注重对冷库数量的增加和定期的更新改造。此外，对于有较大技术需求的冷链物流行业，应注重相关科技的自主研发和技术创新，同时吸取其他国家的经验，以推进我国冷链物流设施的现代化。

2. 缺乏供应链上下游之间的整合和衔接

冷链物流非常注重运输过程中的时间观念，即在运输中争分夺秒，早一秒将货物送到就会减少很多不必要的损失。为确保食品安全，冷藏和冷冻食品需要一个完整的冷链物流对货物进行全程的温度控制，这包括装卸货物时的封闭环境、储存和运输等温度控制，一个环节都不能少。完整的冷藏食品供应链是食品安全不可或缺的元素，因此冷链物流的要求比较高，相应的管理和资金方面的投入也比普通的常温物流要大。之所以有很多企业采用非正规冷链物流方式配送易腐食品，不仅是因为有关部门缺乏有效监管，更重要的在于冷链物流的成本是普通物流模式的 3～5 倍。

现在，冷链物流企业普遍重视冷链的单一功能，仅重视发展冷链物流环节的仓储、运输等单一环节，没有把冷链物流放在统一的食品供应链中来考量，这就造成了冷链物流上下游企业之间缺乏统一的规划。构建完备的冷链物流体系需要各方的紧密配合。由于整个冷链物流投资较为复杂,构建完备的冷链物流体系,不仅需要相关冷链物流企业的努力,并且也需要政府的支持以及各冷链物流企业之间的相互配合。同时应更注重发挥在这方面政府的引导性作用以及物流企业自身的支撑作用,以此建立一个利益共享、风险共担的完备物流模式体系。

3. 第三方物流体系不健全

目前我国物流企业众多,然而其中能提供综合性的全程服务和专业的冷链配送公司是少之又少,国内大部门的冷链物流配送业务主要由生产商和经销商承担,第三方冷链物流发展严重落后。这种滞后严重影响了货物在流通途中质量的可靠性和配送的及时性,同时造成了较高的产品损失和货物损耗。由于冷链物流自身具有较高的投资、技术等方面的要求,一般非资金充沛的公司很难开展冷链物流业务。也正是如此,目前我国冷链物流的发展难以满足现实的需求,从而建立在第三方物流之上的各种冷链物流形式也难以形成规模。

因此,为突破单个冷链物流企业或者生产者供应商在冷链物流市场中单打独斗、孤军奋战的局面,必须进行相关产业的整合,形成能够覆盖全国的第三方冷链物流企业,达到对各种资源的充分利用,以此实现更大的经济效益。

4. 相关方面的法律法规缺乏

目前现有的冷链标准多集中在产品的运输和贮存环节,缺少对整个冷链物流过程的管理。因此需要国家相关部门尽快制定一些有利于农产品冷链物流发展的行业标准,实现对农产品冷链物流各环节的管理。各企业在相关业务方面缺乏统一的质量标准,致使行业发展比较混乱。同时,法律法规的不健全也给冷链物流方面的监管带来了困难。

鉴于以上情况,首先,政府应制定冷链管理相关的政策、法规以规范冷链物流行业的发展。其次,冷链物流行业内部应根据行业发展现状形成相应联盟,制定行业的标准。另外冷链物流企业自身要严于律己,政府也要充分发挥监管与服务的作用,将冷链物流引向更好的发展。因此不仅需要政府的主导作用,而且冷链物流的设施设备应布局合理,并加大对基础设施的建设。总之,需要政府加大支持力度,企业增加对食品冷链物流的投入,克服食品冷链物流本身的局限性,才能使食品冷链物流产业健康平稳地发展。

5. 冷链物流人才的匮乏

造成我国冷链物流发展滞后的一部分重要原因是专业人才的匮乏,因此国家教育部门可以鼓励各大高校积极开设物流相关专业或专业技能等选修课程,为企业培养一批创新能力强、专业素质高的复合型人才。同时企业也要给员工多开展一些物流在职教育和课程学习,不断提高员工的专业素养。

6. 成本居高不下

制冷能力是与冷链物流密切相关的一个方面,同时也是一个耗能巨大的行业。目前国内制冷设备具有安全可靠、成本低等优势,但同时也存在着制冷效率低、能耗巨大的劣势。制冷设备是冷链物流中必不可少的因素,高端的冷链设备和巨大的耗能极大增加了冷链物流的运营成本。这些设备后期的运营费用及维护费用较昂贵，也导致了冷链物流成本的上升。基于以上两个方面，冷链物流的成本长期居高不下，也相对削减了冷链物流的经济效益。

（三）发展前景分析

近年来，随着冷链物流的完善，生鲜电商、蔬果宅配等新经济模式兴起，冷链物流已经逐渐融入当下人们的日常生活中，成为当下重要的基础设施。2019 年召开的中央经济工作会议要求加强冷链物流建设，极大地推动了相关市场发展，拓展了生鲜消费市场，医药冷链行业正进入快速发展期。补齐冷链物流的短板，将扩大市场空间。完善冷链物流，对零售业来说有望简化中间环节，使上游提高品质和服务水平，甚至做到定制化生产，满足消费者需求，加强食品安全保障。当前，我国冷链物流行业面临的最大问题就是“断链”，无法保证全程恒温。比如，为了节省成本，有的司机在运输过程中会关掉制冷机，快到目的地时再开机制冷，导致温度过高无法保证物品在运输过程中的质量。

因此，需尽快弥补欠缺，用地规划、人才培养、市场监管等亟须发力。应加强规划、完善供给，完善冷链物流基础设施网络；开设专业、增加培训，增加冷链行业人才供给。令人欣喜的是，如今大数据、物联网技术的发展，智能调度系统、智能路由系统等新技术的应用，正在不断弥补行业发展的不足。相信冷链物流巨大的市场空间将吸引更多规模化、标准化企业加入其中，推动冷链物流市场更好、更快地发展。

我国作为禽蛋、肉类、蔬果、水产品产量位居世界第一的生鲜食品大国，现在正处于从传统冷链物流向现代冷链物流的转型阶段。冷链物流的发展水平已经逐步成为制约我国农业经济发展的关键因素，文中提及的国外发展情况可以为我国的冷链行业发展提供启示。如今，各种生鲜产品的需求量逐渐增长，消费者对食品安全和营养的重视，更加凸显出食品冷链行业的重要性。冷链运输市场应根据政策和形势而有所改变或适应，以此来推动整个冷链物流行业的运行和发展。

三、冷链仓储的特点与趋势

目前我国的冷库整体水平在不断提升，冷库的结构和资源布局趋于合理化，已经形成了一批高标准、现代化、多功能、新模式的冷库企业。如今主流的冷链企业的商业模式中对应的冷库类型可分为储藏型、市场型、中央及区域配送型、城市配送型、电商宅配型、中央厨房型和产地型。冷库仓储具有如下特点。

1. 冷库行业集中度低，市场整合空间大

中国冷链产业还处于起步阶段，和其他冷链发达国家一样，正在经历从分散到集约市场的发展过程。今后几年随着需求的增长，冷链仓储市场将迎来爆发性的增长态势，企业间的竞争力愈将白热化，市场也会逐步得到规范和整合，同时很多证件资质不全的中、小冷库企业将面临被淘汰或者整合并购。未来具备全国性网点的冷库企业，其在价格、运营、调度等多方面的优势才能体现得淋漓尽致，接下来很长时间，国内外大型冷库企业之间比拼的就是快速的冷库网点扩张能力、整合收购能力和运营管理能力。

2. 市场需求潜力大,冷库多元化发展

我国的冷冻、冷藏企业数量逐年递增；规模以上的冷饮企业和乳品企业也是逐年扩增。我国人均蔬菜的需求增加,新增需求则主要通过提高单产和减少损耗解决。另外,速冻食品的产量也呈高速增长趋势,远高于全球的平均增长速度。未来随着易腐食品和速冻食品需求的逐年提升,我国对冷库的需求依然保持较高的水平。

目前全国冷库储藏的商品品类还是以果蔬、肉制品和水产品为主,合计占比达 60%,速冻食品、乳制品及其他产品合计约占 40%。总体来看,主要产品的冷库占比情况符合目前我国消费市场需求,不过随着移动互联网的飞速发展,以及消费者对产地"最先一公里"品质的更严把控,不同类型的冷库占比将发生新的改变。图 4-1 所示为我国不同类型的冷库占比情况,可以看出,生产加工企业自建或外租的用于企业自身产品存储加工的冷库占比最大,这部分冷库不做或很少做第三方使用,是冷库资源的较大浪费。产地型冷库占比只有 8%,说明我国农产品在预冷、错季流通等方面还有待提升。社区型冷库这两年增长十分迅速,虽然目前占比只有 6%,却可以看出生鲜电商对终端消费者市场的渗透力,社区微仓冷库前景可期。

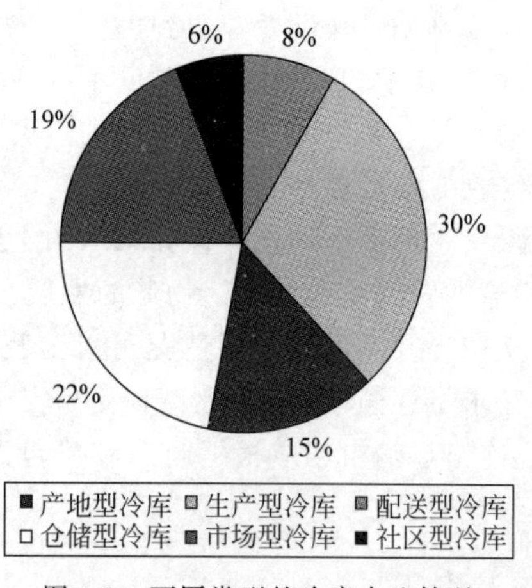

图 4-1 不同类型的冷库占比情况

四、主要食品冷链的需求情况

根据流通的对象不同,食品冷链主要分为果蔬制品冷链、乳制品冷链、水产品冷链、肉类冷链、速冻食品冷链和快餐原料冷链等。综合来说,食品冷链是指在低温保鲜环境下,为保证易腐的各种类食品质量安全,在减少损耗的供应链系统中进行仓储、加工、运输、流通、消费等的物流过程。以下主要分析前三类食品冷链的需求概况。

(一) 果蔬制品冷链

果蔬具有易腐性和易损性,采收后寿命短,再加工和流通过程中处理不当很容易致其衰老或者发生品质变化。随着果蔬供给关系的平衡和消费者对果蔬品质要求的提升,冷链物流在整个果蔬流通体系中的重要性逐步提升,在财政补贴的支持下,产地冷库建设得到进一步的发展。

1. 产地预冷是果蔬冷链的关键

产地预冷库不仅可以进一步杀灭果蔬附带的各类有害微生物，还可以在短时间内降低果蔬的温度及呼吸作用，将产品自身易于腐烂变质的因素降到最低，产地预冷环节是果蔬冷链的关键。除自然降温冷却这一简便易行的预冷方式外，还包括冷风预冷、冷水预冷、冰预冷、真空预冷和压差预冷等预冷技术。近几年随着果蔬产业的发展和销售量的增长，在冷库功能上，已经从原有的仓储保鲜向生产加工、包装、物流配送等方面发展。

2. 果蔬流通以批发市场为主

从全国农产品市场份额分布来看，批发市场仍是果蔬的主要流通渠道。对大部分果蔬产品而言，依旧采用"草帘＋冰"等较为粗放的冷链运输方式，部分高端水果、蔬菜采用冷藏车进行运输，所占比例较小。

3. 果蔬冷链需求与物流路径分析

我国多地的果蔬生产规模化和合作化程度大幅提高，果蔬冷链需求进一步增长，呈现冬季南方的蔬菜往北方运，夏季反之。就蔬菜而言，一般是就近自给自足，主要是叶类蔬菜和特色蔬菜两类。再就是建立优势区域的蔬菜种植基地，保证全国蔬菜平衡供应，由于运输距离远，未来冷链需求将会集中在冬春蔬菜部分。就水果来说，不同类型的水果生产受地理环境影响，具有一定的地区性集中和规模特点。比如葡萄主要集中在新疆、山东和辽宁等地区；而四川省就着重发展石榴、杧果等特色水果的冷链配送。

（二）乳制品冷链

随着经济水平、城镇化水平、居民生活质量水平的不断提升，人们对提高免疫力的需求愈加明显，我国乳制品的产销量保持着增长势头。奶业如奶源运输和部分奶产品的流通的冷链全过程都已得到广泛应用。进一步推动和保障乳制品产业冷链发展的原因主要有以下几方面。

(1) 从产奶地所运出的原料如牛奶，必须通过冷链运输才能安全抵达乳品厂进行工业化加工，以保障其原料的安全性，不然，牛奶变质则不能再加工，还会损失物料、人力、成本等。

(2) 考虑到奶源生产地的环境要求，奶源生产区一般远离奶品消费市场。有了完善的冷链物流才能连接和缩短产销两地的距离，奶制品入城的通道才能畅通。

(3) 牛奶、酸奶等其他奶品是一种易腐品，新鲜酸奶、鲜牛奶等产品若不在低温下贮运或保存就会容易发酸变质、腐坏、降低品质，且还对身体健康有一定的影响。

(4) 酸牛奶和巴氏奶等保鲜奶品具有强的市场消费拉动力，已经成为全球牛奶消费的主流产品。尽管目前我国牛奶消费是以 UHT 奶(超高温灭菌乳)、调味奶、含乳饮品和奶粉为主，但是这些牛奶品种的发展速度近乎达到高峰，继续上涨的空间不是很大，而酸奶的增长幅度非常大。

因此这些保鲜的奶产品是消费市场的主流，而这些产品的保质期一般为 10 天至 25 天，对储运温度条件的要求较高。

（三）水产品冷链

自改革开放以来，中国水产品总产量持续高涨，人们消费需求也稳定地增长。与此同时，水产品进出口额不断增加，产品对外贸易发展快速，在国际市场的占有率也不断提高。水产品主要的消费地区集中在江苏、浙江、山东、海南和广东等沿海省份一带，因此水产品的物流路径主要从沿海城市向沿海、内陆发达城市。水产品冷链更多是集团性或者企业独自的配置，距离成为区域全国性的冷链网络还有较大的差距，需要在网络建设、冷链标准建设方面加大投入力度。并且，水产品在冷链物流中要全程实施温度控制管理，对其成本投入、经营风险较大。

第二节　食品冷链的组成与技术

一、冷链的概念

冷链(cold chain)是指某些食品原料、经过加工的食品或半成品、特殊的生物制品和药品经过收购、加工、灭活后，在加工、贮藏、运输、分销和零售、使用过程中，其各个环节始终处于产品所必需的特定低温环境下，以减少损耗，防止污染和变质，从而保证食品安全、生物安全、药品安全的特殊供应链系统。

冷链物流泛指冷藏冷冻类物品在生产、贮藏、运输、销售，到消费前的各个环节中始终处于规定的低温环境下，以保证物品质量和性能的一项系统工程。它是随着科学技术的进步、制冷技术的发展而建立起来的，是以冷冻工艺学为基础、以制冷技术为手段的低温物流过程。

二、冷链的组成

由于不同的冷冻产品有其独特性，所对应的冷链也就有其独特性，但食品冷链大多是由冷冻加工、冷冻贮藏、冷冻运输、冷冻销售四个部分组成的。

冷冻加工是指食品或食品原料在低温状态下对其进行加工的过程。其中包括果蔬的预冷、速冻食品与奶制品的低温加工、肉畜产品和鱼类的低温处理等，此过程涉及冷却装置、冻结装置、速冻装置等。经过低温状态下进行加工的食品更有利于保持食品营养价值、防止食品腐败变质，同时减少能源消耗。例如用平板冻结器冻结 25 kg 分肉块，5 h 便可冻好，耗电为 70～90 度/吨，比常规纸箱装分割肉冻结，可省电 84 度/吨；用流化床或隧道式冻结器冻结食品小包装或薄片，只需 15～30 min，并且节能明显。

冷冻贮藏是指食品经过冷冻加工后进行冷藏、冻藏的加工过程，其中包括果蔬制品的低温气调保藏等，是冷链中的关键步骤，保证了食品在储藏和加工过程中的低温环境。在此环节主要涉及各类冷藏库/加工间、冷藏柜、冻结柜及家用冰箱等。现有的冷库类型有储藏型、市场型、中央及区域配送型、城市配送型、电商宅配型、中央厨房型、产地型七种。

冷冻运输是指食品在短途配送、中长途运输等物流环节均处于低温状态。它主要涉及铁路冷藏车、冷藏汽车、冷藏船、冷藏集装箱等低温运输工具。在冷藏运输过程中，温度波动是引起食品品质下降的主要原因之一，所以运输工具应具有良好性能来保持稳定的低温环境，这一点对远途运输尤为重要。

冷冻销售是指各种冷链食品进入批发零售环节的冷冻储藏和销售过程，它由生产厂家、批发商和零售商共同完成。随着大中城市各类连锁超市的快速发展，各种连锁超市正在成为冷链食品的主要销售渠道，在这些零售终端中，大量使用了冷藏/冻陈列柜和储藏库。冷冻销售成为完整的食品冷链中不可或缺的重要环节。

（一）果蔬冷链

中国地域辽阔，人口众多，是农业生产、农产品消费的大国，蔬菜约占全球消费产量近60%，且近年来人们生活水平不断提高，营养均衡意识增强，对果蔬需求呈不断上升趋势。果蔬这类产品在采摘后仍具有生命力，能进行呼吸并且产生乙烯，容易出现变质腐烂现象，所以冷链物流在其贮藏、运输、销售等环节尤为重要。然而目前我国冷链物流发展仍处于起步阶段，各部分发展还不全面，系统化、规范化的物流体系还未形成，导致我国果蔬流通率较低。2016年我国果蔬冷链流通率为22%，冷藏运输率35%，而发达国家的冷链流通率则达到95%以上。近几年，我国相继发布多项文件，要求加强冷链物流基础建设的统筹规划，推进我国冷链发展，要求进一步完善冷链物流的标准体系。

果蔬冷链是指果蔬产品在采收、加工、包装、运输、贮藏、配送、销售等各方面有机结合形成完整供应链，并保证果蔬产品从采摘后到消费前始终处于生理所需要的低温环境中，形成采后预冷→产地冷藏→冷藏运输→冷藏销售→家用冰箱的一条完整冷链。

采收是果蔬产品在生产环节中的最后一步，也是贮藏环节中的第一步。果蔬采收的总原则为及时无损、保质保量、减少损耗。产品种类、大小形状、成熟度都会影响果蔬产品的保藏期，所以不同种类的果蔬要根据其自身情况采取适宜的采收时间和方法。采收过程中最为重要的是成熟度和采摘方法，采摘者应该掌握被采收的果蔬成熟度判定方法、采摘方法和采摘后的处理方法。

果蔬采收后进入预冷库进行预冷。预冷的原则为：一是避免因温度问题导致冷害和冻害现象发生，需要根据不同的果蔬种类及其特性选择适宜的预冷温度，在采收后尽快进行预冷处理；二是在预冷过程中进行合理包装和码垛，使得预冷库内果蔬产品温度变化均匀且使得产品快速到达预冷温度；三是当预冷结束后应立即将产品转移至已经设定好的冷藏库或冷藏车内，避免预冷库产品的积压。目前常用的预冷方法有冷水预冷、冷风预冷、冰预冷、差压预冷等方法，不同的方法所具有不同的特点，根据果蔬种类、贮藏时间、加工方法、市场需求等进行选择。

果蔬制品的商品化处理是保持或改善农产品特性，延长其保藏期、增加其价值，将农产品转化为商品的一系列过程总称。商品化处理一般包括挑选、分级、清洗、预冷、药物处理、打蜡、催熟、包装等。有的产品会采取全部措施，有的仅会采用几个措施，现阶段部分措施不能在自动化流水线上完成，仍然需要人工进行处理。在果蔬冷链中商品化处理也必须在低温下进行，以保证产品品质。

果蔬的贮藏方式可以分为自然降温和人工降温两种。自然降温一般为传统的贮藏方式，主要有堆藏、埋藏、冻藏、通风窖藏等，它们都是利用外界自然温度的降低调节贮藏环境中温度变化来抑制果蔬的呼吸作用和乙烯生成，从而延长食品保藏期。这些方法多用于我国北方城市的冬天或早春，来贮藏白菜、菠菜、芹菜、苹果、梨等果蔬，通常贮藏温度为0 ℃左右。人工降温分为机械降温和低温气调，通过人为的方法将贮藏环境中的温度进行精准调节。机械降温可以不受外界环境影响，常年使冷藏库保持低温环境，并且方便调节库内空气湿度，适合于大部分的果蔬制品。低温气调是在改变贮藏环境空气组成比例的同时降低温度，来抑制果蔬自身呼吸和分解自身营养的过程。虽然低温气调是果蔬贮藏工艺中能够维持果蔬品质效果最好的方式，但是由于气调成本较高、管控难度较大，考虑到经济效益问题，一般选择适合长期贮藏或自身经济价值较高的果蔬制品进行低温气调贮藏方法。

（二）肉禽制品冷链

我国是世界肉产品生产和消费大国之一。据悉，2018 年我国肉类产量约占世界总产量的 30%。21 世纪以来，人们对肉制品的品质较之前仅仅满足温饱的要求发生了较大的变化，人们开始逐渐关注肉类品种和口味，同时，在获得途径上也要求其便利性和快捷性，这也对物流从养殖到消费者手中的时间、安全性提出了更高要求。然而我国现阶段肉制品加工仍然处于上升阶段，肉的安全问题仍然时有发生，这样既影响消费者的身体健康，也影响我国肉产品进出口情况和在国际市场的竞争力。肉禽产品的冷链是一种延长其保质期、能够维持其良好品质较长时间的方法。肉禽制品冷链是指加工厂屠宰的畜禽胴体预冷后，分割或不分割、冷却、包装贮存后冷藏运输、批发零售环节。下面以冷鲜肉加工为例介绍肉禽制品冷链。

冷鲜肉是指将生猪严格按照国家检疫检验制度规范进行屠宰，并使其屠宰后胴体或分割肉温度在 24 h 内迅速降至 0～4 ℃，并在后续加工、运输和销售各环节中始终保持该温度的猪肉。冷鲜肉在国外发达国家已经普遍，我国冷鲜肉仍处于发展阶段，南方大部分地区以热鲜肉为主，北方冷鲜肉较多一些，目前全国各地区正在逐渐推广冷鲜肉的加工，近几年来，南方一、二线城市已经形成了冷鲜肉的主要消费群体。并且冷鲜肉在食品安全性、风味质构及营养价值中均优于传统热鲜肉。

冷鲜肉的加工工艺主要有生猪收购、暂养、屠宰、冷却、加工、冷藏、运输等流程。生猪收购要求选择的是非疫区的健康猪，在运送的过程中装载个头要适量，防止出现挤伤现象，影响冷鲜肉质量。暂养过程中，在待宰前 12～24 h 中进行停食，其间保证猪的正常饮水（宰前 3 h 停止）。屠宰过程中，严格控制细菌杂物的污染，特别注意猪粪、毛、血、渣的污染，从猪被击晕时开始直到胴体分解结束，整个屠宰过程应控制在 45 min 内，从放血开始到内脏清除应在半小时内结束，宰后胴体立即进入冷却间。冷却过程中，一般采用两段式冷却，首先宰后的胴体送入快速冷却间，每米轨道挂放猪胴体 3 个，进料前库温－15～－10 ℃，进料后库温－10～－8 ℃，冷却 3～4 h，胴体冷却后平均温度小于 12 ℃。然后进入恒温冷却间冷却，进料前库温－2～－1 ℃，进料后库温 0～4 ℃，冷却时间大于 12 h，胴体冷却后平均温度为 2～4 ℃，胴体总损耗达到 1.6%。加工中包括分割、包装等过程，一般在冷鲜肉中会进行分割处理，冷却好的胴体采用自动分割线继续分割，主要是对胴体按部位进行分割，剔骨，去脂，分为前段肉、中段肉、后段肉，然后进行整理，在分割车间的加工时间不宜太长，控制在半小时以内，防止加工过程中肉中酶类物质引起肉中物质的变化。包装分为多种方式，有大方袋、真空、充气包装等，在包装过程中，要注意每个包装中的装肉量和封口，防止污染，充气包装要注意充入气体的比值。冷藏过程中冷藏库温为0～4 ℃，保持温度稳定，并且进行定期清洗消毒和测温，避免温度出现大幅度变化，影响肉类产品品质及保藏期。运输途中用机械冷藏车，冷鲜肉出冷藏库最好设有专用的密闭运输通道。进肉前应先将车辆进行清洗消毒，并使车内温度降至0～4 ℃左右，在途中注意车内温度变化，控制产品温度上升。在销售中，要注意冷鲜肉应处于0～4 ℃的温度中，避免冷柜频繁开合造成产品温度无法处于低温状态下，冷鲜肉从生产到消费保质期为7天左右。

（三）乳制品冷链

随着我国人们生活质量的提高，对乳制品需求逐步增大，乳业逐步成为农业发展中的重点行业，在一定程度上带动了国民经济的快速增长。然而，自三聚氰胺毒奶粉、辽宁的"学生奶"、阜阳的劣质奶粉等事件发生后，我国的乳制品行业受到了巨大的冲击，因此，改善乳制品的质量安全迫在眉睫。因为乳制品行业的特殊性，涉及产业链长、环节繁多，且乳制品本身具有保存时间短、易腐败、易污染的特性，其质量安全更加难以控制，而冷链工艺能较好地对乳制品的质量进行保证。乳制品冷链是指以新鲜奶和酸奶为代表的低温奶产品从基地采购、生产加工、包装、保存、运输、销售到消费的各个环节中处于低温状态，来保证乳制品的品质，最大化保护消费者和公司的权益。也就意味着奶制品从农场产出到装罐保存再到运输包装直到消费者手中过程中，始终处于低温状态下，从而使其新鲜度不发生明显变化。

乳制品冷链主要包括：①奶牛养殖；②挤奶并且急速预冷至4 ℃左右；③0～4 ℃冷藏奶车运输；④乳制品生产工厂全程冷链生产及贮存（人工加工区域环境温度10 ℃，冷藏环境0～4 ℃，冷冻环境－18 ℃以下）；⑤冷藏（0～4 ℃鲜奶制品）或冷冻（－18 ℃冰激凌或冷冻奶制品）运输；⑥冷冻或冷藏销售。

通过②挤奶设备挤完奶后，应该立即通过保温管道将鲜奶传送到急速预冷容器内进行急速降温，在最短时间内将牛奶温度降低至4 ℃左右，并且当温度到达4 ℃以后立即将鲜奶通过保温传到专业冷藏奶车的储奶罐中。专业冷藏奶车的储奶罐在运输途中应保持0～4 ℃的低温环境，避免温度的大幅变化导致牛奶品质劣变。到达工厂后，将鲜奶通过保温管路线传到工厂冷藏储奶罐中。乳制品在加工过程中，应该始终保持鲜奶处于冷链控制的环境中，包括有工人进行操作的工作区域，温度一般保持在10 ℃以下。鲜奶在低温容器内进行加工，产品根据不同的要求进入冷藏或冷冻存储。在运输过程中有两个控制点，一是在接乳前先使得运输车辆中的温度降低至需要温度，并且在低温下进行装货，卸货时，在乳制品完全卸完之后再关闭制冷系统；二是车辆在整个运输途中，应该始终保持低温状态，避免出现乳制品回温现象。在销售过程中，注意冷藏冷柜内温度，避免出现温度偏高。

(四) 水产品冷链

随着居民消费水平的提高,对水产品需求加大,同时更加关注水产品的新鲜程度,对其安全性要求越来越高。现阶段我国水产品销售地主要集中于东南沿海省份如山东、江苏、浙江等,中西部地区由于传统饮食差异和消费水平限制,水产品销售量较少。因此水产品的冷链发展有利于推动中西部地区对水产品的消费,使得中西部地区人民可以吃上更加新鲜、品质更好的水产品。

水产品冷链是指水产品在低温状态下从捕捞加工到消费的全过程,主要包括加工、运输、贮藏、装卸、搬运、包装等过程的有机结合。水产品冷链主要分为鲜活、冰鲜、冷冻水产品冷链。

鲜活水产品的运输一般分为有水和无水两种,有水运输是先将水产品经过停食暂养后捕捞到有水运输车,到达目的地后转入水箱进行销售,这种运输方式在运输途中要注意及时补充水,并且运输车内温度不宜过高;无水运输是将水产品先进行低温驯化,使其进入休眠状态,然后根据不同的水产品进行不同的包装处理,包装后利用专门运输鲜活水产品的运输车辆进行运送,到达目的地通过梯度升温的方式将水产品唤醒,恢复其正常状态然后进行销售。

冰鲜水产品是在产地进行捕捞后,进行前处理(清洗、分级、覆冰等),转移至运输车内,控制车内温度在 0～4 ℃低温状态,到达目的地通过覆冰的形式进行销售。这种方式比较普遍,通过这种方式保存的水产品保质期较短,所以要严格控制运输过程和销售过程中的温度,防止冰融化导致水产品品质变化。

冷冻水产品一般冷冻温度在－20 ℃左右,不同水产品经过不同前处理(清洗、分级、包冰衣等)、冷冻处理,选择合适的冷冻运输车辆,将其运送到目的地销售,一般通过冷冻的水产品保藏期较长一些。

三、冷链技术

我国冷链建设和发展起于 20 世纪,在 21 世纪不断进步与发展,形成各式各样的冷链技术。冷链中的每个环节都以不同的技术作为支撑,下面将介绍冷冻加工、低温贮藏、冷藏运输中的冷链技术。

(一) 冷冻加工

冷冻加工作为食品冷链的开端,其中的食品低温加工技术是一门涉及多学科、跨行业的高新技术,随着时代发展,逐步形成一门综合类的技术。现代食品低温加工技术主要包含以下内容:食品预冷技术、食品快速冻结技术、食品解冻技术、食品低温干燥技术、食品真空冷冻干燥技术、食品低温联合干燥技术、食品冷冻浓缩技术、食品低温粉碎技术等。

1. 食品预冷技术

采摘后的果蔬其自身仍会进行呼吸作用和蒸腾作用,导致果蔬出现萎蔫现象,使得果蔬的营养价值降低,并且失去色、香、味等品质。低温可以抑制微生物的生长繁殖和酶的作用,延缓果蔬衰老,从而延长果蔬的货架期。预冷是果蔬实现低温处理的有效方法。果蔬采摘后经过预冷，使其快速降温，当达到冷藏温度时，果蔬则可以置放于冷藏库中保鲜冷藏，这样的处理方式可以尽量降低果蔬的呼吸速率，使果蔬处于“休眠”或“半休眠”的状态，从而使果蔬保持原有的风味和品质。我国现阶段的预冷主要存在于进出口果蔬中，国内果蔬预冷还未完全推广开来。

预冷主要分为水预冷、真空预冷和空气预冷等。水预冷适合于甜玉米、芹菜、荔枝等耐水性好、耐寒的果蔬，且水的换热系数大于空气的换热系数，水预冷效果要好于空气预冷效果。实验证明，水预冷用水温度越低，预冷效果越好，但是当预冷温过低，果蔬会出现冷害现象。总的来说水预冷速度快且预冷均匀，适合于果实和根茎类食物，但同时耗能大，投资成本高。真空预冷适用于卷心菜、香菜、香菇等表面积与体积较大、表面组织疏松食品，不适合表面积较小、组织紧密的农产品。真空预冷具有预冷速度快、预冷均匀、清洁等特点，但这种方法所应用的食品种类较少，投资和耗能较高，限制了真空预冷的普遍应用。空气预冷分为冷库预冷、强制通风预冷、压差预冷，其中冷库预冷、强制通风预冷操作简单、费用低，成为最早使用的预冷方式，但是这两种预冷方式不可避免存在果蔬干耗大、预冷速度慢、预冷不均匀等问题。压差预冷是在冷库预冷的基础上进行改进的预冷方法，这种方法使得冷风在果蔬包装内进行循环流动，具有预冷时间缩短、预冷效果高、预冷均匀等优点。

2. 食品快速冻结技术

快速冻结在我国起步较晚，但发展迅速，现在仍处于蓬勃发展中。快速冻结能够在较短的时间内进行冻结，冻结速率高，使用速冻技术可以增加设备利用率和提高连续生产效率，速冻产品保鲜效果好，由于冻结速度快，能够较快通过最大冰晶体生成带，对食品自身造成的机械损伤较小，但同时速冻成本较高，若一般冻结方式对食品本身影响较小，可以不选择速冻。

速冻主要有鼓风冻结、间接接触式冻结、直接接触式速冻三种方式。鼓风冻结利用较低温的空气高速流动与食品进行强制对流换热，使食品迅速降低温度，包括隧道式速冻、流化床式速冻、螺旋式速冻等速冻方式。隧道式速冻使用范围广、速冻效率高，可以进行连续速冻，但是占地面积大、耗能高、冻结不均匀。流化床式速冻食品干耗低、冻结速度快、占地面积小，一些流化床设备可以把预冷与深入冻结连在一起，一般适用于小体积的块状、条状类食品，所以这种速冻方法耗能较大，在应用时会受限。螺旋式速冻效率高、占地面积小、卫生标准高、适用范围广，但其成本也高，初期投资大。间接接触式冻结的方法是将产品与制冷剂冷却的金属板面接触冷冻降温，主要装置是在绝热的箱体内安装可以移动的空心金属板，制冷剂在平板的空心内部流动，产品则放置在上下两空心平板之间紧密接触，进行热交换。直接接触式冻结，也称喷淋式或浸渍式速冻，是将安全无毒的制冷剂与食品直接接触，来达到冻结目的。该种设备操作简单，占地面积小，冻结时间短，食品干耗小。这种冻结方法因为与液氮等制冷剂直接接触，要求制冷剂无毒、无味，对食品无损伤，对制冷剂的要求比较高，且运转成本高，尽管这种设备现阶段有许多不足，但这也是一种十分有潜力的低温速冻技术。

食品速冻技术因其种类多、冻结速度快、能够较大程度保持食品原有品质，在如今市场中占据重要位置，但技术仍然有不足之处，有很大的发展空间，速冻设备应向低能耗、简约化发展,来满足消费者和市场需求。

3. 食品解冻技术

冷冻产品在加工消费前需要进行解冻,而我国解冻技术起步较晚,开始于20世纪90年代中后期,现在仍然处于发展中。解冻方法根据解热过程中传热方法不同可以分为内部加热法、外部加热法。内部加热法主要是通过高频、微波、通电等加热方法使解冻食品各部位同时加熟。其优点是解冻时间短、食品受杂菌污染少等,但对被解冻物料的厚度有要求,并存在温度分布不均匀、局部过热等现象,如电解冻。外部加热法是提供一种温度较高的介质,通过热交换的方法给被加热食品表面传递热量,使其解冻,这种解冻方法的解冻速度会随着食品表面解冻下降,解冻食品停留在−5～0 ℃的时间较长,可能会导致食品表面变色、营养成分变化等问题。内部加热法主要包括空气解冻法、水解冻法、接触解冻法等。下面简单介绍几个解冻技术。

空气解冻主要应用于肉畜产品的解冻,是通过改变空气温度、风速、风向、相对湿度等来达到不同的解冻工艺要求的一种解冻方式,一般解冻空气温度控制在14～16 ℃,空气相对湿度在90%～98%RH之间,空气解冻比较简单便捷,一般家庭解冻肉产品多用此方法。但是空气比热小且导热性差,所以空气解冻一般所需时间较长,解冻后的食品品质可能会发生一定变化,如果加快空气流速,则可能使得食品表面出现干耗现象。在利用空气进行解冻过程中,要控制好温度范围,以免食品损失率过大。

水解冻是将冷冻产品放入水中进行解冻的一种方法,常用的多为温盐水进行解冻,由于水的导热性要好于空气导热性,所以水解冻速度要快于空气,且可以避免重量大幅减少,同时在水中解冻可以对食品本身的颜色起到一定的保护作用,避免褪色现象。但这种方法由于食品放在水中,会导致食品中的一部分营养成分(如水溶性的维生素)流失,而且水中微生物会从冷冻食品表面渗透到食品内部而导致食品变质。水解冻一般用于有包装的食品、果蔬类食品,所用水温度不宜太高,一般不超过20 ℃。

真空解冻是一种新型的解冻方法,这种解冻方法需要在真空条件下进行,利用解冻室内水槽中的水蒸气在冻结食品的表面凝结放出潜热而使食品升温解冻。国内对真空解冻研究较少,且主要集中在30 kPa及更低真空度的水平上,因此真空解冻技术在国内的研究发展相对受限。

微波解冻是利用微波将冷冻食品从较低的温度加热到略低于水的冰点的温度,一般加热达到的温度是−4～−2 ℃。此时虽然冷冻食品仍处于坚硬状态,可是相对于融化状态更容易进行切割,因此更适合于切片工艺或后续加工。微波解冻速度较快,食品营养成分的流失较小,对食品品质造成的影响较小。但食品中冰和水中微波对其穿透力不同,在解冻过程中可能会出现焦化等情况。

总的来说,每种解冻方法都有优点和缺点,应该根据实际情况来选择最优、最适合的解冻方法。

4. 食品低温干燥技术

低温干燥技术是依托热泵干燥技术发展的一项新技术,具有高效节能、干燥质量好、运行成本低、对环境无污染、容易实现低温运行等特点。我国科学家先后研制出用于水产品干燥的热泵低温冷风干燥装置;用于颗粒状食品干燥的热泵流化床低温干燥装置和太阳能热泵流化床低温干燥装置等。食品低温干燥装置主要包括食品热泵低温(冷风)干燥装置。食品的低温干燥技术主要包括真空冷冻干燥、非真空冷冻干燥、吸附式低温干等。

我国的真空冷冻干燥技术起步较晚,该技术在20世纪50年代引进中国之后,主要应用于医药和生物制品;60年代后期才在北京、上海等地开始试验研究,我国第一家国产设备冻干企业在此期间成立,但是由于设备能耗过大而最终停产;80年代后期我国的真空冷冻技术才初见成效,山东、广东等地引入国外设备,产品出口到美国、日本等国家;90年代后期随着国内外对冻干食品的需求量逐渐增大,各种冻干食品厂纷纷建立,中国冻干产业得到较快发展。真空冷冻干燥技术将食品中水分含量较高的部分进行预冻,让食品中的游离水出现结晶状态,形成固体后在真空状态下使食品中的冰晶升华,将已经形成冰晶的游离水除去,最终得到含水量1%~4%的干制品。用真空冷冻干燥技术生产的产品能够最大限度保持色、香、味、形不变,使食品原有的营养物质分布均匀、复水性好。

为了适应国际市场的需求,我国利用自身优势,扬长避短,积极研究冷冻干燥技术,一方面研制先进的真空冷冻干燥设备,另一方面在非真空冻干如吸附冷冻干燥方面进行研究探索。1969年,King和Clark将冻结物料与吸附剂颗粒分层置于固定床进行干燥,创建了冷冻干燥过程中捕捉水汽的新方法,由于物料与吸附剂之间的传热传质是借助流过固定床的低温空气的传输作用间接进行,所以干燥效果不好。1976年,Gibert提出了将冻结物料浸没在低温的吸附剂流化床中进行干燥的方案。R. Joulie总结出其中的一些基本规律。1989年,法国的E. Wolff和H. Gilert等人在实验研究的基础上建成第一套半工业性的常压吸附剂流化床冷冻干燥装置,以土豆片为待干物料进行了吸附流化冻干的实验研究和理论分析,并得出产品品质与真空冷冻干燥基本一致,其优势主要集中在节能方面。E. Wolff对常压吸附剂流化床冷冻干燥和真空冷冻干燥的能耗做了对比测试分析,发现吸附流化冷冻干燥的制冷能耗远低于真空冷冻干燥,吸附流化冷冻干燥通过吸附剂吸附水汽,不需要外界制冷,而真空冷冻干燥需要在极低的温度下进行工作,需要耗费大量的电能,因而吸附流化冷冻干燥的前景广阔。

吸附式低温干燥技术属于热泵干燥。热泵干燥是目前应用于食品干制加工的主要方法,食品热泵低温干燥是利用热泵原理对食品进行的干燥技术,根据热泵原理,其制热系数(COP)永远大于1,而传统干燥装置的电炉等制热系数永远小于1,所以从理论而言,热泵比传统干燥装置更加节能。由于具有高品位的低温热源,只要设计合理,热泵干燥装置可做到既节能又省钱,节能幅度在30%以上,综合干燥成本可降低10%~30%,投资回收期为一年左右,在节能的同时,食品低温干燥装置也是一种环境友好型的装置。热泵低温干燥所需技术要求不高、成本较低,因为食品低温干燥采用热泵多属于中小型电热低温热泵,技术比中高温热泵更成熟,维护相较而言简单,且适用范围较广泛,空调制冷设备的相关部件和工质成本可得到有效控制,初投资与其他常规低温干燥方法相比并不高。低温热源品质是决定热泵应用的关键因素之一,低温热源指品位相对较低的能源向热泵提供低温热能的热源,一般温度在80~200℃。低温热源包括空气、地表水、地下水、土壤、太阳热能、各种工业废热、地热、海洋温差等可再生能源。在低温干燥中,环境空气、地下水均可作为理想的低温热源,干燥时可散热及排出废热。但热泵低温干燥技术在我国仍处于试验阶段,有待更进一步的推广和发展。

5. 食品冷冻浓缩技术

冷冻浓缩是在常压下，利用稀溶液与冰在冰点以下固液相平衡关系来实现的，就是将溶液中的水分子凝固成冰晶体，用机械手段将冰去除，从而减少溶液中的溶剂水，提高溶液浓度，使溶液得到浓缩。冷冻浓缩相对于传统在 70～80 ℃的浓缩操作，可以避免食品在较高温度下出现酶失活、蛋白质变性、颜色变化、风味损失、营养物质发生变化等不良影响，整个加工操作均在低温下实现，低温也会抑制微生物的增殖，同时冷冻浓缩比传统浓缩方法更加节能，所以冷冻浓缩具有较好的发展前景。我国现阶段的冷冻浓缩主要应用于酿酒业、果汁工业。用于酿酒，可以在除去冰晶的同时除去形成混浊的多酚、丹宁酸等物质，从而减少啤酒的贮存容积，并且改善白葡萄酒品质；在果汁行业中，普通的浓缩技术容易使甘蔗汁发生焦糖化，改变其原有的品质，而冷冻浓缩可以使得甘蔗汁更好地保存原有风味。

目前，冷冻浓缩方式分为层状冻结、悬浮冻结。前者是在管式、板式、转鼓式以及带式设备中进行的，这种冻结是晶层依次沉积在先前由同一溶液所形成的晶层之上，是一种单向的冻结方式，冰晶长成针状或棒状，带有垂直于冷却面的不规则断面。层状冻结方式对冰晶粒度有着以下的影响：①晶体直径逐渐增大；②水分扩散系数越小，黏度越大，则平均直径越小；③溶液浓度低于 20%，浓度增加，厚度增加，当浓度高于 20%时，厚度保持不变；④只有在极缓慢的冻结条件下，才有可能发生溶质脱除的现象。悬浮结晶是一种通过不断排出在母液中悬浮的自由小冰晶，使得母液浓度增加而实现浓缩的方法。在悬浮冻结过程中，晶核形成速率与溶质浓度成正比，并与溶液主体过冷度的平方成正比。由于结晶热一般不可能均匀地从整个悬浮液中除去，所以总存在着局部点过冷度大于溶液主体的过冷度的现象，因此，提高搅拌速度，使得温度均匀化，对控制晶核形成是有利的。悬浮结晶法常用于工业化生产中，在速溶咖啡、速溶茶、浓缩橙汁等的生产中，可以获得高质量的产品。

冷冻浓缩设备主要分为基于层状结晶法和基于悬浮结晶法的冷冻浓缩机两种。基于层状结晶法的冷冻浓缩机，由转筒式冷冻浓缩器、制冷压缩机、主冷凝器以及制冷循环系统等组成。制冷剂经压缩机制冷后经干燥过滤器、节流阀进入冷冻浓缩器的转筒中，对浓缩器中的稀料液进行冷冻。同时，转筒转动，当温度低至料液冰点时，转筒外壁出现的冰晶连续被刮刀刮下滑入主冷凝器。此时，经过主冷凝器的制冷剂在输送过程中温度会上升（与外界环境发生热交换），而刮下的冰晶可对经过主冷凝器的制冷剂进行再次制冷，冰晶融化成水排出，运行一段时间后，料液中水分减少，料液被浓缩。

悬浮结晶法冷冻浓缩机是由结晶成核器、搅拌器、结晶孵化器、洗涤柱等构成。将料液倒入结晶成核器中，开机制冷并启动搅拌器，料液温度低至冰点，成核器内壁出现冰晶，立即被搅拌器刮下，冰晶悬浮于溶液中继续生长，母液中水分逐渐减少，被刮下的冰晶不断增加并长至一定体积。此时，由离心机或洗涤柱处理，以分离黏附在冰晶体的表面。Grenco 冷冻浓缩设备是悬浮结晶冷冻浓缩机的代表，如图 4-2 所示。

与传统浓缩方法相比，冷冻浓缩获得的产品质量更好，但冷冻浓缩仍然有待解决的问题，当物料黏度高时难以生成大冰晶，且由于迅速冷却而形成的微小冰晶不能彻底从母液中分离出来，难以回收附在冰晶上的可溶性固形物和一些有效成分，从而限制了它的推广

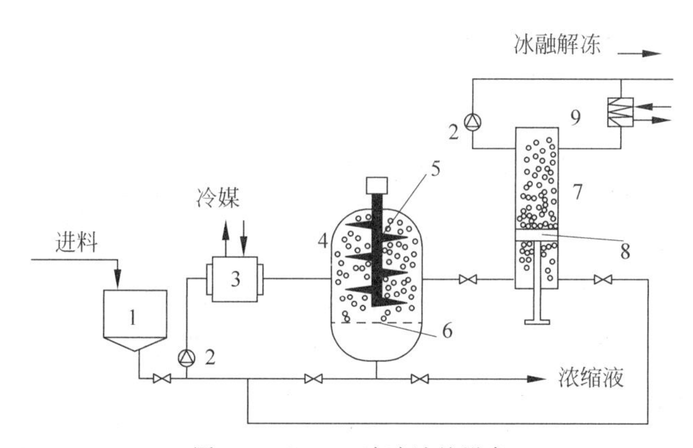

图 4-2 Grenco 冷冻浓缩设备

1—原料罐；2—循环泵；3—刮板式热交换器；4—再结晶罐(成熟罐)；
5—搅拌器；6—过滤器；7—洗净塔；8—活塞；9—冰晶溶解用热交换器

与使用。近年来有关冷冻浓缩的理论和技术又取得一些新进展。其中,将冰核细菌(Ice Nucleation- Active Bacteria,INA 细菌)用于食品冷冻浓缩中,是生物技术在食品中的一项独特应用。国外已有相关文献表明,INA 细菌可显著提高食品的过冷点,缩短冷冻时间,节省大量能源;还可促进较大冰晶的生长,使结晶操作成本降低,同时又使分离操作所需费用及因冰晶夹带所引起的溶质损失减少。

总的来说,冷冻浓缩具有较大的市场潜力,随着社会的发展,这种低能耗的技术将会进一步发展和推广,未来这种技术可以考虑用于有机废水的处理中。

(二) 低温贮藏

食品从采摘、加工等环节到消费者手中,一般需要经过一定的时间,有些食品需要等待的时间很长,这种情况就可能引起食品品质发生变化,所以贮藏方式中低温贮藏是较好的方法。下面将从不同的食品种类介绍低温贮藏技术。

1. 果蔬制品

果蔬的低温贮藏方法对于果蔬品质的保证和我国国民经济的增长都具有重要意义,低温贮藏的方法主要有气调低温贮藏、速冻技术、真空冷却保鲜、冰温贮藏技术。

气调低温贮藏是在冷藏的基础上,加上气体成分的调节,包含着冷藏和气调的双重作用,通过控制温湿度及气体浓度来抑制果蔬呼吸程度,使果蔬代谢程度降到最低,进而延长其贮藏时间。气调冷藏库中的低温低氧条件,抑制了果蔬病害的发生,并保证了果蔬营养成分和口感,比一般机械冷藏库保鲜期长 0.6～1 倍。气调低温贮藏初期投资较大,技术要求高,应用并未大范围普及,但相信在不久的将来一定能得到广泛应用。

速冻技术就是将果蔬原料经清洗、漂烫、冷却等预处理后,在短时间内快速冻结至 −30 ℃以下,并在 −20～−18 ℃的低温下保存,这一技术能极大保存果蔬营养物质、原有风味及新鲜色泽,有非常好的应用前景。目前国内生产速冻蔬菜的主要冷源来源于压缩制冷设备,且低温储运设备能力还有待提高,而研发新型制冷技术是速冻技术快速发展的关键。

真空冷却保鲜是近年来发展起来的一种保鲜的新技术，它利用低压真空条件抑制细菌的繁殖，同时因减压造成低温可以明显地延长果蔬的贮藏时间，达到保鲜的目的。据测定，当气压从 101 325 Pa 降低到 2.66×10^4 Pa 时，苹果的内源乙烯几乎是原来的 1/4。真空保鲜技术可以控制环境的温湿度和氧气浓度，使具有催熟效应的乙烯、乙醇等物质向外扩散，延缓果蔬的成熟衰老并减轻生理病害的发生。与机械冷藏相比，真空冷却保鲜还能大大减少设备和材料使用，降低了能源消耗，是目前最好的一种保鲜贮藏技术。

冰温贮藏就是将果蔬贮藏于冰温范围内，即零度到果蔬冻结点之间的温区，使果蔬的细胞可以在冰温带维持活体状态。该技术可以在不破坏果蔬细胞的前提下有效抑制有害微生物的活动以及酶生物的活性，提高果蔬品质，延长贮藏期，被称为第三代保鲜技术。目前我国冰温贮藏技术正处于起步阶段，为了推动冰温技术发展，必须在蓄冷材料、库体结构以及高精度温湿度控制等领域做深入研究，开发一系列冰温设备。

各项保鲜技术均有利弊，仍具有很大的发展空间，相信未来科技的发展可以克服弊端，使低温贮藏技术发展得更好。

2. 肉制品

肉制品由于营养丰富、水分较高，适合于微生物在其中的生长、繁殖，从而导致肉制品品质发生变化，同时肉制品中的酶可以分解肉中的脂肪和蛋白质，使其营养成分发生变化，所以如何保证肉制品品质、风味最低程度的变化，是肉制品保存的关键，低温贮藏就可以较好地保存肉制品。对于肉制品的低温贮藏主要有以下几个技术：栅栏技术、超高压杀菌技术、可食用膜保鲜技术、天然保鲜剂。

有不同的因素可以影响食品内部的微生物的生长与繁殖，这些因素可以通过交互作用来控制微生物的腐败、产毒及有益发酵，这些起作用的因子被称为栅栏因子。利用这些因子单独或相互作用来抑制微生物的生长繁殖和酶的活性的技术叫作栅栏技术，栅栏技术利用 pH 值、Aw、Eh(氧化还原电位)、气调、压强、辐照等不同因子配合低温来使得肉制品得以较长时间的保藏。

超高压杀菌技术就是利用高压对微生物的致死作用，改变其细胞膜的通透性，从而可以影响细胞离子交换、脂肪酸组成、核糖体形态、细胞形态，降低 DNA 复制过程速率，影响膜上的转运蛋白，造成细胞的亚致死损伤，最重要的是它会使得蛋白质发生变性，从而使酶活性丧失。超高压杀菌技术作为一种新兴的冷杀菌技术，最大的优点是在杀菌、延长肉制品贮藏期的同时，能较好地保持肉制品的色、香、味及营养成分，这正好符合了消费者追求的安全、绿色及营养的消费理念。

可食用膜是指由可食性材料通过浸渍、涂抹或喷淋的方式覆盖于食品表面的薄层，以达到在食品保藏、流通和销售的过程中保持食品良好的物理形态和食用品质的目的。正是得益于其可生物降解的特性，即使其未被食用，在环境中仍可被微生物降解，不会造成环境污染，顺应了当今人们对环保的需求。

天然保鲜剂的使用可以防止有害微生物活动导致肉制品的腐败，在一定的时间内保持食品的颜色和品质。天然的保鲜剂来自动植物原料，具有无毒、安全、抑菌谱广的优点，主要有茶多酚、乳酸链球素、壳聚糖，不同的天然保鲜剂作用机理和作用对象是不同的，在使用中要注意取长补短。

3. 水产品

水产品极易腐败变质，据报道每年因腐败变质丧失食用价值的水产品占其捕获量的30%，所以水产品的保鲜技术具有十分深远的经济和社会价值，主要分为冷藏保鲜、冻藏保鲜、冰温保鲜、微冻保鲜。

冷藏保鲜是全世界使用范围最广的、最具有历史传统的保鲜技术，因为其保鲜制品最接近水产品本身的生理活性，所以受到广泛运用。它是将新鲜水产品的温度降至接近冰点，又不使得水产品出现冻结的一种保鲜方法，保鲜期因鱼的品种而异，通常3～5天，最长不超过一周，主要在捕捞船上使用。这种方法一般适合于小型鱼类，不适合于大型鱼，大型鱼用此方法，降温时间较长，容易腐败变质，不利于保鲜。

冻藏保鲜是利用低温将水产品的中心温度降至－18 ℃以下，使得体内组织含有的绝大部分水分被冻结，然后在－18 ℃以下进行贮藏、流通的保鲜方法。当采用快速冻结的方法时，冻结速度快，形成的冰晶细微、数量多、分布均匀，而且水产品组织结构没有明显的机械损伤，并且在解冻过程中，所流失汁液较少。冻藏保鲜能够长时间地抑制微生物的生长繁殖和酶的活性，可以使得水制品长期保存。

冰温保鲜是指将水产品放在0 ℃以下至冻结点之间的温度带进行保藏的方法。冰温是指从0 ℃开始到生物体冻结温度为止的温度区域。处于冰温带的水产品，能够保持活体性质(死亡休眠状态)，同时降低新陈代谢的速度，从而能够长时间保存原有的色、香、味和口感，还能有效抑制微生物的生长繁殖，抑制食品内部的脂质氧化与非酶褐变等化学变化。

微冻保鲜是将水产品的温度降至略低于其细胞液的冻结点，并在该温度下进行保藏的一种轻度冷冻的保鲜方法，也称过冷却或部分冷冻。微冻温度因鱼的种类、微冻的方法而略有不同。微冻保鲜的基本原理是低温能抑制微生物的繁殖和酶的活力，特别是在略低于冻结点以下的微冻温度下保藏，鱼体内的部分水分发生冻结，对微生物的抑制作用尤为显著，使鱼体能在较长时间内保持其鲜度而不发生腐败变质。相对于传统冷藏保鲜，微冻保鲜能明显延长产品的货架期，而且细菌总数和硫化氢生成量明显下降。

（三）冷藏运输

冷藏运输是食品冷链中必不可少的一个环节，由冷藏运输设备来完成。冷藏运输设备是指本身能制造并维持一定的低温环境，用来运输冷冻食品的设施及装置，包括冷藏汽车、铁路冷藏车、冷藏船和冷藏集装箱等。从某种意义上讲，冷藏运输设备是可以移动的小型冷藏库。虽然每种设备适用于不同类型的食品，但它们都应满足以下的要求：①维持低温环境，使食品处于低温状态；②可以调节温度；③占地空间尽量要小；④隔热性能好；⑤经济实用。

有关冷藏运输中所使用的设施及装置的结构性能等具体内容参见第四节。

第三节　冷链的食品安全与典型的食品冷链

随着经济和冷链技术水平不断提高，消费者对各种冷链食品的需求越来越大，冷链食品占据全国食品市场的30%以上，成为我国食品工业的重要组成部分。每年我国的果蔬产品在贮藏运输过程中大概有20%发生腐败,经济损失高达750多亿元,居世界之首。

我国先后出台了《食品冷链物流追溯管理要求》、《冷链物流分类与基本要求》等冷链物流标准,但这些标准大多为推荐性参考标准,并非强制性实施。生鲜农产品由于流通运输环节多,流通标准要求较高,在缺乏明确行业标准和有效监督的情况下,产品品质难以保证。即使部分平台会提供食品溯源服务,但经过复杂连续的各个环节后,也无法确保食品安全。很多企业表面打着全程冷链的旗号,实际上为了节省物流成本,运用敞篷车运送低温物品,或者在运送途中关掉冷冻设备进行间歇式供冷。这并不是少数现象,如此会大大降低食品质量,导致我国食品安全问题频频爆发,所以冷链中的食品安全是我们必须高度关注的问题。

对于生鲜冷链中各个环节的危险因素可以利用HACCP(危害分析与关键控制点)原理进行分析,发现并解决食品冷链中各环节容易出现的质量安全问题,找到相应的控制点与关键限值制定控制方法,将生鲜果蔬冷链物流中的危害降到最低,最大限度地减少浪费并提高产品质量。

一、食品危害因素分析

(一)物理性危害

食品在采摘、加工、运输、贮藏、销售等环节中,由于采摘过程中可能携带有石砾、树枝、杂草等杂质,加工中机械磨损产生的金属杂质,运输过程中颠簸导致食品碰撞损伤等,均会对食品外部造成物理性危害,这些危害可能使得食品出现病伤并促进果蔬制品本身的呼吸作用,缩短食品货架期,导致食品极易腐败变质,危害消费者的身体健康。

(二)化学性危害

化学性危害主要指环境污染物、天然动植物毒素、食品供应链过程产生的污染和人为使用的非法物质等。化学性的危害主要来源有三个方面:一是化肥农药的施用,二是生产过程中环境的污染,三是加工过程中食品添加剂的过量使用。化肥农药的使用会导致药物残留在食品表面,若采收时间不恰当、后期处理不规范,会对人体健康造成一定影响;生产中周围环境的不清洁也会导致食品受到化学性污染;有些商家不顾食品添加剂使用标准,过量使用添加剂,一味追求口感、色泽,导致消费者食用后出现各种不良反应。

(三)生物性危害

食品容易受到微生物、病毒的侵害,导致腐败变质。不适宜的自然条件、加工过程操作不规范、生产车间卫生不达标、贮藏运输环境卫生不合格、卖场冷藏设施不完善、消费者知识水平受限都容易使得食品受到生物性危害。

二、果蔬冷链中的关键控制点

(一)原料的验收

对于果蔬类产品,原料存在的显著性危害有农药残留、病虫害、腐败等,这些危害控制是果蔬制品质量安全的第一道关键工序，如果出现问题会对整个冷链造成影响，而这个影响也不能消除，所以是一个CCP(关键控制点)。关键限值包括新鲜干净、适时采收、仔细采摘等方面，要符合贮运要求的成熟度，并且病虫害和药物残留不得超过国家标准。

（二）分拣

果蔬类制品在采摘后要进行分拣，在分拣过程中有时会因为分拣区控温不合理而引发食品变质。如果操作人员携带有害微生物、出现暴力分拣、分拣操作不规范等会导致生鲜食品污染。此环节一旦产生危害，会直接影响后续环节的进行，且无法消除此环节的危害。因此，要将此环节设为CCP。关键限值要求工作人员在进行分拣时严格按照分级操作规范进行。

（三）贮存

由于贮存空间小、贮存密度大、时间较久、空气流速慢、温湿度不适宜，使食品发生腐败变质产生有毒物质，还易出现交叉感染等现象。贮存中一旦出现问题，后续加工等工作就无法进行，因此这也是关键的控制点。关键限值一是在贮存时温度要在0～4 ℃；二是对于贮存的食品进行分类分区，尽量减少交叉感染的情况；三是控制产品的贮存空间及数量，防止产品过于紧密引起的物理损伤及交叉污染。

（四）温度控制

温度是冷链中最关键的控制点，温度控制将直接决定食品的品质变化程度和保藏期，而且温度控制不当将会导致大面积的食品变质，并污染其他产品，后果严重。

三、对于冷链中食品安全的潜在危害因素和控制措施

（一）原料验收环节

动植物病毒侵染、采摘的果蔬出现衰败、原料厂家贮藏环境卫生不达标、生产基地受到污染、农兽药残留、人员操作不规范等都是潜在危害因素。控制措施：在采摘时注意采摘时间和方法，将遭受侵染的果蔬去除；对于卫生条件不达标的厂家更换或责令整改；严格控制食品中的农药、土壤中重金属的含量，监管部门加强检疫监督工作。

（二）初加工环节

作业场所环境卫生不合格，清洁不彻底；设备消毒不及时；清洁剂或清洁用水不符合国家卫生标准；包装不合理，如密封不彻底、标签不规范或使用透明包装；工作人员操作不规范；包装材料使用不当等都是潜在危害因素。控制措施：定期检测水质，加强对用水的卫生控制；定期对人员、器具和场所环境杀菌消毒；要求出示每批包装材料的检验合格证；去除肉眼可见的质量差、易损坏的包装材料。

（三）储藏环节

外包装工作中周转箱清洁不到位，容易造成微生物污染生鲜食品；温度出现波动，易引起食品变质；集中贮存易发生交叉感染。控制措施：周转箱及时清洁、消毒；对工作人员进行素质、能力培训；对温度进行严格控制；对食品进行分区储藏。

（四）运输环节

运输车辆本身出现故障或者运输过程中遇到不利的交通情况如塞车等，导致运输时间加长，从而使得食品发生腐坏现象；温控设备出现故障或者工作人员中途对温度随意进行改变，导质食品品质出现问题；不同送货、卸货设备对食品本身具有不同的影响，可能会影响食品质量安全。控制措施：定期对车辆设备进行检查、检修，出发前熟悉路况；控制运输途中的温度在 1～4 ℃，对工作人员进行培训；在送货、卸货中尽量使用先进的设备，减少人工搬运。

（五）销售环节

销售场所温度控制不当，易产生微生物，影响生鲜果蔬质量安全；消费者为追求质量，过度挑选生鲜果蔬产品，导质产品发生物理性损伤。控制措施：控制销售场所温度在 0～4 ℃。

四、对我国冷链食品安全的建议

目前，食品冷链在国际上有两种模式，一种是在美国、日本等发达国家应用比较普遍的企业模式；另一种是在发展中国家采用的品质与价格模式，这样的模式在保证食品质量的同时还能降低在途中的损耗。根据国内发展情况等因素，可以适当学习或结合利用这两种模式促进冷链物流的发展。

（一）做好宏观布局和规划

目前，我国现有鲜活农产品的生产模式和流通方向依旧处于效率、核心技术含量低下的境况中。在冷链物流中，很多网点出现重复和盲目建设的情况。因此，在全国范围内，政府需重新规划设置冷链物流的网点及冷库，要加大管理力度，制定并完善相关文件和法规，让鲜活食品的物流规范化、模式化，合理布局每个网点，发挥每个网点的最大作用，尽量不出现重复的情况。

（二）规范相关技术标准

在企业参与的冷链物流中，不同的企业具有不同的分工，物流公司负责鲜活产品的贮存、加工和运输，销售公司负责鲜活产品的出售。为保证食品的质量与安全，各个企业之间必须加强合作，在每两个环节中间做好衔接，这其中也需要政府和协会的积极配合，为冷链物流技术接轨国际制定明确的规则和标准，给技术工人制定操作准则。对肉类、水果类、乳制品等产品制定温度和湿度的标准。与此同时，还要建立质量标准机制、验货标准机制。运输的全程都要严格控制温度，确保运输中的低温环境。贮存时也要严格把控温度，创造低温贮存条件。抓住冷链物流全程的关键，规避冷链物流中出现的各种问题和风险，创建一个效率高、冷藏技术过硬、完善的冷链物流体系。除此之外，对于生产商和销售市场以及一些大型生鲜超市的鲜活产品供应，也应严格规范制度体系，统一整个供应链的物流标准。

（三）提高冷链物流整体水平

我国鲜活产品的物流市场主要由大型市场、小型生产户、个体生产商组成，这些物流市场的功能仅仅停留在低温冷藏方面，专业性和主体性较差。物流发展是我国急需攻克的难关，也必然是未来的发展趋势。想要把我国的农产品产业做强，冷链物流是发展环节的重中之重，发展规模较大的冷链物流企业，政府和企业本身均需做出努力，才能更好地完善我国冷链物流体系。我国农业发展迅速、市场广阔，农产品的需求量也特别大，冷链物流发展势头良好。政府也采取了一定的优待政策，如减税免税政策、贷款优惠政策等，希望这些大型企业利用好资金和优秀人才，通过成立企业联盟，建立更具有规模性和专业性的冷链物流机制。提供一站式冷链物流服务，提升专业化水平，使我国的冷链物流系统更具有竞争力。

同时也要提高冷链物流信息化水平，随着网络信息技术的发展，信息化已成为食品冷链物流发展的新方向。通过融合物流网，构建食品冷链信息系统，可以促进冷链不同环节的信息交流和信息共享，消费者可以通过数据平台及时了解食品安全的信息。同样，企业也可充分利用大数据相关技术，将有关食品的各项业务数据化，高效整合信息资源，提高资源利用效率。

另外，可以引入一些高新技术，加强对生鲜产品供应链的控制，如在食品冷链物流网中引入射频集成电路技术，给每种食品制定一个携带 EPC（电子产品编码）的标签，对冷链的每个环节进行监督控制，防止出现“断链”，有效保障食品安全。

（四）加大力度培养冷链物流人才

行业要发展，人才是关键。要从多种途径来培育冷链物流的人才，只有这样才能真正发展冷链物流行业。一是高等院校应积极与市场对接，设立冷链物流专业吸引人才，让冷链物流不再是冷门专业，开展冷链物流的相关技能培训，提高冷链物流的专业水平。二是冷链物流企业也应积极与高校、科研院所、行业协会等机构对接，把冷链物流领域的相关专家学者请进企业，培训企业员工，提升职业素养，给员工创造深入学习的机会，培训出素养高、具有专业技术水准的员工。三是鲜活农产品冷链物流行业更需要营造良好的工作气氛，优化工作环境，提高工资待遇，留住专业人才。切实在保证质量的前提下，做好鲜活农产品冷链物流的研究工作，进而发展冷链物流行业。

（五）加快推进冷链物流技术发展

我国目前冷链发展中销售环节的技术发展比较成熟，但是预冷和运输环节较为落后。因此我们应认真对待预冷中的每个环节，利用现代化技术，保证每个环节的高效畅通。要提高冷链物流的通畅和效率，就必须改革条码技术、无线射频技术、EDI(电子数据交换)技术、GPS(全球定位系统)等信息技术。技术人员需要对冷链运输的包装箱和移动制冷技术加大研究力度，国家也应从多方面着手研究以提高此项技术，并关注冷链物流需求较大的地区，给予一系列地方优惠政策等支持，以此来促进冷链物流行业的稳步向前发展。

五、典型的食品冷链

(一) 果蔬制品

1. 苹果

苹果(*apple*)，蔷薇科，叶椭圆形，有锯齿；果实球形，味甜，是最常见的水果之一，富含丰富的营养，位列世界四大水果(苹果、葡萄、柑橘和香蕉)之首。中国是苹果生产大国，其产量约占世界苹果总产量的65%，主要品种有陕西洛川富士、乾县红富士、山西万荣、花牛、北斗、金帅等。按成熟期分为早熟、中熟和晚熟三个品种。早熟品种的成熟期在6—7月；中熟品种一般在8—9月成熟，主要有元帅、红星等品种；在10—11月成熟的苹果主要包括国光、富士、红富士、秦冠等品种。

1) 采收

(1) 采收期的确定。苹果采收时的成熟度根据果实品种和果实的贮藏期来确定。为了保证苹果的品质和耐贮性，需要适期采收，适宜长期贮藏的苹果需采收早熟的果实，若是短期贮藏则应采收晚熟的果实。采收过早，苹果尚未发育完全，产量和品质较低，外观色泽和风味较差，采后易缩水萎蔫，耐贮性明显下降；采收过晚，虽能在一定程度上提高果实的食用品质，但采后易发生果肉绵软、裂果、衰老褐变等，品质迅速下降，极不耐贮藏。确定苹果采收适期主要从果实颜色、生长天数、硬度、可溶性固形物含量、呼吸强度、淀粉含量、果柄、种子颜色八个指标来考虑。

(2) 采收方法。采摘宜在白天上午露水干后或傍晚气温低时进行，不宜在有雨、有雾或露水未干前进行。同一田地或同一株树的产品不可能同时成熟，分期进行人工采收，既可提高产品品质，又可提高产量。采收应做好规划和准备工作，避免采收忙乱、产品积压、野蛮装卸和流通不畅。采收时提倡采用采果袋、采果梯、盛果箱(筐)等采收工具，采果实操作时，切忌硬拉硬拽，应遵循轻摘、轻放、轻装、轻卸的原则；采摘顺序是先采树冠外围和下部，后采内膛与上部。

2) 预冷

苹果入库前4～5天进行库房降温，使库房温度降至−2～0 ℃并稳定在此温度范围内。果实采收后，立即运回预冷间或冷藏间进行预冷，在24 h内将果温降至1 ℃左右，迅速消除田间热。预冷的终温要控制在稍高于该品种的适宜贮温，如多数苹果贮温在−1～0 ℃，则预冷至1～2 ℃为宜。苹果对温度比较敏感，过低的冷却会造成冷害。苹果预冷方法主要有以下几种。

(1) 普通冷却法。采后苹果堆放在阴凉通风的地方，利用空气自然对流，带走产品热量而达到降温目的。目前，我国苹果产区主要利用采收期间夜间气温较低的优势，选用田间预冷方法预冷。例如陕西苹果的大多贮藏对象是晚熟品种，本身耐贮性较好，贮藏期较长，快速预冷对其商品品质的影响并不是很显著。所以在实践中多采用冷库库房预冷或分批入库的做法。苹果的早熟品种耐贮性较差，衰老速度快，贮藏期短，又在高温季节采收，品温和环境温度都很高，很有必要采用快速预冷的方式对果品进行降温。

(2) 冷藏间(预冷间)冷却法。这种方法在国内外都很常见，即采后苹果经挑拣后，直接入冷库，包装容器多不封口，并加速库内空气循环，待降至要求温度后封箱堆垛。大型冷库设计有预冷间，在预冷间内预冷完成后，再移入冷藏间内堆垛贮藏。

(3) 强制通风冷却。采用专门的快速冷却装置，通过强制空气高速循环，使产品温度迅速降低，在国外使用非常普遍，在国内也有采用。苹果强制通风预冷时，4 ℃以下、相对湿度在 80%以上的气流具有较好预冷效果。

3) 分级

按照 GB/T 10651—2008《鲜苹果》规定，苹果分为三个等级：优等品、一等品和二等品。

4) 包装

经研究发现，陕西苹果贮藏包装以木箱、铁箱、纸箱、塑料箱、保鲜袋及大塑料袋为主。其中保鲜袋、大塑料袋是简易贮藏的主要包装形式。传统贮藏包装方式逐渐被新型贮藏形式代替，苹果贮藏包装的种类及保鲜性能越来越好，体现了农户和经营者对包装的选择和应用的重视度有所提高。对不同包装果实进行的质量测定结果发现，在相同条件下，PVC(聚氯乙烯)保鲜膜包装贮藏效果好于 PE(聚乙烯)保鲜膜；发泡网贮藏效果优于保鲜纸。因此在贮藏应用中，推荐使用塑料箱+PVC 保鲜膜或发泡网包装苹果。

5) 不同成熟期苹果的耐贮性不同

早熟品种质地松、味多酸、果皮薄、蜡质少，由于在 6—7 月高温季节成熟，呼吸速率高，果实内养分很快被消耗掉，果实易腐烂，不耐贮藏，并且品质、风味较差，此类品种的果实一般不进行贮藏。中熟品种多甜中带酸，肉质较早熟品种硬实，耐藏性比早熟品种好，但也不宜长期贮藏，采用冷藏或气调贮藏技术可以延长贮藏期。晚熟品种肉质紧实、脆甜稍酸，由于晚熟积累养分较多，最耐长期贮运，冷藏或气调贮藏可达 7—8 个月。其中国光、富士系列品种最耐贮藏，采用适合的贮藏场所，可以实现周年供应。苹果属于典型呼吸跃变型果品，采后具有明显的后熟过程，在贮藏过程中果实内的淀粉会逐渐转化成糖，酸度、硬度降低，充分显现本品种特有的色泽、风味和香气，达到最佳食用品质；继续贮藏，会因果实内大量的营养物质消耗而变得质地绵软、少汁，进而发生变质、腐烂。苹果常用的贮藏方法包括简易贮藏、低温贮藏和气调贮藏等。简易贮藏适用于晚熟品种，如沟窖和堆藏；气调库贮藏适用于中晚熟品种，温度在 0～1 ℃，相对湿度 95%以上。

6) 运输

配送苹果运输过程中易受环境条件和路况问题两个方面的影响。一方面是环境条件控制不力，温度过低或过高，造成冻伤或腐败加速，在实际运输过程中更易出现温度过高导致果实腐烂的现象；另一方面是交通运输过程中路况不佳、包装不完善，由于颠簸磕碰造成的机械损伤容易加速苹果的褐变和衰败。

在运输的第一阶段，从采收产地到果品冷库，各冷库收购的原料均为富士苹果，10 月上旬开始采收、收购。运输工具采用普通货运汽车,每车装载10吨苹果。包装工具为7.5 kg、15 kg瓦楞纸箱或20 kg塑料筐。塑料筐底层用1.5 mm聚对苯二甲酸乙二醇酯(PET)发泡布衬垫,装3层,80～100个苹果,每个果实用发泡网套保护。第一阶段存在的主要问题是没有形成集货点收购,道路颠簸,造成原料果碰伤、压伤的现象较为普遍。

在运输的第二阶段,从果业公司至销售地批发市场,发往国外的成品采用冷藏集装箱工具运输至港口,再用货船运往目的地;发往国内的成品采用保温货运汽车或普通卡车运输,国内批发市场普遍采用普通厢式货车运输。运输的时间根据路途远近而定。此过程存在的主要问题是:第一,12月之前都是从土窑洞、地窖出的货,经营者为降低成本,无论发往国内或国外均不预冷,直接用普通货车发往国内批发市场或港口,到港口再上船装冷柜运往国外,但柜内的果品降温缓慢,到国外目的港如东南亚或巴基斯坦,船期需要7～12天,在此运输过程中,极易造成果面腐烂。第二,国内销售运输中,往往成品在运输车上数量多,致使堆码过高,纸箱堆码超过12层,造成下层果品压伤严重。第三,纸箱经过冷库贮藏后,由于在冷库中吸潮而变软、破裂,出库运输过程中造成果实碰撞磕伤严重。第四,目前内销产品装车和批发市场的卸车方式多以人力为主,在装卸过程中容易产生人为失误导致的碰压伤。第五,国内运输中司机为降低运输成本,在个别路段不走高速公路,致使路况较差,有时会造成颠簸伤害很严重。

(二) 马铃薯

马铃薯(*potato*),又称土豆、山药蛋、洋芋块茎等,全球第四大重要的粮食作物。世界马铃薯生产集中"三区两带",即高山地区、低地热带区、温带区三大主产区,占世界种植面积70%以上,我国主要种植区分布在黑龙江、吉林、甘肃、云南及四川等地。马铃薯按块茎皮色分有白皮、黄皮、红皮和紫皮等品种;按颜色分有黄肉种和白肉种;按薯块形状分有圆形、长筒形和卵形等品种;按成熟期分有早熟种、中熟种和晚熟种。

1. 采收

(1) 采收期的确定。马铃薯种植区在我国南北各地均有分布,主要种植在东北、西北等寒冷地区,7月至11月收获。从盛花期至茎叶枯萎即进入成熟期,此时期特点主要是积累淀粉,田间管理的重要任务是防止茎叶早衰,尽量延长植株的生长时间。当马铃薯地上部分茎叶变黄、倒伏和枯萎时,可以开始采收。

(2) 采收方法。收获应在晴天进行,将薯块就地晾晒半天左右,散发部分水分干燥薯皮,以便降低贮藏中的发病率。以干物质积累最多、块茎充分成熟收获的马铃薯为贮藏用最好,无论春薯秋薯,收获前如遇雨天,都应待至土壤适当干燥后收获。由于刚出土的块茎外皮较嫩,应在地面晾1～2 h,待薯皮表面稍干后再收集。注意夏天不能久晒,避免水分过分流失,采收后应及时贮存在阴凉处。

2. 预冷

用于贮藏的马铃薯不能有晚期枯萎或者软腐病感染等缺陷,每堆马铃薯中受损害的不得超过10%,含杂物不得超过5%。

3. 分级

依据NY/T 1066—2006《马铃薯等级规格》进行分级。在符合基本要求的前提下,马铃薯分为特级、一级和二级，同时参考 GB/T 25868—2010《早熟马铃薯预冷和冷藏运输指南》。

特级规格的马铃薯应大小均匀、外观新鲜、硬实；清洁、无泥土、无杂物；成熟度好、外形好；无表皮破损、无机械损伤；无内部及外部缺陷造成的损伤，并且单薯质量不低于 150 g。

4. 包装

马铃薯一般常用的包装袋有网袋、编织袋、麻袋、瓦楞纸箱、塑料箱和铁箱等。将经过预处理后的马铃薯装入孔小于 10 mm 的编织网袋，35～40 kg/袋，采用袋装垛藏，大型库垛长一般是 8～10 m，垛与垛相距 0.8～1.0 m。

5. 贮藏

（1）贮藏期病害。多种病菌侵染是造成马铃薯腐烂的主要原因，其中以干腐病和晚疫病最为常见，干腐病由镰刀菌引起，该病菌侵染可发生在块茎膨大期、收获、运输及种薯切块过程中。在块茎上的症状一般是经过一段时间的贮藏后，最初在块茎上出现褐色小斑，随后病斑逐渐扩大，下陷皱缩，进一步致使成块茎腐烂。在腐烂部分的表面，常形成紧密交织在一起的凸出层，其上着生白色、黄色、粉红色或其他颜色的孢子团。马铃薯干腐病防治的传统方法是，贮藏期间保持通风，避免雨淋，温度以 0～4 ℃为宜，发现病斑烂块茎即时清除。在收获及运输过程中避免块茎擦伤，收获后在田间晾干块茎表皮，再进行装运。贮藏前将块茎摊在通风干燥处，使薯皮晾干、伤口愈合。

（2）贮藏方法。马铃薯的贮藏方法主要包括简易贮藏、低温贮藏、气调贮藏、保鲜剂处理、辐照处理等。简易贮藏主要包括窖藏和沙藏。窖藏一般是 7 月中旬收获马铃薯，收获后预贮在荫棚或空屋内，直到 10 月下窖贮藏；低温贮藏一般是将出休眠期后的马铃薯转入冷库中贮藏，可以较好地控制发芽率和失水率，在冷库中可以进行堆藏，也可装箱堆码，一般堆高不超过 2 m，堆内设置通风筒。装筐码垛贮放，可避免压伤，更加便于管理及提高库容量。保鲜剂处理，以海藻酸钠、植物油、液体石蜡为涂膜材料，在控温 4 ℃下贮藏 120 天的马铃薯块茎进行涂膜处理后在常温 15～20 ℃下贮存 30 天；辐照处理，用 8～15 Gy 射线辐照马铃薯，有明显的抑芽作用，经辐射处理的马铃薯在常温下能够贮藏几个月。

（二）水产品

1. 鲜活水产品

1）有水运输

目前，我国活鱼运输主要采用传统有水运输和无水运输两种方法。有水运输适用于距离远、耗时长的活鱼运输。传统有水运输以物理化学麻醉法和降温为主。首先对鱼苗进行停食工作，然后经过水箱加水、装鱼、开设增氧设备后长途运输，最后运达目的地后，将活鱼转入暂养水箱，调整合适的温度，暂养销售。

2）无水运输

与有水运输原理大致相同，都是降低鱼的代谢强度，并改善运输水体的水质来提高运输效率。水产品无水保活物流技术集“暂养→梯度降温→诱导休眠→无水包装→低温贮藏→唤醒”全过程品控工艺、智能信息化及配套装备为一体。该技术可使水产品存活时间长达 60～81 h,存活率达 98%以上,成本低,自动化程度高,易于操作,能实现大批量的输送。配套装备与产品则严格按照工艺流程设计生产,主要包括低温驯化/唤醒箱、天然植物源休眠诱导剂、无水保活运输车、无水保活运输垫、无水运输箱等,有效地构成物流载体,从而实现水产品无水保活流通,全程高效、绿色、低碳。通过对水产品无水活运工艺技术及其配套装备与产品的革新,提高了成活率,增加了运输量,延长了成活时间,从而大幅度提升了水产品的商业价值。该项目不仅推动生鲜农产品冷链物流行业的全面革新,而且对降低物流成本、提高经济效益、保障产品质量起到一定促进作用。冷链物流环节简介如下。

(1) 产地驯化。驯化的水产品应体质健壮、无病、无伤、无污染,其品质应符合 GB/T 24861—2010《水产品流通管理技术规范》的规定；驯化的水产品通过 GB/T 30891—2014《水产品抽样规范》进行抽样检测；驯化使用的水质符合 GB 11607—1989《渔业水质标准》,使用的人造冰符合 SC/T 9001—1984《人造冰》。驯化操作步骤：在驯化车间对水产品梯度降温休眠,即降至－9～5 ℃的温度区间。

(2) 产地包装。水产品由驯化车间通过传送带输送至包装车间的包装架上,再转移至包装车间内的保温箱里,充入混合气体包装后,由传送带输送至中转站内的冷链运输车上,由冷链运输车将水产品运送至目的地或转运机场航空运输。

(3) 长途运输。根据水产品品类、运输量、运输距离及成本选择合适的运输方式,根据不同的水产品控制运输过程中环境温度波动≤3 ℃。运输工具应洁净、无毒、无异味、无污染,符合卫生要求。长途运输过程中所涉及的贮运设备等应符合 SC/T 6041—2007《水产品保鲜储运设备安全技术条件》。

(4) 销地唤醒。水产品到达目的地后,转入提前调好温度的唤醒池或唤醒桶内(温度同运输温度一致),对水产品梯度升温唤醒步骤为：升温至－2～5 ℃的温度区间,每小时升温 0.8～1.5 ℃；升温至 5～10 ℃温度区间,每小时升温 1.5～3.9 ℃；升温至 10～30 ℃的温度区间,每小时升温 3～5 ℃。

(5) 销地暂养。水产品唤醒后,转入暂养池,暂养池具备控温、过滤及消毒等功能,暂养待售。暂养环境及经销商要求等符合 SC/T 3108—2011《鲜活青鱼、草鱼、鲢、鳙、鲤》及 SB/T 10524—2009《鲜活对虾购销规范》。

2. 冰冻水产品

水产品冷冻加工指为了保鲜,将海水、淡水养殖或捕捞的鱼类、虾类、甲壳类、贝类等水生动物进行预处理、装盘、冷冻、运输及销售等全程冷冻加工的活动。

1) 冰冻鱼类

根据不同的原料鱼,选择相应的前处理工艺,处理完毕后转入冷库进行冷冻贮藏,根据销售计划进行运输配送后进入销售流程。

(1) 前处理。原料鱼→洗净→分级装盘→冻结→脱盘→包冰衣→套塑料袋→装箱→冷藏(鱼体装盘要求鱼背面向外,整齐排列,分为 1、2、3、10 kg 四种,用塑料袋薄膜进行内包装后,再以瓦楞纸箱为外包装,冻结温度为－24 ℃,冷藏温度为－20 ℃)。

(2) 冷冻贮藏。冷库消毒→分批次分区域低温贮藏(冷藏温度为－20 ℃),提前做好冷库设备检修,贮藏期间专人定时检测冷库温度,严格防止因设备故障等导致的库温大幅波动。不同批次及等级的带鱼分区域摆放，便于货物进出库。

(3) 运输、配送。冷藏车厢内部清洗消毒，根据厢内降温时间，开启制冷压缩机组，达到运输温度后，将待运输货物码入车厢。运输过程中，实时监控车厢内部温度情况，到达目的地后，调整冷库或冷柜温度同车厢温度一致，将冷冻产品转移至冷库或冷柜存放。

(4) 销售。冷柜或货架展示销售，从加工冷藏至销售全过程控制低温冷链。

2) 冰冻虾类

冰冻虾类以对虾为例，根据对虾加工标准要求，收购合格的对虾，预处理后，转入冷库贮藏，根据销售计划进行运输配送进入销售流程。

(1) 对虾加工工艺标准。对虾加工标准主要从色泽颜色、肌肉质地、气味和体表四个方面来判断。首先虾体应呈现鲜虾自然色泽，其次肌肉应紧密有弹性，气味正常无异味，最后虾体表面应完整，带有鳃肉，允许节间松弛、有愈合后的伤疤，不允许有软壳虾；允许虾尾有轻微黑变，不允许有黑斑、红变虾，自然斑点不限；允许颈肉因虾头感染呈轻微异色(不包括变质红色)；虾体清洁，允许串清水，不允许串血水和有严重的寄生虫类的病虾。

(2) 冻对虾加工工艺流程。原料虾进入加工厂后，立即清洗虾身表面的杂物。按对虾的大小不同，定规格挑选分级。可用规格为(60×40×10)cm 的加工对虾盘进行摆盘，先用塑料纸在每个加工盘底层衬好，将经过清洗后的虾有间隔地一条条理直摆在塑料纸上，第一层摆好后再衬上塑料纸摆第二层，一个大盘可摆 3～4 层。将摆盘成型的去头虾进行全面检查，合格后进库速冻。对已速冻的单条冻虾，按 16～20 g、21～25 g、26～30 g 规格，每袋净重 1 000 g，31～40 g 每袋净重 300 g，41～50 g 每袋净重 500 g 为称重单位进行称重。将称重后的冻对虾分别放入漏水的容器中包冰衣。按规格将对虾装入相应尺寸的塑料袋中，排去袋内的空气后用封口机封口，装入纸箱。

(3) 单条对虾冷冻加工库温。速冻库温度在－25 ℃以下，要求在 14 h 内成品中心温度在－15 ℃以下；冷藏库温度保持在－10 ℃以下。

(4) 包装对速冻后的袋装对虾进行厂级检验和分级包装。对虾规格为 16～20 g、26～30 g 的使用(42.5×25.5)cm、厚度为 0.06 mm 的塑料袋，每箱装 10 袋，箱内上、下各放一块 单面楞纸板，中间用单面楞纸板隔开，每箱净重 10 kg。31～40 g 对虾用规格为(25×15.5)cm，厚度为 0.06 mm 的塑料袋，每箱装 32 袋，中间用单面楞纸板隔开，每箱净重 9.6 kg。41～50 g 规格对虾用(30×26)cm，厚度为 0.06 mm 塑料袋，每箱装 20 袋，中间用单面楞纸板隔开，每箱净重 10 kg。外包装可用传统的(39×30×22)cm 包装箱，在无头对虾前加刷“单”字，质量在原质量上改刷为 1×10、0.3＞32、0.5×20 字样即可。外包装箱上下面用专用胶袋封口，再用打包带打两条扣紧。规格、数码厂号方法与传统冰冻加工对虾方法相同。

(5) 产品检验、运输、销售。单条冻对虾产品，在出厂前须经国家商检部门统一检查验收，出具有效的产品检验合格证后方可出厂销售。在运输过程中，必须用清洁卫生的冷藏车或保温车运输，冷冻品中心温度不得高于－8 ℃。

3. 冰鲜水产品

冰鲜技术是基于低温保藏原理的一种保鲜技术，即用机制冰或天然冰将食品的温度降低到接近冰的融点以维持其细胞的活体状态。该技术可以很好地保持食品的原有风味和营养，在水产品的贮运、销售等环节应用十分广泛。其保鲜期的长短与水产品的种类、用冰前的鲜度、用冰量以及保藏方法等有关。下面以牙鲆鱼为例介绍其冷链流程。

牙鲆鱼，又称比目鱼，是名贵的海产品，具有极高的营养价值。通过冰鲜处理后，在最短的时间内运达到消费者手中，可以较好地保持风味。

1）原料收购

应采用备有水箱的收购船，且在海上收购刚摘网的体重在 1 kg 以上的鲜活牙鲆鱼。注意水箱内不可装鱼过多，以保证牙鲆鱼的成活，到港时死亡的鱼不可加工冰鲜鱼。

2）预处理

先用带网罩的捞子，将活鱼从水箱中捞出放在苇席或木板上，用脚轻踩住鱼尾，注意尽量少让鱼体扭动拍打，以减少皮下痕血。将牙鲆鱼无眼侧向上平铺在工作台上，用剪刀顺鱼腹剪开一条 3～4 cm 长的口子，掏出内脏，注意尽量使切口减短并保留鱼子。鲜活牙鲆鱼体表有一层透明的黏液，切不可用刷子用力洗刷，它对鱼体有保护作用，在加工过程中要尽量保留，将鱼体放入冰水中轻轻漂洗血迹和污物即可。为防止腹内积存血水，可以将鱼头向下用手轻理一下鱼腹，以挤出腹腔中滞留的血水。

3）称重、包装

为适应轻便而又保温的空运要求，冰鲜牙鲆鱼一般外面采用优质牛皮瓦楞纸箱，里面采用无毒塑料泡沫箱的双层包装，再加上尼龙塑料布及免水胶带等多层包裹封闭，使之达到保温和防渗漏的包装要求。将鱼用塑料布包裹后在上面均匀撒上一层干净碎冰，然后盖上塑料泡沫箱盖，用防水胶带粘住箱子缝隙，还要在泡沫箱外包裹上一层塑料布，最后装入外包装牛皮纸箱内，将外包装打好封条放入－4 ℃的保鲜库暂存待运。

4）运输

短途运输，将冰鲜鱼置于碎冰上，控制运输车厢内温度 0～4 ℃，在最短的时间内运达销售或消费地点。长途运输，由于长途运输耗时长，对于冰鲜鱼优先选择空运，以保证产品品质。一定要做到人等鱼、车等货，周密地组织好人力、物力，使收购、生产运输一条龙，并由专人负责办理报关、检验等必要手续，尽量缩短生产运输周期，使包装好的冰鲜牙鲆鱼立即送至就近机场，保证在 24 h 内空运出境。

5）销售

置于碎冰或冰水环境下批发或零售。

（三）冷鲜肉制品

冷鲜猪肉又叫冷却排酸猪肉、冷却猪肉，是指将屠宰后的猪胴体进行冷却排酸处理，使其温度在 24 h 内降到 0～4 ℃后再加工，流通和销售等环节始终保持在 0～4 ℃内的“鲜肉”状态。

冷鲜猪肉克服了热鲜肉和冷冻肉的缺陷，在原料采集、屠宰、分割剔骨、包装、运输、储藏和销售的过程中始终保持在低温环境下，减少了其内部水分的蒸发流失和微生物的生长繁殖，从而延长了肉的保质期。冷鲜猪肉从屠宰到销售，大约会经过 2 天，这是肉质自然成熟的过程。在此期间,冷鲜猪肉在适宜的低温环境下完成尸僵、解僵、软化和成熟的过程。猪肉经过排酸处理后,肉质富有弹性,嫩度也明显提高,并且营养物质流失较少。同时,冷鲜猪肉经过一系列冷链运作体系,保障了其在保质期内色泽鲜艳、肉质柔软,具有更高的安全性和鲜美程度。

1）冷鲜猪肉冷链

冷鲜猪肉冷链包括猪肉屠宰加工、冷藏配送、冷藏运输和冷藏销售。

屠宰加工是指经检测达到质量标准要求的生猪在猪肉加工厂加工成冷鲜猪肉的过程,包括检验检疫、刮毛去皮、胴体冷却、分割和包装入库等内容。冷鲜猪肉从猪肉加工厂或者冷库中进入销售环节需要经过冷藏配送,通过运输和暂时的冷藏贮存送达销售地点。

冷鲜猪肉销售环节是猪肉从商家转移到消费者手中的过程,销售商通过与供应商达成协议进行进货采购,采购的冷鲜猪肉需要暂时入库贮存保鲜,而且在上架销售之前可能需要二次加工。冷鲜猪肉卖给消费者之后并不代表销售环节的结束,产品可能会发生退换货现象,因此售后服务也是销售环节必不可少的内容。这样进货采购、贮存、加工、上架销售、售后服务就构成了销售环节的五个核心模块。

2）肉的冷加工

（1）加工企业卫生要求。加工企业的卫生安全应符合相应的食品安全国家标准规定。

（2）屠宰加工要求。屠宰加工应符合相应的检疫、屠宰操作以及质量等级等方面的食品安全国家标准规定。

（3）预冷要求。胴体温度应在 24 h 内降至 0～4 ℃,降温后方可入冷藏间。

（4）分割要求。分割间的温度应≤12 ℃,分割时间应≤30 min,分割过程中畜禽肉的中心温度应<7 ℃。

3）包装

包装间的温度应≤12 ℃,包装时间应≤30 min。在进入零售市场销售的预包装生鲜畜禽肉,其包装标识应符合相应的食品安全国家标准规定。并且预包装生鲜畜禽肉使用的包装材料,应符合相应的食品安全国家标准规定。

4）仓储管理

冷库温度应控制在 0～4 ℃。肉品到货时,应对其运输方式及运输过程的温度记录、运输时间等质量控制状况进行重点检查和记录,若到货的肉品温度高于双方约定的最高接受温度时,收货方应及时通知接受方,双方按合同约定协商处理。经检验合格的肉与肉制品才能入库贮藏,并依据进货信息和随货清单做好记录。生鲜畜禽肉贮存过程中不应与有毒、有害、有异味、易挥发、易腐蚀的物品同处存放。冷藏、冷冻肉品贮藏作业肉品应分别符合 GB/T 24616—2009《冷藏食品物流包装、标志、运输和储存》、GB/T 24617—2009《冷冻食品物流包装、标志、运输和储存》的规定,还应符合 WB/T 1059—2016《肉与肉制品冷链物流作业规范》的规定。不同品种、批次、规格的生鲜畜禽肉应分别码放,码放应稳固、整齐、适量。货垛应置于拖板上,不得直接接触地面。应满足"先进先出"原则。码放时应距离冷库门的两边至少 200 mm,距离墙 300 mm、距离顶 200～600 mm、距离排管 300 mm、距离风道 300 mm。

5）运输配送

应采用冷藏车、冷藏集装箱、冷藏船等具有制冷功能的运输设备。应根据肉与肉制品的类型、特性、运输季节、运输距离的要求选择不同的运输工具和配送线路。车厢及接触肉类的器具应符合卫生安全要求，且利于清洗和消毒，冷藏运输设备应设有持续全程的温度记录装置，在使用前要进行清洁和消毒，保持卫生。装车前，车厢温度宜预冷至－10 ℃，冷藏肉与肉制品的车厢温度应预冷至 7 ℃以下时方可装运。装载时生鲜畜禽肉应距离顶部 20 mm，应使用支架、栅栏或其他装置防止货物移动。包装肉与裸装肉同车运输时，应采取隔离防护措施。装车完成后，根据肉品运输要求，设置车厢的制冷温度，确认制冷机组正常运转后，依指定路线配送。运输过程中制冷系统应保持正常运转状态，全程温度应控制在指定的温度范围内。在出库或到达接收方时，应在 30 min 内装卸完毕，在装卸过程中，生鲜畜禽肉不应直接接触地面。运输过程中应及时查看温度记录装置，并做好记录，作为交接凭证及环节记录，交接时生鲜畜禽肉的温度应＜7 ℃。

6）销售

批发市场应建有冷库和冷藏柜，库容量应不小于年交易量的 0.5%。零售市场应设有冷藏柜，宜配备满足肉品销售温度要求的展示式冷藏柜。存放冷藏肉品的展示式冷藏柜柜内温度应保持在 0～4 ℃；存放冷冻肉品的展示式冷藏柜柜内温度应保持在≤15 ℃。在柜内码放销售的肉品应遵守展示式冷藏柜的使用要求，非预包装的肉品不宜在展示式冷藏柜内销售。展示式冷藏柜柜内应设有易读取的精确温度计，温度测点应设在回风口的标记线处或柜内空气温度的最高线处。产品质量不合格的肉与肉制品应及时下架。

（四）乳制品

以搅拌型发酵酸奶类产品及巴氏奶为例，介绍其冷链模式。

酸奶属于发酵型牛奶，包括凝固性和搅拌型两种。凝固型酸奶是装入小容器中封闭发酵而制成的，如普通酸奶。搅拌型酸奶则是在大容器中发酵，然后加入一些调味剂继续搅拌，再进行灌装而成。搅拌型酸奶的基本工艺流程为：先将经检验、预处理后的原奶，以及经检验后的奶粉加入软水形成还原奶后继续加入白砂糖和稳定剂，进行配料，再经过预热、均质、杀菌、冷却、接种、发酵、冷却、搅拌、灌装、装箱、冷藏和检测。

在还原奶这一环节，化料温度需控制在 50～60 ℃；配料时料液的温度必须在 45～55 ℃；料液进行预热后温度必须在 65～85 ℃；均质要求料温在 55～65 ℃；杀菌在杀菌缸内进行，温度控制在 135 ℃，杀菌时间 6 s，可以快速有效地杀灭料乳中存在的各种有害菌类；杀菌后将料液的温度冷却到 60～80 ℃；接种、发酵时料液的温度维持在 42 ℃最佳；发酵之后再一次将料液冷却到 35 ℃以下，之后进行灌装，在该环节灌注的温度需控制在 20 ℃以下；产品冷藏时的温度须在 2～6 ℃。

在发酵酸奶制作流程中，发酵剂的制作也是较为重要的步骤。发酵剂的制作包括培养基的热处理、冷却至接种温度、接种、培养、冷却、贮存六个步骤。首先需要把培养基加热到 90～95 ℃并保持 30～45 min，加热完成后冷却至接种温度，若采用嗜温型发酵剂，接种温度需控制在 20～30 ℃；当接种结束，发酵剂与培养基混合后，培养开始，当发酵剂达到预定的酸度时需要再一次冷却，保证发酵剂具有较高的活力，以阻止细菌的生长；一般采取冷冻法对发酵剂进行保存，温度越低，保存效果越好，如用液氮冷冻到－160 ℃保存。

与酸奶相同，巴氏奶的保质期也比较短，酸奶的保质期是 21 天左右，巴氏奶的保质期仅有 10 天。巴氏牛奶需要低温杀菌、低温运输、低温冷藏，全程冷链。要想在市场中占有一定份额，必须牢牢把握住低温冷链的模式，全方位打造其低温链上的每一个环节，从奶源、生产、运输、配送至销售终端，全面打造低温冷链模式才能占领市场。

第四节　食品冷藏运输与销售

一、食品冷藏运输

冷藏运输是冷链中重要的一环，由冷藏运输设备来完成，冷藏运输设备是指本身能制造或维持低温状态来运输冷冻食品的设置与装置。近几年来，我国冷链运输快速发展，几种运输方式竞争不断加剧，逐步摆脱了传统的以公路冷链运输为主的固有格局，铁路、水路、航空不断发展，也使得食品在运输过程中有多种方式选择，多种运输方式的发展和合理搭配，提高了运输效率，降低了运输成本。但是目前冷藏运输仍然面临一些问题，因此冷链运输企业应该运用新理念来继续发展运输技术。

（一）公路冷藏运输

1. 发展近况

我国公路冷藏运输市场正在平稳增长，一方面冷链总量有所增加，另一方面冷链运输长度不断增加。当前国内冷链运输市场还是以公路冷链运输方式为主，约占 3/4 的市场份额，这种份额占比会在未来几年发生一些变化。据调查，公路冷藏运输利润率较低，影响利润的主要因素是成本比例过高，公路冷链运输的主要成本包括燃油费、人工费、路桥费和其他费用，其他费用包括车辆折旧、保险费、管理费、城建费、印花税等，如图 4-3 所示。

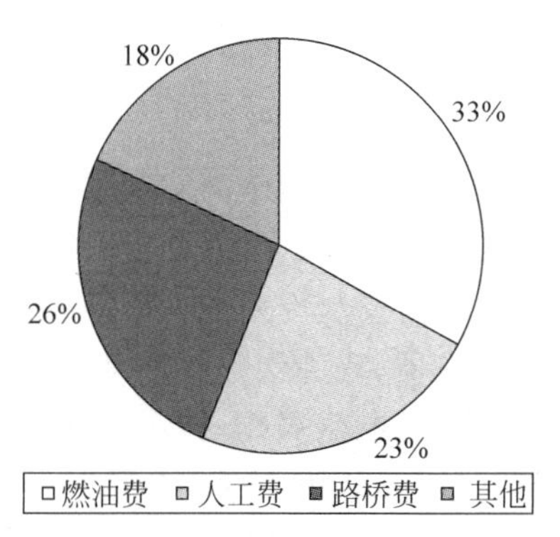

图 4-3　公路冷链成本比例

冷链零担物流就是冷链在零担物流中的作用，主要是把控货物的温度，保证货物在运输过程中不会出现变质等问题。因此就需要专业的一些冷链零担物流单位来承担，冷链零担物流也因此针对这类需要冷链运输的产品线应运而生。2016 年中国冷链零担市场迎来全面爆发，在东部地区不断发展的基础上，中西部地区很多零担线路也逐步建立起来。冷链零担的发展主要因为在三、四线城市和偏远地区的大中型城市连锁餐饮的发展和电商快速发展使得人们愿意在互联网购买生鲜食品，“全国买、全国卖”的趋势明显，消费者对于货物到家的时效性要求很高，因此越来越多的厂家电商平台会选择冷链零担进行快速发货，同时也推动了零担的快速成长。

虽然冷链零担需求量很大，但是现阶段我国冷链零担并不是很成熟，仍然有部分环节需要优化。例如，体系缺乏标准，在冷链零担中，涉及环节比较多，包括上门集货、打包、贴标、拼车、运输、卸货等一系列过程，因此制定明确的价格收费标准较难，但是企业要想在冷链零担市场做大、做强，必须做到价格标准化、透明化，才能受到消费者的信赖和支持；收发货时间不确定、货源不稳定，冷链零担企业往往要根据车辆装载的程度决定发货时间，如果车辆装不满则很有可能延迟发车，这样可能会导致先装货的食品质量无法保证，会给消费者带来不良的影响；东部沿海地区冷链零担线路完善，但中西部地区仍存在路线单一等问题。从目前的冷链零担市场发展程度来看，主要线路多集中在经济发达地区和东部沿海地区，而在中西部地区，由于冷链整体基础设施薄弱、大中型冷链物流企业少等，导致冷链零担网络不健全；不同温度需求的食品混装现象普遍，冷链零担产品五花八门，各自对温度的需求都不一样，而国内冷链企业目前多是单温车，双温车、三温车较为少见，一些冷链企业为了提高车辆装载率，往往进行不同货物的混装拼车，这样会对一些食品品质造成破坏，影响其正常售卖或贮藏。

2. 分类

对于公路冷藏运输，主要是冷藏汽车进行工作。不同的冷藏汽车可能采取不同的冷藏方法，但是在设计时都会考虑到以下几个因素：①车厢内应保持的温度及允许的偏差；②运输过程所需要的最长时间；③历时最长的环境温度；④运输的食品种类；⑤开门次数。

根据制冷方式，冷藏汽车可分为机械冷藏汽车、液氮或干冰冷藏汽车、蓄冷板冷藏汽车等多种。这些制冷系统彼此差别很大，选择使用方案时应从食品种类、运行经济性、可靠性和使用寿命等方面综合考虑。

1）机械冷藏汽车

机械冷藏汽车（mechanical refrigerated trucks）内装有蒸汽压缩式制冷机组，通过吹风的方式对食品直接进行冷却，控制车内温度，适合于短、中、长途的冷藏食品运输。

图 4-4 为机械冷藏汽车基本结构及制冷系统。该冷藏汽车属分装机组式，制冷循环系统是由制冷压缩机、冷凝器、蒸发器、有关阀件管道等组成的。制冷循环系统向车内提供冷气，降低车内温度，驾驶员通过控制盒操作，控制制冷机的工作和车厢内的温度。这种由发动机直接驱动的汽车制冷装置，适用于中小型机械冷藏汽车，其结构简单、使用灵活；但是这种车制冷剂泄漏的可能性大，设备故障较多，不适合大中型机械冷藏汽车。大中型机械冷藏汽车可采用半封闭或全封闭式制冷压缩机及冷风冷凝机组。

机械冷藏汽车的优点是能够较好地将车内温度保持相对稳定的状态，可以自行调控温度，运输成本较低。其缺点是易出故障，维修费用高；初期投资高；噪声大；大型车冷却速度慢、时间长。

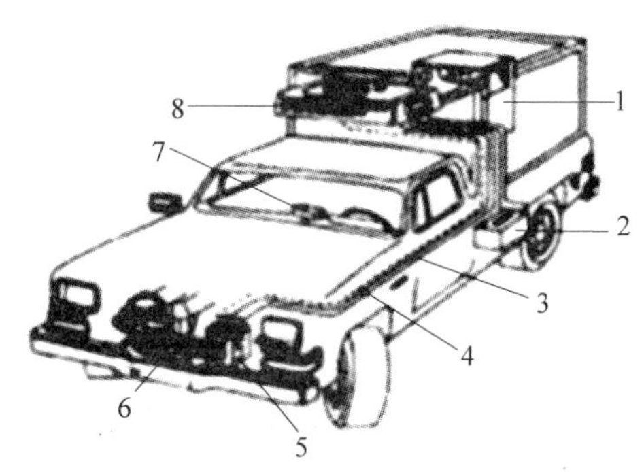

图 4-4　机械冷藏汽车基本结构及制冷系统

1—冷风机；2—蓄电池箱；3—制冷管路；4—电气线路；
5—制冷压缩机；6—传动带；7—控制盒；8—风冷式冷凝器

2）液氮或干冰冷藏汽车

液氮或干冰冷藏汽车(liquid nitrogen/dry ice refrigerated trucks)的制冷剂通常是一次性的，如液氮、干冰等。

液氮冷藏汽车主要由隔热车厢、液氮罐、喷嘴及温度控制器等组成。其制冷原理主要是利用液氮汽化吸热，液氮从－196 ℃汽化并升温到－20 ℃左右，吸收车厢内的热量，达到对周围环境制冷及指定低温环境的效果。

图 4-5 为液氮冷藏汽车基本结构。在驾驶室内安装温度控制器，调节车内温度；电控调节阀能够接收温度控制器的信号，调节液氮喷淋系统的开关状态。可自动或手动控制紧急关闭阀，在打开车厢门时，关闭喷淋系统，停止喷淋。

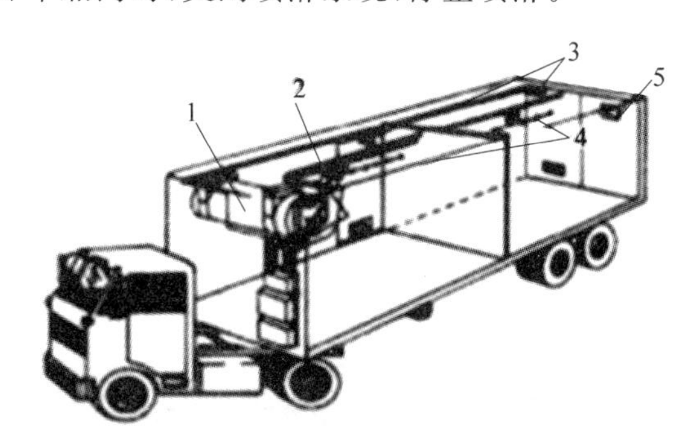

图 4-5　液氮冷藏汽车基本结构

1—液氮罐；2—液氮喷嘴；3—门开关；4—安全开关；5—安全通气窗

冷藏汽车装好货物后，通过控制器设定食品所需的温度，感温器则把测得的实际温度传回温度控制器。当实际温度高于所设温度时，液氮管道上的电磁阀自动打开，液氮从喷嘴喷出降温；当实际温度降低到设定温度后，电磁阀自动关闭，液氮由喷嘴喷出后，立即汽化，吸收大量热，即使是货堆密实、没有通风设施的情况，氮气也能进入货堆内。冷的氮气下沉时，在车厢内形成自然对流，使温度更加均匀。为了防止液氮汽化时引起车厢内压力过高，车厢上部装有安全排气阀，有的还装有专门的安全排气门。液氮制冷时，车厢内的空气被氮气置换，氮气是一种惰性气体，长途运输果蔬类食品时，可抑制其呼吸作用，抑制乙烯的生成，减缓腐败变质的进程。

液氮冷藏车的优点：装置简单，一次性投资少；降温速度快，可较好地保持食品的质量；没有噪声；与机械制冷装置相比，重量小。缺点：液氮成本较高；运输途中液氮补给困难，长途运输时必须配备大型液氮容器，减少了有效载货量。

用干冰制冷时，与液氮冷藏车类似，利用干冰升华吸热，带走多余热量，以达到食品降温目的。优缺点和液氮冷藏车基本相似，但是利用干冰制冷时可能会出现制冷不均匀的情况。

3）蓄冷板冷藏汽车

蓄冷技术是利用某种工程材料（工作介质）的蓄冷特性贮藏冷量，并加以合理利用的一种实用贮能技术。利用工程材料的温度变化、物态变化或一系列的化学反应过程而使其拥有蓄冷特性。蓄冷材料主要有冰、水、共晶盐，通过其相变进行蓄冷。共晶盐俗称"优态盐"，是由水、无机盐和能够起到成核作用和稳定作用的食品添加剂调配而成的混合物，这种盐因其为无机物，无毒，不燃烧，不会发生生物降解，在固液相变过程中不会膨胀和收缩，其相变温度在 0 ℃以上，相对于材料冰的制冷效率能高达 30%以上。虽然目前共晶盐蓄冷技术由于材料品种单一、价格昂贵，使其使用范围受到一定限制，但其相变潜热比冰小，而蓄冷能力比冰大，可以与常规的制冷系统结合，便能克服二者的缺点，将二者的优势放大。未来价格低廉的蓄冷介质与技术将被进一步开发与利用，共晶盐相变蓄冷技术有着良好的应用前景 。

蓄冷板冷藏汽车利用冷冻板中充注的共晶盐相变来实现冷藏汽车的降温。冷冻板厚 50～150 mm，外表是钢板壳体，其内腔充注蓄冷用的共晶盐液，内装制冷蒸发器。通过共晶盐溶液的相变来进行"放冷"，使车内降温；待共晶盐溶液全部融化后，可再一次"充冷"，可反复利用。

图 4-6 为蓄冷板冷藏汽车基本结构。蓄冷板可装在车厢顶部，也可装在车厢侧壁上。蓄冷板距车厢顶或侧壁 4～5 cm，使车厢内空气能够自然对流，有的汽车还安装了风扇使车厢内温度均匀。蓄冷板汽车的蓄冷时间一般为 8～12 h（环境温度 35 ℃，车厢内温度 −20 ℃），特殊的冷藏汽车长可达 2～3 天。蓄冷时间取决于蓄冷板内共晶盐溶液的体积量和车厢的隔热性能，因此厢体需要选择隔离效果好的材料。

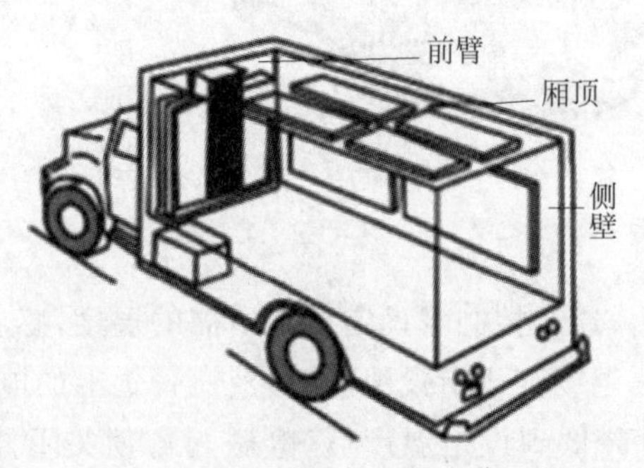

图 4-6　蓄冷板冷藏汽车基本结构

蓄冷板冷藏汽车的优点：设备费用较机械式便宜；利用夜间廉价电力为蓄冷板蓄冷，降低运输费用；无噪声；故障少。缺点：蓄冷能力有限，不适用于超长距离运输冻结食品；蓄冷板减少了汽车的有效容积和载货量；冷却速度慢。

（二）铁路冷藏运输

1. 发展近况

铁路运输，虽然在我国冷藏运输中占据重要地位，但是一直未能居于主导地位，这是由于传统制冷方式较为落后且铁路线路运行复杂的原因。不过，随着国家“一带一路”倡议的深入推进，以及中国铁路总公司《铁路冷链物流网络布局“十三五”发展规划》的出台实施，铁路冷链物流的发展迎来了绝佳的历史机遇，必将会影响和改变未来我国冷链物流的发展格局。

近些年来，随着市场需求的扩大和国家的扶持，铁路冷藏运输总体发展处于积极向上的趋势。铁路的冷链基础设施建设、冷链新线路开通、冷链运输时间优化、多式联运探索等方面相比以往有很大提升，其长距离冷链运输的优势日益明显，一定程度上分担了公路冷链运输的压力，也节约了运输成本，并且开通了多条国外铁路冷藏运输线路，既提高了运输效率，也降低了运输成本。

铁路冷链物流是现代物流的新增长点，随着市场的扩大，需要冷藏运输奶酪、黄油等有关奶制品，以及冰淇淋、快餐原料类等食品，让越来越多全国各地乃至国外的客户有了更多食品的选择。同时，铁路冷链物流良好的发展，让国际货运铁路逐步成为中国的一种新型竞争力，使中国在国际交流中更有底气，也吸引了更多外资企业，极大增强了与中国合作的欧洲企业的竞争力。

2. 分类

铁路冷藏车主要包括三种：加冰铁路冷藏车、机械制冷铁路冷藏车、液氮或干冰铁路冷藏车。它们虽有不同，但是都有以下的基本特点：具有良好的隔热性能；有可控温的制冷、通风、加热装置；修期长，维修保养时间充足；能够对抗一般恶劣天气；具有备用设备；可以自动化。

1）加冰铁路冷藏车

加冰铁路冷藏车也称为铁路保温车，其以冰或冰盐作为冷源，利用冰或冰盐混合物的溶解吸热，使车内温度降低，获得 0 ℃及以下的低温。

图 4-7 为加冰铁路冷藏车基本结构。冰槽一般位于车厢顶端或两头，设置在顶部时，一般车顶装有 6～7 只马鞍形贮冰箱，2～3 只为一组。为了增强换热，冰箱侧面、底面设有散热片。每组冰箱设有两个排水器，呈左右布置，以不断清除溶解后的水或盐水溶液，保持冰箱内具有一定高度的盐水水位，防止积水过多。冰槽在顶部时，由于冷热空气的交叉流动，容易形成自然对流，加之冰槽沿车厢长度均匀布置，即便不安装通风机也能保证车厢内温度均匀，但结构较复杂，厢底易积存杂物；冰槽设置在车厢两头时，为使冷空气在车厢内均匀分布，需安装通风机，且由于冰箱占地，载货面积减少。不过对于水产品，可直接把碎冰撒在包装箱里面，然后将包装箱码放在火车厢中，车厢底面的排水管可将融化的冰水排至车外。如果车厢内要维持 0 ℃以下的温度，可向冰中加入某些盐类，车厢内最低温度随盐的浓度而变化。

2）机械制冷铁路冷藏车

机械制冷铁路冷藏车是以机械式制冷装置为冷源的冷藏车，它是目前铁路冷藏运输

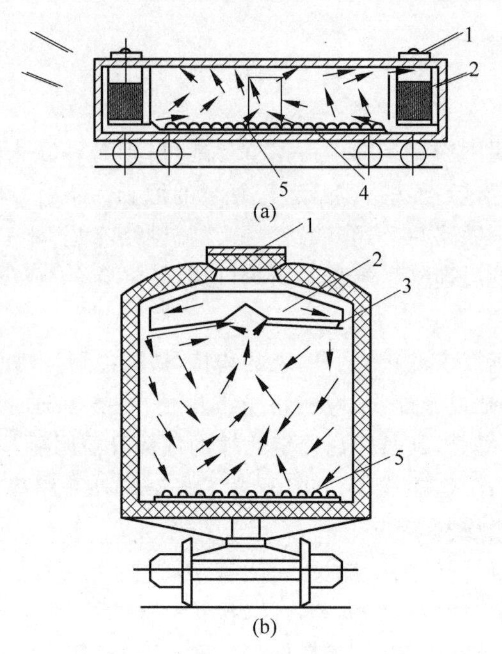

图 4-7　加冰铁路冷藏车结构

(a) 端装式；(b) 顶装式

1—冰箱盖；2—冰箱；3—防水板；4—通风槽；5—离水格栅

中的主要工具之一。机械制冷铁路冷藏车有两种结构形式，一种是每一节车厢都备有自己的制冷设备，用自备的柴油发电机组来驱动制冷压缩机。这种铁路冷藏车可以单节与一般货物车厢编列运行，如图 4-8 所示。另一种是车厢中只装有制冷机组，没有柴油发电机。这种铁路冷藏车不能单节与一般货物列车编列运行，只能组成单一机械列车运行，由专用车厢中的柴油电机统一供电，驱动压缩机，这种冷藏车不适合于小型货品的运输。冷藏车的温度要求，通常当外界温度为 40 ℃时，车内最低温度可达－18 ℃，当外界温度为－45 ℃时，使用电加热器，可使车内温度保持在 15 ℃以上。

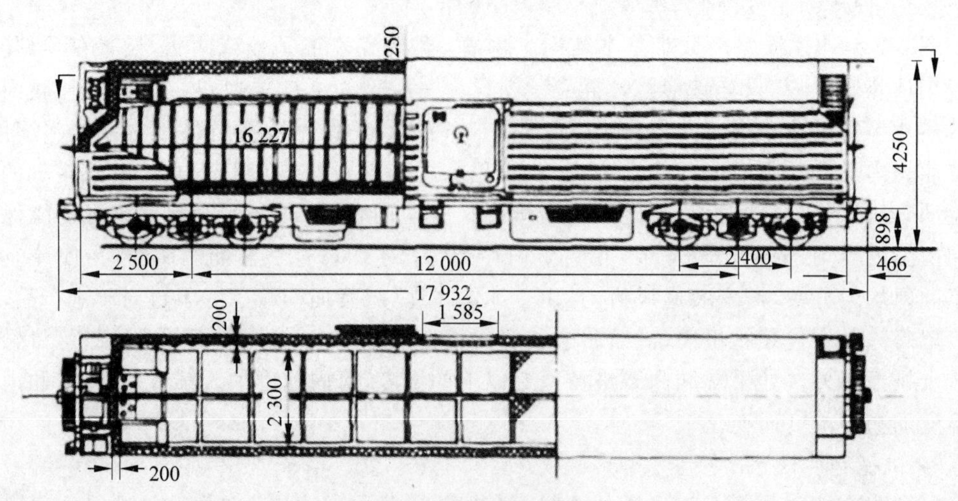

图 4-8　机械制冷铁路冷藏车结构

机械制冷铁路冷藏车的优点：制冷速度快、温度调节范围广、车内温度分布均匀、运送迅速；可以根据运输货物的特点调节车内温度，既可运输 10 ℃以上的南方果蔬产品，又可运输处于冻结状态的冷冻食品；能实现制冷、加热、通风换气的自动化。但这种铁路冷藏车因装有制冷装置而造价高，维修复杂，使用技术要求高。

3）液氮或干冰铁路冷藏车

用液氮或干冰制冷的铁路冷藏车，其原理和结构与冷藏汽车的原理和结构并无大异。

需要低温条件运输的食品不宜与冰、水直接接触，可用干冰代替。但干冰的温度较低，使用时应用纸或布将干冰包起来，以控制其升华速度，同时可防止冻害或冷害现象的发生。

干冰最大的特点就是从固态直接变为气态，而不产生液体。但是，若空气中含有水蒸气，干冰容器表面将结霜，干冰升华完后，容器表面的霜会融化为水落到食品表面，给微生物生长繁殖提供有利条件，从而导致食品腐败变质。因此，要在食品表面覆盖一层防水材料。用干冰制冷的铁路冷藏车在运输新鲜的果蔬类产品时，要注意通风或果蔬的包装，避免干冰融化产生过高的二氧化碳浓度，使果蔬进行无氧呼吸，而加快食品腐败变质速度。

（三）冷藏船与港口

1. 发展近况

港口是物流发展的重要节点，沿海港口大多都涉及冷冻、冷藏食品的进出口项目，且发展较快，内陆地区的港口在冷链物流上发展较为缓慢。交通运输部数据显示，2020 年全国港口累计完成货物吞吐量 145 亿吨，比 2019 年同期增长 4.3％。虽然受疫情影响，但全年港口吞吐量依然维持正增长，可见中国经济增长韧性在增强。在我国沿海主要港口里面，大部分都涉及冷冻、冷藏食品的进出口业务，因此在冷链物流基础设施建设、冷链物流作业场景制定、冷链物流配套服务完善等方面均有自己的长期规划和布局。

深圳因其地理位置的优越性，在冷链物流的发展上有先天优势，早在 2015 年前强制实施《深圳市冷链物流发展规划》里面，国内率先提出了冷链物流标准，通过冷链物流技术与管理的全面革新，深圳港建设成为全国冷链物流网络的重要基地，引领珠三角地区的冷链物流发展。深圳港港区临近的冷库面积达到 2.45 万平方米，容纳能力达到 2 万多吨，近几年深圳港的冷库面积正不断扩大，2021 年新启用的进港冷库总建筑面积 1 450 平方米，可分为食品库、鲜活库和药品库，内部容纳体积超过 2 550 立方米，并且能实现－20 ℃～25 ℃之间的恒温储藏功能，新启用的冷库采用了先进的远程监控系统，可以对库内各个位置实行实时监控。

青岛港是国内最大的冷冻接卸口岸，连续多年保持国内沿海港口第一。目前，青岛港冷链中心冷库库容达 6.5 万吨，具备进口肉类和水产类货物查验存储资质和进口水果的查验资质，是全国第二大进口肉类存储冷库，也是青岛港最大的存储冷库，年查验能力可达 64 万吨。同时，青岛港还具有良好的口岸环境，便捷的海关、国检政策，广阔的业务腹地，配套的多式联运功能，多元化的金融业务以及先进的码头硬件和低成本的全程物流服务等特点。随着经济全球化以及国家进出口贸易的持续发展,冷链业务也呈现出贸易冷链化程度提高、市场环境日益成熟开放、行业模式不断创新等发展特点。青岛港国际货运物流有限公司作为青岛港冷链业务的承包者,将为青岛口岸创造更好的口岸环境,推动冷链物流转型升级、快速发展。

2. 冷藏船

冷藏船可分为三种：冷冻母船、冷冻运输船和冷冻渔船。冷冻母船是万吨以上的大型船,它配备冷却、冻结装置,可进行冷藏运输。冷冻运输船包括集装箱船,其箱内温度波动不超过±5 ℃。冷冻渔船一般是指备有低温装置的远洋捕鱼船或船队中较大型的船。

冷藏船上一般都装有制冷装置,船舱隔热保温,图 4-9 为船用制冷装置布局。船上条件与陆用制冷设备的工作条件大不相同,因此船用制冷装置的设计、制造和安装需要具备专门的实际经验的人员来进行。在设计过程中,一般应注意以下几个方面的问题。

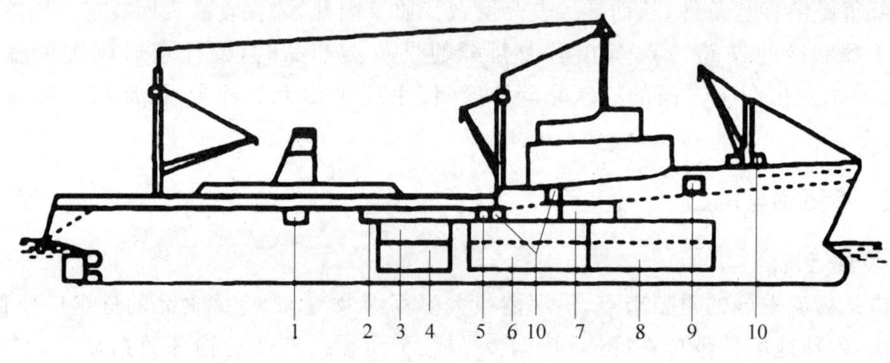

图 4-9 船用制冷装置布局

1—平板冰结装置；2—带式冻结装置；3—中心控制室；4—机房；5—大鱼冻结装置；6—货舱 1；7—空气冷却器室；8—货舱 2；9—供食品用的制冷装置；10—空调中心

(1) 船上的机房较狭小,所以制冷装置既要尽可能紧凑,又要为修理留下空间。考虑到生产的经济性和在船上安装的快速性问题,人们越来越多地采用系列化组装部件,其中包括若干特殊结构。

(2) 设计船用制冷装置时,要注意船舶的摆动问题。保证船体在长时间横倾达 15°和纵倾达 5°的情况下,制冷装置仍能保持工作正常。

(3) 与海水接触的部件,如冷凝器、泵及水管等,必须由耐海水腐蚀的材料制成。

(4) 船下水后,环境温度变化较大,对于高速行驶的冷藏船,水温可能每几个小时就发生较大变化,而冷凝温度也要相应进行改变,船用制冷装置需按最高冷凝温度设计。

(5) 环境温度的变化还会引起渗入冷却货舱内的热量的变化,因此必须控制制冷装置的负荷波动。船用制冷装置上一般都装有自动热量调节器,以保持货舱温度恒定不变。

(6) 运输过程中,为了确保制冷装置连续工作,必须安装备用机器和机组。

(7) 船用制冷压缩机的结构形式与陆用并无多大差别,但由于前者负荷波动强烈,压缩机必须具有良好的可调性能。因此,螺杆式压缩机特别适于船上使用。

二、食品冷藏销售

冷藏销售作为冷链中到达消费者手中的最后一个环节，是至关重要的，这一环节是“万里长征的最后一步”。销售时的食品质量安全与监督管理是当前的一项非常重要、紧迫的工作，但由于配套制度建设不健全、标准体系不完善、监管措施不到位等，现阶段仍存在着不少问题。

（1）制度建设不够完善，法律责任和义务不明确，不规范行为突出，并且未细化不同食品所需温度的控制要求；未明确要求销售者、贮存者、运输者需要提供作业过程中，相关食品期间的温度记录及追溯控制等。

（2）行业监管制度不健全、有效监管不足，尚未形成有效的冷藏冷冻食品销售监管体系；对已制定发布实施的标准规范，存在执行不到位的现象；对冷链温度控制情况跟踪追溯的措施不到位；应用信息化手段进行科学、持续的行业监管能力不高。

问题固然存在，但相关行业更应发挥主体责任，相关部门从各阶段、各环节加强监管与协调，以更加行之有效的方法保证冷藏链中最后一环节的产品质量。此外，国家应坚持高站位、强管控，积极发挥宏观调控能力，从立法、司法等各角度做好食品安全的最后屏障。

下面将简单介绍果蔬制品和水产品销售中的条件、要求。

（一）果蔬制品销售

1. 销售容器

（1）应配备可控制销售柜内温湿度的柜体，其温湿度要求应符合果蔬冷链物流操作规范的规定。

（2）销售柜应保持清洁，并安装温度显示器。

（3）销售柜内应备有冷风循环系统，货架或隔板应有足够的间隙。

（4）销售柜应具备除霜功能。

（5）销售柜应清楚标注最大装载线。

（6）销售柜应安装温度异常警示器。

（7）销售柜不可设置于通风口、阳光直接照射处和热源处。

2. 销售条件

（1）内包装材料应无毒、清洁、无污染、无异味，保证果蔬干净卫生。

（2）低温货品销售商应建立有关的销售柜操作及维护程序，作业人员应依照作业程序操作。

（3）温度应符合果蔬冷链物流操作规范的规定。

3. 销售过程要求

（1）保持环境清洁。

（2）防止果蔬间交叉污染，具有强烈刺激性气味的果蔬应单独放置。

（3）在货架上堆积时应避免果蔬变形，较软、易变形的果蔬应置于表层。

（4）上架时按照“货品先进先出”和“货品保质期先到先出”的原则合理安排货位。

(5) 货品质量不合格的果蔬应及时下架。

(6) 应正确完整记录销售柜的温度。

(7) 温度检测不应在除霜期间进行,除霜时段应在销售柜上标注。

(8) 销售柜的温度计应每年至少委托具有认证认可检测能力的机构进行校准一次,并保留校准记录(证书、标签)。

(9) 销售柜有货品码放时,不应切断电源。

(二) 水产品销售

1. 展售容器

(1) 应配备符合展售温湿度要求的展售柜,其温湿度要求见 DB12/T 560—2015。

(2) 展售柜应保持清洁,并安装温度显示器。

(3) 展售柜内应备有冷风循环系统,货架或隔板应有足够的间隙。

(4) 展售柜应具备除霜功能。

(5) 展售柜应清楚标注最大装载线。

(6) 展售柜应安装温度异常警示器。

(7) 展售柜不可设置于通风口、阳光直接照射处和热源处。

2. 展售条件

(1) 进入零售市场销售的水产品应进行预包装,禁止无包装销售。

(2) 内包装采用塑料包装,应符合 GB/T 4456—2008,GB 9687、GB 9688 的要求。

(3) 冷冻货品与冷藏货品应按照不同的温度条件分开码放。

(4) 低温货品展售商应建立有关的展售柜操作及维护程序,作业人员应依照作业程序操作。

(5) 销售的水产品应经过检验并具有产品合格证。

(6) 温度应符合 DB12/T 560 的要求。

3. 展售过程要求

(1) 保持环境清洁。

(2) 以冰藏方式陈列、贩卖的水产品,应使用符合饮用水水质标准的冰块。

(3) 上架时按照“货品先进先出”和“货品保质期先到先出”的原则合理安排货位。

(4) 售价标注作业应在不影响水产品温度的环境下进行,展售柜有货品码放时,不应切断电源。

(5) 水产品不得置于低温柜的最大装载线以外的区域。

(6) 应正确、完整记录展售柜的温度;展售柜发生故障或电源中断时,应停止销售,并采用保护措施;展售货品有解冻现象时,不得销售。

(7) 温度检测不应在除霜期间进行,除霜时段应在展售柜上标注。

(8) 展售柜温度计应每年至少委托具有认证认可检测能力的机构进行校准一次,并保留校准记录(证书、标签)。

(9) 货品质量不合格的水产品应及时下架,货品外包装袋破裂时不得出售。

(10) 应建立货品召回制度,当该批水产品发生问题时,应立即下架并停止销售;不合格货品或逾期的货品应每周汇集整理，并退还供货商及时处理。

【复习思考题】

一、名词解释

冷链；食品冷链；冷链物流

二、思考题

1. 食品冷链技术主要有哪些？冷链的主要组成部分有哪些？
2. 冷链物流的主要流程由哪些部分构成？
3. 简述我国冷链物流产业存在的问题以及冷链物流发展前景。
4. 冷藏运输方式分为几种类型？以任意一种为例简单介绍其运输特点及原理。

【即测即练】

第五章

食品化学保鲜技术

【本章导航】

本章主要理解食品化学保鲜的概念及其种类；掌握食品防腐剂、杀菌剂、抗氧化剂及脱氧剂的概念及其作用机理；了解常见食品化学保鲜剂的种类、特性及应用等。

葡萄酒中的亚硫酸盐

天然亚硫酸盐作为葡萄酒发酵过程中会产生的自然成分，它的存在不可避免。同时，亚硫酸盐也是一种防腐剂，发酵过程中产生的亚硫酸盐的量远不足以对葡萄酒起到保鲜的作用。因此，需要人工添加适量的二氧化硫来保证葡萄酒不被氧化，同时隔绝有害的细菌以及酵母。如果没有人工添加的亚硫酸盐，一瓶1961年生产的波尔多(Bordeaux)葡萄酒将变成一文不值的葡萄醋，而不是人们争相追捧的珍宝。

资料来源：揭秘葡萄酒中亚硫酸盐的真相.[EB/OL].(2015-02-06).https://www.wine-world.com/culture/zt/20150206171348791.

食用油中添加抗氧化剂会致癌？

网络上经常有报道，抗氧化剂很不安全，有致癌性，长期吃含抗氧化剂的食用油会有致癌的危险。这是真的吗？食用油是最容易氧化的食物之一，家中的食用油保存不好会产生“哈喇”味就是油脂氧化酸败的结果。油脂氧化酸败不仅影响口感，还会损坏营养价值，产生对人体有毒有害的成分。抗氧化剂的使用可大大减缓食用油的变质速度，提高食用油氧化稳定性并延长货架期。因此，食用油保鲜需要抗氧化，只要是按国家标准规定使用抗氧化剂的食用油，其安全性没有任何问题，消费者可放心购买食用。

资料来源：我们要不要担心食用油里的“抗氧化剂”？[EB/OL].(2020-07-12).http://www.360doc.cn/mip/923693178.html.

食品安全问题一直以来都是人们广泛关注的大问题。随着人类物质文明的进步，人们对食品质量的要求越来越高，食品安全的重要性不言而喻，过往所发生的食品安全事件往往造成极大的负面影响，因此，在食品生产和加工过程中，食品的保质保鲜受到高度重视。

食品在物理、化学、微生物等因素作用下，失去固有的色、香、味、形，进而腐败变质。其中，微生物的作用是导致食品腐败变质的主要因素。微生物引起的食品腐败变质机理是食品中蛋白质、糖类、脂肪等被微生物分解或自身组织酶作用下进行的某些生化过程。由微生物引起蛋白质食品发生的变质，通常称为腐败；脂肪发生的变质称为酸败；糖类发生的变质，通常称为发酵或酵解。为了有效地维持食品品质和延缓食品变质，在食品加工和贮藏中必须采用可靠的食品保鲜技术。

食品保鲜方法可分为物理方法和化学方法。物理方法是通过低温（冷藏或冷冻）、加热、高压、辐射、气调等达到杀菌或抑菌的目的。化学方法是使用化学保鲜剂达到杀菌或抑菌的目的。化学保鲜剂作为简便易行的有效保鲜方法，在水果、蔬菜、禽、蛋、水产等原料及其加工制品的贮藏保鲜中，起到非常重要的作用。

化学保鲜剂是指能有效保持食品的新鲜品质，减少流通损失，延长贮存期或货架时间的化学物质。化学保鲜剂可通过浸泡、喷施、熏蒸等处理方式达到防腐保鲜的目的，其作用有的是能够杀死或控制食品表面或内部的病原微生物的生长发育和繁殖，有的还可以达到调节果蔬采后代谢的目的。根据保鲜机理的不同，可以将化学保鲜剂分为防腐剂、杀菌剂和抗氧剂（抗氧化剂与脱氧剂）三大类。

第一节　食品防腐剂

一、食品防腐剂概述

食品防腐剂从广义上讲，包括能够抑制或杀灭微生物的防腐物质；从狭义上讲，防腐剂是指抑制微生物繁殖的物质，或称为抑菌剂；而杀灭微生物的物质则称为杀菌剂。

食品防腐剂是能够抑制食品腐败变质的化学物质，对以腐败物质为代谢底物的微生物的生长具有持续的抑制作用。它能在不同情况下抑制最易发生的腐败作用，特别是在一般灭菌作用不充分时仍具有持续性的效果。

二、食品防腐剂的作用机理

食品防腐剂的作用重点在于一个“防”字，即防止有害微生物的生长。通常情况下，食品防腐剂是通过破坏微生物的细胞结构或者干扰微生物正常的生理功能等方式来实现防腐的。对于微生物来讲，细胞壁、细胞质、代谢酶、核酸等结构以及功能的完整是微生物生长和繁殖的基础，任何一种功能的缺失都会制约微生物的生长繁殖。所以，防腐剂只需要对其中的某一个环节产生干扰便能够抑制微生物生长。

防腐剂作用机理非常复杂，目前常用的防腐剂的作用机理主要有以下几种。

（1）能使微生物的蛋白质凝固或变性，从而干扰其生长和繁殖。

（2）防腐剂对微生物细胞壁、细胞膜产生作用。由于能破坏或损伤细胞壁，或能干扰细胞壁合成的机理，致使胞内物质外泄，或影响与膜有关的呼吸链电子传递系统，从而具有抗微生物的作用。

（3）作用于遗传物质或遗传微粒结构，进而影响到遗传物质的复制、转录、蛋白质的翻译等。

(4) 作用于微生物体内的酶系,抑制酶的活性,干扰其正常代谢。

三、食品防腐剂应具备的条件

可用于食品防腐的物质种类很多,总的来说,作为一种理想的食品防腐剂,应具备以下条件。

(1) 符合卫生标准,本身性质稳定,与食品组分不发生化学反应。

(2) 加入食品后在一定的时期内有效,在食品中有很好的稳定性。

(3) 在低浓度下具有较强的抑菌作用。

(4) 本身不应具有刺激气味和异味。

(5) 不能阻碍消化酶及肠道内有益菌的作用,对人体正常功能无影响。

(6) 价格合理、使用方便等。

四、食品防腐剂的分类

按来源分,食品防腐剂有合成类防腐剂和天然防腐剂两大类。合成类防腐剂分为有机防腐剂与无机防腐剂。前者如苯甲酸、山梨酸等,后者如亚硫酸盐和亚硝酸盐等。天然防腐剂则是从动植物和微生物的代谢产物中提取制备得到的天然化学成分,如从乳酸链球菌代谢产物中提取得到的乳酸链球菌素,可在机体内降解为各种氨基酸。天然防腐剂通常安全性高,无毒副作用。

(一) 合成类防腐剂

合成类防腐剂是指通过化学反应合成的防腐剂。这类防腐剂具有高效、方便、廉价等特点,因此成为应用最广泛的一类防腐剂。根据其化学成分不同,进一步分为酸型防腐剂、酯型防腐剂和无机盐防腐剂。

1. 酸型防腐剂

酸型防腐剂在合成类防腐剂中占据着重要的地位,主要代表是苯甲酸和山梨酸。酸型防腐剂可以在酸性环境中对分子有效解离,这也是酸型防腐剂能够发挥出抑菌作用的原因,其抑菌效果与 pH 值直接相关,酸性越大,防腐效果越好。酸型防腐剂能影响微生物酶系统的正常运转,从而使微生物无法进行正常的代谢活动;同时还能够对微生物细胞膜的通透性产生一定程度的抑制作用,从而进一步阻碍微生物的繁殖。

1) 苯甲酸及其钠盐

苯甲酸及其钠盐又分别称为安息香酸和安息香酸钠。苯甲酸是苯环上的一个氢被羧基(-COOH)取代形成的化合物,具有苯或甲醛的气味。苯甲酸为鳞片状或针状结晶,熔点122.13 ℃,沸点 249.2 ℃,相对密度 1.265 9,25%饱和水溶液的 pH 值为 2.8,微溶于水,易溶于乙醇、乙醚等有机溶剂。苯甲酸钠是苯甲酸的钠盐,是无色或白色的结晶或颗粒粉末,无臭或带苯甲酸气味,易燃,低毒,味甜涩而有收敛性,可溶于水,溶解度为 53.0 g/100 mL,水溶液呈弱碱性(pH 值为 8),也溶于甘油、甲醇、乙醇。

苯甲酸及其钠盐的防腐机理是阻碍微生物细胞呼吸系统,使三羧酸循环(TCA 循环)

中乙酰辅酶A-乙酰醋酸及乙酰草酸-柠檬酸之间的循环过程难以进行，并阻碍细胞膜的作用。防腐效果在pH值为2.5～4.0时最佳，在碱性介质中则无杀菌和抑菌作用，此类防腐剂对酵母菌、部分细菌防腐效果很好，对霉菌的效果差一些，但在允许使用的最大范围内，在pH值4.5以下，对各种菌均有效，具有广谱抑菌性。

苯甲酸及其钠盐的显著优势在于成本低，价格低廉，因而成为食品工业广泛应用的食品防腐剂之一。苯甲酸及其钠盐是我国目前用量最大的一类食品防腐剂，主要用于酱油、醋、酱菜、碳酸饮料等产品的防腐防霉。但是这类防腐剂本身具有一定的毒副作用，如果使用量控制不当会对人体健康造成危害，主要是对人体的肾脏功能、血压以及心脏功能造成很大的影响，所以，科学合理的添加苯甲酸及其钠盐对于保证食品安全尤为关键。

联合国粮农组织和世界卫生组织规定苯甲酸或苯甲酸钠，按人体的每公斤体重日摄入量(ADI)为0～5 mg/kg(以苯甲酸计)，以保证食品的卫生安全性。美国食品药品监督局(FDA)规定食品中的苯甲酸钠含量不得超过0.1%(以重量计)。有些国家如日本已经停止生产苯甲酸钠，并对它的使用作出限制。

2）山梨酸及其钾盐

山梨酸及其钾盐又分别称为花楸酸和花楸酸钾，为无色或白色结晶，无臭或稍有刺鼻的气味，对光、热稳定，但久置空气中易氧化变色。山梨酸微溶于水及有机溶剂，加热至228 ℃时分解；山梨酸钾易溶于水，并溶于乙醇，加热至270 ℃时分解。

山梨酸及其钾盐的防腐机理为阻碍微生物细胞中脱氢酶系统，并与酶系统中的巯基结合，使多种重要酶系统被破坏，从而达到抑菌和防腐的效果。此类防腐剂对污染食品的霉菌、酵母菌和好氧性微生物有明显抑菌作用，但对于能形成芽孢的厌氧性微生物和嗜酸乳杆菌的抑制作用甚微。防腐效果通常随pH值升高而降低，pH值低于5～6时最佳。

山梨酸毒副作用低，是毒性比较低的防腐剂之一，毒性仅仅是苯甲酸钠的1/40，但抑菌、防腐效果却是苯甲酸钠的5～10倍，在防腐的同时又能保持食品原有的营养成分以及色、香、味不发生改变，整体的防腐效果较为优良，但其难溶于水，影响了在食品中的使用。

山梨酸钾在水中极易溶解，具有毒性低、防霉效果好、不改变食品原有性质、使用方便、应用范围广等特点。山梨酸钾已被FAO推荐为安全、高效的食品防腐剂，目前是食品加工中常见的防腐剂，也是被广泛应用的主流防腐剂。FAO和WHO规定，山梨酸及其钾盐的ADI值为0～25 mg/kg(以山梨酸计)。

3）丙酸盐

丙酸盐属于脂肪酸盐类防腐剂，常用的是丙酸钙和丙酸钠。在酸性条件下，丙酸盐产生的游离丙酸具有抗菌作用，对各类霉菌、好氧性芽孢杆菌或革兰氏阴性菌均有较好的抑制作用，pH值会影响抑菌效果。丙酸钙的防腐性能与丙酸钠近似，丙酸钙抑制霉菌的有效剂量较丙酸钠小，但它能降低化学膨松剂的作用，其优点在于糕点、面包和乳酪中使用丙酸钙可补充食品中的钙质。

现有研究表明，长期过量食用丙酸盐可能会增加消费者患糖尿病和肥胖的风险，给生命安全带来威胁。因此，GB 2060—2014中明确规定了丙酸钠盐、钙盐防腐剂在各种食品中的使用限量。

2. 酯型防腐剂

酯型防腐剂中使用较多的是对羟基苯甲酸酯类。对羟基苯甲酸酯又称为对羟基安息香酸酯或泊尼金酯，可由对羟基苯甲酸的羧基与不同的醇发生酯化反应生成不同的酯，在食品中应用的有对羟基苯甲酸甲酯、乙酯、丙酯和异丙酯、丁酯和异丁酯、庚酯等。目前，我国仅限用乙酯和丙酯。对羟基苯甲酸酯类物质多呈白色结晶，稍有涩味，几乎无臭，无吸湿性，对光和热稳定，微溶于水，而易溶于乙醇和丙二醇。

对羟基苯甲酸酯类防腐剂的作用原理：首先破坏微生物的细胞膜，使细胞内的蛋白质发生变性；同时抑制微生物细胞的呼吸酶系及电子传递酶系的活性，影响正常的生理活动，最终使其丧失生理平衡。

对羟基苯甲酸酯类防腐剂较酸型防腐剂具有更强的抑菌能力，对霉菌、酵母与细菌均有抑菌作用，属于广谱抑菌剂。对霉菌和酵母菌的作用较强，而对细菌特别是革兰氏阴性杆菌及乳酸菌的作用较差。其防腐效果随结构中烷基链的增长而增强；而且受环境 pH 影响较小，适用的 pH 值范围为 4～8，但以酸性条件下防腐效果较好。

添加了对羟基苯甲酸酯类防腐剂的食品能够在肠胃内被吸收，同时能够被分解为苯甲酸，最终从尿液中排出，不会累积，对人体所产生的毒副作用比较小，因此广泛应用于肉制品、调味品、腌制品、饮料、糖果、啤酒等诸多食品。但其自身具有一定的涩味，添加在食品中，一定程度上影响了食品的风味。FAO/WHO 规定对羟基苯甲酸酯的 ADI 值为 0～10 mg/kg，在食品中的最大用量为 0.1 g/kg(以对羟基苯甲酸计)。从安全性角度来说，三种常用防腐剂相比，山梨酸＞对羟基苯甲酸酯类＞苯甲酸，对羟基苯甲酸酯类 pH 值使用范围最广，而苯甲酸成本最低。

3. 无机盐防腐剂

食品中常用的无机盐防腐剂有亚硫酸盐及亚硝酸盐。此两者虽均有毒性，但在一定限量内对人体不会产生危害。这类防腐剂的作用原理是对微生物呼吸酶的活性产生严重影响，使得微生物无法进行正常的呼吸作用，最终微生物会因为缺氧而死亡。

1) 亚硫酸盐

亚硫酸盐是食品工业广泛使用的漂白剂、防腐剂和抗氧化剂，通常是指二氧化硫及能够产生二氧化硫的无机亚硫酸盐的统称，包括二氧化硫(SO_2)、硫黄、亚硫酸(H_2SO_3)、亚硫酸盐(如 Na_2SO_3)、亚硫酸氢盐(如 $NaHSO_3$)、焦亚硫酸盐(如 $Na_2S_2O_5$)、低亚硫酸盐(如 $Na_2S_2O_4$)。

亚硫酸盐在食品中使用历史悠久，可以追溯到古罗马时代，当时人们用 SO_2 进行葡萄汁及制酒器具的消毒，随着食品工业的发展，逐渐用于食品业的其他方面，1948 年被日本指定为食品添加剂。目前，许多国家允许亚硫酸盐作为食品添加剂使用。亚硫酸盐类食品添加剂不像其他添加剂那样只具有单一的功能，它通常是护色、杀菌、漂白等多种功能共同作用，其中真正起作用的是有效 SO_2。

这类防腐剂的作用机理主要有：亚硫酸是强还原剂，可以消耗组织中的氧，使好氧性微生物的正常生理过程(繁殖、呼吸、发酵)受阻；亚硫酸盐分解产生的氢离子能引起菌体表面蛋白和核酸的水解，从而杀死组织表面附着的微生物。但不同的微生物对亚硫酸盐的敏感性不同，其中，细菌对其较敏感，酵母菌敏感性较差。

随着研究的逐步深入，亚硫酸盐的毒性日益受到人们的关注。大量使用亚硫酸盐类食品添加剂会破坏食品的营养素。亚硫酸盐能与氨基酸、蛋白质等反应生成双硫键化合物；能与多种维生素如 B_1、B_{12}、C、K 结合，特别是与 B_1 的反应为不可逆亲核反应，结果使维生素 B_1 裂解为其他产物而损失，由此，FDA 规定亚硫酸盐不得用于作为维生素 B_1 源的食品；亚硫酸盐能够使细胞产生变异；亚硫酸盐会诱导不饱和脂肪酸的氧化。动物长期食用含亚硫酸盐的饲料会出现神经炎、骨髓萎缩等症状并对成长有障碍；而人类食用过量的亚硫酸盐会导致头痛、恶心、晕眩、气喘等过敏反应；哮喘者因其肺部不具有代谢亚硫酸盐的能力，对亚硫酸盐更是敏感。因此，在食品加工中，需严厉杜绝此类防腐剂过度添加的问题，同时加大研发力度，寻求新型更安全的防腐剂。

2）亚硝酸盐

亚硝酸盐又称工业食盐，是一类含亚硝酸根的无机化合物总称，主要指亚硝酸钠（$NaNO_2$）。亚硝酸钠为白色至淡黄色粉末或颗粒状，味微咸，易溶于水，外观及滋味与食盐相似。

亚硝酸盐是肉制品加工中常用的食品添加剂，具有护色、抑菌、改善风味和质构等作用。亚硝酸盐的护色机理是：亚硝酸盐在酸性条件下会生成亚硝酸。宰杀后成熟的肉中一般含有乳酸，pH 值在 5.6～5.8 范围不需加酸即可生成亚硝酸。亚硝酸不稳定，继续分解生成亚硝基(-NO)，分解产生的亚硝基会很快与肌红蛋白结合生成鲜艳的、亮红色的亚硝基肌红蛋白，亚硝基肌红蛋白遇热后，释放巯基(-SH)变成具有鲜红色的亚硝基血色原。亚硝酸盐的抑菌机理是：亚硝酸分解产生的氧可抑制深层肉中严格厌氧的肉毒梭菌的生长繁殖，防止肉制品腐败。

肉毒梭状芽孢杆菌很容易在腌腊肉、香肠、火腿等肉制品中生长，且会产生毒力极强的肉毒素，成人只要摄入 0.01 mg 肉毒素即可中毒致死。在防止肉制品中的肉毒素中毒方面，亚硝酸盐具有独特的作用。但是，亚硝酸盐具有一定毒性，人体摄入过量的亚硝酸盐，一方面会与仲胺反应生成具有致癌性的亚硝胺，另一方面能使血液中的亚铁血红蛋白氧化成高铁血红蛋白，使其失去携氧能力，进而导致人体各组织缺氧中毒，中毒量为 0.3～0.5 g，致死量为 2～3 g。因此，亚硝酸盐在食品工业中是限量使用，需严格按照 GB 2760—2014 要求添加。

（二）天然防腐剂

化学防腐剂成本低廉、抑菌效果好，在食品工业上广泛应用，但人们逐步发现其用量超过一定限度后对人体健康可能有一定毒副作用。因此，食品防腐剂工业的研究重点已经转向寻找更安全而有效的天然防腐剂。

天然防腐剂一般是指从植物、动物、微生物体内或其代谢产物中分离提取得到的抗菌物质，具有抗菌性强、安全性高、热稳定性好等优点。根据其来源可以分为植物防腐剂、动物防腐剂和微生物防腐剂。有关内容参见第七章第二节。

五、食品防腐剂的未来展望

微生物的细胞壁、细胞质、代谢酶、核酸等结构及功能的完整性是其生长及繁殖的基础,任何一种结构的破坏或功能的缺失均会制约其生长繁殖。因此,食品防腐剂只需对其中某一环节产生干扰便能够抑制微生物生长。随着科技进步和人们食品安全意识的增强,食品防腐剂的生产和使用会更加科学合理,充分发挥其应有的作用,而将其对人体的不良影响降到最低。在未来,食品防腐剂应从以下几方面着手加强。

(1) 加大研发力度,寻找制取使用范围更广、更方便、更高效、更经济的天然防腐剂。

(2) 多种防腐剂联合应用,优势互补,以达到更好的防腐效果。

(3) 对化学防腐剂的使用量严加管控,避免过量使用造成食品安全问题。

(4) 对民众展开防腐剂相关知识普及,促使民众更科学合理地看待防腐剂的使用。

第二节 食品杀菌剂

一、食品杀菌剂概述

食品杀菌剂是指能杀灭食品中有害微生物的物质。杀菌剂一般不直接加到食品中,能在较短时间内杀死微生物。杀菌剂与防腐剂的区别主要在于:杀菌剂在使用限量范围内能通过一定的化学作用杀死微生物,使之不能侵染食品,造成食品变质;而防腐剂在使用限量内,通过改变微生物生长曲线,使微生物的生长繁殖停留在缓慢繁殖期,而不进入急剧增殖的对数期,从而延长微生物繁殖一代所需要的时间,起到抑菌防腐作用。

食品杀菌剂主要包括还原型杀菌剂和氧化型杀菌剂。还原型杀菌剂如亚硫酸及其盐类,其还原作用有杀菌及漂白作用,有时做漂白剂使用。氧化型杀菌剂如过氧化氢、次氯酸及其盐类、过氧醋酸、漂白粉等,其杀菌作用比一般防腐剂更为强烈,也有漂白功能。由于其化学性质不稳定,易分解,可能与食品成分起不良的反应或带给食品不良的影响,所以很少直接添加到食品中,主要用于饮料水,以及容器、工具、设备和半成品的杀菌、消毒。

二、氧化型杀菌剂

(一) 作用机理

氧化型杀菌剂通过氧化机理杀灭食品中的微生物。在食品工业中,常用的氧化型杀菌剂包括过氧化物和氯制剂两类。过氧化物主要是通过氧化剂分解时释放强氧化能力的新生态氧使微生物氧化致死,主要包括过氧乙酸、过氧化氢、臭氧等。氯制剂是利用其有效氯成分的强氧化作用杀灭微生物,有效氯渗入微生物细胞后,通过破坏酶蛋白及核蛋白的巯基或者抑制对氧化作用敏感的酶类活性,致使微生物死亡。氯制剂主要包括漂白粉、次氯酸盐、二氧化氯等。

(二) 常用的氧化型杀菌剂

1. 过氧乙酸

过氧乙酸又称为过醋酸,其分子式为 CH_3COOOH,为无色液体,易挥发,有强烈刺激性气味,并带有很强的乙酸气味,溶于水、醇、醚、硫酸,性质极不稳定,在 −20 ℃会爆炸,浓度大于45%就有爆炸性，遇高热、还原剂或有金属离子存在就会引起爆炸。市场上出售的过氧乙酸大都是浓度为40%左右的过氧乙酸溶液。

过氧乙酸为强氧化剂，有很强的氧化性，遇有机物会放出新生态氧而起氧化作用，与次氯酸钠、漂白粉等被作为医疗或生活消毒药物使用，为广谱、高效、速效、低毒杀菌剂，对细菌及其芽孢、真菌和病毒均有杀灭作用，特别是在低温下仍有效，这对保护食品营养成分有积极的作用。一般使用浓度0.2%的过氧乙酸溶液便能杀灭霉菌、酵母菌及细菌，浓度0.3%则可以在3 min内杀死蜡状芽孢杆菌。

过氧乙酸多用于食品加工车间、工具及容器的消毒。通常使用0.2 g/m^3 浓度的溶液喷雾消毒车间；0.2%浓度的溶液浸泡消毒工具和容器。此外，也可用作某些食品的杀菌剂。例如，0.2%浓度的溶液浸泡新鲜蔬菜或果品2～5 min即可杀死霉菌；0.1%浓度的溶液浸泡鸡蛋2～5 min可杀灭蛋壳表面的细菌；用0.2 g/m^3 浓度的溶液对新鲜草莓进行喷雾保鲜，在4～6 ℃、相对湿度83.91%条件下，3～6天内能较好地保持草莓的色、香、味及营养成分。

2. 臭氧

臭氧具有杀菌、消毒、杀虫、杀酶、净化空气和水质、降解农药等功能，是一种高效、广谱杀菌剂。臭氧杀灭细菌、霉菌类微生物是臭氧首先作用于细胞膜，使膜结构成分损伤，导致新陈代谢障碍并抑制其生长，然后臭氧继续渗透破坏膜内组织，直至杀死细胞；臭氧对大肠杆菌、粪链球菌、金黄色葡萄球菌、绿脓杆菌等有害微生物的杀灭率可达99%以上；臭氧可以杀灭肝炎病毒、感冒病毒；臭氧杀灭病毒是通过直接破坏其DNA或RNA物质而得以实现的；臭氧还可杀灭细菌及其芽孢、真菌、支原体和衣原体，并可破坏肉毒杆菌毒素等。

臭氧的杀菌速度很快，它可迅速杀灭各种微生物。当其浓度超过一定数值时，杀菌过程便可在瞬间完成。臭氧的氧化能力比氯高1倍，灭菌比氯快300～600倍，是紫外线的3 000倍。在相同灭菌作用时(杀灭大肠杆菌率为99%)，臭氧剂量只是氯的0.000 048倍，甚至几秒钟内就可以杀死细菌。

3. 过氧化氢

过氧化氢又称双氧水，分子式为H_2O_2，相对分子质量为34.01，为无色透明液体，无臭，微有刺激性气味，熔点−0.89 ℃，沸点151.4 ℃。过氧化氢非常活泼，遇有机物会分解，光、热能促进其分解，并产生氧；接触皮肤能致皮肤水肿，高浓度溶液能引起化学烧伤。

过氧化氢分解生成的氧具有很强的氧化作用和杀菌作用，在碱性条件下作用力较强。浓度为3%的过氧化氢只需几分钟就能杀死一般细菌，0.1%的浓度在60 min内可杀死大肠杆菌、伤寒杆菌，1%的浓度需数小时杀死细菌芽孢。有机物存在时，会降低其杀菌作用。过氧化氢是低毒的杀菌消毒剂，还可用于器皿和某些食品的消毒。

在食品生产中残留在食品中的过氧化氢，经加热很容易分解除去。另外，过氧化氢与淀粉能形成环氧化物，因此对其使用范围和用量都应加以限制。

4. 漂白粉

漂白粉又名含氯石灰，是次氯酸钙、氯化钙和氢氧化钙的混合物，有效成分为次氯酸钙。为白色至灰白色粉末或颗粒,有明显的氯臭,性质很不稳定,吸湿性强,易受水分、光和热的作用而分解。遇空气中的 CO_2 反应可游离出次氯酸,遇稀盐酸可产生大量的氯气。

漂白粉的杀菌原理主要是:有效成分次氯酸钙在水中可分解出具有极强氧化性的次氯酸(HOCl),使微生物的蛋白质遭到氧化而变性致死。次氯酸杀菌快而强,但在碱性环境中易离解成次氯酸根(ClO^-),不易进入细胞,杀菌力随之减弱。漂白粉对细菌及其芽孢、酵母菌、霉菌及病毒均有强杀灭作用。杀菌效果因作用时间、浓度和温度等因素而异,而 pH 值的改变对其杀菌效果影响显著,pH 值降低能提高其杀菌效果。

漂白粉主要用作饮用水、食品加工车间、库房、容器设备及蛋品等方面的消毒剂。使用时,先以清水将漂白粉溶解成乳剂澄清液密封存放待用,然后按不同消毒要求配制澄清液的适宜浓度。一般对车间、库房预防性消毒,其澄清浓度为 0.1%~0.5%;消毒容器设备浓度为 0.1%;传染病消毒浓度为 1%~3%,炭疽芽孢污染场所消毒浓度为 10%;蛋品用水消毒按冰蛋操作规定,要求水中有效氯为 800~1 000 ppm,消毒时间不低于 5 min;饮用水(包括食品加工用水)消毒按国家饮水标准规定,出厂水中的游离性余氯为 0.5~1 ppm。

5. 次氯酸钠

次氯酸钠又名次氯酸苏打、次亚氯酸钠、漂白水,分子式为 NaClO,相对分子质量 74.44。次氯酸钠溶液为浅黄色透明液体,具有与氯相似的刺激性臭味,具广谱杀菌特性,对细菌及其芽孢、病毒、藻类和原虫类均有杀灭作用。次氯酸钠不仅可与细胞壁发生作用,且因分子小,不带电荷,故可侵入细胞内与蛋白质发生氧化作用或破坏其磷酸脱氢酶,使糖代谢失调而致细胞死亡。

次氯酸钠在水中能离解为次氯酸,因而次氯酸钠是一种高效的消毒杀菌剂。杀菌效果与其他氯杀菌剂一样,因浓度、作用时间、pH 值和温度等因素而异,pH 值越高,次氯酸钠的杀菌作用越弱,pH 值减低,其杀菌作用增强;在 pH 值、温度、有机物等不变的情况下,次氯酸钠浓度越高,杀菌作用越强;在一定范围内,温度的升高能增强杀菌作用,此现象在浓度较低时较明显;有机物的存在可消耗有效氯,降低杀菌效果。

6. 二氧化氯

二氧化氯的化学分子式为 ClO_2,沸点 11 ℃,熔点 −59 ℃,常温下为一种黄绿色或橘红色气体,在外观和味道上与氯气相似,有窒息性臭味,空气中浓度高于 10%时会发生低水平爆炸。二氧化氯是在自然界中几乎完全以单体游离基形式存在的少数化合物之一,在微酸性条件下可抑制它的歧化,从而加强其稳定性。二氧化氯气体易溶于水,形成黄绿色溶液,二氧化氯溶液极不稳定,需置于阴凉处,严格密封,于避光条件下才能稳定。

稳定性二氧化氯溶液是一种强氧化剂,性质活泼,氧化能力是氯的 2.5 倍。二氧化氯的杀菌机理是它能快速地控制微生物蛋白质的合成,与微生物蛋白质中的氨基酸发生反应,使其分解,从而导致细胞死亡;同时,二氧化氯对细胞壁有较好的吸附和透过性能,可有效地氧化细胞内含巯基的酶类,除对一般细菌有杀死作用外,对芽孢、病毒、藻类、真菌等均有较好的杀灭作用。

相对于其他氯制剂,二氧化氯杀菌时不会产生致畸、致癌、致突变的副产物,已被

WHO 列为 A1 级安全高效广谱消毒杀菌剂，具有消毒、杀菌、除臭、防霉等多项功能，还可用于水果、蔬菜和水产品等方面的防腐与保鲜。

（三）氧化型杀菌剂使用注意事项

1. 使用时做好防护

过氧化物分解产生的新生态氧和氯制剂分解产生的游离氯，这两种气体都对人体的皮肤、呼吸道黏膜和眼睛有强烈刺激作用和氧化腐蚀性，要求操作人员加强防护，佩戴口罩、手套及防护眼镜，以保障人体安全性。

2. 优化杀菌条件

根据杀菌消毒的具体要求，配制适宜浓度，并保证杀菌剂足够的作用时间，以达到杀菌消毒的最佳效果。

3. 控制贮存条件

根据杀菌剂的理化性质，控制杀菌剂的贮存条件，防止因水分、湿度、高温和光线等因素使杀菌剂分解失效，并避免发生燃烧、爆炸事故。

三、还原型杀菌剂

（一）作用机理

在食品贮藏中，常用的还原型杀菌剂主要是亚硫酸及其盐类。其杀菌机理是利用分解出还原性的亚硫酸消耗食品中的氧，使好气性微生物缺氧致死。同时，能阻碍微生物生理活动中酶的活性，从而控制微生物的繁殖。亚硫酸对细菌杀灭作用强，对菌杀灭作用弱。

亚硫酸属于酸性杀菌剂，其杀菌效果与 pH 值、浓度、温度、微生物种类等相关，其中，pH 值的影响尤为显著。此类杀菌剂的杀菌作用是由未电离的亚硫酸分子来实现的，如果发生电离则丧失杀菌作用，而亚硫酸的电离度与食品的 pH 值密切相关，只有食品的 pH 值低于 3.5，保持较强的酸性条件下，亚硫酸分子不发生电离，此时杀菌效果最佳。亚硫酸随着浓度增加和温度升高，杀菌作用增强。但是，高温会加速食品质量变化，促使二氧化硫挥发损失，因此，在生产实践中多在低温条件下使用。

此外，这类杀菌剂还具有漂白和抗氧化作用，能够引起某些食品褪色，同时也能阻止食品颜色的褐变。

（二）常用的还原型杀菌剂

1. 二氧化硫

二氧化硫又称为亚硫酸酐，分子式为 SO_2，常温下是一种无色而具有强烈刺激臭味的气体，对人体有害，易溶于水与乙醇，在水中形成亚硫酸，0 ℃时其溶解度为 22.8%。当空气中含二氧化硫浓度超过 20 mg/m^3 时，对眼睛和呼吸道黏膜有强烈刺激，如果含量过高则能使人窒息死亡。因此，在进行熏硫时需要注意防护和通风管理。

在生产实际中多采用硫黄燃烧法产生二氧化硫，此操作称为“熏硫”。硫黄的用量及浓度因食品种类而异，一般熏硫室中二氧化硫浓度保持在1%～2%，每吨切分果品干制时熏硫需硫黄3～4 kg，熏硫时间在30～60 min。此外，还可直接采用二氧化硫气体熏硫。熏硫食品中的二氧化硫残留量必须符合食品卫生标准规定，并要求硫黄含杂质少，其中二氧化硫含量应低于0.003%。FAO/WHO规定二氧化硫的ADI值为0～0.7 mg/kg。

2. 亚硫酸钠

亚硫酸钠又称结晶亚硫酸钠，为无色至白色结晶，易溶于水，微溶于乙醇，0 ℃时水中溶解度为32.8%，遇空气中氧则慢慢氧化成硫酸盐，丧失杀菌作用。与酸反应产生二氧化硫，因此，需要在酸性条件下使用。FAO/WHO规定亚硫酸钠的ADI值为0～0.7 mg/kg(以二氧化硫计)。

3. 无水亚硫酸钠

无水亚硫酸钠为白色粉末或结晶，易溶于水，微溶于乙醇，0 ℃时在水中的溶解度为13.9%，比含结晶水的亚硫酸钠性质稳定，在空气中能缓慢氧化成硫酸盐，而丧失杀菌效果。与酸反应产生二氧化硫，因此，需要在酸性条件下使用。FAO/WHO规定亚硫酸钠的ADI值为0～0.7 mg/kg(以二氧化硫计)。

4. 连二亚硫酸钠

连二亚硫酸钠又称低亚硫酸钠，商品名叫作保险粉，有含结晶水($Na_2S_2O_4 \cdot 2H_2O$)和不含结晶水($Na_2S_2O_4$)两种，前者为白色粉末状结晶，后者为淡黄色粉末。能溶于冷水，在热水中分解，不溶于乙醇。其水溶液性质不稳定，属于强还原剂。暴露于空气中易吸收氧气而氧化，同时也易吸收潮气发热而变质。连二亚硫酸钠应用于食品贮藏保鲜时，通过释放出的二氧化硫抑制腐败菌的生长繁殖，具有强烈的杀菌作用。

5. 焦亚硫酸钠

焦亚硫酸钠又称为偏重亚硫酸钠，该杀菌剂为白色结晶或粉末，有二氧化硫浓臭味，易溶于水与甘油，微溶于乙醇，常温条件水中溶解度为30%。焦亚硫酸钠与亚硫酸氢钠呈现可逆反应。目前生产的焦亚硫酸钠为以上两者的混合物，在空气中吸湿后能缓慢放出二氧化硫，具有强烈的杀菌作用，还可在葡萄防霉保鲜中应用，效果良好。联合国粮食组织及世界卫生组织规定其ADI值为0～0.7 mg/kg(以二氧化硫计)。

(三) 还原型杀菌剂使用注意事项

1. 应现用现配制

亚硫酸及其盐类的水溶液在放置过程中容易分解、逸散二氧化硫而失效，因此，应现用现配制。

2. 严格控制二氧化硫残留量

在实际应用时，需根据不同食品的杀菌要求和有效二氧化硫含量，确定杀菌剂用量及溶液浓度，并严格控制食品中的二氧化硫残留量，以确保食品的卫生安全。

3. 使用时做好防护措施

二氧化硫是一种对人体有害的气体，具有强烈的刺激性，对金属设备有腐蚀作用，因此，在使用时应做好操作人员和库房金属设备等的防护管理工作，以确保人身和设备的安全。

第三节　食品抗氧化剂与脱氧剂

一、食品抗氧化剂

（一）食品抗氧化剂概述

食品抗氧化剂是指能防止或延缓食品氧化，提高食品的稳定性和延长贮存期的一类食品添加剂。食品体系复杂，其中一些易氧化成分如油脂、维生素等在贮藏、运输过程中由于被氧化而发生酸败或降解等现象，不仅降低食品营养，使风味和颜色劣变，而且产生有害物质危及人体健康。防止食品氧化变质有多种方法，除了对食品原料、加工和贮运环节采取低温、避光、隔氧或充氮密封包装等措施以外，配合添加适量的抗氧化剂也可以有效地提高食品贮藏保鲜效果。

（二）食品抗氧化剂作用机理

食品抗氧化剂种类繁多，其作用机理可分为以下几种。

(1) 抗氧化剂自身比介质更容易被氧化，以此降低氧含量，从而抑制食品的氧化。

(2) 抗氧化剂对能够引起氧化反应或促进催化作用的物质有掩蔽作用，能使氧化作用降低。

(3) 抗氧化剂通过抑制氧化酶的活性，达到抑制氧化酶催化氧化的目的。

(4) 有些抗氧化剂自身可游离出 H^+，与食品氧化反应过程中产生的过氧化物作用，使之不能继续分解为低分子物质。

尽管不同的抗氧化剂有着不同的作用机理，但在同一种食品中抗氧化剂能单独使用，也可以复配使用。

（三）食品抗氧化剂的分类

抗氧化剂按来源不同可以分为人工合成抗氧化剂和天然抗氧化剂；按溶解性不同，可以分为水溶性抗氧化剂、脂溶性抗氧化剂和兼溶性抗氧化剂；按作用方式不同，可以分为氧清除剂、自由基清除剂、金属螯合剂、酶抗氧化剂、过氧化物分解剂、紫外线吸收剂或单线态氧猝灭剂等。

1. 人工合成抗氧化剂

人工合成抗氧化剂指人工化学合成具有抗氧化能力的物质。这类抗氧化剂一般具有较好的抗氧化能力，使用时需严格遵守国家颁布的相关法律法规。在食品中，常用的合成抗氧化剂有以下几种。

1) 丁基羟基茴香醚

丁基羟基茴香醚又称为特丁基-4-羟基茴香醚，或简称 BHA。BHA 由 3-BHA 和 2 BHA 两种异构体混合组成，分子式为 $C_{11}H_{16}O_2$。BHA 为白色或微黄色蜡状粉末晶体，有酚类的刺激性臭味，不溶于水，而易溶于油脂及丙二醇、丙酮、乙醇等溶剂。热稳定性强，可用于焙烤食品。BHA 吸湿性微弱，并具较强的杀菌作用。BHA 与其他抗氧化剂并用可以增加抗氧化效果，其 ADI 值为 0～0.5 mg/kg。

2）二丁基羟基甲苯

二丁基羟基甲苯又称为 2，6-二叔丁基对甲酚，或简称 BHT。BHT 为白色结晶，无臭，无味，溶于乙醇、豆油、棉籽油、猪油，不溶于水和甘油。热稳定性强，对长期储藏的食品和油脂有良好的抗氧化效果，与柠檬酸、抗坏血酸或 BHA 复配使用能显著提高抗氧化效果，其 ADI 值为 0～0.5 mg/kg。

3）没食子酸丙酯

没食子酸丙酯简称 PG。PG 为白色至淡褐色结晶，无臭，略带苦味，易溶于醇、丙酮、乙醚，而在脂肪和水中较难溶解。热稳定性强，但易与铜、铁离子作用生成紫色或暗绿色的复合物。有一定的吸湿性，遇光则能分解。PG 与其他抗氧化剂或增效剂并用可增强效果。PG 摄入人体可随尿排出，比较安全，其 ADI 值为 0～0.2 mg/kg。PG 目前普遍用于肉类腌制品、罐头制品、鱼类制品、饼干、糕点、油脂、油炸食品、水果及蔬菜的保鲜，在药物、化妆品、饲料、光敏热敏材料等领域也有着广泛的用途。

4）其他

除上述合成抗氧化剂外，FDA 还批准使用：抗坏血酸棕榈酸脂、抗坏血酸钙、硫代二丙酸二月桂酯、乙氧喹、卵磷脂、偏亚硫酸酯、抗坏血酸硬脂酸酯、偏亚硫酸钠、亚硫酸钠、特丁基对苯二酚（TBHQ）、2，4，5- 三羟基苯丁酮（THBP）、没食子酸戊酯等。

2. 天然抗氧化剂

天然抗氧化剂主要是指食品原料本身所含有的抗氧化剂。在水果和蔬菜中天然抗氧化剂的种类和含量都很高，如多酚、维生素 A、维生素 C、维生素 E 和 β-胡萝卜素等。天然抗氧化剂成本高、效果不稳定，而化学合成抗氧化剂则相反，成本低、效果稳定。在食品生产过程中，通常将天然抗氧化剂与化学合成抗氧化剂混合使用。目前，常用的天然抗氧化剂有以下几种。

1）维生素 E

维生素 E 又叫作生育酚，广泛分布于动植物体内，已知的同分异构体有 7 种，其中 α-生育酚是自然界中含量最丰富的维生素 E 形式。维生素 E 可以直接去除游离氧离子，无论是在体内还是体外都具有强大的抗氧化能力。

维生素 E 对人体无毒害，应用广泛，GB 2760—2014 中规定维生素 E 可以用于油炸面制品、复合调味料、膨化食品和饮料等食品中，最大使用量为 0.2 g/kg，在复合调料中按生产需要量适量使用。

2）维生素 C

维生素 C 又称为抗坏血酸，具有 L-型和 D-型两种异构体，但只有 L-型具有抗氧化性。维生素 C 是通过极强的还原能力与超氧离子反应起到抗氧化作用。维生素 C 在水中的溶解度随着温度的变化而变化，当温度为 20 ℃时，溶解度为 333 g/L；当温度达到 45 ℃时，溶解度为 40%；当温度达到 100 ℃时，溶解度达到 80%。GB 2760—2014 中规定维生素 C 可以用于去皮或预切的鲜水果和蔬菜、小麦粉、浓缩果蔬汁（浆）和果蔬汁中。

3）茶多酚

茶多酚是从茶叶中提取的具有强抗氧化性的天然成分，是近年来国内外研究开发的焦点。茶多酚的抗氧化机理是能够直接清除自由基,抑制脂质过氧反应,并使维生素 E 和 β-胡萝卜素的消耗减少。GB 2760—2014 中规定,茶多酚可以用于熟制坚果、糕点、水产品罐头、膨化食品等食品中,最大使用量为 0.8 g/kg。

以茶多酚作为油脂抗氧化剂时,其用量必须严格控制,一旦茶多酚用量过大,其抗氧化成分本身被氧化后会发生自由基过氧化副反应,生成的副产物也会诱发自由基连锁反应。虽然茶多酚具有很多优越性,但其油溶性差,直接影响了在油脂中的应用效果,因此通过溶剂法、乳化法和分子修饰法等对茶多酚进行改性,可以显著提高其油溶性,增强在油脂中的抗氧化效果。

茶多酚可以激活人体内的防御系统,增强人体内抗氧化物酶的活性。在美国、日本等发达国家,茶多酚作为食品抗氧化剂的使用年增长率高达 6.2%,而我国虽然是全球茶叶产量大国,但是茶多酚的开发和利用依然受限。

4）迷迭香提取物

迷迭香是一种天然的香料植物,其叶和花具有使人愉悦的香味,是西餐中常用的香料。迷迭香提取物具有良好的抗氧化性能,其活性成分主要为迷迭香酸和鼠尾草酸。迷迭香酸有很强的供氢能力,可以和引发过程中生成的过氧游离基反应,从而发挥抗氧化功效。鼠尾草酸则能够通过捕获过氧游离基来抑制脂肪氧化的链式反应。

迷迭香提取物因具有安全、耐高温等特点在食品抗氧化剂的研究和开发中备受关注。GB 2760—2014 中规定迷迭香提取物可以用于植物油、油炸肉类、膨化食品等,最大使用量为 0.7 g/kg。

5）番茄红素

番茄红素属于类胡萝卜素,是存在于西红柿成熟果实中的一种天然色素,番茄红素消除体内自由基的速度、抗氧化能力是 β-胡萝卜素的 2 倍,是维生素 E 的 100 倍,是目前国内外发现的抗氧化能力最强的天然抗氧化剂。

GB 2760—2014 中规定番茄红素可以用于调制乳、糖果、果冻、焙烤食品、固体汤料等食品中,最大使用量为固体汤料中 0.39 g/kg。在美国、日本等国家,番茄红素除了作为食品抗氧化剂使用,相继开发出以番茄红素为主要成分的保健品,主要功效为降低高血压、高血脂、癌细胞的活性等。从目前番茄红素在各领域的应用来看,番茄红素作为天然抗氧化剂具有很大的潜力。

6）其他

目前,国内外广泛研究的天然抗氧化剂还有:葡萄籽提取物、虾青素、抗氧化多肽类、天然多糖类、天然甾醇类、香辛料提取物、美拉德反应产物等。

随着科学的进步和人们健康意识的提高,开发利用天然食品抗氧化剂是今后食品抗氧化剂工业发展的趋势和研究重点。因此,应加强天然抗氧化剂资源的筛选,注重毒理学和抗氧化机理的研究,根据抗氧化剂自身的性质有针对性地进行抗氧化能力评价,进而开发出高效无毒、多功能、复合型的天然食品抗氧化剂新品种,增强食品添加剂产业的竞争能力。

二、食品脱氧剂

（一）食品脱氧剂概述

氧气是引起食品变质的重要因素之一。食品中有许多组分都与氧的存在密切相关。从生化角度看，脂肪遇氧会氧化酸败，维生素和多种氨基酸会失去营养价值，氧还会使不稳定色素变色或褪色；从微生物角度看，大部分的微生物都会在有氧的环境中良好生长，即使氧的含量在包装环境中低至2%～3%，大部分的需氧菌和兼性厌氧菌仍能生长，生化反应也仍会进行。因此，在包装中除去氧气，可有效地防止食品变质。

脱氧剂也称游离氧吸收剂、游离氧去除剂等，是一类能够吸收氧气、减缓氧化作用的添加剂。食品脱氧剂不同于作为食品添加剂的抗氧化剂，它不直接加入食品的组成，而是装入密封包装中与食品自身呈隔离状态。脱氧剂合理使用可以达到100%除氧，并有以下优点。

(1) 能去除引起食品质量变化的氧气，从根本上防止食品氧化物质。使用脱氧剂不但能除去包装内的游离氧，还能吸收外界进入包装袋内的氧气，使容器内长期保持无氧状态，并适用于任何形状的粉状、粒状、海绵状等食品。

(2) 使用脱氧剂不易导致食品安全问题。脱氧剂与食品防腐剂不同，没有副作用，不含致癌物质。脱氧剂的原料具有反应稳定、无怪味、不产生有害气体等特点，万一误食，对人体也无害。

(3) 脱氧剂比真空包装、惰性气体包装简单，使用方便，成本低。

(4) 脱氧剂保藏食品无须经杀菌处理就能保持食品原有风味、色泽，对低盐低糖食品尤其有效。

(5) 使用脱氧剂能扩大商品流通量，各种食品可常年销售，容易调整生产和库存，减少食品变质与流通损耗，延长食品保藏期，方便食品运输，增加商业利润。

因此，使用脱氧剂是一种对食品无污染、简便易行、效果显著的保鲜方法。目前脱氧剂已发展成为一类应用广泛的食品保鲜剂。

（二）食品脱氧剂的作用机理

当脱氧剂随食品密封在同一包装容器中时，能通过化学反应吸除容器内的游离氧及溶存于食品的氧，生成稳定的化合物，从而防止食品组分的氧化变质。同时，利用所形成的无氧状态（O_2 浓度 0.01%以下）可以控制病虫害，从而能有效地保持食品的色、香、味，防止维生素等营养物质被氧化破坏，延长食品的保质期。

（三）食品脱氧剂的种类

脱氧剂的基本构成是主剂、填充剂、活性剂、改性剂或功能扩展剂，种类繁多。脱氧剂的组成原料必须具有反应稳定、无怪味及无有害气体生成等特点。根据脱氧速度不同，可分为速效型、一般型和缓效型；根据组成不同，可分为无机类和有机类，其中使用较为广泛的是无机类脱氧剂，主要有铁系脱氧剂、亚硫酸盐系脱氧剂和加氢催化剂脱氧剂，有机类脱氧剂主要有葡萄糖氧化酶型脱氧剂、抗坏血酸型脱氧剂和儿茶酚型脱氧剂。

1. 铁系脱氧剂

这类脱氧剂以铁或亚铁盐为主剂。铁系脱氧剂在空气中的脱氧过程实际上是一种电化学腐蚀过程。氧气与铁分别通过阴极和阳极2个反应过程进行。空气中的水吸附在铁粉表面，生成电解质溶液，因此空气中的水含量间接影响脱氧剂的除氧效果。铁系脱氧剂的除氧过程反应如下：

(1) $Fe + 2H_2O \rightarrow Fe(OH)_2 + H_2$；

(2) $3Fe + 4H_2O \rightarrow Fe_3O_4 + 4H_2$；

(3) $2Fe(OH)_2 + O_2 + H_2O \rightarrow 2Fe(OH)_3 \rightarrow Fe_2O_3 \cdot 3H_2O$。

其中反应(1)和(3)可以除去包装中的氧气，而反应(2)是可能发生的副反应之一。按理论计算，1 g铁粉能把300 mL氧在标准状况下完全转化为$Fe(OH)_3$，因此1 g铁约可处理1 500 mL空气中的氧气，不仅除氧效果好，而且安全性高、经济实用。但是，应注意在使用时其反应过程中产生的氢。可在铁粉的配制当中增添抑制氢的物质，或者将已产生的氢加以处理。

铁系脱氧剂的脱氧效果与使用环境的温度有关，通常使用温度为5～40 ℃，在低温情况下脱氧剂活性和脱氧能力将大大降低，而且即使在恢复到常温状态下其脱氧能力也难以恢复。此外，铁系脱氧剂的脱氧效果还与环境的湿度有关，已有研究表明，环境相对湿度在90%以上时，18 h后包装中的残留氧气接近零，而相对湿度在60%时则需95 h。因此，在适宜的温度下，铁系脱氧剂用于含水分高的食品则脱氧效果发挥得快；反之，在干燥食品中则脱氧缓慢。

2. 亚硫酸盐系脱氧剂

这类脱氧剂常以连二亚硫酸盐为主剂。连二亚硫酸钠脱氧剂的脱氧机理是以$Ca(OH)_2$和活性炭为辅剂，遇水则发生化学反应，并释放热量，温度可达60～70 ℃，同时产生二氧化碳和水。二氧化碳虽然本身不具有杀菌保鲜的功能，但具有抑制某些细菌生长繁殖的作用。连二亚硫酸钠脱氧剂的除氧过程反应如下：

(1) $Na_2S_2O_4 + O_2 \xrightarrow{\text{水、活性炭}} Na_2SO_4 + SO_2$；

(2) $Ca(OH)_2 + SO_2 \rightarrow CaSO_3 + H_2O$。

其中反应(1)是主要的脱氧反应，$Ca(OH)_2$主要用来吸收SO_2。按理论计算，1 g连二亚硫酸钠消耗0.184 g氧气，相当于130 mL氧气，即650 mL空气中的氧气。活性炭和水是反应(1)的催化剂，因此活性炭的用量及包装空间的相对湿度对脱氧速度均会产生不同程度的影响。

连二亚硫酸钠脱氧剂在脱除包装中氧气的同时，可以通过反应生成二氧化碳，在包装中形成二氧化碳的氛围，从而达到脱氧保鲜的作用。水和活性炭与脱氧剂并存的条件下，脱氧速度快，一般在1～2 h内可以除去密封容器中80.9%的氧，经过3 h几乎达到无氧状态。

目前，还有使用这类脱氧剂的另一种方法，那就是在该类脱氧剂中加入$NaHCO_3$来制备复合型脱氧保鲜剂，除氧过程反应如下：

(1) $Na_2S_2O_4+O_2 \xrightarrow{水、活性炭} Na_2SO_4+SO_2$；

(2) $NaHCO_3+SO_2 \rightarrow Na_2SO_3+H_2O+2CO_2$。

反应中生成了二氧化碳，除了起到抑制某些细菌发育的作用，还会吸附在油脂及碳水化合物周围，进一步保护食品、减少食品与氧气接触，从而达到脱氧保鲜的目的。

3. 加氢催化剂脱氧剂

这类脱氧剂最早是以钯、铂、铑等加氢催化剂为主剂，其中以钯应用较多。有微孔的加氢催化剂在活化状态下能吸附大量的氢气，由于催化剂的催化作用，氢气和氧气反应生成水，因而可以达到除去包装中的氧气的目的。如果再在包装中加入吸水剂或干燥剂，就可以去除反应生成的水。

加氢催化剂一般都是价格比较昂贵的金属，因此，这类脱氧剂成本高、使用不便，使用范围也受到一定的局限，现在只在特殊场合使用，或配合其他脱氧剂少量使用。

4. 葡萄糖氧化酶型脱氧剂

葡萄糖氧化酶型脱氧剂属于酶系脱氧剂，通常采用固定化技术与包装材料结合。葡萄糖氧化酶(glucose oxidase，GOD)是从特异青霉(*Penicillium notatum*)等霉菌和蜂蜜中发现的酶。GOD是一种典型的氧化还原酶，它是一种分子量约160 000道尔顿的蛋白质，由二个(或四个)多肽链构成，酶反应的最适pH值5～7，最适温度是30～40 ℃，在有氧条件下，能高度专一地催化β-D-葡萄糖反应，生成葡萄糖酸，可用来除去葡萄糖或氧气。其除氧过程反应如下：

$$2C_6H_{12}O_6+O_2 \rightarrow 2C_6H_{12}O_7$$

GOD是一种需氧脱氢酶，具有非常专一性的除氧作用。对于已经发生的氧化变质，可阻止进一步发展；对于未变质的，能有效防止发生，因此可以应用于茶叶、冰淇淋、奶粉、啤酒、果酒及其他饮料制品的包装中，也可用于蛋白质的脱糖、罐头酒类的储藏。

葡萄糖氧化酶型脱氧剂的除氧反应是酶促反应，所以脱氧效果受到食品的温度、pH值、含水量、盐种类及浓度、溶剂等各种因素的影响，且存在酶易失活等特点，故制备不易、成本较高。

5. 抗坏血酸型脱氧剂

抗坏血酸(AA)本身是还原剂，在有氧的情况下，用铜离子做催化剂可将其氧化，从而除去环境中的氧，常用此法来除去液态食品中的氧。抗坏血酸即维生素C，因此抗坏血酸脱氧剂的使用安全性较高，其除氧过程反应如下：

$$AA+1/2O_2=DHAA+H_2O$$

(四) 食品脱氧剂应用注意事项

食品腐败变质的相关影响因素很多，由于脱氧剂仅靠脱氧功能还不能解决所有的问题，最好的办法是与其他保鲜技术搭配、并用，效果将会更好。在脱氧剂的应用时应注意以下几点。

(1) 与温度控制技术并用。

(2) 与加热杀菌技术并用。

（3）与食品添加剂并用。

（4）与无菌包装技术相并用。

（5）调整合适水分活度值或 pH 值。

（6）与高阻隔性材料配伍。

【复习思考题】

一、名词解释

防腐剂；杀菌剂；食品抗氧化剂；脱氧剂

二、思考题

1. 简述食品防腐剂的作用机理。
2. 简述食品防腐剂和食品杀菌剂的主要区别。
3. 简述乳酸链球菌素的抑菌机理。
4. 简述铁系脱氧剂的除氧机理。
5. 简述列举几种常见的食品杀菌剂。
6. 简述抗氧化剂和脱氧剂的区别。

【即测即练】

第六章

食品物理保鲜技术

【本章导航】

本章主要介绍常用的食品物理保鲜技术：食品的冰温保鲜技术、食品气调保鲜技术、减压贮藏保鲜技术、臭氧保鲜技术以及其他保鲜技术的原理。重点掌握冰温贮藏保鲜机理和特点；气调保鲜和减压贮藏保鲜的原理。

冰温技术在食品贮藏中的作用

利用冷藏技术，梨最长只能保鲜1周左右，而在冰温状态下则能够保鲜200天以上。鱼介类的松叶蟹利用冰温进行生鲜保存，时间可达150天，而且重量也不减少。是什么东西能产生如此功效呢？答案就是第三代保鲜技术——冰温技术。利用冰温技术储藏保存农产品、水产品在时间上，比0 ℃以上的冷藏保存延长两倍以上，且新鲜得多。

那么什么是冰温技术，冰温技术又是靠什么原理来保证食品的超高等保鲜度呢？冰温是指从0 ℃开始到生物体冻结温度为止的温域，在这一温域保存储藏农产品、水产品等，可以使其保持刚刚摘取的新鲜度，因此，成为仅次于冷藏、速冻的第三种保鲜技术而引人注目。更使人吃惊的是施加了熟化、发酵、浓缩、干燥等过程的加工品比其刚刚摘取时更加新鲜味美，从而使人们随时能够品尝到应时季节的美味食品。目前冰温技术已在日本全国推广。

生物组织的冰点均低于0 ℃。当温度高于冰点时，细胞始终处活体状态；当冰点较高时，加入冰点调节剂(如盐、糖等)可使其冰点降低。

目前，冰温贮藏技术主要用于新鲜食品的保存、加工领域，如果蔬、水产品、肉制品类。

冰温技术是一项全新的贮藏保鲜技术，克服了冷藏和冻藏的种种缺陷，可以很好地保证食品的风味、口感和新鲜度。近年来，冰温贮藏技术在日本、美国、韩国、我国台湾等国家和地区迅速发展。冰温技术的问世也为影响果蔬冰点的诸多因素、低温胁迫及植物抗寒生理等研究提出了新的课题。随着人们对冰温技术的不断研究发展，特别是超冰温技术、冰膜贮藏技术的出现，冰温的应用领域也将越来越广泛，应用前景广阔。

资料来源：https://tech.hqew.com/fangan_1701023.

采后新鲜果蔬细胞一直保持着鲜活状态，仍会进行休眠、水分蒸发、呼吸作用等复杂的生命活动，仍维持消耗氧气、释放二氧化碳和乙烯的新陈代谢。这些活动都与果蔬食品的保鲜贮藏密切相关，影响和制约着它们的贮藏寿命。

温度影响生鲜果蔬贮藏中的物理、生化反应，是决定其贮藏质量的重要因素。低温可以减缓果蔬的呼吸和其他一些代谢过程，并且能降低水分子的动能，使液态水的蒸发速率降低，从而延缓产品衰老，保持新鲜与饱满。温度对植物类食品呼吸作用和乙烯产生的影响很大，当贮藏温度较高时，其呼吸强度就较高，乙烯产生量也多，结果会加速其新陈代谢的进程，促进其衰老。大量的试验表明，0～30 ℃时，温度每升高 10 ℃，呼吸强度就要提高 1 倍，贮藏期要缩短一半以上。有人将苹果放在不同温度贮存，观察它的成熟进程，结果发现，苹果在 4.4 ℃下比在 0 ℃下成熟速度快 1 倍；在 21 ℃时又比在 9 ℃下快 1 倍。也就是说，苹果采收后在 21 ℃条件下多存放 1 天，就相当于在 0 ℃条件下少存放 7～10 天。不仅如此，每种果蔬对冰点附近的温度还特别敏感。例如，苹果和蒜薹在 18 ℃贮藏条件下的寿命，与在 20 ℃下几乎无差异；但贮藏在－0.5 ℃的苹果和蒜薹的寿命，则比在 1 ℃的寿命长得多。

不同品种的果蔬最适贮藏温度表现出很大的差异，对于大多数果蔬来说，在不发生冷害或冻害的前提下，采用尽可能低的温度可以促进贮藏稳定性，延长货架期。

第一节　食品的冰温保鲜技术

低温贮藏和气调保鲜虽然是当今世界上应用最广泛的新鲜果蔬贮藏方法，但只能在一定程度上保持果蔬的生鲜状态，而不能提高它们的固有风味和品质。冰温贮藏保鲜技术的出现，为解决最大限度地保持果蔬原有的风味和质地等难题，开辟了新的途径。

冰温保鲜就是将食品贮藏在 0 ℃以下至食品冰点以上的温度范围内，相对湿度在 95%以上的环境中保鲜。冰温保鲜可维持食品内细胞的活体状态，利用冰温冷藏技术贮藏果蔬，可以抑制果蔬的新陈代谢，保持刚刚摘取的新鲜度，在色、香、味、口感方面都优于一般冷藏，几乎与新鲜果蔬处于同等水平。冰温保鲜特别适合冻结点较低的水果和蔬菜。

冰温贮藏保鲜期可以比一般冷藏法延长两倍左右。冰温保鲜可以很好地保存食品原有风味、口感和新鲜度。冰温贮藏的缺点是温度较难控制，控制不当就会发生冻害。另外，果品出库前要缓慢降温，如降温过快，溶解的水分不能被细胞原生质及时吸收，易引起失水，食品冷藏期限因品种繁多、特性各异而各不相同。冰温贮藏技术是仅次于冷藏、冷冻的第三种低温保鲜技术。

一、冰温的发现

日本鸟取县食品加工研究所的职员山根昭美在 1970—1971 年的冬天，运用当时主要使用的气调贮藏法，试验性贮藏了 4 t 梨。新年过后，当他打开贮藏库的大门时，发现原本设定温度应保持在 0 ℃，但是由于温度调节不良使贮藏库的温度变为－4 ℃，所有的梨都变成了晶莹透明的冻梨，他想这次试验是彻底失败了，于是他把所有的电源切断，使贮藏库恢复到室温状态。几天后，所有的梨都恢复到保存前的状态，皮表面没有因为冻伤而呈现黑色状态，而是完全恢复了原来的色泽和味道。这就是冰温的发现。

二、冰温保鲜和冰温食品

利用冰温技术贮藏农产品、水产品,在时间上比 0 ℃以上的冷藏保存延长两倍以上,且更新鲜。例如,利用冷藏技术,梨最长只能保鲜 1 周左右,而在冰温状态下能够保鲜 200 天以上。鱼虾利用冰温进行生鲜保存,时间可达 150 天,而且重量也不会减少。现在占流通领域主导地位的冷冻(－18 ℃以下)贮藏,虽然比冷藏保存时间长,但是存在冻结时营养成分向外流失、味道破坏的缺点。而冰温技术则具有既不破坏细胞也不流失成分的优点。冰温技术的开发与利用,不仅减少了由于生鲜食品的新鲜度降低所引起的损失,而且使调整出库时间成为可能。

冰温技术在食品制造加工领域中也被广泛灵活地利用。动植物在冰点温度附近,为了防止被冻死,从体内不断分泌大量的不冻液以降低体液冰点,这种不冻液的主要成分是葡萄糖、氨基酸及天冬氨酸等,这些成分可增加食品的味道,应用这些原理生产的食品即为冰温食品。

三、冰温贮藏保鲜机理和特点

1. 冰温贮藏保鲜机理

果蔬细胞中溶解了糖、酸、盐类、多糖、氨基酸、肽类、可溶性蛋白质等许多成分,因而细胞液不同于纯水,其冰点一般为－0.5～3.5 ℃。在食品的贮藏中,把 0 ℃以下至食品冰点以上的温度区域定义为冰温,而这个温度范围内贮藏食品的技术就叫冰温贮藏技术。保鲜果蔬在冰温区域能保持最低的生命代谢状态,一旦恢复到贮藏前的温度,其色泽和风味基本恢复到原来的状态,这就是冰温保鲜基本原理。常见果蔬的冰点见表 6-1。

表 6-1 常见果蔬的冰点

名 称	冰点/℃	名 称	冰点/℃
生菜	－0.4	番茄	－0.9
菜花	－1.1	洋梨	－2.0～－1.0
橙子	－2.2	柿子	－2.1
柠檬	－2.2	香蕉	－3.4
洋白菜	－2.0～1.3		

2. 果蔬冰温贮藏的特点

首先,冰温贮藏技术最大限度地保持了果蔬的原有风味。其次,果蔬的保鲜时间比现有冷藏技术要延长数倍。例如,原来冷藏只能保存 7 天左右的草莓在冰温状态下能够保存 20～25 天。最后,冰温贮藏减少有害微生物的影响。在冰温状态下,大肠杆菌、葡萄球菌等有害微生物均无法存活。

3. 冰温条件下果蔬的主要生理变化

冰温贮藏能大幅度降低果蔬采后的呼吸强度,有效地抑制有害微生物生长活动,从而延长保鲜期。在不同温度贮藏时洋梨的 CO_2 呼出量、洋梨的贮藏条件与贮藏品质、冰温贮藏对果蔬呼吸作用的影响分别参见表 6-2、表 6-3 及表 6-4。

表 6-2 在不同温度贮藏时洋梨的 CO_2 呼出量

贮藏方式	贮藏温度/℃	开花后 138 天采摘	开花后 146 天采摘	开花后 156 天采摘
冰温	−0.8	0.51	0.92	0.89
冷藏	1	1.30	1.31	1.20
常温	10	4.30	5.43	6.05
常温	20	11.20	12.62	12.46

表 6-3 洋梨的贮藏条件与贮藏品质

品种	贮藏时间/月	冰温 −1 ℃		冷藏 1 ℃		常温 10 ℃	
		芯部褐变	腐败	芯部褐变	腐败	芯部褐变	腐败
1（高糖梨）	1	无	无	无	无		
	2	无	无	无	无	严重	
	3	无	无	无	无	严重	
	6	无	无	无	无		
	9	无	无	无	无		
2（低糖梨）	1	无	无	无	无	严重	
	2	无	无	无	无	严重	
	3	无	无	无	无		
	6	严重	无	无	无		
	9	严重	无	严重	无		

表 6-4 冰温贮藏对果蔬呼吸作用的影响

果蔬名称	贮藏温度	冰温贮藏对呼吸作用的影响
桃	冰温	4 ℃下桃在采后 10 天和 24 天形成第 1、2 次呼吸高峰，冰温条件下呼吸高峰分别延后 40 天和 66 天，延缓了果实成熟，延长了保鲜期
荔枝	冰温	贮藏 30 天时，−1 ℃下呼吸速率与乙烯释放速率比 3 ℃时分别降低了 61.2%、66.5%，延缓了果实衰老

褐变是果蔬采后贮藏过程中的一个普遍现象，褐变严重影响了果品的外观和食用价值。多酚氧化酶(PPO)和过氧化物酶(POD)是许多水果中与褐变紧密相关的重要酶。表 6-5 可以看出，荔枝和草莓在冰温贮藏时接近冰温时，酶参与的果蔬褐变受到明显抑制。

表 6-5 冰温贮藏对果蔬褐变的影响

果蔬名称	参与褐变的酶类	冰温贮藏对呼吸作用的影响
荔枝	PPO、POD 和花色素苷酶	3 ℃下贮藏 30 天，酶活性较高；护色后 −1 ℃冰温条件贮藏 30 天，三种酶的活性依次下降为 3 ℃时的 9.5%、14.0%和 23.4%，贮藏 60 天时，酶活性进一步降低，花色素苷酶仅为新鲜果实的 1.5%
草莓	PPO、POD 和花色素苷酶	−2 ℃冰温条件下，酶的活性为常规冷藏下的 1/3，且果胶物质分解很少

四、冰温保鲜设备

传统的冷库和冰箱，只要能满足温度长期保持在－4～0 ℃、相对湿度＞90％，都可以作为冰温保鲜设备使用。冰温保鲜设备主要有湿空气保鲜冷库和冰蓄冷库。

（一）湿空气保鲜冷库和冰蓄冷库

湿空气保鲜冷库是通过空气冷却器产生的湿空气保持温度和湿度的冷库。冰蓄冷库是一种用冰降温和蓄冷的湿空气保鲜冷库。冷库用于水果、蔬菜和花卉的保鲜在美国和欧洲已有100多年历史了。20世纪90年代，美国首先采用空调技术，提高冷库的湿度进行保鲜。低温保鲜这项新技术刚出现时，立即引起欧洲一些国家的极大兴趣。因为欧洲人对食品质量的要求比美国人更高，他们宁愿多花钱也要买刚采摘的新鲜水果、蔬菜和花卉。新的保鲜技术能使水果、蔬菜和花卉失水少、颜色鲜艳，外形和味觉等都比传统冷库保鲜好很多。水果、蔬菜和花卉的冰温保鲜在欧洲的应用比美国更为广泛。除了保鲜效果好，冰蓄冷和湿空气保鲜技术使进库农产品达到冷藏所需温度的时间缩短、冷藏期延长。

（二）传统保鲜法的缺点

传统的冷库使用冷却盘管和冷风机组，空气中的水分不断被冷凝，库藏产品经过一段时间的冷藏后水分损失大、干缩变形，失去原有的色泽，品质下降。水分的损失对果蔬和花卉质量的影响很大，在保鲜过程中，空气的相对湿度在98％时，库藏产品品质保持的有效程度要比空气的相对湿度在90％时好得多。在传统的冷库中，冷却盘管表面温度低于0 ℃，空气中的水分不断冷凝和结霜，必须周期性化霜，这会使冷库温度升高，如果水滴落在农产品上还会加速腐败。制冷设备的容量是按冷藏物品从入库温度开始冷却的最大负荷确定的，最大负荷比冷藏过程中的平均负荷大得多，因此设备容量大、体积大，造价也高。上述这些缺点在采用冰蓄冷和湿空气保鲜技术后都可以避免。

（三）湿空气保鲜冷库和冰蓄冷库的工作原理与特点

1. 湿空气保鲜冷库

传统的湿空气保鲜冷库里的蔬菜、瓜果和花卉放在敞开的周转箱内，周转箱叠放成集装箱形式便于运输。湿空气冷却器靠一面墙布置在天花板下面，冷的湿空气向对面墙方向吹，流过周转箱，最后空气再回到空气冷却器做降温和增湿处理。每一库房可以设计安装一台或数台空气冷却器，湿空气的换气次数通常为40次/h。空气冷却器中已接近0 ℃的冷水作为冷却介质。它由水泵打到空冷却器上进行喷淋，如果湿空气中带有水滴，落在库藏农产品上会引起腐烂，因此要用水分分离器把水滴从气流中除去。从空气冷却器吹出的空气温度为1.5 ℃，相对湿度98％。

湿空气保鲜冷库的最大优点是流经农产品的空气是湿空气，经长时间储存的农产品水分损失少，不会干缩、变形、变色。另一显著特点是入库农产品初冷却速度快，在较短时间内即可达到冷藏所需温度。

2. 冰蓄冷库

冰蓄冷库就是冰蓄冷的湿空气保鲜冷库，先用制冷设备将水冻结成冰，然后采用冰融化的潜热使循环冷却水保持在 0 ℃。采用冰蓄冷方式，库房温度比较恒定，因为冷却空气的冷却水温度稳定地接近 0 ℃，即使制冷机短时间停机，也不会像传统冷库那样很快引起库温升高。空气冷却器温度始终处于 0 ℃，不需要化霜，农产品也不会有冻伤危险。在新型冷库内循环空气能保持 98%左右的相对湿度，即使农产品长期冷藏，也不会像传统冷库中由于结露、结霜而使农产品含水量不断下降。

另外，冰蓄冷库中不需要架设制冷剂盘管，可以减少基建投资，同时也不会因制冷剂可能的泄漏而造成库藏品受损。采用冰蓄冷技术，制冷设备的容量比传统冷库小 30%左右。在农产品入库冷却初始段，可以利用冰蓄冷器的冷量，制冷设备容量可按平均负荷确定，而传统冷库制冷设备容量是按最高负荷确定的。

（四）冰蓄冷湿空气保鲜冷库的应用实例

1. 比利时的 MTV(Mechelse Tuinboun Veiling)公司

该公司位于布鲁塞尔东北郊，有 2 800 名员工，生产水果、花卉、西红柿、花菜、洋葱、芹菜、黄瓜、洋白菜和布鲁塞尔孢子甘蓝。该公司的冷库由 6 个面积各为 200 m^2 和 12 个面积各为 100 m^2 库房组成，总容积为 13 700 m^3。农产品放在宽 0.8 m、长 1.2 m 的周转箱内，成集装箱形式。在 18 个库房内可放入 3 162 个周转箱，四周均有空气流通。制冷系统有两台功率各为 1 200 kW 的活塞式压缩机、两台功率各为 1 000 kW 的蒸发式冷凝器，一座钢筋混凝土的冰蓄冷水池设置在地坪下，有 16 组盘管，蓄冷量 1 400 kW·h，带热交换器的空气冷却器共有 28 台，功率最小的为 24 kW，产生的冷空气风量为 17 000 m^3/h。空气冷却器内水流量为 5.5 L/s，水温为 1 ℃，进入空气冷却器的空气温度为 5 ℃。

2. 瑞士日内瓦加卡克鲁德(Jacquenoud)公司

该公司拥有一套法国设备，冷库冷藏马铃薯、鲜嫩豆类、黄瓜、菜花、芹菜和胡萝卜。在一个容积为 2 000 m^3 的库房里装了 4 台空气冷却器，在另一个容积为 1 200 m^3 的库房里装了两台空气冷却器。制冷机用活塞式压缩机向冰蓄冷器供冷，温度为 −8 ℃，冰蓄冷器向空气冷却器供水，温度为 0.5 ℃，用混合调节阀控循环回水量，出水温度可调节至 8 ℃，并可调节对各种农产品适宜的空气温度。

五、冰温技术在果蔬保鲜中的应用

1. 冰温贮藏技术

近年来，冰温贮藏技术由于其独特的优势受到了人们的青睐，很多品种果蔬都可以利用冰温贮藏技术达到非常好的保藏效果，具体应用参见表 6-6。

表 6-6 冰温技术研究实例

研究实例	研究内容
−2 ℃(0.2 ℃以内波动)草莓	新鲜度保持达 60 天以上，且品质与鲜果无明显差异
冬枣(相对湿度 90%～99%)	可保存 4～5 个月，果实外观、色泽正常，失重小于 1%，好果率和主要营养成分维生素 C 含量保存率达 80%以上

续表

研究实例	研究内容
九成熟“绿化9号”水蜜桃	冰温贮藏30天后好果率达92%，保鲜期比4℃冷藏延长15天，且可以保持果实硬度和固有风味，减少质量损失，使之正常后熟
巨峰葡萄	60天后葡萄的可溶性固形物、还原糖、总酸含量等品质的变化很小，质地、风味和新鲜葡萄几乎没有差别
西瓜(冰温和冰温套袋贮藏)	冰温条件下未遭受冷害的西瓜的口感和风味与新鲜西瓜无明显差别，可保鲜60天

众多试验结果表明，对于一些采收期集中、不耐贮存、新鲜度变化特别快的果蔬，采用冰温技术可以达到长期保鲜的目的。此外，成熟度较高和组织冰点较低的果蔬更适宜于冰温贮藏。

2. 冰点调节贮藏

同水中加入NaCl可降低其冰点的道理一样，向某种食品加入冰点调节剂也可使其冰点下降，利用这种原理进行贮藏的方法就是冰点调节贮藏法。果蔬常用的冰点调节剂有蔗糖、NaCl、维生素C、$CaCl_2$等溶液，通常的做法是先用冰点调节剂处理果蔬，待其冰点下降之后再将其贮藏在冰温条件下。日本冰温研究所的研究结果表明，用适当浓度的糖液处理洋梨果肉再经冷却后保存于－2～0℃，能很好地保持其硬度和含水量，当糖度略高于其本身糖度时，经过90天贮藏后仍能保持和采摘时一样的硬度和口感。李敏等用质量分数为0.9% $CaCl_2$溶液浸泡冬枣发现，41 h后冬枣冰点下降至－2.8℃，枣内钙含量和可溶性固形物有所增加，枣肉脆度得到很好的保存，有效地延长了保鲜期。

冰点调节贮藏法能够提高果蔬的耐寒性，扩大冰温带范围，便于实现冰温贮藏，同时还能够提高果蔬含糖量、维生素C含量和钙含量等，更好地保持果蔬的品质。应用冰温保鲜技术部分果蔬产品的保鲜期见表6-7。

表6-7 应用冰温保鲜技术部分果蔬产品的保鲜期

名称	保鲜期	名称	保鲜期
葡萄	7个月	牛蒡	6个月
柠檬	6个月以上	大豆	12个月
金橘	6个月以上	生菜	1个月
樱桃	1个月以上	马铃薯	12个月
草莓	3周以上	大蒜	8个月
梨	6个月以上	柿子	6个月
苹果	10个月	大葱	1个月
胡萝卜	4个月	山药	6个月

3. 其他冰温贮藏方法

冰膜贮藏技术是在冰温贮藏前，先将果蔬表面覆上一层人工冰保护膜，以避免冷空气直接掠过果蔬表面而发生失水或冻害，特别是像洋白菜等具有层状结构的蔬菜，在冰温贮藏时极易出现干耗、低温冻害或部分冻结等问题。日本冰温研究所发现，经冰膜处理的洋白菜贮藏在−0.8 ℃环境下，表面仅出现了微弱冻害，两个月后变成深绿色，缓慢升温后又可以恢复到原来的颜色。

冰温贮藏技术是一项全新的贮藏保鲜技术，它克服了冷藏和冻藏的种种缺陷，可最大限度地保证果蔬的原有风味、口感和新鲜度。但由于冰温贮藏的温度范围非常狭窄，该技术对贮藏设施的温控设备和管理工作要求非常苛刻。因此，果蔬的冰温贮藏技术的普及应用受到了诸多限制。随着人们对冰温技术的不断研究，特别是与其他贮藏方法相结合，冰温技术的应用领域也越来越广泛，前景十分广阔。

第二节　食品气调保鲜技术

气调贮藏是指在特定的气体环境中的冷藏方法。气调贮藏目前已成为工业发达国家果蔬保鲜的重要手段，美国的气调贮藏苹果已占冷藏总数的 80%，新建的果品冷库几乎都是气调库，英国气调库容积达 22 万吨，法国、意大利也大力发展气调冷藏保鲜技术，气调贮藏苹果达到冷藏苹果总数的 50%～70%，并且形成了从采收、入库到销售环环相扣的冷藏链，果蔬的质量得到了有效保证。我国气调保鲜技术的研究和应用起步于 20 世纪 60 年代初，1978 年建成第一座实验性模拟气调贮藏保鲜库，1980 年气调贮藏开始进入人工控制气体成分的快速降氧法贮藏。目前，国内已研制开发多种塑料薄膜简易气调贮藏保鲜库房和设备，气调贮藏的趋势是自动化气调贮藏。

从 20 世纪 70 年代开始，我国陆续研制开发出了催化燃烧降氧机、二氧化碳脱除机、分子筛制氮机、氧气控制仪及二氧化碳测试仪等气调贮藏库所必要的设备和检测仪器，同时，通过从意大利、澳大利亚等国引进分子筛等关键气调设备，我国气调贮藏工业得到迅速的发展。据不完全统计，我国商业系统拥有果蔬贮藏库房面积达 200 多万平方米，仓储能力达 130 多万吨，其中机械冷藏库 70 多万吨，普通冷藏库 60 多万吨。

气调保鲜，是目前世界上最先进的果蔬保鲜方式之一，气调贮藏保鲜库既能控制库内的温度、湿度，又能控制库内的氧气、二氧化碳、乙烯等气体的含量。通过控制贮藏环境的气体成分来抑制果蔬的生理活性，使库内的果蔬处于休眠状态。实际应用证明，运用气调保鲜库贮藏保鲜的果蔬，无论是贮藏保鲜期还是果蔬的保鲜质量，都达到了最佳的效果，这是其他贮藏方式所不可比拟的。

一、果蔬气调贮藏保鲜的原理

采摘下的新鲜果蔬，仍进行着旺盛的呼吸作用和蒸腾作用，从空气中吸取氧气，分解消耗自身的营养物质，产生二氧化碳、水和热量。

呼吸作用要消耗果蔬采摘后自身的营养物质，所以延长果蔬贮藏期的关键是降低呼吸速率。贮藏环境中气体成分的变化对果蔬采摘后的生理活动有着显著影响，低氧含量能够有效地抑制呼吸作用，在一定程度上减少蒸腾作用，抑制微生物生长；适当的高浓度二氧化碳可以减缓呼吸作用，对呼吸跃变型果蔬有推迟呼吸跃变启动的效应，从而延缓果蔬的后熟和衰老。乙烯是一种果蔬催熟剂，控制或减少乙烯浓度对推迟果蔬后熟是十分有利的。降低温度可以降低果蔬呼吸速率，并可抑制蒸腾作用和微生物的生长。

正常大气中氧含量为20.9%，二氧化碳含量为0.03%。气调贮藏是在低温贮藏的基础上，通过调节空气中氧、二氧化碳的含量，即改变贮藏环境的气体成分，降低氧的含量至2%～5%，提高二氧化碳的含量到3%～5%。降温、降氧、控制二氧化碳及乙烯含量的气调保鲜贮藏环境等，能很好地保持果蔬的新鲜度，使果蔬的损失少、保鲜期长、无污染。

二、气调贮藏保鲜的优点

(1) 果蔬的贮藏期长，一般比普通冷藏库长3倍左右，可以根据市场价格情况决定果蔬出库上市时间，获得高利润。

(2) 可以保持果蔬原有品质。出库的果蔬其水分、维生素C含量、糖分、硬度、酸度、色泽和重量均能达到储存要求；水果香脆、蔬菜嫩绿，与新采状态相差无几，可向市场提供高质量的果蔬。

(3) 可控制果蔬病虫害的发生，使果蔬的重量损失及病虫害损失减至最小。

(4) 果蔬的货架期可延长2～3倍，普通冷藏库的果蔬出库后的货架期只能维持数天。

三、气调贮藏的方法

气调贮藏的方法主要有"自然降氧法"(MA)和"快速降氧法"(CA)。

"自然降氧法"的气调贮藏是将果蔬等放在一个温度较低的密闭库房或容器内，果蔬的呼吸耗用了库内的氧气，从而抑制了果蔬活体的呼吸强度，同时低温使果蔬的呼吸代谢处于较低的水平，从而达到果蔬的保鲜和延长贮藏期的目的。我国历史上就有将水果等放入竹节、瓦缸或地窖中贮藏的记载。唐朝杨贵妃千里品荔枝的故事就是将荔枝装在竹节里千里迢迢运至长安。另外，民间的窖藏、埋藏，都是类似MA的气调贮藏。

现代的"快速降氧法"气调贮藏，是用机械的方法来控制贮藏环境的气体成分，在特定气体环境中的冷藏方法，简称CA贮藏。它是在密闭的库体内利用气体调节设备降低库内的氧气含量，加大二氧化碳气含量，控制乙烯气体的生物合成，控制环境的温度和湿度，抑制果蔬活体的呼吸强度，使之处于正常而又低水平的呼吸代谢状态，进而达到果蔬的保鲜和延长贮藏期的目的。

常用的气调贮藏方法有四种：塑料薄膜帐气调贮藏法、硅窗气调贮藏法、催化燃烧降氧气调贮藏法和充氮气降氧气调贮藏法。

1. 塑料薄膜帐气调贮藏法

塑料薄膜帐气调贮藏法是利用塑料薄膜对氧气和二氧化碳有不同渗透性和对水透过率低的原理来抑制果蔬的呼吸作用和蒸腾作用的贮藏方法。塑料薄膜一般选用0.12 mm厚的无毒聚氯乙烯薄膜，或0.075～0.2 mm厚的聚乙烯塑料薄膜。由于塑料薄膜对气体具有选择性渗透，袋内的气体成分自然地形成气调贮藏状态，从而推迟果蔬营养物质的消耗和延缓衰老。对于需要快速降氧的塑料帐，塑料帐封闭后可用机械降氧机快速降氧，以实现气调贮藏条件。由于果蔬呼吸作用仍然存在，帐内二氧化碳浓度会不断升高，应定期用专门仪器进行气体检测，及时调整气体成分的配比。

2. 硅窗气调贮藏法

硅窗气调贮藏法是根据不同的果蔬及贮藏的温湿度条件，选择面积不同的硅橡胶织物膜热合于用聚乙烯或聚氯乙烯制成的贮藏帐上，作为气体交换的窗口，简称硅窗。

硅橡胶织物膜对氧气和二氧化碳有良好的透气性，可以用来调节果蔬贮藏环境的气体成分，达到控制呼吸作用的目的。选用合适的硅窗面积制作的塑料帐，其气体成分可自动恒定在氧气含量为3%～5%、二氧化碳含量为3%～5%。

3. 催化燃烧降氧气调贮藏法

催化燃烧降氧气调贮藏法是用催化燃烧降氧机以汽油、石油、液化气等燃烧与从贮藏环境中(库内)抽出的高氧气体混合进行催化燃烧反应，反应后无氧气体返回气调贮藏库内，如此循环，直到把库内气体含氧量降到要求值以下。这种燃烧方法及果蔬的呼吸作用会使二氧化碳浓度升高，可以配合采用二氧化碳脱除机降低二氧化碳浓度。

4. 充氮气降氧气调贮藏法

充氮气降氧气调贮藏法是用真空泵从气调贮藏库中抽除富氧的空气，然后充入氮气。抽气和充入氮气的过程交替进行，使库内氧气含量降到要求值，小型的气调贮藏库多用液氮钢瓶充氮，大型的气调贮藏库多用碳分子筛制氮机充氮。

四、气调贮藏保鲜对果蔬的质量要求

水果和蔬菜具有含水量高、收获季节性强、收获季节温度高以及大多数品种较难保鲜等特点，但鲜销、鲜食仍是今后水果和蔬菜消费的主要形式，果蔬保鲜一直是我国各个时期食品贮藏与加工规划中发展的重点。

在果蔬保鲜领域中有短期(1～4周)、中期(1～3个月)、长期(3～12个月)三种保鲜期，最有价值、增值最明显的是中期保藏。目前，我国蔬菜恒温保鲜库容量为约20万吨，主要品种是蒜薹(保鲜量在6万吨以上)，其余保鲜量在5千吨以上的品种有大白菜、甜椒、黄瓜、菜豆、芹菜等。据估计，我国果品保鲜库容量约250万吨，其中机械高温冷库约占40%，其余为通风库和普通仓库，主要集中在供销系统和商业系统。目前，我国水果保鲜主要品种为苹果、梨、柑橘和香蕉，蔬菜保鲜品种主要是蒜薹，保鲜品种单调。由于经济发展的不平衡，上述绝大多数保鲜库都在我国东部，西部的果蔬保鲜以农户的土法贮藏为主。

由于其独特的气候条件，我国西部特色果蔬具有种植面积大、产量高、品质好等特点，但大多数品种易腐烂，储存期不超过2周。中长期保鲜的困难，极大地制约了特色果蔬的集约化生产。目前，由农户各自种植和销售的方式损耗较大(15%～25%)，特级品和一级品率较低(30%～40%)。在收获期的中后阶段，由于价格很低(每千克在1.2元以下)，导致产后各个环节重视程度下降，优质品率在25%以下。

气调贮藏保鲜对入库的果蔬质量有以下几点要求。

(1) 果蔬无破损，表皮无擦伤。

(2) 成熟度基本相同。

(3) 对入库果蔬必须严格分级挑选、检查。

(4) 进入气调库贮藏室的农产品，要求采收后不得超过8 h，部分北方水果最多不能超过 48 h。

(5) 采摘后有条件的要进行快速预冷。

五、气调库的管理

气调贮藏的试验研究始于19世纪初,至今已有200多年的历史,而大规模的工业应用,是近几十年的事。气调库就是气调贮藏技术发展到一定阶段的产物,是商业化、工业化气调贮藏的象征和标志。

气调库不仅在贮藏条件、建筑结构和设备配置等方面不同于果蔬冷却物冷藏间,而且在操作管理上也有自己的特殊要求。操作管理上任一环节出现差错,都将影响气调贮藏的整体优势和最终贮藏效果,甚至还会关系到气调库的建筑结构和操作人员人身的安全。

(一) 果蔬贮藏的生产管理

果蔬贮藏的生产管理包括果蔬贮前、贮中、贮后全过程管理。

1. 果蔬贮前的生产管理

贮前生产管理是气调贮藏的首要环节。入库果蔬质量好坏直接影响到气调贮藏的效果,具体包括:果蔬成熟度的判定和选择最佳采摘期,尽快使采摘后的果蔬进入气调状况;减少采后延误,注重采收方法;重视果蔬的装卸、运输、入库前的挑选、库中堆码等环节,以及入库前应将库房、气调贮藏用标准箱进行消毒等。

在保证入库果蔬质量的前提下,入库的速度越快越好。单个气调间的入库速度一般控制在3～5天,最长不超过一周。装满后关门降温。

2. 果蔬贮中的生产管理

贮中是指入库后到出库前的阶段。这个阶段生产管理的主要工作是按气调贮藏要求,调节、控制好库内的温湿度和气体成分,并搞好贮藏果蔬的质量监测工作。具体要求如下。

1) 贮藏条件的调节和控制

贮藏条件的调节和控制主要包括库房预冷和果蔬预冷。预冷降温时,应注意保持库内外压力的平衡,只能关门降温,不可封库降温,否则可能因库内温度的升高(空库降温后因集中进货使库温升高)或降低(随冷却设备运行,库温回落),在围护结构两侧产生压差,对结构安全构成威胁。封库气调,应在货温基本稳定在最适贮藏温度后进行,且降氧速度应尽可能快。

2) 气调状态稳定期的管理

气调状态稳定期的管理是指从降氧结束到出库前的管理,这个阶段的主要任务是维持贮藏参数的基本稳定。按气调贮藏技术的要求,温度波动范围应控制在±0.5 ℃范围以内;氧气、二氧化碳含量的变化,也应在±0.5%范围以内;乙烯含量在允许值以下;相对湿度应在90%～95%。

气调库贮藏的食品一般整进整出。食品贮藏期长,封库后除取样外很少开门,在贮藏的过程中也不需通风换气,外界热湿空气进入少,冷风机抽走的水分基本来自食品,若库中的相对湿度过低,食品的干耗就严重,从而极大地影响食品的品质,使气调贮藏的优势无法体现出来。所以气调库中湿度控制也是相当重要的。

当气调库内的相对湿度低于规定值时，应用加湿装置增加库内的相对湿度。库内加湿可以用喷水雾化处理。

贮藏中的质量管理，包括经常从库门和技术走廊上的观察窗进行观察和取样检测。从果蔬入库到出库，始终做好果蔬的质量监测是十分重要的，千万不要认为只要保证贮藏参数基本稳定，果蔬的贮藏质量就可保证。

3. 果蔬贮后的生产管理

果蔬贮后的生产管理包括出库期间的管理、确定何时出库。

气调库的经营方式以批发为主，每次的出货量最好不少于单间气调库的贮藏量，尽量打开一间、销售一间。果蔬要出货时，要事先做好开库前的准备工作。为减少低氧对工作人员的危害，在出库前要提早 4 h 解除气密状态，停止气调设备的运行，通过自然换气，使气调库内气体恢复到大气成分。当库门开启后，要十分小心，在确定库内空气为安全值前，不允许工作人员进入。出库后的挑选、分级、包装、发运过程，注意快、轻，尽量避免延误和损失，上货架后要跟踪质量监测。

（二）设备和库房管理

1. 果蔬入库贮藏前的管理

每年果蔬入库前，都要对所有气调库进行气密性检测和维护。气密性标准可采用“当库内压力由 100 Pa 降到 50 Pa 时，所需时间不低于 10 min”。

2. 果蔬贮藏中的管理

果蔬贮藏中要对制冷设备、气调设备、气体测量仪等进行检查与试运行，操作人员应经常巡视机房和库房，检查和了解设备的运行状况和库内参数的变化，做好设备运转记录和库内温湿度、气体成分变化记录；了解安全阀内液柱变化和库内外压差情况，并根据巡视结果进行调节。

3. 果蔬出库后的管理

果蔬全部出库后，停止所有设备运行，对库房结构，制冷、气调设备进行全面检查和维护，包括查看围护结构、温湿度传感器探头是否完好，机器易损件是否需更换，库存零配件的清点和购置等。

（三）气调库的安全运行

由于气调库的建筑、设备的特殊性，气调库的安全管理也是十分重要的工作。

1. 库房围护结构的安全管理

气调库是一种对气密性有特殊要求的建筑物，库内外温度的变化，以及气调设备的运行，都可能引起库房围护结构两侧压差变化。压差值超过一定限度，就会破坏围护结构，这点不可因气调库设置了安全阀和调气袋就掉以轻心。

2. 人身安全管理

气调库的操作、管理人员一定要掌握安全知识。气调库内气体不能维持人的生命，不可像出入冷藏库那样贸然进入气调库，必须熟练掌握呼吸装置的使用。

为了更好地保证人身安全,必须制订下列管理措施,以防止发生人身伤亡事故。

(1) 在每扇气调库的气密门上,书写醒目的危险标志,如:“危险! 库内缺氧,未戴氧气罩者严禁入内!”封库后,气密门及其小门应加锁,防止闲杂人员误入。

(2) 需进入气调库维修设备或检查贮藏质量时,须两人同行,均戴好呼吸装置后,一人入库,一人在观察窗外观察,严禁两人同时入库作业。

(3) 至少要准备两套完好的呼吸装置,并定期检查其可靠性。

(4) 经常开展安全教育,使所有的操作管理人员树立强烈的安全意识。

第三节 减压贮藏保鲜技术

减压贮藏(hypobaric storage)是气调贮藏的发展,也是一种特殊的气调贮藏方式。减压贮藏也称为低大气压贮藏(sub-atmospheric storage),是果蔬等许多食品保鲜的又一个技术创新,也是气调保鲜技术的进一步发展,其原理是在传统的气调贮藏的基础之上,通过将贮藏室内的气体抽出一定量,使其压力低于大气压,在这样的条件下采用气调保鲜的方法来贮藏果蔬产品。

减压贮藏系统的功能可以概括为减压、增湿、通风、低温、除杂质气体等,其设备的主体是真空泵。减压处理有两种方式:定期抽气式和连续抽气式,其主要作用是减小贮藏室内的气压。根据果蔬的特性不同,压力可以降至1.33～10.6 kPa,新鲜空气经过压力调节器和加湿器不断引入贮藏室内,并按时更换,使内部压力一直保持稳定的低压,加速组织内有害气体的扩散,同时降低氧气分压,从而起到类似气调贮藏的作用。

减压贮藏可以说是一种特殊的气调贮藏方式,它在降低贮藏室内气压的同时,也使得贮藏环境中的各种气体的分压都相应降低,果蔬保鲜的效果更好。所以,减压贮藏是吸引人们探索和应用的一项新的技术,具有良好的前景。

一、减压贮藏保鲜原理及特点

(一) 减压贮藏的原理及优点

减压贮藏的原理是把产品贮藏在密闭的空间内,降低气压,使空气中的各种气体组分的浓度都相应地降低,并在贮藏期间保持恒定的低压。简而言之,减压贮藏的原理在于:一方面,不断地保持减压条件,稀释氧浓度,抑制乙烯的生成;另一方面,把果蔬释放的乙烯从环境中排除,从而达到贮藏保鲜的目的。

减压处理能促进植物组织内气体成分向外扩散,这是减压贮藏更重要的作用。植物组织内气体向外扩散的速度,与该气体在组织内外的分压差及其扩散系数成正比;扩散系数又与外部的压力成反比,所以减压处理能够大大加速组织内乙烯向外扩散,减少内部乙烯的含量;在减压条件下,植物组织其他挥发性代谢产物,如乙醛、乙醇、芳香物质等也都加速向外扩散,这些作用对防止果蔬的后熟衰老都是极有利的,并且一般是减压越多,作用越明显。减压贮藏还可以从根本上消除二氧化碳中毒的可能性。

减压气流法不断更新空气,各种气味物质不会在空气中积累。减压贮藏还可以迅速排除产品带来的田间热，这与真空保鲜原理相同，低压还可以抑制微生物的生长发育和孢子的形成，从而减轻某些侵染性病害。减压贮藏对一些真菌的生长和发育有显著影响，压力越低，这些作用越明显。减压处理的产品移入平常的空气中，其后熟仍然较缓慢，因此可以有较长的货架期。减压贮藏比冷藏更能够延长产品的贮藏期。

（二）减压贮藏的缺点

首先是经济上的可行性问题，由于减压贮藏要求贮藏室经常处于比大气压低的状态，这就要求贮藏室或贮藏库的结构是耐压建筑，在建筑设计上还要求密闭程度高，否则达不到减压目的，这就使得减压库的造价比较高。其次，对生物体来说，减压是一种反常的逆境条件，可能会由此引起新的生理障碍和生理病害。最后，产品对环境压力急剧改变也可能会有反应，如急剧减压时青椒等果实会开裂，在减压下贮藏的产品，有的后熟不好，有的味道和香气较差。

二、减压贮藏保鲜的方法

减压贮藏库实际上包括供贮藏产品的减压室（减压罐）以及加湿器、气流计和真空泵等设备。

目前小规模试验性的减压贮藏中，其减压室多采用钢制的贮藏罐，贮藏量小，贮藏量大的减压室，必须用钢筋混凝土制作才比较可靠；加湿器主要用于加湿通入减压室的空气，因为减压贮藏中需要维持高的相对湿度，否则贮藏产品会很快失水萎蔫；带有气流计的真空泵是调节空气通入量和减压度的必要设备。

在减压贮藏过程中减压处理基本上有两种方式：定期抽气（或称静止式）和连续抽气（气流式）。定期抽气是将贮藏容器抽气待达到要求的真空度后，便停止抽气，以后适时补氧和抽气，以维持规定的低压，这种方式虽可促进果蔬组织内乙烯等气体向外扩散，却不能使容器内的这些气体不断向外排出；连续抽气是在整个装置的一端用抽气泵连续不断地排气，另一端则不断输入高湿度的新鲜空气，控制抽气和进气的流量，使整个系统保持一定的真空度。

在减压条件下气体的扩散速度很快，因此食品可以在贮藏室内密集堆积，室内各部位仍能维持较均匀的温度和气体成分。由于系统在接近露点下运行，湿度很高，食品的新陈代谢又低，所以产品能保持良好的新鲜状态。

第四节 臭氧保鲜技术

臭氧是一种良好的空气消毒剂，可以减少空气中的真菌和酵母菌的数量，对果实表面的病原菌生长也有一定的抑制作用。近年来，各种能产生臭氧的装置被称为水果、蔬菜保鲜机，已相继进入市场。应当指出，臭氧虽可降低空气中的霉菌孢子数量，减轻贮藏库墙壁、包装物和水果表面的霉菌生长，减少贮藏库的异味，但对控制果蔬腐烂的作用不大，甚至无效。

一、臭氧杀菌的机理

臭氧(ozone)的分子式是 O_3,相对分子质量 48,密度为 1.58 kg/m^3。臭氧由氧气转化而产生,带有特殊的腥味,自然界的闪电可产生臭氧,有些电动机、变压器、复印机等电器的运行也可将空气中的氧气转变成臭氧。大规模臭氧发生通常采用紫外辐射或电晕放电等方法,波长在 185 nm 的紫外辐射最易被氧气分子吸收并产生臭氧(大气的臭氧层就是主要由紫外辐射产生的)。用紫外方法产生臭氧,虽然纯度较高,但能耗也高,因此实际应用较少。电晕放电法是通过交变高压电场使空气电离,将氧气转变成臭氧。这种方法能耗较低,臭氧产量大,是目前应用最多的一类臭氧发生设备。

臭氧具有强的氧化性,可引起细胞活性物质的氧化、变性、失活,对生物细胞具有较强的杀灭作用。由于臭氧性质不稳定,分解后成为正常的氧气,在处理基质上一般无残留,因此被普遍认为是一类可以在食品中安全应用的杀菌物质。人体直接吸入臭氧可产生一定的毒性作用,一般空气中臭氧浓度达到 0.02 mg/kg 时人就可觉察,我国劳动保护法规定允许工作环境中的空气臭氧浓度上限为 0.1 mg/kg。

臭氧对各类微生物的强烈杀菌作用已经有许多研究报道。有试验表明,绿脓杆菌在 15 ℃、相对湿度 73%、臭氧浓度 0.08~0.6 mg/kg 的条件下,处理 30 min 的死亡率可达 99.9%,用浓度为 0.3 mg/L 的臭氧水溶液处理大肠杆菌和金黄色葡萄球菌 1 min 的杀灭率均达到 100%。芽孢对臭氧的抗性较营养细胞强,如要杀灭水中枯草芽孢杆菌的芽孢需要将水中的臭氧浓度提高到 3.8~4.6 mg/L,作用时间延长到 3~10 min。臭氧对真菌也有较强的杀灭作用。

二、臭氧保鲜技术的应用

臭氧的高杀菌效率和低残毒特性已引起人们的广泛关注,其应用范围正在不断地扩展,目前臭氧应用最多的领域是饮用水杀菌处理、果蔬保鲜及空气的除臭消毒等,在其他食品的防腐保鲜方面也有不少成功应用的报道。

臭氧对饮用水的杀菌效果非常理想,不产生二次污染,还兼有脱色、除异味等作用。在欧美许多发达国家,臭氧处理饮用水已相当普及,我国一些大城市也开始应用臭氧水处理设备。水处理的臭氧投加量一般为 1~3 mg/L,维持时间 10~15 min。

臭氧在果蔬保鲜中的应用一般与气调库配合,对果蔬表面的微生物有良好的杀灭作用。例如,有人将青梅经过不同浓度臭氧单独处理和臭氧结合气调包装处理,在保鲜库(4±1 ℃)中贮藏 25 天,结果显示每组都诱导了过氧化物酶(POD),使其活性增大,而抑制了多酚氧化酶(PPO)的活性,且臭氧结合气调包装协同处理组明显优于臭氧单独处理,能显著抑制失重、硬度的降低、色差变化,增强 POD 的活性和抑制 PPO 的活性,这都表明臭氧和气调包装具有协同作用。

另外,臭氧的强氧化性可将果蔬产生的乙烯氧化破坏,对延缓果蔬后熟、保持果蔬新鲜品质有理想的效果。应用时需针对不同的果蔬品种确定合适的处理剂量,高的剂量虽有好的杀菌防腐效果,且一般也不产生残毒,但高浓度的臭氧可能对果蔬固有的色泽、芳香风味等有不利影响。有研究人员使用臭氧水处理鲜切菠萝,不同的处理浓度和不同的处理时间，均会显著降低鲜切菠萝的微生物数量，且臭氧水浓度越高，处理时间越长，灭菌效果越好。此外，使用臭氧处理能够抑制鲜切菠萝贮藏期间PPO和POD的活性，也会增加鲜切菠萝的香气成分，提高其品质。

关于臭氧在粮食贮藏保鲜方面的应用也有一些研究报道。有试验表明，对高水分的粮食用臭氧处理后可明显延长保质期；对于正常水分的粮食来说，臭氧处理不仅能减少粮食中霉菌的含量，提高粮食贮藏的稳定性，而且可杀灭粮食中的害虫，避免有毒杀虫药剂的使用。研究发现，二氧化氯结合臭氧处理玉米和小麦，会有效控制粮食中的脱氧雪腐镰刀菌烯醇毒素（呕吐毒素）的降解。

应当指出，在大型粮库中应用臭氧防霉、杀虫的技术尚不成熟。其中的主要原因如下：臭氧的穿透力较弱，分解速度较快，自然扩散仅能作用于粮堆的表层，即使利用风机强制气体环流也较难使臭氧在粮堆中均匀分布，从而会影响臭氧防霉、杀虫的效果；粮堆渗透障碍的因素也使得臭氧处理粮食需要较高的剂量和延续较长的时间，提高了使用成本，增加了臭氧氧化粮食的程度。总之，臭氧具有对防霉、杀虫的有效性和不产生有毒残留污染粮食等优点，但要实际应用尚有许多技术问题需要解决。

第五节　其他保鲜技术

非加热杀菌是相对于加热杀菌而言的，即冷杀菌，无须对物料进行加热，利用其他灭菌机理杀灭细菌，这样可避免食品成分因加热而被破坏。冷杀菌方法有多种，如高压杀菌、超声波杀菌、放射线辐照杀菌、紫外线杀菌、放电杀菌、磁场杀菌等。

一、高压杀菌保鲜

（一）高压杀菌的机理及对食品成分的影响

将食品物料以某种方式包装以后，置于高压（200 MPa以上）装置中加压，使微生物的形态结构、生物化学反应、基因机制以及细胞壁膜发生多方面的变化，从而影响微生物原有的生理活动机能，甚至使原有的功能被破坏或发生不可逆变化致死，从而达到灭菌的目的。

1. 高压杀菌的机理

高压对微生物的作用机理主要包括以下几方面。

（1）高压对细胞膜壁的影响。在高压作用下，细胞膜的双层结构的容积随着磷脂分子横截面的收缩，表现为细胞膜通透性的变化，高压（如20～40 MPa）能使较大细胞的细胞壁因超过压力极限而发生机械断裂，从而使细胞松解。

（2）高压对细胞形态的影响。当细胞周围的流体静压达到一定值（0.6 MPa左右）时，细胞内的气泡将会破裂，细胞的尺寸也会受压力的影响。

（3）高压对细胞生物化学反应的影响。加压对增大体积、放热反应都有阻碍作用，对生物聚合物的化学键、疏水的交互反应也有影响，由于高压能使蛋白质变性，因此高压将直接影响到微生物及其酶系的活力，所有这些都将使微生物的活动受到抑制。

(4) 高压对微生物基因机制的影响。核酸对剪切虽然敏感,但对流体静压力的耐受能力则远远超过蛋白质,而由酶中介的 DNA 复制转录步骤却会因高压而中断。

2. 高压杀菌对食品成分的影响

高压也会对食品成分造成影响,如高压可使淀粉等碳水化合物改性,常温下加压到 400～600 MPa,由于压力使淀粉分子的长链断裂,分子结构发生改变,淀粉会发生糊化而呈不透明的黏稠糊状物,且吸水量也发生变化。油脂类耐压程度较低,常温下加压到 100～200 MPa,基本上变成固体,但解除压力后,仍能恢复到原状。

另外,高压处理对油脂的氧化有一定的影响。高压使蛋白质原始结构伸展,体积发生改变而变性,即压力凝固,酶是蛋白质,因此在高压作用下,酶会钝化或失活。与迅速加热能加快酶失活一样,迅速加压也能加速酶的钝化。高压对食品中的维生素、风味物质、色素及各种小分子物质的天然结构几乎没有影响。

(二) 影响高压杀菌的主要因素

在高压杀菌过程中,不同的食品原料往往采用不同的杀菌条件。这主要是由于不同的原料有不同的成分及组织形态,从而使微生物所处的环境不同,因而耐压程度也不同。影响高压杀菌的主要因素包括温度、pH 值、微生物所处的生长阶段、食品的成分、水分活度、施压方式、压力大小和时间等。

1. 温度

就杀菌效果而言,温度与高压具有协同作用。因此,在高温或低温的协同作用下,高压杀菌的效果可以大大提高。

在低温下微生物的耐压程度降低。这主要是由于压力使得低温下细胞内因冰晶析出而破裂的程度加剧,因此,低温对高压杀菌有促进作用。而在同样的压力下,杀死同等数量的细菌,温度高则所需杀菌时间短。这是因为在一定温度下,微生物中的蛋白质、酶等均会发生一定程度的变性,因此,适当提高温度对高压杀菌也有促进作用。但是,在一定的温度区间,加大压力能够延缓微生物的失活。在 46.9 ℃,大肠杆菌细胞在 40 MPa 下失活速率低于常压。可见,压力和温度结合杀灭芽孢的作用不是简单的加和作用,温度在高压杀灭芽孢中扮演着至关重要的角色。研究表明,在对嗜热芽孢杆菌芽孢的杀灭实验中,200 MPa、90 ℃、300 min 和 200 MPa、80 ℃、30 min 可以使初始菌数为 10^6 的芽孢减少 2 个数量级。而当温度降至 70 ℃时,即使压力增加到 400 MPa,时间延长到 45 min 也只能观察到很少的芽孢失活。51 ℃、10 min 的热处理对于酿酒酵母在后续的高压处理中具有保护作用。酵母细胞经 150 MPa 高压处理也会增加其耐热性。

2. pH 值

在压力作用下,介质的 pH 值会影响微生物的生长。在食品允许范围内,改变介质 pH 值,使微生物生长环境劣化,也会加速微生物的死亡速率,使高压杀菌的时间缩短或降低所需压力。高压不仅能改变介质的 pH 值,而且能够逐渐缩小微生物生长的 pH 值范围。例如,在 680 MPa 下,中性磷酸盐缓冲液的平衡将降低 0.4 个单位。在常压下,大肠杆菌的生长在 pH 值 4.9 和 pH 值 10.0 时受到抑制;压力为 27 MPa 时,在 pH 值 5.8 和 pH 值 9.0 时受到抑制;压力为 34 MPa 时,在 pH 值 6.0 和 pH 值 8.7 时受到抑制。

这可能是因为压力影响了细胞膜 ATPase 活性而导致的。

3. 微生物的生长阶段

不同生长期的微生物对高压的反应不同。一般处于指数生长期的微生物比处于静止生长期的微生物对压力反应更敏感。革兰氏阳性菌比革兰氏阴性菌对压力更具抗性，革兰氏阴性菌的细胞膜结构更复杂，更易受压力等环境条件的影响而发生结构的变化。孢子对压力的抵抗力比营养细胞更强。与非芽孢类的细菌相比，芽孢类细菌的耐压性更强，当静压超过 100 MPa 时，许多非芽孢类的细菌都失去活性，但芽孢类细菌则可在高达 1 200 MPa 的压力下存活。革兰氏阳性菌中的芽孢杆菌属和梭状芽孢杆菌属的芽孢最为耐压，其芽孢壳的结构极其致密，使得芽孢类细菌具备了抵抗高压的能力，因此，杀灭芽孢需更高的压力并结合其他处理方式。

例如，对大肠杆菌在 100 MPa 下杀菌，40 ℃时需要 12 h，在 30 ℃需要.124 h 才能杀灭。这是因为大肠杆菌的最适生长温度在 37～42 ℃，在生长期进行高压杀菌，所需时间短，杀菌效率高。梭状芽孢杆菌芽孢在 100～300 MPa 下的致死率高于 1 180 MPa 下的致死率，因为在 100～300 MPa 下诱发芽孢生长，而芽孢生长时对环境条件更为敏感。因此，在微生物最适生长范围内进行高压杀菌可获得较好的杀菌效果。

4. 食品的成分

食品本身成分组成和添加物对高压杀菌都存在一定的影响。食品的成分十分复杂，且组织状态各异，因而对高压杀菌的影响情况也非常复杂。一般当食品中富含营养成分或高盐高糖时，其杀菌速率均有减慢趋势。此外，食品中添加物与高压协同也会对肉制品的质构产生不同的影响。例如，大蒜在超高压作用下能促氧化，尤其在 300 MPa 左右的适度高压下，鸡肉制品会因氧化作用而表现出较差的质构，而鼠尾草的加入可以部分抵消氧化效应。

5. 水分活度

水分活度对高压杀菌存在影响。当水分活度低于 0.94 时，深红酵母的高压杀菌的效果减弱；水分活度高于 0.96 时，杀菌效果可以达到 7 个数量级的减少；而水分活度为 0.91 时，则没有杀菌效果。较高的固形物含量也会妨碍酿酒酵母、黑曲霉、毕赤酵母和毛霉的高压杀菌。

6. 加压方式、大小和时间

高压灭菌方式有连续式、半连续式、间歇式。一般阶段性(或间歇性)压力、重复性压力灭菌的效果要好于持续静压灭菌的效果。例如，与持续静压处理相比，阶段性压力变化处理可使菠萝汁中的酵母菌减少幅度更大。此外，加压的大小和时间也会影响杀菌效果。在一定范围内，压力越高，灭菌效果越好。在相同压力下，灭菌时间延长，灭菌效果也有一定程度的提高。300 MPa 以上的压力可使细菌、霉菌、酵母菌死亡，病毒则在较低的压力下失去活力。对于非芽孢类微生物，施压范围为 300～600 MPa 时有可能全部致死。对于芽孢类微生物，有的可在 1 000 MPa 的压力下生存，对于这类微生物，施压范围在 300 MPa 以下时，反而会促进芽孢发芽。

（三）高压杀菌的应用

1. 在水产品加工中的应用

高压处理水产品可最大限度地保持水产品的新鲜风味。例如，在 600 MPa 压力下处理 10 min，可使水产品（如甲壳类水产品）中的酶完全失活，细菌量大大减少，并完全呈变性状态，色泽为外红内白，仍保持原有的生鲜味。另外，高压处理还可增大鱼肉制品的凝胶性。

2. 在果汁果酱加工中的应用

在果酱加工中采用高压杀菌，不仅可杀灭微生物，而且还可使果肉烂成酱，简化生产工艺，提高产品质量。如采用室温下加压 400～600 MPa 处理 10～30 min 的方法来加工草莓酱、猕猴桃酱和苹果酱，所得制品保持了新鲜水果的色、香、味。澳大利亚一家位于墨尔本的果汁果酱加工公司 Preshafruit 称其为全球首个在果汁果酱加工中采用高压灭菌的公司。该公司采用冷压法代替巴氏杀菌法，对采用高压加工的果汁及奶制品灭菌。据澳大利亚改良食品中心食品科学负责人称，高压法可以在不损害产品品质的情况下达到灭菌的目的，其优点在于在保持食品的新鲜度、风味、色泽以及品质等前提下可以杀灭酵母菌、霉菌和细菌等，延长冷却易腐食品的货架期。该高压加工技术已获得澳大利亚危险性分析与关键控制点体系（HACCP）和澳大利亚有机认证体系的认证。

3. 在肉制品加工中的应用

采用高压技术对肉类进行加工处理，与常规方法相比，在制品的柔嫩度、风味、色泽、成熟度及保藏性等方面都会得到不同程度的改善。高压处理能够使肌原纤维结构松散，增加肌原纤维蛋白溶解。溶解性增加会提高水分子的结合能力，并因此增强调理肉制品的保水性；另外溶解度增加也有利于对油脂的乳化以及肌原纤维蛋白三维凝胶网络结构的形成，增强对乳化微粒的包埋效果。高压处理还可以引起肌原纤维解聚，并改变肌原纤维蛋白的变性和聚集模式，起到与添加食盐和磷酸盐相似的加工作用，因此高压处理可以显著降低调理肉制品的食盐和磷酸盐的添加量。例如，在 300 MPa 压力下处理鸡肉和鱼肉 10 min 能得到类似于轻微烹饪的组织状态。常温下 250 MPa 的压力处理质粗廉价的牛肉能得到嫩化的牛肉制品。

二、超声波杀菌保鲜

超声波通过物体振动产生，其频率一般高于 20 kHz，超出了人类听觉感知声波的上限。超声波在媒介中以机械振动的形式传播，具有方向性好、功率大、穿透力强等特点。超声波是微观水平上的分子间碰撞过程，碰撞能量可以通过声波介质传输。因此，它能产生强烈的空化效应和其他同生效应，如高剪切力、搅拌、扰动效应和破碎。超声相关技术通常经济、使用简单，操作不需要外部化学试剂和添加剂。所以超声波技术是一种有效的辅助杀菌方法，目前已成功应用于废水处理、饮用水消毒等工业领域，以及对液体食品和即食新鲜食品进行杀菌等食品行业。

（一）超声波杀菌的机理

超声空化效应是超声化学的动力来源，也是超声杀菌去污的主要原理。超声空化不仅仅是通过超声辐射直接作用于反应物质分子，而是超声波在液体传播的过程中产生无数的空化泡，这些空化泡在崩溃的瞬间会释放出巨大的能量，产生局部的高温高压和微射流等高能物理现象，从而使反应物质分子发生变化即超声空化效应。这个过程包括三个步骤：气泡形成、微泡生长、气泡崩溃。如图 6-1 所示。

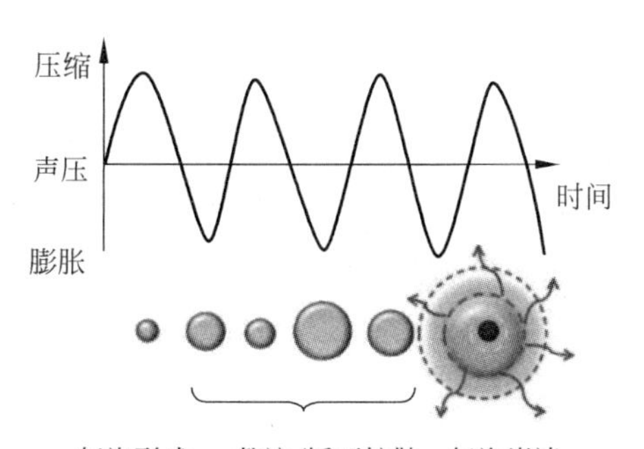

图 6-1 空化作用下气泡的形成、生长和剧烈崩塌

超声空化效应在微生物的灭活上的作用主要包括三个方面，即机械效应、热效应、化学效应。

机械效应，顾名思义，是由于空化泡在崩溃瞬间产生的剪切力和微射流作用于微生物细胞表面，从而破坏微生物细胞结构使得微生物失活。但其作用程度有限，而且有些微生物细胞结构牢固，虽然细胞结构损伤，但微生物依然存活。

热效应是指空化泡崩溃瞬间产生的高温环境（大约 5 000 K），这个过程温度变化率高达 10^9 K/s。极端的环境可以使微生物的细胞结构发生变化，从而使得微生物失活，同时高温环境可以使有机物热解。

化学效应指超声空化产生的氧化性自由基对微生物和有机物的灭活降解作用。空化泡在崩溃过程中能生成瞬间的高温高压，这个过程的进行时间很短，而且空化泡液壁溃散进程中的庞大动能将迅速转化为空化泡内的气态物的热能，而热能又来不及消散，于是，在液体中就出现瞬时的热点。高温高压环境使得水分子分解产生具有氧化性的·OH，氧化性自由基可以使微生物氧化失活，同时氧化降解有机物分子。

（二）超声波生物学效应

1. 超声波对病毒的影响

超声波可以使病毒破裂，碎裂程度不依赖于处理时间，而依赖于超声强度；超声波使病毒失活主要因为超声空化作用，空化效应使液体中产生局部瞬间高温及温度交变变化、局部瞬间高压和压力变化，使病毒破裂。人们早就发现，超声能抑制荔草花叶病毒。在研究荔草花叶病毒碎裂的生物物理特性时，观察到有空化发生，病毒产生破裂。例如，采用超声波处理大麦种子对消灭黑穗病和条斑病会有一定效果，也有采用声光效应来杀菌，杀菌率可由原来的单独超声的33%和单独激光的22%提高到100%。

2. 超声波对细菌的影响

在空化泡剧烈收缩和崩溃的瞬间，泡内会产生几百兆帕的高压及数千度的高温，温度变化速度可达10^9℃/s。空化时还伴随产生峰值达10^8 Pa的强大冲击波（对均相液体）和速度达4×10^5 m/s的射流（对非均相液体），这些效应对液体中的微生物产生粉碎和杀灭作用。超声可以提高细菌的凝聚作用，使细菌毒力丧失或完全死亡。但短时间的超声波照射也可产生相反结果，即使富有生命力的细菌个体数有所增加，这主要是因短时间超声波照射会使细菌细胞的聚集群首先发生机械分离，而分离的单个细胞又为新的菌落提供了起源。

总之，超声对细菌的作用主要是机械作用，而加热是次要的。超声的空化作用也会发生在细菌的表面上，所以细菌细胞与周围液体的黏着力比液体本身分子间的力要弱一些。弱的黏着力使细菌表面的空化加强，破坏作用将增加。除空化外，被超声活化了的氧的氧化作用在破坏细菌方面也有重要作用。

由此产生的大量水力冲击波可能会损伤细胞壁和细胞质膜。除对细胞的物理损伤外，另一种灭活机制是气泡爆炸产生的自由基进入细胞，与内部成分发生反应，破坏细胞。

3. 超声波对酶活性的影响

超声波对酶的影响主要是因为超声引起的空化效应。空化效应会引起酶周围环境的变化（如压力、温度、应激和pH值），它会造成局部高温和高压，并且超声空化气泡产生的剪切力可以破坏维持蛋白质空间结构稳定的氢键、范德华力、疏水相互作用和静电力，导致酶的二级结构和三级结构发生变化。这些变化最终会导致酶的变性和失活。此外，超声还会使水裂解产生自由基与氨基酸残基相互作用，从而影响酶的活性。

温度、pH值等环境条件的变化也会导致蛋白质变性，所以在实际应用中，超声波可以结合温度和pH值条件灭活酶活性，效果会更明显。

（三）影响超声波作用的因素

超声波对细菌的作用与超声强度、作用时间、频率等参数密切相关，也与溶液的性质有关，在过分浓和非常黏的悬浮液中见不到细菌的破坏，只有加热现象。同一种细菌的不同系对超声波辐射的反应完全不同。

超声波强度、频率、时间及温度都会影响超声波对细菌及病毒的作用结果，但各个参量的规范尚在摸索中。经实验发现，在温度增高时，超声波对细菌的破坏作用会加强。若声强不变，则细菌的数量会随着作用时间增加而逐渐下降，经过30～40 min就会使细菌灭绝。若超声波照射时间和强度不变，则频率的提高也会对细菌产生更强烈的杀伤作用。在同样的作用时间下，此效应随着辐射强度的提高而增长。

1. 超声波振幅

在超声波杀菌过程中，振幅对灭菌效果会产生一定影响，一般杀菌效果随着振幅增大而增强。有人研究了超声波联合其他技术对李斯特单胞菌的杀菌作用，得到结论：振幅增加1倍，李斯特单胞菌对压力超声波的抗性减少1/6。一系列研究表明，杀菌效果随着杀菌时间的增加而增强，但进一步增加杀菌时间，杀菌效果并没有明显变化，而是趋于一个饱和值。因此一般的杀菌时间都安排在 10 min 内。另外，介质的升温随着杀菌时间的增加而增大，这不利于某些热敏感的食品杀菌。

周丽珍等的研究对象是大肠杆菌和金黄色葡萄球菌这两种食品中常见的污染菌，考察了影响超声波非热杀菌效果的因素：超声处理条件、介质、温度。实验结果表明：超声处理对大肠杆菌有较强的杀菌作用，金黄色葡萄球菌则对超声波非热处理有很强的抵抗力；超声强度增大、作用时间延长、温度升高都有利于提高杀菌效果，在蒸馏水介质中弱于在培养基介质中的杀菌效果。结果分析认为，空化作用提高或使细胞强度变弱的条件都与提高杀菌效果密切相关。冷藏结果表明，杀菌处理后的细菌出现复活生长的迹象几乎没有。

2. 超声波强度和频率

超声波作用于液体物料时，液体会产生空化效应，当声强达到一定数值时，空化泡瞬间剧烈收缩和崩解，泡内会产生几百兆帕的高压及数千摄氏度的高温。研究表明，杀菌所用声强最少大于 2 W/cm^2，当声强超过一定界限时，空化效应会减弱，杀菌效果会下降，为获得满意的杀菌效果，一般情况杀菌强度为 2～10 W/cm^2。空化时产生的强大冲击波峰值达 10^8 Pa，射流速度达 4×10^5 m/s，这些效应会粉碎和杀灭液体中的微生物。有学者研究了不同功率和杀菌效果的相互影响，结果发现，低强度高功率对细菌集团的分散效果较好，而高强度低功率对细菌的杀灭作用较强。频率越高，越容易获得较大的声强。另外，随着超声波在液体中传播，激活液体微小核泡，由振荡、生长、收缩及崩溃等一系列动力过程所表现出来的超生空化效应也越强，而超声波对微生物细胞繁殖能力的破坏性也就越明显。随着频率升高，声波的传播衰减将增大，因此用于杀菌的超声波频率为 20～50 kHz。

3. 作用时间

不同的超声作用时间也会影响超声的效果。研究发现，超声功率为 400 W、超声温度为 50 ℃时，不同超声时间对污染羊乳中的两种条件致病菌 Nk 值的影响如图 6-2 所示。随着超声时间延长，灭菌对数值持续增大，表明超声处理时间越长，对两种条件致病菌的杀菌效果越好。

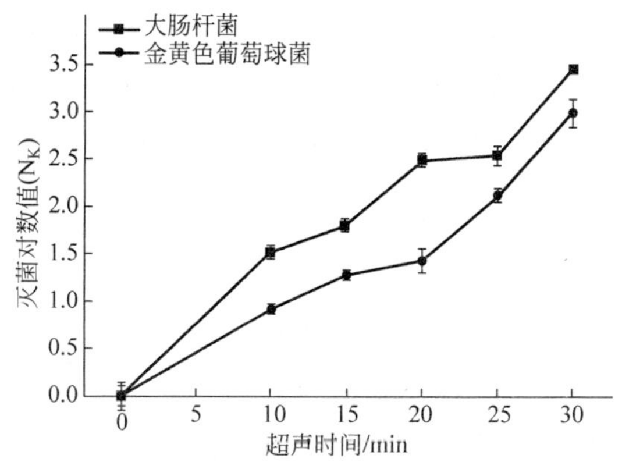

图 6-2 不同超声时间对新鲜羊乳中大肠杆菌和金黄色葡萄球菌的灭菌效果影响

4. 温度

一般来说,温度越高,空化效应越强。这可能是因为当水体温度升高时,水的表面张力系数和黏度系数下降,导致空化阈值下降,易于发生超声空化现象,因此超声灭菌去污效率上升。研究发现,随着温度的升高,大肠杆菌的灭活率和对氯苯酚的降解率均上升,当超声时间相同时,30 ℃下的杀菌去污率最高,其次是 25 ℃下的杀菌去污率,20 ℃下的杀菌去污率最低。但是,一味地升高温度并不能使超声杀菌去污率持续上升,当水体温度过高时,超声空化生成的空化泡中蒸汽压会相应增加,导致水中的含气量相应下降,反而会使空化泡在崩溃时损失较多能量。

5. 频率

超声频率在很大程度上影响了超声杀菌去污的速率。首先,当超声波在水中传播时,只有当空化泡的自然共振频率与超声波的频率相同,超声空化现象才会发生。其次,超声频率越高,其空化阈值也就越大,不利于超声空化的发生,高频超声能形成大量的空化泡,这些空化泡崩溃时产生的高温环境能分解水分子生成氧化性自由基,从而氧化降解有机物和灭活微生物;与高频超声相反,低频超声形成的空化泡数量少、形状大,其崩溃瞬间产生的机械力能够破坏微生物的结构,灭活水中的微生物。此外,无论是高频超声辐射还是低频超声辐射,空化泡崩溃时都会产生热点效应,瞬间的高温高压能够使有机物热解。超声辐射时间决定了超声灭菌去污速率的大小,一般来说,超声辐射时间越长,其杀菌去污能力也就越高。但一味地延长超声辐射时间并不能无限地提高其杀菌去污能力,主要受声强等因素的影响,无限延长超声时间使得团聚的微生物解絮,反而降低其灭菌率。

有人研究了饮用水在 20.100 kHz 和 31.560 kHz 的两种不同频率下,灭菌率随电功率的变化情况,发现较小功率时,菌落数既有下降也有上升,说明超声具有灭菌和分散细菌团的双重作用。之后随电功率的增大,灭菌率上升,但当功率达到一定数值后,灭菌率又出现下降现象,这说明超声灭菌并不是功率越大越好,而是存在一个最佳值。

6. 溶液的性质

溶液的性质如黏度、温度、表面张力等对超声杀菌去污也有一定的影响。溶液黏度越高,超声传播的阻力就越大,超声在水体中衰减速度越大,从而作用于水体中的有机物和微生物的声能越少,其杀菌去污能力越弱。溶液表面张力越大,空化核越难形成,不利于空化泡的生成。此外,当水体中有少量表面活性剂时,溶液表面张力下降,超声在水体中传播时会生成大量的泡沫,这些泡沫爆破时威力很弱,不利于超声杀菌去污。液体温度的升高使得空化泡半径增大、空化阈值减小,有利于超声空化效应的发生。但温度太高使得空化泡中的蒸汽压增大,又降低了超声空化强度。

7. 媒介

超声波在不同媒质中,其作用效果会不同。一般微生物被洗去附着的有机物后,对超声更敏感。另外,钙离子存在、pH 值降低也能提高其敏感度。食品成分,如蛋白质、脂肪等,可能会保护和修复微生物。

(四) 超声技术的应用

1. 果蔬

水果和蔬菜富含维生素、矿物质、膳食纤维等多种营养物质。它们口感诱人,营养丰富且健康，是日常食物的重要组成部分。然而，收获后的水果和蔬菜往往容易失水、微生物感染和机械损伤，使得它们在每年的贮藏期间遭受严重损失。其中微生物感染是水果和蔬菜收获后腐烂的主要原因。此外，食源性疾病的暴发往往与新鲜果蔬表面存在的微生物有关，如沙门氏菌和大肠杆菌 O_{157}：H_7 等。

目前果蔬的贮藏方法主要有冷藏、低压、气调贮藏、气调包装、天然/合成防腐剂、食用涂料和薄膜、紫外线处理等。这些方法在一定程度上可以延长贮藏时间，但也有一些缺点，如残留化学残留物、质量下降、能耗高等。此外，现代消费者追求绿色消费主义，即食品中添加的人工添加剂尽量少，但营养价值高、整体质量优。为了满足这类消费者的需求，研究人员必须寻求环保、低能源成本、少添加剂的果蔬保鲜方法。

目前有人将超声波应用于新鲜草莓、新切黄瓜的处理，研究结果表明，超声波处理可显著减少细菌、酵母和霉菌的数量，并提高果实的硬度和抗氧化活性。

此外，超声波技术与其他技术相结合，在果蔬中减少农药残留可能会取得更好的效果。Cengiz 等人研究了超声波和电流处理对番茄样品中农药残留去除的影响，发现与单独使用其中一种技术相比，联合效果更好。

2. 奶制品

牛乳是老少皆宜的营养保健食品，其各种营养元素全面且比例合理，也因此为微生物的快速繁殖提供了适宜的条件，极易腐败变质。所以在奶制品制作和贮藏中杀菌是必不可少的一步。然而，传统的灭菌方式极易破坏奶制品的营养价值，因此，原料乳杀菌时要尽量在较低温度下进行。超声波杀菌技术就是可以达到此目的的一种冷杀菌技术。

食品杀菌的非热加工有助于保持食品的营养价值和提高食品的物理质量，有研究将超声波应用于原料奶杀菌，结果表明，在 40 kHz 的超声波下可以使原料奶中的微生物失活，且在研究中指出超声波对生乳杀菌的最佳条件为：温度 60 ℃，处理时间 200 s，间歇比 5∶2，在后续保鲜中，仍有优良的感官性能。

超声波处理与传统杀菌方式比较，超声波处理具有有效的杀菌效果，且牛奶在储存过程中的稳定性更高。

3. 水资源

我国的水处理行业，为改善污染水的水质，对其进行深度处理是大多数水厂面临的难题之一。传统的污水灭菌方法如活性炭、膜生物技术等，处理效率低，且不能有效地去除水中生物难降解的有机污染物。相关实验表明，超声波对微污染水中的细菌、难溶解的有机物和色度去除效果明显，细菌的去除符合一级反应动力学方程，对 COD（化学需氧量）和浊度去除有一定效果，但不显著，对浊度的去除效果也不明显。

针对水源水中所含有的腐殖质、藻类、内分泌干扰物、细菌以及常规处理后的消毒副产物等物质，通过超声波技术处理以及超声波的协同处理的应用情况进行分析。由于超声波技术具有易与其他水处理技术和设备配套的优势，因此，其在饮用水的处理中具有很好的应用前景。

为研究超声对饮用水中隐孢子虫（cryptosporidium parvum）的灭活情况，考察了超声频率、功率、pH 值和温度对灭活率的影响，通过形态学观察初步探讨了超声灭活隐孢子虫的机制，并进行了灭活动力学分析。结果表明，低频有利于隐孢子虫灭活，19.8 kHz、pH 值 7.2、温度(20±1)℃条件下超声 15 min 灭活率可达 92.5%，频率升高灭活率反而下降。在本实验条件下，超声功率 103 W 对隐孢子虫的灭活效果与 151 W 的相近，pH 值对超声灭活隐孢子虫的影响不大，36 ℃超声灭活 15 min 灭活率为 95.6%，而在 9 ℃下超声 15 min 灭活率为 88.3%，水温升高有利于灭活，灭活前后的形态学变化表明超声空化作用导致细胞膜破坏、细胞质流出，从而起到灭活孢囊的效果。超声灭活隐孢子虫遵循假一级反应动力学，灭活隐孢子虫以低频率高功率的效果最好，可认为隐孢子虫的灭活以超声空化的强度为主。

4. 其他

超声波技术应用广泛，在食品无损检测、食品烘干、乳化、均质、灭菌、冷冻、解冻等食品加工和储藏领域都有所应用。当然，超声波相关技术也存在某些局限性，所以在实际生产上，超声技术多与其他灭菌技术联合使用，可进一步提高灭菌效率，有效地控制微生物活动和减少食源性疾病的暴发。目前，超声波技术已在食品科技领域引起广泛关注。

三、辐照保藏技术

辐照保鲜是利用原子能射线的辐射能量对食品进行杀菌处理而保存食品的一种物理方法，是一种安全卫生、经济有效的食品保藏技术。

(一) 辐照保鲜的原理

α 射线是从原子核中射出的带正电的高速离子流；β 射线则是带负电的高速粒子流；比紫外线波长更短(具有高能量)的 X 射线和 γ 射线，能激发被辐照物质的分子，使之引起电离作用，这种高能量的放射线总称为电离放射线。微生物细胞的细胞质，在一定强度的放射线辐照下，没有一种结构不受影响，根据受影响轻重程度而产生变异或死亡。

各种微生物细胞不同程度地对放射线所造成损伤具有修复的功能，这就是说，微生物对放射线具有一定的抵抗性。由于各种微生物对放射线损伤的修复功能不同，故放射线对各种微生物的致死效果也各有不同。另外，微生物受电离放射线的辐照，细胞中的细胞质分子引起电离，并产生各种化学变化，使细胞直接死亡，同时对维持生命的一些重要物质也引起其离子化。例如存在于细胞中的大量水分，在放射线高能量的作用下，引起化学反应，分解为氢氧根和氢原子，从而也间接引起微生物细胞的致死作用。

微生物随着被照射剂量的增加，其活菌的残存率逐渐下降。活菌数减少一个对数周期(90%的菌被杀死)所需要的射线剂量称为 D 值，单位为戈瑞(Gy)，常用千戈瑞(kGy)表示。由于微生物对放射线的敏感性不同，若按罐藏食品的杀菌要求，必须完全杀灭肉毒芽孢杆菌 A、B 型菌的芽孢。多数研究者认为需要的剂量为 40～60 kGy。破坏 E 型肉毒杆菌芽孢的 D 值为 21 kGy。

研究者认为，微生物细胞中的 DNA、RNA 对放射线的作用尤为敏感，它直接影响着细胞的分裂和蛋白质的合成，细胞中对放射线抵抗力最弱的部分是 DNA。

（二）放射线辐照对食品成分的影响

食品受放射线照射后，其成分会产生一定的变化。在碳水化合物方面，首先是引起纤维素、半纤维素、果胶、淀粉等长碳链碳水化合物碳链的切断，生成葡萄糖、果糖等还原糖，从而使机械强度降低、抗菌力下降、黏度变小、淀粉的碘反应色调发生变化、对淀粉酶的敏感性增大等，这些变化是一般食品所不希望的。维生素受放射线辐照也要引起变化，最不稳定的是维生素 C 和 B 族维生素中的维生素 B_1。氨基酸受放射线辐照会引起脱氨作用生成胺，含硫氨基酸被分解生成硫化氢和甲硫醇，这是显著的异臭成分（一定浓度时），蛋白质的脱氢、脱硫等化学反应，也将引起种种特性的变化。几乎所有的酶若单独溶于水中，只要用几戈瑞的剂量辐照，其活力就会显著地降低，但当酶存在于食品中时却非常稳定。脂肪是对放射线辐照最敏感的成分之一，放射线的能量可使脂肪的活性亚甲基（—CH= CH—CH，—CH=CH 一）的碳引起脱氢，造成一连串的氧化连锁反应，产生自由基，促进脂肪的酸败，故油脂受放射线辐照会引起酸败臭和带来过氧化物积累的问题。植物性色素受放射线辐照时仍较稳定，但动物性色素的稳定性差。另外，放射线辐照对食品中原有毒素的破坏几乎是无效的。

从以上情况看，食品受放射线辐照会引起成分的变化，导致异味的发生、过氧化物的增加和物理性质的变差，但以上变化一般是利用单一成分进行辐照试验的，因为食品是多种成分的有机结合，整体食品的辐照变化情况与以上就不完全一样，由于食品成分间有相互保护的作用，一般较单一成分辐照的变化小。而且一般来说，对食品用杀菌剂量的放射线辐照，蛋白质并不引起分解，碳水化合物也较稳定，脂肪的变化也小，食品中的其他成分的变化更少。另外在辐照方法上，应尽量采用低温辐照、缺氧辐照，或利用增感剂以及选择最佳的辐照时间等，这样对进一步减轻放射线辐照对食品的副作用是完全可能的。

（三）放射线辐照食品的卫生安全性

辐照食品是把被处理的食品在钴-60（^{60}Co）γ 射线中穿过一次，研究确认当食品离开辐照源，放射线不会残留在食品中。从原子反应的理论研究中知道，要使 γ 射线打开原子核引起核反应最低能量要在 5 MeV 以上，而^{60}Co 发生的 γ 射线的最大能量只有 1.33 MeV，同 5 MeV 相差很远，同样对电子加速器发射出的电子束的能量要在 10 MeV 以上才能引起核反应，所以辐照不会激发产生新的放射性物质。

为了安全起见，世界卫生组织、联合国粮食和农业组织和国际原子能机构（IAEA）的联合专家委员会，特地对食品使用的辐照源做了规定：用能量在 10 MeV 以下的电子、能量在 5 MeV 以下的 γ 射线和 X 射线作为食品的辐照源。

对辐照食品的毒理学方面，各国科学家进行了大量的研究。1980 年 11 月，联合专家委员会经过认真审议，发表了一份建议书，书中强调指出，任何食品的辐照，低于总体评价剂量 10 kGy，不存在毒性危险，也无须对处理食品进行毒性试验。

(四)放射线辐照在食品保藏方面的应用

放射线辐照对食品品质会有一定的影响,因此在使用中要注意扬长避短。食品通过适当剂量的放射线辐照,可赋予其良好的生物学效果,达到杀菌、杀虫或抑制发芽和成熟度等目的,并可改善食品品质。

1. 控制旋毛虫

旋毛虫在猪肉中防治比较困难,但其幼虫对射线比较敏感,用 0.1 kGy 的 γ 射线辐照,就能使其丧失生殖能力。因而将猪肉在加工过程中通过射线源的辐照场,使其接受 0.1 kGy 的 γ 射线的辐照,就能达到消灭旋毛虫的目的。在肉制品加工过程中,也可以用辐照方法来杀灭调味品和香料中的害虫,以保证产品免受其害。

2. 延迟货架期

叉烧猪肉经 ^{60}Co γ 射线 8 kGy 照射,细菌总数从 2 万 cfu/g 下降到 100 cfu/g,在 20 ℃恒温下可保存 20 天;在 30 ℃高温下也能保存 7 天,对其色、香、味和组织状态均无影响。新鲜猪肉去骨分割,用隔水、隔氧性好的食品包装材料真空包装,用 γ 射线 5 kGy 照射,细菌总数由 54 200 cfu/g 下降到 53 cfu/g,可在室温下存放 5～10 天不腐败变质。

3. 灭菌保藏

新鲜猪肉经真空包装,用 γ 射线 15 kGy 进行灭菌处理,可以全部杀死大肠菌群、沙门氏菌和志贺氏菌,仅个别芽孢杆菌残存下来。这样的猪肉在常温下可保存 2 个月。用 26 kGy 的剂量辐照,则灭菌较彻底,能够使鲜猪肉保存 1 年以上。香肠经 γ 射线 8 kGy 辐照,杀灭其中大量细菌,能够在室温下贮藏 1 年。由于辐照香肠采用了真空包装,在贮藏过程中也就防止了香肠的氧化褪色和脂肪的氧化酸败。

利用放射线辐照食品,因其处理目的不同,所用剂量及处理方法也有所不同。一般将 1 kGy 以下者称为低剂量,1～10 kGy 者称为中剂量,10 kGy 以上者称为高剂量。

低剂量辐照,目的并不在于杀菌,而是达到调节和控制生理机能以及驱除虫害等方面的效果,低剂量对食品组织以及成分的影响是极微小的。中剂量辐照以延长食品保藏期为目的,该辐照剂量尚不能将微生物孢子完全杀死,但对肉、鱼虾类、香肠等加工食品表面所附着的主要病原菌及带毒菌可全部杀灭。通过辐照,保藏期可延长 2～4 倍。高剂量辐照是以食品在常温下进行长期贮藏为目的而进行的完全杀菌,将所有微生物,包括孢子(尤其是耐热性肉毒芽孢杆菌的芽孢)都要全部杀灭。但完全杀菌所用辐照的剂量较高,将造成副作用而使食品不同程度地变质。为了尽量减少副作用,在操作时应结合运用脱氧、冻结、添加食品保护剂等方法。

对食品以外的材料(例如食品包装材料、医疗器械等)的完全杀菌,以 2 kGy 为标准使用剂量。

【复习思考题】

一、名词解释

冰温保鲜;冰点调节贮藏法;“自然降氧法”的气调贮藏;“快速降氧法”气调贮藏

二、思考题

1. 简述冰温保鲜的基本原理。
2. 简述果蔬冰温贮藏的特点。
3. 简述冰温保鲜设备的种类及各自的优势有哪些?
4. 简述减压贮藏的原理及优点。
5. 简述臭氧杀菌的机理。
6. 简述高压对微生物的作用机理。
7. 简述高压杀菌对食品成分的影响。
8. 简述影响高压杀菌的主要因素。

【即测即练】

第七章

食品生物保鲜技术

【本章导航】

本章主要介绍食品生物保鲜技术。重点掌握涂膜保鲜的保鲜机理，了解常用涂膜的种类及特性；了解不同来源(植物源、动物源、微生物源)生物保鲜剂的类型，掌握不同来源生物保鲜剂的优缺点；掌握抗冻蛋白的特性，了解抗冻蛋白的类型、结构及其在食品中的应用。

抗冻蛋白在冷链商品中的具体应用案例

抗冻蛋白的研究正在继续，热滞效应和抑制冰晶重结晶的作用机理都未完全了解，其中抗寒植物受到冷胁迫以后，大量的抗冻蛋白在胞内累积，这些抗冻蛋白是如何受到调控而表达出来的，至今未知。抗冻蛋白在研究的领域中，正如同婴儿，有着无限成长的空间与遐想，在人类日常所需食物供应商业市场中，更将带来巨大利益。

在水产领域的应用

近年来，此技术已被马来西亚、印尼与菲律宾等国家的大型出口水产商应用于生鲜保存的服务，也同时取得了美国 FDA 的检验合格证。经该项技术处理后的大虾，解冻后，水产商均可以现捞海鲜现出售。

在水果产业的应用

新鲜水果在 0 ℃时，香味与果肉结构就会被破坏，正如同啤酒与红酒一样。应用抗冻蛋白的冰晶冷冻专利技术，可使水果的香味与结构不被破坏，解冻后可还原至原有的状况，香蕉也不会变黑，存放的时间均在 2 年以上。但在水果应用上，必须是果肉的部分，而无法带皮处理(如香蕉、杧果等)。此项技术已被台湾地区的冷冻水果商应用。

在肉制品行业的应用

分体包装肉品经冷冻后，总不如现杀温体的鲜度与口感，经冰晶冷冻技术处理后，因细胞膜的完好保存、没被破坏，其质量保留着原有的鲜度，肉品不因长期的冷冻而降低质量。此项技术已被台湾地区某大型鸡肉商应用。

在奶制品方面的应用

牛奶经冷冻还原后，不会产生油水分离的现象，在目前的技术上只有－196 ℃的液态氮能实现。通过生物液科技冰晶冷冻技术处理后，即可在一般的冷冻库保存处理。

资料来源：https://www.sohu.com/a/321401225_120043419.

生物保鲜技术是将某些具有抑菌或杀菌活性的天然物质配制成适当浓度的溶液，通过浸渍、喷淋或涂抹等方式应用于食品中，进而达到防腐保鲜的效果。生物保鲜技术的一般机理包括抑制或杀灭食品中的微生物、隔离食品与空气的接触、延缓氧化作用、调节贮藏环境的气体组成和相对湿度等。

随着人们生活水平的提高、生活模式与消费观念的转变，消费者更加关注食品的营养、安全与环保。这三大问题都与食品的保藏关系密切，因此，食品保藏技术越来越受到人们的普遍关注。传统的物理保藏技术如低温贮藏、辐射贮藏、罐藏等，因操作技术、成本或营养素损失等因素受到一定程度的限制。目前广泛使用的化学防腐剂如亚硝酸钠、苯甲酸钠等都因具有一定的毒副作用，日益受到消费者的排斥。而生物保藏技术具有安全、简便等显著优点，其应用范围不断扩大，已成为人们关注的热点。

目前，生物保藏技术中的涂膜保鲜技术、生物保鲜剂保鲜技术、抗冻蛋白保鲜技术及冰核细菌保鲜技术等，是研究较多的保藏技术，有些已得到较多应用，或者具有较好的应用前景。

第一节　涂膜保鲜技术

涂膜保鲜技术最早出现于 20 世纪 20 年代，早期主要应用于果蔬的防腐保鲜，以后逐渐扩大到其他食品。目前，涂膜保鲜技术不仅广泛应用于果蔬保鲜，而且在肉类、水产品等食品中的应用也日益增加。

一、涂膜保鲜的机理

涂膜保鲜技术是在食品表面人工涂上一层特殊的薄膜使食品保鲜的方法。该薄膜应当具有以下特性：能够适当调节食品表面的气体（O_2、CO_2、C_2H_4 等）交换作用；调控果蔬等食品的呼吸作用；能够减少食品水分的蒸发，改善食品的外观品质，提高食品的商品价值；具有一定的抑菌性，能够抑制或杀灭腐败微生物；或者涂膜本身虽然没有抑菌作用，但可以作为防腐剂的载体，从而防止微生物的污染；能够在一定程度上减轻表皮的机械损伤。涂抹保鲜方法简便、成本低廉、材料易得，但目前只能作为短期贮藏的方法。

涂膜对气体的通透性是影响涂膜保鲜效果的主要因素之一。涂膜对气体的通透性可用膜对气体的分离因子来表示，即分离因子 $\alpha(a/b)=Pa/Pb$，其中，P 为通透系数 $[g \cdot mm/(m^2 \cdot d \cdot kPa)]$，a、b 为不同气体。一般含有羟基的分子所形成的涂膜，其 $\alpha(CO_2/O_2)<1$，对果蔬保鲜的效果较好。而 $\alpha(CO_2/O_2)>1$ 的膜，对果蔬则没有保鲜效果。对于 $\alpha(CO_2/O_2)<1$ 的涂膜，其适宜保鲜的果蔬种类依其分离因子的不同而异。

二、涂膜的种类、特性及其保鲜效果

根据成膜材料的种类不同，可将涂膜分为多糖类、蛋白类、脂质类和复合膜等类型。

（一）多糖类

多糖类涂膜是目前应用最广泛的涂膜，许多多糖及其衍生物都可用作成膜材料，常用的有壳聚糖、纤维素、淀粉、褐藻酸钠、魔芋精粉和普鲁兰多糖等。

1. 壳聚糖

壳聚糖(chitosan,CS)是由大部分氨基葡萄糖和少量N-乙酰氨基葡萄糖通过β-1,4-糖苷键连接起来的直链多糖,是甲壳素的脱乙酰产物,属氨基多糖,有良好的成膜性和广谱抗菌性,不溶于水,溶于稀酸。选择合适的酸作为壳聚糖的溶剂是保证壳聚糖涂膜保鲜效果的重要因素,酸度过低,溶解不完全,酸度过高则易对食品产生酸伤。研究表明,酒石酸和柠檬酸的效果较好,且可以制成固体保鲜剂。另外,加入表面活性剂如吐温、斯盘、蔗糖酯等,可改善其黏附性。脱乙酰度和分子量对壳聚糖膜的性质影响较大,脱乙酰度越高,分子量越大,则分子内晶形结构越多,分子柔顺性越差,膜抗拉强度越高,通透性越差。

增塑剂种类和浓度也会明显影响到膜的性质。以醋酸、丙酸、乳酸、甲酸为膜增塑剂,随增塑剂浓度的增加,透氧性明显上升,其中乳酸最低,甲酸最高,两者相差近100倍。但是,酸的种类和浓度对膜的透湿性无显著影响。

研究发现,壳聚糖的防腐效果与其相对分子质量之间有很大关系。相对分子质量为20万和1万左右的壳聚糖防腐效果最好,二者最佳浓度分别为1%和2%。将草莓在1%壳聚糖溶液中浸渍1 min,晾干后于4~8 ℃冰箱中贮存,定期测定超氧化物歧化酶(SOD)活力和维生素C含量,结果表明,壳聚糖处理能明显阻止草莓中SOD活力下降,减少维生素C损失,抑制腐烂。对番茄涂膜保鲜的研究结果还显示,不同黏度的壳聚糖均存在一个最适浓度,黏度为120、250、600 m Pa·s的壳聚糖,其最适浓度分别为3.2%、2.0%和0.85%。

衍生化反应可以改变壳聚糖的透气性。壳聚糖经羧甲基化可生成N-羧甲基壳聚糖、O-羧甲基壳聚糖、N,O-羧甲基壳聚糖等,其中,N,O-羧甲基壳聚糖溶于水,所形成的膜对气体具有选择通透性,特别适合于果蔬保鲜。对草莓、水蜜桃、猕猴桃等品种的保鲜实验表明,N,O-羧甲基壳聚糖具有良好的保鲜效果。美国、加拿大已有此类产品面市。

研究发现,含铁、钴、镍等金属离子的壳聚糖膜对葡萄的保鲜效果优于无金属离子的壳聚糖膜,其中,含钴离子的膜保鲜效果最好。其主要原因在于金属离子对壳聚糖膜通透性的影响。壳聚糖膜保鲜技术不仅适用于果蔬的保鲜,也可用于冷却肉类、鱼虾等水产品和蛋类的保鲜中。

2. 纤维素类

纤维素类也是常用的多糖类涂膜剂。例如,刘会珍利用不同的涂膜材料进行鸡蛋的涂膜保鲜实验,结果显示,在常温条件贮存30天,壳聚糖处理组鲜蛋率100%;液体石蜡处理组鲜蛋率100%。涂膜法利用具有成膜性的物质作为涂膜剂涂抹在蛋壳表面,使气孔处于封闭的状态,阻止蛋内气体和水分的流失,防止微生物入侵,以达到抑菌保鲜、延长蛋品货架期的目的。

天然状态的纤维素聚合物分子链结构紧密,不溶于中性溶剂,碱处理使其溶胀后与甲氧基氯甲烷或氧化丙烯反应,可制得羧甲基纤维素(CMC)、甲基纤维素(MC)、羧丙基甲基纤维素(HPMC)、羧丙基纤维素(HPC)等,均溶于水并具有良好的成膜性。纤维素类膜透湿性强,常与脂类复合以改善其性能,纤维素制造的可食膜已经在商业上应用。制MC膜时,溶剂种类和MC的分子量对膜的阻氧性影响很大。此外,环境的相对湿度对纤维素膜透氧性也有很大的影响,当环境湿度升高时,纤维素膜的透氧性急速上升。对绿熟番茄的研究表明,涂膜后的番茄保鲜效果明显优于对照组。

3. 淀粉

淀粉为白色粉末,是右旋葡萄糖的聚合物,无臭、无味,有吸湿性,淀粉液加温到60℃左右时糊化成具有黏性的半透明胶体溶液,将其涂于果蔬表面可形成淀粉膜。淀粉是成本最低、来源最广的一类多糖,但其所成膜的光泽性较差,易老化而脆裂,膜会不均匀地脱落,使淀粉基可食用涂膜的应用受到限制。因此,研发以淀粉为基料的可食用膜还有待于进一步探讨。

姚晓敏等采用可溶性淀粉作为被膜剂,配成1.0%、1.5%、2.0% 3种不同的浓度,用浸渍或喷雾等方法在草莓表面形成一层膜。试验结果表明,最佳的淀粉涂膜剂浓度为1.5%,以该浓度处理的草莓在贮存5天后,重量损失为4.6%,可溶性固形物含量为84%,总酸量为0.710%,维生素C含量为32.2 mg/100g。王昕等则利用淀粉基可食膜添加不同量软脂酸和甘油在番茄果实的保鲜上取得了显著效果。研究了添加不同量软脂酸和甘油对淀粉基可食膜的水蒸气透过率和氧气透过率的影响,并用于番茄果实的保鲜试验。试验结果表明:可食膜成分中脂类和增塑剂对膜的透过性有显著影响,在试验范围内涂膜番茄的糖损失和失重在保藏中明显低于未涂膜番茄。

淀粉类涂膜价廉易得,直链淀粉含量高的淀粉所成膜呈透明状,在低pH值下透氧性非常小,加入增塑剂可增大透气性。淀粉经改性生成的羟丙基淀粉所成膜阻氧性非常强,但阻湿性极低。用稀碱液对淀粉进行改性处理得到的产物配成涂膜剂,加入甘油做增塑剂,用该涂膜剂处理草莓,于0℃、相对湿度84.4%条件下贮存30天后,处理果腐烂率为30%,对照果则全部腐烂。用淀粉膜处理香蕉也获得了较好的保鲜效果。目前,关于淀粉膜保鲜研究的报道还很少,尚待更进一步研究。

4. 褐藻酸钠

褐藻酸是糖醛酸的多聚物,其钠盐具有良好的成膜性,可阻止膜表层微生物的生长,减少果实中活性氧的生成,降低膜脂过氧化程度,保持细胞完整性,但褐藻酸钠膜阻湿性有限。研究表明,褐藻酸钠膜厚度对拉伸强度影响不大,但透湿性随着膜厚度的增加而减小。适量增塑剂不仅使膜具有一定的拉伸强度,而且不会明显增加透湿性。交联膜的性质明显优于非变联膜,环氧丙烷和钙双重交联膜的性能最好,在环境湿度高于95%时,仍能显著地阻止果蔬脱水。脂质可显著降低褐藻酸钠膜的透水性。绿熟番茄经2%的褐藻酸钠涂膜后,常温下可延迟6天后熟,且维生素C损失减少,失重率降低。用褐藻酸钠涂膜保鲜胡萝卜,腐烂率低于用纤维素膜和魔芋精粉膜。

5. 魔芋精粉

魔芋精粉中含50%~60%的魔芋葡甘聚糖,能防止食品腐败、发霉和虫害,是一种经济高效的天然食品保鲜剂。所成膜在冷热水及酸碱中均稳定,膜的透水性受添加亲水或疏水物质的影响,添加亲水性物质,则透水性增强;添加疏水性物质,则透水性减弱。用磷酸盐对魔芋葡甘聚糖改性后用于龙眼涂膜保鲜,分别于常温(29~31℃)和低温(3℃)条件下贮存,常温下保藏10天后,处理组好果率82.86%、失重率2.56%,对照组好果率仅41.67%、失重率4.49%。低温下保藏60天后,处理组好果率88.89%、失重率

2.03%,对照组已全部腐烂。另外,处理组的总糖、维生素C等指标均优于对照组。

改性后魔芋精粉的保鲜效果将得到明显改善。用1%的魔芋精粉与丙烯酸丁酯共聚产物对柑橘涂膜保鲜,室温下贮藏130天后,与对照组相比,失重率下降36.2%,烂果率下降89.6%,维生素C损失率下降53.5%,且外观良好,酸甜适口,保鲜效果显著好于未改性的魔芋精粉。

6. 普鲁兰多糖

普鲁兰多糖是一种由出芽短梗霉发酵所产生的类似葡聚糖、黄原胶的胞外水溶性黏质多糖,它的成膜性、阻气性、可塑性、黏性均较强,广泛应用在食品加工和保藏上。普鲁兰多糖溶液对鱼肉有明显的保鲜效果,经0.5%多糖溶液处理的鱼肉,在模拟常温条件下贮藏12 h后细菌总数和TVB-N值分别为2.15×10^5 cfu/g和19.74 mg/100 g,均达到淡水产品二级鲜度的要求,保鲜效果最好。

研究发现,普鲁兰多糖和壳聚糖涂膜处理均能够有效地抑制梨果实在贮藏期间其总酚、总黄酮、绿原酸等酚类物质和谷胱甘肽含量的下降速度,维持梨果实贮藏期间较高的抗氧化能力和品质。

(二)蛋白质类

蛋白质类也是常用的涂膜材料,用于涂膜制剂的蛋白质主要有小麦面筋蛋白、大豆分离蛋白、玉米醇溶蛋白、酪蛋白、胶原蛋白及明胶等。

小麦面筋蛋白膜柔韧、牢固、阻氧性好,但阻水性和透光性差,限制了其在商业上的应用。实验发现,用95%的乙醇和甘油处理小麦面筋蛋白,可以得到柔韧度好、强度高、透明性好的膜,当小麦面筋蛋白膜中脂类含量为干物质含量的20%时,透水率显著下降。目前,小麦面筋蛋白在果蔬保鲜上很少使用。

大豆分离蛋白是近年来研究较多的蛋白类涂膜剂,研究表明,pH值是影响蛋白质成膜质量的关键因素。大豆分离蛋白制膜液的pH值应控制在8,小麦面筋蛋白应控制在5。大豆分离蛋白膜的各项性能均优于小麦面筋蛋白膜。此外,经碱处理的大豆分离蛋白的成膜性能、透明度、均匀性及外观均优于未经碱处理的大豆分离蛋白,但两者的透水率几乎一致,大豆分离蛋白膜的透氧相当低,比小麦面筋蛋白低72%~86%。由于大豆分离蛋白膜的透氧率太低,透水率又高,因而不单独用于果蔬保鲜,常与糖类、脂类复合后使用。

玉米醇溶蛋白溶于含水乙醇,所形成的膜具有良好的阻氧性和阻湿性。香蕉保鲜实验表明,效果较好的膜为0.8 mL3%甘油+0.4 mL油酸+10 mL玉米醇溶蛋白制成的膜。将玉来醇溶蛋白、甘油、柠檬酸溶解于95%的乙醇中,用于转色期番茄的涂膜保鲜,贮存条件为21 ℃、相对湿度55%~66%。结果表明,涂5~15 μm膜的番茄后熟延迟6天,无不良影响,涂66 μm膜的番茄则发生无氧呼吸。上述实验表明,涂膜厚度也会影响涂膜保鲜的效果。涂膜太薄,起不到隔氧、阻湿作用,涂膜太厚,又会阻碍必要的新陈代谢活动,导致异常生理活动发生。

酪蛋白、胶原蛋白、明胶等在食品涂膜保鲜上用得较少。蛋白类膜具有相当大的透湿性,因而,常与脂类复合使用。

（三）脂质类

脂质类包括蜡类(石蜡、蜂蜡、巴西棕榈蜡、米糠蜡、紫胶等)、乙酰单甘酯、表面活性剂(蔗糖脂肪酸酯、硬脂酸单甘油酯等)及各种油类等。

蜡膜对水分有较好的阻隔性,其中石蜡最为有效,蜂蜡其次。蜡膜能有效抑制苯甲酸盐阴离子的扩散。已商业化生产的蜡类涂膜剂有中国林业科学研究院林产化学工业研究所的紫胶涂料、中国农科院的京2B系列膜剂、北京化工研究所的CFW果蜡。其中,CFW果蜡处理蕉柑后,保鲜效果良好,有些指标已超过进口果蜡。其他脂类很少单独成膜,常与糖类复合使用。

（四）复合膜

复合膜是由多糖、蛋白质、脂质类中的两种或两种以上经一定处理而成的涂膜。由于各种成膜材料的性质不同、功能互补,因而复合膜具有更理想的性能。比如,由HPMC与棕树酸和硬脂酸组成的双层膜,透湿性比HPMC膜减少约90%。复合膜的透湿性与成膜液中脂质的状态有关,成膜液中脂质的真正溶解会产生一种更连续的脂质层而降低透水性。

由多糖与蛋白组成的复合天然植物保鲜剂膜具有良好的保鲜效果。对金冠苹果、鸭梨和甜椒的保鲜研究表明,苹果、鸭梨涂膜处理后开放放置1个月,外观基本不变,对照组已全部变黄。80天后,处理果仍呈绿色,对照果则已失去商品价值。甜椒处理后15天,无皱缩,维生素C含量高达136.4 mg/100 g,对照果已干缩,无商品价值。

TALPro-long是英国研制的一种果实涂膜剂,由蔗糖脂肪酸酯、CMC-Na和甘油一酯或甘油二酯组成,可改变果实内部O_2、CO_2和C_2H_4的浓度,保持果肉硬度,减少失重,减轻生理病害。Superfresh是它的改进型,含60%的蔗糖酯、26%的CMC-Na、14%的双乙酰脂肪酸单酯,可用于多种果蔬,已获得广泛应用。

OED是日本用于蔬菜保鲜的涂膜剂,配方为:10份蜂蜡、2份朊酪、1份蔗糖酯,充分混合使成乳状液,涂在番茄或茄子果柄部,可延缓成熟,减少失重。

需要指出的是,尽管有些膜已成功地用于果蔬保鲜,但有时不适当的涂膜反而会使果蔬品质下降、腐烂增加。比如,用0.26 mm厚的玉米醇溶蛋白膜会使马铃薯内部产生酒味和腐败味,原因是马铃薯内部氧含量太低而导致无氧呼吸。另外,涂有蔗糖酯的苹果增加了果核发红现象。

涂膜保鲜是否有效关键在于膜的选择,欲达到好的涂膜保鲜效果,必须注意以下几个方面问题:①研制出不同特性的膜以适用于不同品种食品;②准确测量膜的气体渗透特性;③准确测量目标果树的果皮、果肉的气体、水分扩散特性;④分析待贮果蔬内部气体组分;⑤根据果蔬的品质变化,对涂膜的性质进行适当调整,以达到最佳保鲜效果。

第二节 生物保鲜剂保鲜技术

生物保鲜剂保鲜是通过浸渍、喷淋或混合等方式,将生物保鲜剂与食品充分接触,从而使食品保鲜的方法。生物保鲜剂也称作天然保鲜剂,是直接来源于生物体自身组成成分或其代谢产物，不仅具有良好的抑菌作用，而且一般都可被生物降解，具有无味、无毒、安全等特点。由于生物保鲜剂的专一性，其可抑制或杀死特定的微生物，从而提高抑菌效果，因此受到日益广泛的关注，在某些领域有逐渐取代化学保鲜剂的趋势。

常见的生物保鲜剂可依据其来源分成植物源生物保鲜剂、动物源生物保鲜剂以及微生物源生物保鲜剂等类型。

一、植物源生物保鲜剂

研究表明，许多植物中都存在抗菌物质，如植物精油、大蒜、洋葱、生姜汁、绿茶、苹果、腰果、苦瓜、竹叶、芦荟、甘草、荸荠、辣椒等都存在具有良好抗菌活性的成分，这些成分主要是一些醛、酮、酚、酯类物质。

植物多酚又称植物单宁，是多羟基酚类化合物的总称。多酚结构的独特性使其具有多种生理功能，在各个生活领域均得到广泛应用。食品行业中，植物多酚也被用于水产品的保鲜，其中应用于水产品保鲜上的植物多酚主要有茶多酚、苹果多酚和海带多酚。但由于其易被氧化，将与抗氧化等性能矛盾而无法达到保鲜的效果，因此不可过量添加。多酚类物质广泛存在于各种植物中，具有较好的抗菌活性，其中茶多酚类物质研究得最多，且最具应用前景。

（一）茶多酚

茶多酚又名维多酚，是茶叶中一种纯天然多酚类物质的总称，其具有优良的抗氧化性能，是理想、安全的天然食品抗氧化剂，现已列入食品添加剂行列。根据 GB 2760—2011，茶多酚作为抗氧化剂可应用于各类食品如米面制品、糕点、肉制品、水产品及饮料中。目前，茶多酚在水产品保鲜上的应用较多，对于其抑菌效果的研究也较深入。

茶多酚为淡黄至茶褐色的水溶液、灰白色粉末固体或结晶，略带茶香，有涩味。易溶于水、乙醇、乙酸乙酯，微溶于油脂。对热、酸较稳定，在 160 ℃油脂中加热 30 min 降解 20%。在 pH 值 2～8 之间较稳定，pH 值大于 8 时在光照下易氧化聚合。遇铁变绿黑色络合物。茶多酚的水溶液 pH 值为 3～4，碱性条件下易氧化褐变。

Li 等研究发现，使用 0.2%茶多酚处理鲫鱼，能抑制腐败微生物的生长与 TVB-N 值的上升，使鲫鱼的冷藏货架期延长至 13～14 天。李双双等对冻藏金枪鱼的保鲜研究发现，金枪鱼肉经 6.0 g/L 茶多酚保鲜液处理后，样品在第 30 天仍能达到一级鲜度指标，感官品质无明显变化，且使二级鲜度货架期明显延长。蓝蔚青等对冷藏带鱼段的各项指标测定结果得出，带鱼段经 6.0 g/L 茶多酚保鲜液处理后，在第 10 天感官品质无显著变化，且比对照组延长了至少 3 天的二级鲜度货架期。以上研究表明，茶多酚在水产品贮藏过程中能有效延缓微生物的生长及理化性状改变，保证水产品感官品质，为后期作为天然防腐剂用于水产品保鲜提供了基础。

此外，茶多酚也被应用于果蔬的保鲜中。例如，旱地番茄在常温条件下仅能保鲜 1 周，但经过壳聚糖和茶多酚复合处理，贮藏 15 天后，感官品质最好，可溶性固形物含量上升，腐烂指数、失重率最小，维生素 C 含量、硬度、总抗氧化能力、呼吸强度下降均较为缓慢，且壳聚糖和茶多酚均为纯天然提取物，来源丰富，价格低廉，对人体无损害，认为保鲜效果最佳。

茶多酚的抗菌谱见表 7-1，可以看出，茶多酚既能抑制 G^+ 细菌，也能抑制 G^- 细菌，属于广谱抗菌剂。

表 7-1　茶多酚的抗菌谱

菌　种	抗菌性	菌　种	抗菌性
金黄色葡萄球菌	+	保加利亚乳杆菌	−
大肠埃希氏菌	+	嗜热链球菌(混合菌)	
普通变形杆菌	+	口腔变异链球菌	+
志贺氏痢疾杆菌	+	啤酒酵母	−
铜绿假单胞菌	+	假丝酵母	−
伤寒沙门氏杆菌	+	黑曲霉	−
枯草杆菌	+	米根霉	−
恶臭醋酸杆菌	−	杆状毛霉	−
罗旺醋酸杆菌	−	拟青霉	−

注：“+”表示抑菌阳性，“−”表示抑菌阴性。

茶多酚的最小抑菌浓度随菌种不同而差异较大，大多在 50～500 mg/kg 之间，符合食品添加剂用量的一般要求。

（二）迷迭香提取物

迷迭香提取物是从迷迭香中提取的高效天然抗氧化剂，主要包括萜类、黄酮、酚类等物质，是一种单线态氧抑制剂，具有较好的抗氧化特性。研究发现，迷迭香提取物对熏鱼保鲜效果较好，可有效抑制嗜冷菌与酵母菌等微生物的生长。有学者用不同浓度的迷迭香溶液作为生物保鲜剂对 4 ℃贮藏的大黄鱼进行浸泡保鲜处理，发现经 0.2%迷迭香提取物处理的大黄鱼，其细菌总数在贮藏期 20 天内明显低于对照组，证明迷迭香提取物可有效减缓蛋白质降解与脂肪氧化，从而延长大黄鱼的贮藏货架期，且感官品质较好。由于水产品富含不饱和脂肪酸，在流通过程中易氧化变质而产生异味，迷迭香提取物可延缓自由基发生链式反应，能有效延迟其氧化变质，改善其感官品质，延长其货架期，确保水产品的品质和价值。

二、动物源生物保鲜剂

虽然人们认识动物中存在的生物保鲜剂的历史还不长，但是，目前许多动物源生物保鲜剂已被发现和提取出来，其中数种动物源生物保鲜剂如鱼精蛋白、溶菌酶等已获得了商业性的应用，成为天然生物保鲜剂的重要组成部分。

（一）鱼精蛋白

鱼精蛋白是一种特殊的抗菌肽，是存在于许多鱼类的成熟精细胞中的一种碱性蛋白，相对分子质量较小，为 4 000～10 000，精氨酸占其氨基酸组成的 2/3 以上。McClean 首先报道了鱼精蛋白具有抑菌活性，此后有关鱼精蛋白抗菌作用的研究日益深入，并逐渐应用于食品的防腐保鲜。

1. 制备方法

鱼精蛋白可按以下方法制备：将鱼精置于稀硫酸溶液中处理，抽取出鱼精蛋白和混杂蛋白，然后在抽出液中加入甲醇或乙醇等有机溶剂沉淀，将沉淀溶于温水中，再冷却即析出鱼精蛋白。也可以不用有机溶剂而用聚磷酸盐使硫酸或盐酸抽出液中的鱼精蛋白以磷酸盐形式沉淀出来，然后将沉淀溶解在高浓度的硫酸铵中，分解为精蛋白硫酸盐。经过上述步骤提取出来的鱼精蛋白均为粗品，需进一步纯化。纯化方法一般采用葡聚糖凝胶柱层析法。应该注意的是，在纯化过程中，由于葡聚糖中的羧基会与呈碱性的鱼精蛋白发生吸附作用，影响洗脱效果，因而需通过添加盐类来减弱此种吸附作用。

2. 抑菌性

研究发现，鱼精蛋白的抑菌性因其来源不同而存在差异，具体情况见表 7-2。

表 7-2 鱼精蛋白对常见微生物发育的抑制作用

菌种	肉汁培养基稀释法（含量为 500 μg/mL）		滤纸含浸法（含量为 500 μg/滤纸片）	
	鲱精蛋白	鲑精蛋白	鲱精蛋白	鲑精蛋白
Pseudomonas fluorescens	—	—	—	—
Serratiamarcesens	—	—	—	—
Proteus morganii	—	—	—	—
Escherichia coli	—	—	±	±
Salmonella enteritidis	—	—	±	±
Vibrio parahaemolyticus	—	—	—	—
Enterobacter areogenes	+	+	+	+
Staphylococcus aureus	+	+	±	±
Bacillus coagulans	++	++	++	++
B. megaterium	++	++	++	++
B. licheni formis	++	++	+	+
B. subtilis ruber	++	++	++	++
B. subtilis niger	++	++	++	++
B. subtilis mesentericus	++	++	++	++
Lactobacillus plantarum	++	++	++	++
Lactobacillus casei	++	++	++	++
Stre ptococcus faecalis	++	++	+	+

注：—表示对发育无抑制，±表示对发育稍有抑制，+表示对发育有抑制，++表示能显著地抑制发育。

从表 7-2 可以看出，革兰氏阳性菌的发育受到了明显的抑制，而革兰氏阴性菌几乎不受影响。其原因可能与这两类细菌表面的构造不同有关。实验还证明，鱼精蛋白对新鲜鱼贝类和肉食品中所含的多数细菌起不到抑制作用，因此，在这些食品中使用鱼精蛋白很难得到较好的保存效果。但是，由于鱼精蛋白能够抑制食品二次污染的 *Bacillus* 属细菌的生长发育，所以鱼精蛋白对经过了热处理后的食品具有较好的保存效果。

鱼精蛋白的最小抑菌浓度因菌种不同而异，见表 7-3，抑制不同菌属发育的最小浓度

(MIC)有较大差异,比如,*Bacillus* 属、*Lactobacillus* 属细菌的 MIC 为 100～200 μg/mL,*Streptococcus* 属细菌的 MIC 为 400 μg/mL,*Enterobcter* 属细菌的 MIC 为 650～700 μg/mL。

表 7-3 鱼精蛋白抑制细菌发育的最低浓度

菌 种	鱼精蛋白(含量为 μg/mL)		菌 种	鱼精蛋白(含量为 μg/mL)	
	鲱精蛋白	鲑精蛋白		鲱精蛋白	鲑精蛋白
Bacillus coagulans	75	75	*B. subtilis mesentericus*	150	175
B. megaterium	75	75	*Lactobacillus plantarum*	100	150
B. licheni formis	200	225	*Lactobacillus casei*	150	150
B. subtilis ruber	200	225	*Streptococcus faecalis*	400	400
B. subtilis niger	125	175	*Enterobacter areogenes*	650	700

应指出,由于上述 MIC 的结果是从培养基上获得的,因此,在实际的食品保鲜和加工中,不能以此作为添加的标准。因为在食品中存在的菌相因原料的种类、加工方法、加工环境等因素的不同而异,食品本身的成分也远比培养基复杂,因而有可能影响到鱼精蛋白的抗菌效果。所以,在实际的食品保鲜和加工中,必须以高于 MIC 的浓度作为添加的标准,才能保证鱼精蛋白的抗菌效果。

对鱼精蛋白的抑菌机理,不少研究者做过研究和探讨,得到了一些有意义的结论。1979 年有人提出,鱼精蛋白的抑菌性是由于它和微生物的细胞壁相互作用引起的,发现加入鱼精蛋白会立即抑制微生物细胞的氧气和葡萄糖的消耗,并据此认为鱼精蛋白之所以能够抑制细菌生长,可能是由于它吸附在微生物细胞表面,破坏了微生物细胞膜而引起的。根据鱼精蛋白作用于微生物细胞的部位不同,大致可认为存在两种可能机理:一是鱼精蛋白作用于微生物细胞壁,破坏了细胞壁的合成以达到其抑菌效果;二是鱼精蛋白作用于微生物细胞质膜,通过破坏细胞营养物质的吸收达到抑菌作用。

微生物细胞壁受影响的机理认为,鱼精蛋白主要是以分子中多聚精氨酸或多聚精氨酸与其他少数几个氨基酸以某种结构或形式和微生物细胞壁结合,破坏了细胞壁的形成,从而达到其抑菌效果。微生物是通过细胞壁来维持其形态的,一旦细胞壁受到破坏,其形态也必定受到影响。

微生物细胞质膜受损伤的机理认为,微生物细胞质膜是鱼精蛋白的作用对象,鱼精蛋白是通过影响细胞质膜的功能来达到抑菌效果的。研究发现,经鱼精蛋白处理的杆菌中,其脯氨酸含量要比未经处理的杆菌中的脯氨酸含量低,说明经鱼精蛋白处理的杆菌吸收和积累脯氨酸的能力明显受到了抑制。进一步研究认为,鱼精蛋白是通过影响微生物细胞质膜来影响它对脯氨酸的吸收的。此外,鱼精蛋白还影响了细胞蛋白质的合成。蛋白质的合成是在核糖体内,氨基酸等物质通过细胞膜吸收后运输到核糖体内进行蛋白质的合成。实验发现,加入鱼精蛋白后,在很短的时间内微生物停止积累氨基酸,但合成蛋白质的功能却没有随之停止,而是继续进行直到消耗完所积累的氨基酸等物质。因此,鱼精蛋白并不直接影响核糖体上蛋白质的合成过程,而是作用于微生物细胞质膜,通过断绝合成蛋白质的"原料"来阻止细胞蛋白质的合成。

与大多数抗菌肽的抑菌机理不同,鱼精蛋白并不是在细胞膜上形成电势依赖通道,然后导致细胞内新陈代谢物质的溢流使细胞死亡。因为鱼精蛋白整体不具备两亲性质，因而无法插入细胞膜中形成膜通道。因此，鱼精蛋白的抑菌作用机理不同于那些可以改变膜透性的抗菌肽，它不会改变微生物细胞膜的通透性。

鱼精蛋白的抑菌效果受多种因素的影响，如食品的 pH 值、所含盐类及其浓度、有机成分及环境温度等。实验发现，鱼精蛋白在 pH 值 6.0 以上时具有明显的抗菌活性，但在 pH 值 5.0 时，其抗菌活性降低，因此，不适合醋腌食品、果汁等 pH 值 6.0 以下的食品使用。随着食品中各种盐类浓度的提高，菌的残存率也相应增加，且同等浓度条件下二价盐类比一价盐类对细菌的保护作用更好，所以，在食盐用量较多的盐腌食品、发酵食品中使用鱼精蛋白时，必须考虑高盐对鱼精蛋白抗菌活性的影响。另外，在 5～50 ℃范围内，加入食品中的鱼精蛋白的抗菌性无显著差异，而在 120 ℃时，鱼精蛋白还具有抗菌性能，因而，大多数食品加工时采用的温度对鱼精蛋白的抑菌作用影响不大。

除鱼精蛋白以外，昆虫抗菌肽、防卫肽以及海洋生物抗菌肽等也是常见的生物保鲜剂。其中，海洋生物抗菌肽更是成为近年来该领域研究的热点。

（二）溶菌酶

溶菌酶又称细胞壁溶解酶，是一种专门作用于微生物细胞壁的水解酶。最早开始研究溶菌酶的是 Niclle，他在 1907 年发现了枯草芽孢杆菌溶解因子。Laschtschenko 指出，丹青具有很强的抑菌作用，并指出这是由于其中酶作用的结果。Fleming 发现人的鼻涕、唾液、眼泪也有很强的溶菌活性，并将其中产生溶菌作用的因子命名为溶菌酶。Abraham 和 Robinson 从卵蛋白中分离出溶菌酶的晶体。这是人类首次分离得到纯净的溶菌酶。1967 年，英国菲利浦集团发表了对鸡蛋清溶菌酶-底物复合体的 X 射线衍射的研究结果，清楚描述了酶的结构。

1. 来源及特性

溶菌酶广泛分布于鸡蛋清、鸟类的蛋清，人的眼泪、唾液、鼻黏液、乳汁等分泌液，肝、肾、淋巴等组织，牛、马等动物的乳汁，木瓜、无花果、大麦等植物以及微生物中，以干基计，鸡蛋清中含有 3.4%左右的溶菌酶，是已知含溶菌酶最丰富的物质，目前大多数商品溶菌酶均来自鸡蛋清。鸡蛋清溶菌酶也是目前研究得最透彻的一种溶菌酶。研究结果表明，鸡蛋清溶菌酶的相对分子质量为 14 307，等电点为 11.1，最适溶菌温度为 50 ℃，最适 pH 值为 7.0。鸡蛋清溶菌酶的稳定性非常好，当 pH 值在 1.2～11.3 的范围内剧烈变化时，其结构仍稳定不变。当 pH 值在 4～7 的范围内，在 100 ℃下处理 1 min，仍可保持酶活性。不过，鸡蛋清溶菌酶的热稳定性在碱性环境中较差。

2. 结构

溶菌酶的一级结构由 129 个氨基酸组成，其高级结构的稳定性由 4 个二硫键、氢键和疏水键来维持。纯品溶菌酶为白色或微黄色的晶体或无定形粉末，无臭，味甜，易溶于水，遇碱易破坏，不溶于丙酮、乙醚。

鸟类蛋清溶菌酶的活性与鸡蛋清溶菌酶的活性相当。它们的一级结构也是由 129 个氨基酸组成，只是排列顺序有所差异。但是，两者的活性部位的氨基酸排列顺序基本一样。

人和哺乳动物溶菌酶由130个氨基酸组成，其一级结构中的氨基酸排列顺序与鸡蛋清溶菌酶的差异较大。但是，它们的高级结构却很相似，都存在4个二硫键。不过，人的溶茵酶溶菌活性比鸡蛋清溶菌酶的高3倍。

另外，从牛、马等动物的乳汁中分离出的溶菌酶，其理化性质与人的溶菌酶基本相似，但结构尚未弄清。

植物溶菌酶对小球菌的溶菌活性较鸡蛋清溶菌酶低，但对胶状甲壳质的分解活性则为鸡蛋清溶菌酶的10倍左右。该类溶菌酶的结构尚未明确。

目前，提取溶菌酶的原料一般都用蛋清或蛋壳。提取分离的方法有亲和层法、离子交换法、沉淀法、沉淀与凝胶色谱结合法等。

溶菌酶的作用机理比较复杂。根据现有的研究结果，人们认为溶菌酶的溶菌作用是基于它能使N-乙酰胞壁酸(NAM)与N-乙酰葡萄糖胺(NAG)之间的β-1,4糖苷键断开。

一般溶菌酶对G^+均有较强的分解作用，而对G^-无分解作用。这是因为G^+细菌细胞壁的主要化学成分是肽聚糖，而肽聚糖正是由NAG与NAM通过β-1,4糖苷键交替排列形成骨架，并通过NAM部分的乳酰基与4～5个氨基酸组成的寡肽形成肽键交联而成。

研究还发现，溶菌酶的最适小分子底物为NAM-NAG交替组成的六糖。在溶菌酶分子中存在一个狭长的凹穴，当底物分子与酶结合时，正好与此狭长的凹穴嵌合。在凹穴中的Glu35与Asp52构成了活性中心，它们在水解糖苷键时起协同作用。

目前，溶菌酶已应用在面食类、水产熟食品、冰淇淋、色拉等食品的防腐中。在实际应用时常与甘氨酸联用。

三、微生物源生物保鲜剂

随着研究的深入，具有各种生理活性的微生物来源的天然产物越来越多地被开发出来，在维持人类生命健康和提高人类生活质量等方面起着相当重要的作用。微生物源的生物保鲜剂就是其中一类重要的天然产物。

微生物是溶菌酶的重要来源。目前已从微生物中分离得到下列7种溶菌酶。

(1) 内-N-乙酰己糖胺酶：其作用是分解构成细菌细胞壁骨架的多糖。

(2) 酰胺酶：其作用是切断连接多糖和氨基酸之间的酰胺键。

(3) 内肽酶和蛋白酶：作用与(2)相似。

(4) β-1,3-葡聚糖酶，β-1,6葡聚糖酶，甘露糖酶：其作用是分解细胞壁。

(5) 磷酸甘露糖酶：与(4)共同作用，分解细胞原生质。

(6) 壳多糖酶：与葡聚糖酶共同作用，分解霉菌和酵母菌。

(7) 脱乙酰壳多糖酶：主要作用是分解毛霉和根霉。

微生物源生物保鲜剂广泛应用在各种食品保藏上。

目前研究和应用较多的微生物源生物保鲜剂主要是乳酸链球菌素和纳他霉素。

(一) 乳酸链球菌素

乳酸链球菌素(Nisin)又名乳链菌肽、乳球菌肽，是某些乳酸链球菌在代谢过程中合成和分泌的具有很强杀菌作用的小分子肽。

早在1928年，美国的Rogers就报道了乳酸链球菌的代谢产物能够抑制乳酸菌。1933年，新西兰的Witehead等指出该代谢产物实际上是多肽类化合物。1947年，英国的Mattick发现，某些乳酸链球菌可以产生具有蛋白质性质的抑制物，并将其命名为“Nisin”。

1951年，Hirsch等人将Nisin应用到食品保藏中，成功地抑制了由产气梭状芽孢杆菌引起的奶酪腐败，极大改善了奶酪的品质。1953年，英国的阿普林和巴雷特公司首次以商品的形式出售了这种新的防腐剂——乳酸链球菌素。1969年，FAO/WHO食品添加剂联合专家委员会批准Nisin作为一种生物型防腐剂应用于食品工业。1988年，美国FDA也正式批准将Nisin应用于食品中。我国在GB 2760—1986中批准Nisin可用于罐藏食品、植物蛋白食品、乳制品、肉制品中。迄今为止，Nisin已在全世界60多个国家和地区被用作防腐剂。

1. 分子结构

Nisin分子由34个氨基酸残基组成，分子式为$C_{143}H_{228}N_{42}O_{37}S_7$，分子量为3 500。通过硫醚键形成5个内环，其活性分子常为二聚体或四聚体。其含有一些修饰性的氨基酸残基，包括羊毛硫氨酸(Lanthionine)、β-甲基羊毛硫氨酸(β-methyllanthionine)、甲基脱氢丙氨酸(Dehy drobutyrine，Dhb)以及脱氢丙氨酸(Dehydroalanine，Dha)等。乳酸链球菌素的分子结构式如图7-1所示。

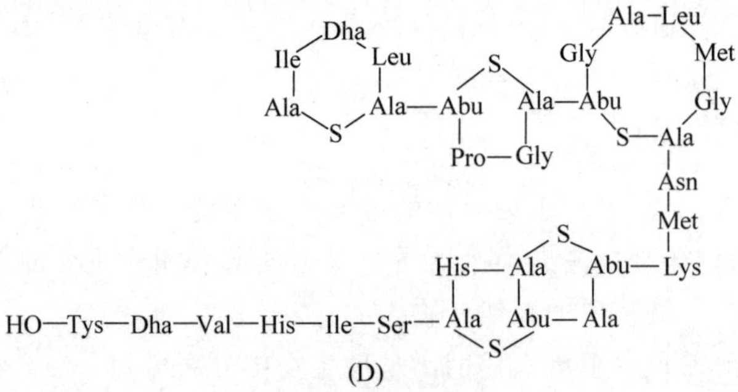

Dha
Ile Leu
Ala S Ala—Abu S Ala—Abu
Pro—Gly
Ala—Leu
Gly Met
Gly
S—Ala
Asn
Met
S
His—Ala Abu—Lys
HO—Tys—Dha—Val—His—Ile—Ser—Ala Abu—Ala
S
(D)

图7-1 乳酸链球菌素的分子结构式

2. 溶解性与稳定性

Nisin是一种白色易流动的粉末，使用时需溶于水或液体中。Nisin的溶解度主要取决于溶液的pH值，在pH值较低的情况下，溶解性较好。其溶解度随pH值的降低而升高，pH值为5.0时溶解度为4.0%，pH值为2.5时溶解度为12%。Nisin在中性和碱性条件下几乎不溶解，所以在应用时，一般先用0.22 mol/L盐酸溶解，再加入食品中。

Nisin的稳定性主要取决于温度、pH值基质等因素。Nisin在酸性条件下呈现最大的稳定性，随着pH值的升高其稳定性大大降低。在pH值为2.0或更低的稀盐酸中，经115.6 ℃高压灭菌，仍能稳定存在；在pH值为5时，其活力损失40%；在pH值为9.8时，其活力损失超过90%。在一定温度范围内，随着温度的升高，它的活性丧失增加。当Nisin加入食品中，则受到介质的保护，一些大分子食物如牛奶、肉汤等可使其稳定性大大增强。另外，Nisin 的稳定性还与热处理时间、食品保藏的温度及时间等有关。

3. 抑菌性

根据已有的研究结果，Nisin 对 G^+ 菌特别是细菌的芽孢具有明显的抑制作用，而对 G^- 菌、酵母及霉菌等无效。Nisin 能抑制葡萄球菌属、链球菌属、小球菌属和乳杆菌属的某些菌种；抑制大部分梭菌属和芽孢杆菌属的芽孢。例如能有效抑制肉毒梭状芽孢杆菌、金黄色葡萄球菌、溶血性链球菌、枯草芽孢杆菌、嗜热脂肪芽孢杆菌等引起的食品腐败。早期的研究认为，Nisin 一般对霉菌、酵母菌和 G^- 菌是无效的，但近期的研究表明，在一定条件下（如冷冻、加热、降低 pH 值和 EDTA 处理），一些 G^- 菌（如沙门氏菌、大肠杆菌、假单胞菌等）对 Nisin 敏感。

Nisin 抑菌作用机理可用“孔道形成”理论来解释，如图 7-2 所示。“孔道理论”主要是指乳酸链球菌素可以使微生物细胞膜中形成孔道，导致细胞内三磷酸腺苷、核苷酸以及氨基酸等小分子物质快速流出，细胞的生物合成过程受阻，从而使微生物细胞裂解死亡。其主要有两种模式，第一种是“楔形”模型，是指乳酸链球菌素与细胞膜紧密结合后，C 端与微生物细胞脂质的静电吸引力会使乳酸链球菌素慢慢插入脂质双分子层，从而在膜上形成孔道。而且少量即微摩尔浓度的乳酸链球菌素便可形成这种孔道模型，如图 7-2(a)所示；第二种是“桶板”模式，是乳酸链球菌素的 N 端可与微生物细胞壁的合成前体脂质 II（lipid II）相结合，将其作为后续孔形成的对接分子，阻止前体脂质 II 参与肽聚糖的合成，从而破坏细胞壁并形成高度特异性的孔，而且该孔道比第一种模式形成的孔径更大且更稳定，如图 7-2(b)所示。

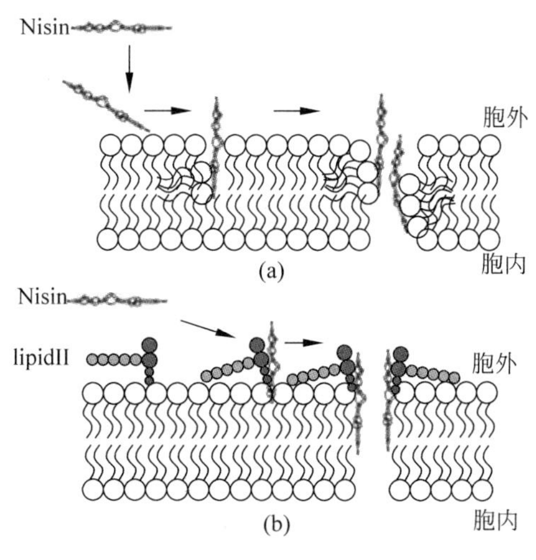

图 7-2　乳酸链球菌素抑菌机理

(a)“楔形”；(b)“桶板”

另外，从 Nisin 的抑菌谱可以发现，Nisin 主要杀灭或抑制 G^+ 菌及其芽孢，而对 G^- 菌基本无影响。比较两类细菌的细胞壁，可以看出 G^- 菌的细胞壁组成较复杂，包括磷脂、蛋白质和脂多糖等成分，十分致密，仅能允许分子质量在 600 Da 以下的分子通过。因此，Nisin 无法通过 G^- 菌的细胞壁到达细胞膜而发挥作用。值得注意的是，经过处理而改变 G^- 菌细胞壁的通透性后，G^- 菌对 Nisin 的敏感性大大提高，同样可以被杀死或被抑制。

总之,Nisin 对微生物的作用首先是依赖于它对细胞膜的吸附,在此过程中,Nisin 能否通过细菌细胞壁是一个关键因素。与此同时,pH 值、Mg^{2+} 浓度、乳酸浓度、氮源种类等均可影响 Nisin 对细胞膜的吸附作用,从而影响 Nisin 的抑菌作用。

4. 安全性及优点

研究表明,Nisin 对蛋白酶特别敏感,Nisin 在肠道中可被消化酶迅速分解失活,在摄入含 Nisin 的液体 10 min 后就无法在人的唾液中测到 Nisin 的存在,也未发现对 Nisin 过敏的情况。微生物学研究表明,Nisin 和治疗的抗生素间无任何交叉性的相互抵消作用。

对 Nisin 的毒性、致癌性、存活性、再生性、血液化学、肾功能、应激反应以及动物器官病毒学等生物学研究证明,Nisin 是安全的。1994 年,FAO/WHO 规定其 ADI 为 33 000 IU/kg,LD_{50} 为 7 g/kg。

Nisin 作为天然抑菌剂的优点还表现在以下几个方面。

(1) Nisin 是一种蛋白质,可被人体内的酶降解和消化。

(2) Nisin 对食品的色、香、味及口感等不产生副作用。

(3) Nisin 在罐藏食品中使用时可以降低杀菌温度、减少热处理时间,因此,能够更好地保持罐头食品的营养价值、风味及质地等性状,此外还可以节省能耗,提高生产效率。

(4) Nisin 对酸、热、冷等均较稳定,因而使用起来较方便。

Nisin 的缺点是对革兰氏阴性菌、酵母、霉菌等效果较差或无效。

5. Nisin 在食品工业中的应用

1963 年,FAO/WHO 专家委员会确认了 Nisin 的毒性数据,并推荐了它在食品中的用量,使 Nisin 在世界范围内被迅速地推广使用。

Nisin 在各种乳制品、肉制品、火腿腊肠、罐装食品、果蔬、含酒精的饮料等食品中已有较多的应用。特别是在肉类食品中,Nisin 可以代替部分硝酸盐和亚硝酸盐,不仅能够抑制肉毒梭状芽孢杆菌产生肉毒素,还可以降低亚硝胺对人体的危害。

1) 在肉制品中的应用

传统的火腿、熏肉和香肠生产中,普遍使用亚硝酸盐、硝酸盐等发色剂来产生典型的腌制红色和腌制风味,并抑制肉毒梭状芽孢杆菌的生长,但这些添加剂同时对人体具有潜在的致癌危险。Nisin 能有效控制肉制品中微生物的生长,尤其是抑制产生毒素的肉毒梭状芽孢杆菌的活性,并且 Nisin 本身呈酸性,能降低周围介质的 pH 值,因而能降低残留的亚硝酸盐的含量,减少亚硝胺的形成。Rayman 等提出,Nisin 可作为一种有效的替代物,减少火腿中发色剂的用量。此外,乳酸链球菌素与其他试剂联合使用会共同提升食品的保藏效果。例如,乳酸链球菌素与乙二胺四乙酸(螯合剂 EDTA)联合使用有助于肉制品的保存。使用花椒提取物和乳酸链球菌素复配处理冷鲜肉,可有效地降低菌落总数,将冷鲜肉的货架期延长 6 d。

2) 在乳制品中的应用

乳制品营养丰富,极易腐败变质,经巴氏杀菌和冷藏可延长保存期,但其中肉毒梭状芽孢杆菌仍能存活,并产生一定毒素。Nisin 可用于巴氏灭菌牛奶,添加量为 30～50 mg/kg,通常在 35 ℃下产品货架期可延长 1 倍;罐装炼乳中添加 80～100 mg/kg 的 Nisin,能减少 10 min 灭菌时间；UHT 奶中添加 20 mg/kg 的 Nisin，能完全抑制灭菌乳中嗜热细菌芽孢的生长。

研究发现，添加乳酸链球菌素可以有效地抑制奶酪中金黄色葡萄球菌以及李斯特菌的生长。益生菌乳饮料经添加乳酸链球菌素不仅可有效地降低其活菌数，而且还可以影响益生菌乳饮料的后酸化。此外，也有学者研究发现，乳酸链球菌素与有机酸盐联合使用可抑制硬质奶酪中李斯特菌的生长，同时该学者还发现，山梨酸钾、丙酸钙、乳酸钠和乳酸链球菌素还具有协同抗菌的作用。

3）在罐头制品中的应用

Nisin 在酸性条件下易溶、稳定，抑菌活力也高，因此可用于高酸性（pH 值低于 4.6）罐头的保鲜。如西红柿罐头中，添加 Nisin 可防止因耐酸的 G^+ 菌群如巴氏梭菌、浸淋芽孢杆菌引起的腐败，添加量一般为 100～200 IU/g。在低酸性（pH 值高于 4.6）罐头如马铃薯、蘑菇、水果罐头中，即使经高热处理，仍有一些嗜热菌的芽孢幸存，以致引起罐头的腐败，并且高热处理对食品的感官质量有一定影响。添加适量的 Nisin，不仅可以有效地抑制芽孢的生长，还可减少罐头的热处理时间，保持其新鲜度，并延长保存期。

4）在酱菜中的应用

瓶装酱菜是可供长期贮存的方便食品。瓶装酱菜一般采用巴氏灭菌，残存的细菌主要为梭状芽孢菌及少数耐热的 G^+ 菌。传统的抑制杂菌的方法主要依赖于产品的高渗透压（高盐、高糖）、低氧环境及添加化学防腐剂。目前，各类酱菜中含盐量偏高，在 10%～20%之间，但高盐食品易诱发高血压等疾病。加入 100 mg/kg Nisin，可抑制杂菌生长，并使盐的浓度下降为 7%～9%。由于一些国家在食品中不准使用苯甲酸钠，所以 Nisin 用于瓶装酱菜出口，具有现实意义。有人以萝卜为原料制作酱菜，利用 300 mg/kg Nisin 与 150 mg/kg 纳他霉素相结合，用于在酱菜加工中的防腐工作，结果表明采用 Nisin 与纳他霉素复配，可有效提高酱菜保藏品质，对酱菜总酸度影响较小，酱菜在保藏 3 个月内可以改善其感官品质。

5）在酒精饮料中的应用

腐败乳酸菌对 Nisin 敏感，但酵母几乎不受其影响。因此，Nisin 可与酵母一起在生产啤酒、果酒、烈性乙醇等酒精饮料时加入，用来抑制 G^+ 菌。啤酒生产中易受乳杆菌和啤酒片球菌的污染，发生混浊、变酸、发黏等现象。添加 Nisin 的啤酒，可以降低巴氏灭菌的时间和温度，并能延长啤酒尤其是非巴氏灭菌和瓶装啤酒的货架期。有人曾把 Nisin 应用于白酒酿造中，有效地阻碍了肠膜状明串珠菌、啤酒片球菌和乳酸杆菌的生长，防止了杂菌的污染。

6）在采后果蔬中的应用

果蔬，尤其是对于含水量较高的果蔬，在运输、贮藏以及销售过程中极易遭受微生物的侵染，导致果蔬发生腐败变质，从而降低其商品价值，缩短货架期。

研究发现，甜樱桃经乳酸链球菌素溶液清洗后，使致腐微生物沙门氏菌的菌液浓度大大降低。同时研究者还发现，使用乳酸链球菌素与柠檬酸复配处理甜樱桃，可更加有效地抑制沙门氏菌的生长，将其菌落浓度降至检测限以下。而且近年来，研究者重点开发了乳酸链球菌素与其他制剂联合使用的技术。使用结冷胶、瓜尔豆胶与乳酸链球菌素制备的食用复合膜,可有效地抑制荸荠贮藏过程中枯草芽孢杆菌、大肠杆菌以及面包酵母的生长,将贮藏期内荸荠果实的好果率提高了30%,并且也发现随着乳酸链球菌素浓度的增加,食用复合膜的抑菌性增强。除此之外,使用壳聚糖、异硫氰酸烯丙酯与乳酸链球菌素复配处理哈密瓜后,发现同样可以有效抑制哈密瓜中沙门氏菌的生长,提高其在贮藏期间的食品安全性。

7) 其他

Nisin也可用于焙烤食品中,以防止蜡状芽孢杆菌生长。Jenson等用Nisin做防腐剂,在制作烤饼的面团中,添加不同浓度的Nisin做试验,结果显示:Nisin添加量为6.25 μg/g即可有效地抑制蜡状芽孢杆菌的生长。Nisin还可用于对Nisin不敏感的微生物发酵过程中,以防止革兰氏阳性菌的污染。如单细胞蛋白、有机酸、氨基酸和维生素等工业发酵过程。

(二) 纳他霉素

针对Nisin抑制酵母和霉菌效果差的缺点,纳他霉素(*Natamycin*)显示出高效、广谱的抑制真菌效果。纳他霉素也称游链霉素(*Pimarcin*),是一种重要的多烯类抗生素,它能够专性抑制酵母菌和霉菌,阻止丝状真菌中黄曲霉毒素的形成。1955年,Struyk等从南非纳塔尔州彼得马里茨堡镇附近的土壤中分离得到纳塔尔链霉菌(*Streptomyces natalensis*),并从中首次分离得到了纳他霉素,我国早期曾译名为游霉素、匹马霉素。现在可由Streptomyces和Streptomyces chatanoogensis等链霉菌发酵经生物技术精炼而成,是一种新型生物防腐剂。

纳他霉素是26种多烯烃大环内酯类抗真菌剂的一种,多烯是一平面大环内酯环状结构,能与甾醇化合物相互作用,且具有高度亲和性,对真菌有抑制活性。其抗菌机理在于它能与细胞膜上的甾醇化合物反应,从而引发细胞膜结构改变而破裂,导致细胞内容物的渗漏,使细胞死亡。但有些微生物如细菌的细胞壁及细胞质膜不存在这些类甾醇化合物,所以纳他霉素对细菌没有作用。

目前纳他霉素已应用于乳制品生产、果蔬汁生产、肉制品加工、焙烤类食品和新鲜果蔬保鲜等领域,具有良好的应用前景。

研究表明,纳他霉素抑制大多数霉菌的有效浓度为$(1.0\sim6.0)\times10^{-3}$ g/L,极个别的霉菌在$(1.0\sim2.5)\times10^{-2}$ g/L浓度下被抑制;大多数酵母菌在纳他霉素浓度为$(1.0\sim5.0)\times10^{-3}$ g/L被抑制。1977年,DeBoer和Stock研究了真菌对纳他霉素形成抗性的可能性,在连续数年使用纳他霉素的乳酪仓库中未发现真菌形成抗性的证据;经过人为诱导,也没有发现真菌对纳他霉素产生抗性。

研究发现,纳他霉素可以有效控制啤酒酵母、鲁氏酵母、解脂耶氏酵母等酵母菌的生长,其中处理浓度、处理方式、酵母菌种类等会影响抑菌效果。随着纳他霉素浓度的增加,酵母菌失活率提高,涂膜处理比喷洒效果好。在木薯淀粉薄膜体系中对奶酪表面的酵母菌的抑菌效果显著增强,纳他霉素作为一种天然抑菌剂在控制含有木薯淀粉的食品体系中的酵母具有潜在的应用价值。

根据GB 2760—2014的相关规定,纳他霉素尚不能应用于新鲜果蔬保鲜,但是并不影响对其应用于新鲜果蔬保鲜效果进行探索性研究。相关研究以阳光玫瑰葡萄为实验对象，采用 $1.0\ g \cdot L^{-1}$ 浓度喷雾方式处理葡萄，结果显示会降低葡萄的脱粒率和腐烂率，可有效减少葡萄营养流失，保持葡萄外观和风味，使葡萄经过物流运输后仍然保持较高的商品价值。

综上所述，不同来源生物保鲜剂的优缺点见表 7-4。

表 7-4 不同来源生物保鲜剂的优缺点比较

保鲜剂类型	植物源保鲜剂	动物源保鲜剂	微生物源保鲜剂
主要代表物	茶多酚、迷迭香提取物	鱼精蛋白、抗菌肽	Nisin、纳他霉素
优点	来源广，成本低，安全无毒，应用前景好	广谱抑菌性，天然，安全，高效	繁殖快，适应性好，不受季节限制，易培养
缺点	部分植物源保鲜剂的抑菌机理尚未明确	涂膜干燥难，味苦，应用领域有限	微生物及其代谢产物易受周围环境变化的影响

第三节 抗冻蛋白保鲜技术

抗冻蛋白(antifreeze protein，AFP_S)是一类能够抑制冰晶生长，能以非依数性形式降低水溶液的冰点，但不影响其熔点的特殊蛋白质。自从 20 世纪 60 年代从极地鱼的血清中提取出抗冻蛋白后，研究对象也逐渐从鱼扩大到耐寒植物、昆虫、真菌和细菌，研究焦点集中在抗冻蛋白的结构、功能和作用机理上。

一、抗冻蛋白的类型及其结构

(一) 鱼类中的抗冻蛋白及其结构

迄今为止，在鱼类中至少发现了 6 大类型的抗冻蛋白，分别为抗冻糖蛋白(antifreeze glycoprotein，AFGPs)、Ⅰ型抗冻蛋白(AFP-Ⅰ)、Ⅱ型抗冻蛋白(AFP-Ⅱ)、Ⅲ型抗冻蛋白(AFP-Ⅲ)和Ⅳ型抗冻蛋白(AFP-Ⅳ)以及 Hyperactive-AFP。

AFGPs 主要由 3 肽糖单位[-Ala-Ala-Thr(双糖基)-]以不同重复度串联而成。AFGPs 的分子质量一般在 2.6～34 kDa 之间，糖基是抗冻活性形成的主要基团，且活性与分子质量有关，分子质量大者，一般活性也高。推测它形成一种与多聚脯氨酸Ⅱ相似的左手螺旋结构，其双糖疏水基团面向碳骨架。

亲水性 AFP-Ⅰ是由 11 个氨基酸串联而成的 α-螺旋单体结构，富含丙氨酸(占总氨基酸的 60%以上)，且部分螺旋具有双嗜性。冬鲽产生的 AFP-Ⅰ包括两种亚型，即肝脏型和皮肤型，皮肤型的活性是肝脏型的 1/2，它们由不同的基因家族编码，且表达上具有组织特异性。

AFP-Ⅱ是从鲱鱼体内分离得到的一类与 C 型凝集素同源的抗冻蛋白，有 2 个 α-螺旋、2 个 β-折叠和大量无规结构，后来又从生活在中纬度淡水中的日本胡瓜鱼(*Hypomesus nipponensis*)体内分离到此类Ⅱ型 AFP，其 N 端的氨基酸序列与鲱鱼相比有 75%的同源性，且核苷酸顺序 85%相同，分子质量为 16.7 kDa，结构上含有至少一个 Ca^{2+} 结合结构域，但去除 Ca^{2+} 并未使它的活性完全丧失。

AFP-Ⅲ主要存在绵鳚亚科鱼类中，是一种 7 kDa 的球状蛋白，其二级结构主要由 9 个 β-折叠组成，其中 8 个组成一种折叠三明治夹心结构，另一个 β-折叠则游离在其外，这种三明治的“夹心”就是两个反向平行的三个串联 β-折叠，其外则是两个反向平行的 β-折叠。三级结构由三个 β-折叠反向排列成川字形，两个川字形结构互相垂直排列成三级结构的主体部分，其余 β-折叠则处于连接位置上。

AFP-Ⅳ是从多棘床杜父鱼（*Myoxocephalus octodecimspinosis*）中纯化出来的一种抗冻蛋白，约 108 个氨基酸残基，其中 Glu 的含量高达 17%。该蛋白质和膜载脂蛋白具有 22%的同源性。色谱分析表明它们结构类似，有较高的 α-螺旋结构，其中 4 个 α-螺旋反向平行排列，疏水基团向内，亲水基团向外。

Hyperactive-AFP 是新近发现的一种抗冻蛋白，该蛋白质也是从冬鲽中分离出来的，它的分子质量大于来源于同一生物中的 AFP-Ⅰ，活性远远高于后者。该蛋白质是冬鲽之所以能够在－1.9 ℃的海水中生活的主要原因。而 AFP-Ⅰ只能使冬鲽的耐低温极限达到－1.5 ℃。

（二）昆虫中的抗冻蛋白

昆虫中的抗冻蛋白主要来源于以下几种昆虫：甲虫（*Ttntbrio molitor*）、云杉蚜虫（*Choristoneura fumiferana*）、美洲脊胸长椿（*Oncopeltus fasciatus*）和毛虫（*Dendroides canadensis*）等。昆虫抗冻蛋白结构与鱼类的不同，在沿着抗冻蛋白折叠的一侧有两行苏氨酸残基，能够与冰晶表面的棱柱和基面很好地匹配结合。Margaret 等应用核磁共振分析技术分析黄粉甲（*Temebrio molitor*）抗冻蛋白的结构表明：当接近冰点温度时，在位于黄粉甲抗冻蛋白表面冰结合位点上的苏氨酸侧链，会形成更优化的旋转异构体；而不在该位点上的苏氨酸，呈现多样性的旋转异构体。黄粉甲抗冻蛋白在溶液中保持这种特有的冰结合构造，主要是由于严格的苏氨酸矩阵形成的抗冻蛋白-冰的分界面与冰的晶核相匹配，从而抑制冰晶的生长。昆虫抗冻蛋白的分子质量大都在 7～20 kDa 之间，含有比鱼类更多的亲水性氨基酸。有些抗冻蛋白与鱼类Ⅰ型抗冻蛋白相似，无糖基，含有较多的亲水性氨基酸，其中 40%～59%的氨基酸残基能形成氢键；有些昆虫抗冻蛋白类似于鱼类Ⅱ型抗冻蛋白，含有一定数量的半胱氨酸。甲虫 *Dendroides canadensis* 抗冻蛋白 H_1 组分含有较多的半胱氨酸，近一半的半胱氨酸残基参与二硫键的形成。如用二硫苏糖醇（DTT）处理破坏这些二硫键，或使游离巯基烷基化，则抗冻蛋白的活性随之丧失。

甲虫抗冻蛋白为 8.4 kDa 的右手 β-螺旋，即螺旋本身是 β-片层结构，每一圈由 12 个氨基酸组成，共 7 个螺周。甲虫抗冻蛋白富含 Thr 和 Cys，8 个二硫键分布在螺旋内侧，因而赋予该分子一定的刚性结构。甲虫抗冻蛋白的热滞活性（thermal hysteresis activity，THA）比鱼的高得多，二聚体的活性更高，在毫摩尔浓度时活性可达鱼的 10～100 倍。

云杉蚜虫抗冻蛋白包括许多同型蛋白质，但分子质量大多集中在 9.0 kDa 左右，呈左手 β-螺旋，每螺圈呈三角形，包括 15 个氨基酸残基，Thr-X-Thr 模体重复出现在每一螺圈当中，三角形的边是β-折叠片层。这些三角形的螺圈垛叠在一起使之形成一种立体的三棱镜样结构，三棱镜的每一侧面上规则地排列着 Thr。这种特殊的结构赋予它极高的热滞活性，为鱼的热滞活性的 3～4 倍。在云杉蚜虫抗冻蛋白的同型中有一种分子质量为 12 kDa 的蛋白质，具有极高的热滞活性，它比云杉蚜虫抗冻蛋白多 30～31 个氨基酸残基，即多出两个螺周。多出的两螺圈上同样具有 Thr-X-Thr 模体，Thr 的排列具有同样的规则。它的热滞活性比鱼的高出 10～100 倍。

毛虫的抗冻蛋白包括很多类型，其中研究得较清楚的是 DAPF-1 和 DAFP-2 两类，分子质量大约是 8.7 kDa，分别含 83 个和 84 个氨基酸残基。它们组成 7 个含 12 个或 13 个氨基酸残基的重复单元。每 1 个重复单元中第 1 个与第 7 个半胱氨酸都形成二硫键，共 8 对二硫键，其中 7 对二硫键位于重复单元内，一对位于重复单元之间，这 8 对二硫键限制了它的二级结构。在 25 ℃时含有 46% β-折叠，39%转角，2%螺旋，13%无规则结构。当遇到冰时，β-折叠和转角增多，而螺旋和无规则结构减少。

（三）细菌中的抗冻蛋白

有 6 种来源于南极洲的细菌可以产生抗冻蛋白，其中热滞活性最高的一种抗冻蛋白是由 82 号菌株（*Moraxella sp.*）产生的一类脂蛋白，N 端氨基酸顺序与该菌的外膜蛋白有很高的相似性，这也是首次报道的一类抗冻脂蛋白。

细菌抗冻蛋白的发现比鱼类抗冻蛋白晚了 30 多年，直到 1993 年，Duman 和 Olsen 在 Micrococcus cryophilus 和 Rhodocoocus erythropolis 两种细菌中首次发现具有抗冻活性的蛋白质，但是并没有对这种抗冻蛋白做进一步鉴定。两年后，Sun 等在加拿大北极地区的植物根际中发现一种能产生抗冻蛋白的根瘤菌（Pseudom oltaspluida GR12-2）。这种细菌能在 5 ℃条件下生长并同时促进春菜和冬菜根的生长，令人惊讶的是，该菌株能够在极低的温度（−50～−20 ℃）下存活。为了确定这种抗寒机制，研究者将这种菌在 5 ℃培养后，发现其合成并分泌了一种具有抗冻活性的蛋白质，初步确定存在分子量为 32～34 kDa 的主要蛋白和许多次要蛋白，热滞活性约为 0.1 ℃，但尚未将具有抗冻活性的蛋白分离。随后，Xu 等对 Pseudom oltaspluida GR12-2 菌株做了进一步鉴定，纯化后发现分子量大小为 164 kDa 的抗冻糖蛋白具有较低水平的冰核活性，其中包括约 92 kDa 的碳水化合物和脂质部分，去除碳水化合物部分后，冰核活性降低，但抗冻活性未发生明显变化。这是首次发现具有冰核活性的抗冻蛋白。两次鉴定的蛋白大小之所以存在差异，在 Xu 的后续研究中证实了低分子量的蛋白质没有抗冻活性，第一次检测到的可能是抗冻蛋白的降解物。

（四）植物中的抗冻蛋白

植物抗冻蛋白是一类具备亲水性的热稳定的冷诱导蛋白。北印第安纳州研究所对 16 种被子植物和常绿植物检测发现，秋季和冬季均可检测到抗冻蛋白，但是在夏季却检测不到。这表示低温胁迫是抗冻蛋白产生的条件，通过产生抗冻蛋白来提高植物对低温的适应性，因此它属于低温诱导蛋白。植物防冻活性的生物化学特征表明，它们的主要功能是抑制冰晶生长，而不是降低冰冻温度。抗冻蛋白的热滞效应、冰晶形态效应、重结晶抑制效应表明，低温条件下，抗冻蛋白直接参与冰晶的形成过程，从而直接保护植物免受低温的胁迫，是一种直接调节方式，而增强细胞抗冰冻脱水能力的蛋白，通过调节酶活性、代谢或者稳定细胞膜来应对低温胁迫的蛋白，与细胞内信号转导有关的低温诱导蛋白及低温诱导的热激蛋白和脱水蛋白 7 种类型的蛋白都是通过间接的方式进行调节。

尽管植物抗冻蛋白的研究起步较晚，但是目前已陆续在冬小麦、燕麦、冬黑麦（*secale cereale* L）、冬麦草、欧白英、胡萝卜、沙冬青（*Ammopiptanthus mongolicus*）、桃树、唐古特红景天、甜杨等至少 26 种高等植物中获得了具有热滞活性的抗冻蛋白。

1992 年，Griffith 等首次从经低温锻炼的冬黑麦叶片中得到并部分纯化了植物源抗冻蛋白。研究表明，冬黑麦的抗冻蛋白包括 7 种类型，分子质量在 11～36 kDa，且具有相似的氨基酸组成，均富含 Asp/Asn、Glu/Gln、Ser、Thr、Gly 及 Ala，均缺少 His，Cys 含量达 5%以上。Western 印迹分析表明，冬黑麦的抗冻蛋白与鱼及昆虫富含 Cys 的抗冻蛋白没有共同的抗原决定簇。

Wang Weixiang 等在沙冬青中分离纯化出一种热稳定的抗冻蛋白。该抗冻蛋白的分子质量约为 28 kDa，热滞活性为 0.15 ℃（10 mg/mL），能够调节冰晶的生长。

目前已发现的植物抗冻蛋白具有以下特点。

(1) 植物抗冻蛋白结构多样化。各种植物抗冻蛋白的蛋白质结构差别很大，它们既没有相似的氨基酸序列，也没有共同的冰晶结合单元。基于此，推测在植物界中也许会发现一些不同于已知抗冻方式的抗冻蛋白。

(2) 植物抗冻蛋白具有多重功能，既具有抗冻活性，同时又有酶（如内切几丁质酶、内切 β-1,3-葡聚糖酶）、抗菌（如甜味蛋白等）和抗虫（植物凝集素）、抗旱（植物脱水素）等活性。

(3) 植物抗冻蛋白的热滞活性一般都大大低于鱼类和昆虫抗冻蛋白的热滞活性，但有些植物（如黑麦草）抗冻蛋白的冰晶重结晶抑制效应明显优于鱼类和昆虫抗冻蛋白。据此推测，植物抗冻蛋白不是通过阻止冰晶形成，而是通过控制冰晶增长和抑制冰晶重结晶效应，来表现其抗冻活性的。

(4) 除低温以外，其他因子如干旱、外源乙烯（可诱导冬黑麦的抗冻蛋白）、脱落酸等也可诱导植物抗冻蛋白的产生。

有关植物抗冻蛋白的结构模型研究较少。2001 年，Kuiper 等发现多年生黑麦草抗冻蛋白的冰晶抑制活性高，热滞活性低，且其一级结构中含有重复性序列。基于此，他们从理论上提出一个三维结构模型：在这个由 118 个氨基酸组成的多肽中，每 14～15 个氨基酸组成一个环，8 个这样的环组成一个 β-筒状结构，β-筒状结构的一端是保守的缬氨酸疏水核，另一端是由内部天冬酰氨组成的梯状结构。β-筒状结构的亲水端与冰晶表面吻合互补，疏水端则有效地防止了水与冰晶的结合，阻止了冰晶继续生长。这个模型很好地解释了植物抗冻蛋白热滞活性低、冰晶重结晶抑制活性高的现象。

二、抗冻蛋白的特性

1. 热滞活性

抗冻蛋白能特异地吸附于冰晶表面，阻止冰晶生长，非依数性降低溶液冰点，但不影响其熔点，导致熔点与冰点之间出现差异。冰点和熔点的差值称为热滞值，这一现象称为抗冻蛋白的热滞活性，它是抗冻蛋白的重要特性之一。影响热滞活性的因素主要有抗冻蛋白浓度、肽链长度和一些小分子量溶质。抗冻蛋白的浓度越大，热滞活性越大；高分子量的糖肽比低分子量的糖肽热滞活性更强；一些小分子量溶质如柠檬酸盐、甘油和山梨醇能显著阻止冰核的形成，提高抗冻蛋白的热滞活性，而一些大分子量物质如聚乙烯乙二醇、葡聚糖和聚乙烯吡咯烷酮则不具有提高热滞活性的能力。

不同来源的抗冻蛋白具有不同的热滞值。鱼类抗冻蛋白的热滞值为0.7～1.5 ℃，植物抗冻蛋白为0.2～0.5 ℃，昆虫抗冻蛋白为5～10 ℃。昆虫抗冻蛋白的热滞值相对来说较高，主要与它们的结构相关。

2. 改变冰晶的生长方式

在纯水中，冰晶通常沿着平行于基面的方向(a轴)伸展，而在晶格表面方向(c轴)伸展很少。在抗冻蛋白溶液中，冰晶生长方式就会发生改变。抗冻蛋白分子与冰晶表面相互作用，导致水分子在晶格表面外层的排列顺序发生改变，冰核会变得沿着c轴以骨针形、纤维状生长，形成对称的双六面体金字塔形冰晶。

3. 抑制冰晶的重结晶

重结晶是指环境温度在冰点以下较高温度波动时，冰晶的大小将发生变化，有的冰晶增大，有的冰晶减小，通常大冰晶越来越大，小冰晶越来越小。重结晶将使组织的冻结损伤变得更加严重。抗冻蛋白可以阻止冰晶的重结晶，防止组织因冰晶增大而产生机械性损伤。

三、抗冻蛋白的抗冻机制及作用机理

从鱼、昆虫、植物以及细菌中分离的抗冻蛋白虽然在结构和组成上具有很大的差别，但它们却具有相同的功能，都可以不同程度地降低溶液的冰点。目前，关于抗冻蛋白的抗冻机制存在多种解释，且有不少未明之处。

澳大利亚悉尼大学的研究人员利用重组方法构建抗冻蛋白的类似物，即在它的N端加上两个氨基酸残基，再通过圆二色谱及核磁共振方法测得其结构仍为α-螺旋，但其热滞活性却比野生型的低很多，表明N端是抗冻蛋白活性的关键部位，同时也证实了他们提出的如下假设：α-螺旋的疏水面朝向冰-水交界处的冰晶面，亲水面朝向水并与之形成氢键，从而抑制冰晶的增长。这与抗冻蛋白-Ⅲ以16位的Ala为中心形成冰晶结合平面，通过氨基酸替换实验，证明疏水相互作用在抑制冰晶生长过程中起着重要的作用。

加拿大研究人员利用X射线晶体衍射等方法获得了TmAFP的晶体结构后，研究了它的抗冻机制，给出了以下模型：在TmAFP三棱镜样结构的一个侧面上，Thr-Cys-Thr模体重复出现在每一个β-片层(三角形的边)中，使得Thr在二维空间上排成两行，且这两行Thr上羟基氧之间的距离可以极好地与冰的晶格匹配，它们的紧密结合排除了水与冰晶的接触，从而抑制了冰晶的增长。其后，他们又得到了CfAFP的晶体结构，由于CfAFP与TmAFP的结构差异显著，因此，他们提出了新的机制模型，即冰晶表面与AFP表面互相吻合的结构互补模型。该模型不但适合于昆虫的AFP，也适用于鱼类AFP。研究人员利用核磁共振方法研究Thr侧链的柔韧性时发现，在接近冷冻温度时，在AFP-冰晶结合面处的 Thr 以最适宜与冰晶表面相咬合的构型存在，非结合面处的 Thr 则以多种构型存在。因此，可以得到如下结论：规则的 Thr 排列使 AFP 与冰晶表面紧密吻合，这种形态互补结合是抑制冰晶生长的关键。

新加坡国立大学的研究员将小冰晶成核技术应用于 AFP-Ⅲ的抗冻机制研究，发现 AFP-Ⅲ可以吸附到小晶核和尘埃颗粒上，从而阻碍冰晶的成核作用，首次从数量上检测 AFP 的抗冻机制。该实验也支持目前较公认的吸附抑制假说。实验表明，昆虫 AFP 的构型随温度降低而趋于更规则，这种变化反映了它结构的柔韧性。

抗冻蛋白的作用机理是，降低食品材料的冰点，减少食品材料中可冻结水的含量，从而减小食品材料因水结成冰的相变而引起的体积膨胀，对细胞结构的损坏也就降低了。抗冻蛋白的应用方法，一是常压浸泡食品材料，但是该处理方法耗时长，且抗冻蛋白的注入量有限，不利于规模生产的实际需要。二是真空灌注抗冻蛋白，该法操作时间短，注入量大，是一种有潜力的方法。

2002 年，中国、加拿大两国研究人员首次将分子轨道计算方法应用于 AFP-Ⅱ的研究，结果表明，含 19 个氨基酸残基的冰结合面与冰晶面相吻合，从而为抑制冰晶增长提供了证据。关于黑麦草（*Lolium perenne*）AFP 作用机制的研究提出了一种新说法，该种 AFP 的热滞活性比鱼和昆虫的都低得多，它与冰晶的作用方式也与鱼和昆虫的不同，即它是通过蛋白骨架吸附到冰晶表面的，这不同于以往提出的吸附方式，因而引起广泛关注。

四、抗冻蛋白的应用

自从 20 世纪 60 年代末抗冻蛋白被发现以来，人们一直在寻找它的实际应用途径。但是，抗冻蛋白降低冰点的幅度有限，与常用的可食用抗冻剂相比，效果不显著，且自然生产量很小，因此，很难大规模应用于食品中。目前，抗冻蛋白的可能应用主要有以下几个方面。

1. 在食品运输和贮藏中的应用

抗冻蛋白和抗冻糖蛋白均可抑制冷冻贮藏过程中冰晶的重结晶。大部分果蔬在 −18 ℃下虽然可以实现跨季节冻藏，但是，由于包裹果蔬质膜的细胞壁弹性较差，冻结过程对细胞的机械损伤和溶质损伤较为严重，因此，适宜低温的选择往往取决于贮藏对象的低温耐受性。果蔬的低温耐受性依赖于品种、成分、成熟度、产地、气候等多种因素，差别很大。比如，含抗冻蛋白基因的番茄，其贮藏温度若能降低 1 ℃，即可明显延长它的贮藏寿命，而普通番茄则要求较高的冻结和冻藏温度。果蔬等食品在解冻过程中常出现的主要问题是汁液流失、软烂、失去原有的形态。能表达抗冻蛋白的转基因蔬菜则可改善这种状况，提高冻结产品的质量。这是因为转基因蔬菜在冻结和冻藏中冰晶对细胞和蛋白质的破坏很小，合理解冻后，部分融化的冰晶也会缓慢渗透到细胞内，在蛋白质颗粒周围重新形成水合层，使汁液流失减少，从而保持解冻食品的营养成分和原有风味。

此外，研究发现将不同来源的抗冻蛋白添加到冷冻食品中，可以延长冷冻食品的储藏时间，提高解冻质量。例如，添加抗冻蛋白能够减缓冷冻面团馒头冻藏和冻融循环过程中品质下降，使冷冻面团馒头品质得到明显改善。

2. 在肉类食品冷藏中的应用

1994 年，Payne 等发现，用抗冻蛋白溶液处理过的肉类冻藏后，冰晶的大小会明显减小。Steven 的实验表明，屠宰前 1 h 或 24 h 注射抗冻蛋白的羊肉，在 −20 ℃下贮藏 2～16 周，汁液流失和冰晶大小均受到抑制。且屠宰前 24 h 进行注射的羊肉中的冰晶更小。这表明，抗冻蛋白以一定的方式与肌肉组织结合，在肌肉中的扩散需要一定的时间。

3. 在冷冻乳制品中的应用

将抗冻蛋白添加到冷冻乳制品中抑制其冰晶重结晶现象，以提高冷冻乳制品质量，是目前抗冻蛋白在食品中应用得最成功的方面。以冰淇淋为例，组织细腻是冰淇淋感官评价的一个重要标准，它主要取决于冰淇淋中冰晶的大小、形状及分布。

冰晶越小，分布越均匀，则口感越柔和细腻，当冰晶小于 25 μm 时，口感非常细腻。在冰淇淋的加工和贮藏过程中，必须严格控制冰晶的大小。冰晶大小与冷冻速度及所用的稳定剂有关，是冷冻速度的函数，凝冻速度越快，生成的冰晶数量越多，尺寸越小，分布越均匀。冰淇淋中冰晶的生长在以下两个过程中最易发生，一个是冰淇淋的凝冻过程，另一个是冰淇淋的贮存运输过程。在凝冻过程中，稳定剂通过结合部分水分而减慢冰晶的生长速度，与凝冻操作相结合，增加液相部分的黏度，防止形成的冰晶相互接触，起稳定作用。冰淇淋在贮存、运输过程易发生温度波动而出现冰晶生长和重结晶现象，使冰淇淋的质地变得粗糙，失去原有的细腻口感。加入抗冻蛋白可有效缓解这种状况。据报道，美国的 DNAP 公司将抗冻蛋白添加于冰淇淋和冰奶中，消除了冰碴，改善了质量和口味。

基因工程的发展为抗冻蛋白的应用提供了更为广阔的前景，Devies 提出了把抗冻基因转移到鲑鱼、烟草和萝卜中去的方案，Georges 等也把抗冻蛋白基因转移到玉米中。Warren 等把抗冻基因接到载体中，并在细菌、酵母菌和植物中表达，此外，还研究了用发酵工程制备抗冻蛋白的方法。将抗冻蛋白应用到食品的模型中均显示了改变冰晶生长的活性。

美国 DNAP 工程公司在番茄中倒入抗冻蛋白基因，降低了细胞内水分的冰点，培育出的耐寒番茄在 −6 ℃下能生存几小时，果实冷藏后不变形。抗冻蛋白还可以使鱼类在低温下正常生长、防止食品遭受冻害。

第四节 冰核细菌保鲜技术

冰核细菌是一类广泛附生于植物表面尤其是叶表面，能够在 −5～−2 ℃范围内诱发植物结冰发生霜冻的微生物，简称 INA 细菌，是 Maki 在 1974 年首次从赤杨树叶中分离得到的。迄今为止，已发现 4 个属 23 个种或变种的细菌具有冰核活性。已发现的 INA 细菌以丁香假单胞菌（*Pseudomonas syringae*）最多，其次是草生欧文氏菌（*Erwinia herbicola*）。此外，荧光假单胞菌（P. *fluorescens*）、斯氏欧文氏菌（E. *stewartii smith*）、菠萝欧文氏菌（E. *ananas serrano*）也具有冰核活性。我国已发现 3 个属 17 个种或变种的冰核细菌。

一、冰核基因及冰核蛋白

冰核细菌的显著特征是能产生冰核活性很强的特异性冰蛋白。冰核是一类能够引起水由液态变为固态的物质，细菌的冰核是一类蛋白质，称为冰蛋白。大量研究表明，各种冰核细菌的冰核活性是由冰核蛋白基因决定的，该基因的缺失会导致冰核活性的完全丧失。冰核细菌的冰核蛋白具有相似的一级结构，由 3 个可区分的结构域组成，即 C 端单一序列结构域、N 端单一序列结构域和中部具有高度重复的八肽构成的结构域，分别占基因全序列的 4%、15%和 81%。C 端单一序列结构域富含酸性和碱性氨基酸残基，属于高度亲水性结构域。N 端单一序列结构域含有疏水性较强的几个片段，可能与冰核蛋白在细胞外膜上的定位有关。冰核蛋白中部重复的八肽由 Ala-Gly-Tyr-Gly-Ser-Thr-Leu-Thr 构成，具有显著的亲水特性，该结构域是表现冰核活性的最重要部分。

冰核蛋白的二级结构被认为是由氢键连接而形成的 β-折叠片层结构，重复单位具有亲水性。1990 年，日本学者发现，经超声波处理后，冰核细菌的冰核蛋白镶嵌或横跨于细胞膜，据此确定了冰核蛋白是一种膜间蛋白的表达形式。另外，根据研究报道，冰核细菌表达的强冰核活性物质仅仅依靠细菌的冰核蛋白成分是不够的，磷脂酰肌醇、磷脂不仅是冰核蛋白复合物的主要成分，而且是必需成分。但是，关于冰核蛋白是如何结合到细胞膜相应位点上，并如何聚合成冰核蛋白复合物及如何表现出冰核活性等问题，尚在进一步探索中。目前，已发现冰核蛋白的存在形式一般有四种：分布在天然冰核细菌的外膜上；以无细胞冰核的形式自发分泌到培养基中；冰核基因经克隆后，在大肠杆菌中表达，有的结合在内膜上；有的以包含体形式存在。

二、影响冰核活性的因素

并不是所有属于冰核细菌种类的菌株都具有冰核活性，即使是同一冰核细菌菌株，也非所有细菌细胞都有冰核活性，而有活性的菌株，其活性也存在强弱差异。影响冰核细菌冰核活性的主要因素有培养基种类、温度、pH 值、生长阶段、菌体浓度等。

1. 培养基种类

培养基的成分对菌体冰核活性的影响明显。有人研究了三种冰核细菌的培养条件，发现培养基的种类对菌体生长和成冰活性影响最为显著，其中，NAG、KB 培养基适于培养冰核细菌，且冰核活性较高，可能是因为培养基中的甘油或蔗糖组分能够提高细菌的冰核活性。最利于冰核基因表达的碳源为山梨醇，其次为甘露醇、半乳糖和柠檬酸。当冰核细菌处于稳定期时，N、P、S、Fe 的缺乏能诱导高的冰核活性，尤其是低 P 水平能有效诱导冰核的表达。

2. 温度

培养温度对冰核活性有较大影响。冰核细菌在 24～25 ℃下保存 2 天后，其冰核活性开始逐渐丧失。超过 25 ℃，随着温度的升高和时间的延长，冰核活性丧失速度加快。在 37 ℃下保存 24 h，冰核活性全部丧失。而在 4 ℃下保存 20 天，其冰核活性不变。研究还发现,低温诱导能够使冰核细菌产生活性较强的冰核。美国已成功利用变温发酵方法进行了细菌冰核的生产。

此外,菌液的保存温度对冰核活性也有影响。朱红等人早在1993年就对菌种保存方法对冰核细菌活性的影响进行了研究,结果显示冰核活性细菌适于真空冷冻干燥和−20 ℃的冷冻保藏,保存温度越高,对冰核活性的影响越大,保存温度过高会使冰核活性全部丧失。

3. pH值

培养液的初始pH值对冰核活性也有影响。相关研究发现,冰核活性细菌Xanthomonas ampelina TS206菌株的发酵过程中发酵液的初始pH值对于其活性有显著的影响,在pH值5.0以下的发酵液中,冰核活性细菌的冰核活性为0,当pH值在6.0～7.0范围内,冰核细菌的冰核活性能达到最大值。冰核细菌生长的pH值范围为5.0～9.0,最适生长pH值为7.0左右,在pH值2～4和10以上冰核活性将遭到破坏。要注意的是,冰核细菌生长过程中会产酸或产碱,从而改变培养基的pH值,因此,在发酵生产过程中,必须实时监控发酵液的pH值。

4. 生长阶段

菌体的生长阶段也会影响冰核活性,一般冰核活性细菌的最大冰核活性出现在对数生长后期和稳定生长前期。不同生长期的冰核细菌其冰核活性存在差异。研究发现,在稳定期的细菌才会出现低温诱导现象,而在对数生长期则不出现此类现象。

5. 菌体浓度

菌体浓度也是影响冰核活性的重要因素之一。研究中发现,在一定的细菌浓度和温度范围内,菌株的冰核活性随含菌量的提高而增强,随温度的升高而减弱,并且不同菌株的冰核活性受浓度和温度的影响也不同。

6. 其他

此外,重金属离子、硫制剂、尿素、巯基试剂、SDS、蛋白酶、植物外源凝集素等物质和紫外线、钴的照射等物理作用均可对冰核细菌的冰核活性产生破坏作用,而Mn^{2+}、肌醇、丝裂霉素C等能提高冰核活性。但是,上述因素对不同的冰核细菌冰核活性的影响可能存在差异。比如有研究发现,Mn^{2+}和丝裂霉素C不能提高*P. syringae C9401*菌株的冰核活性。同时,氯霉素、土霉素、链霉素等抗生素虽可杀死菌体,但不一定破坏冰核蛋白的成冰活性。

三、冰核细菌在食品工业中的应用

近年来,不少研究者致力将冰核细菌应用于食品工业。研究发现,*Pseudononas*和*Xanthomonas*中具有冰核活性的某些细菌菌株是植物病原菌,其代谢产物可能与人类的某些疾病有关,而具有冰核活性的*Erwinia*某些菌株与肠炎细菌有关。因此,基于食品安全性考虑,在实际应用冰核细菌前,必须对它们进行包埋或杀菌等预处理。

目前的预处理技术主要是高静压灭菌和固定化。Watanabe等发现,高静压灭菌技术可以破坏冰核细菌的细胞膜，导致细胞的原生质渗漏而死亡，同时又可以保持冰核活性，这项技术有望成为制备安全的高冰核活性制剂的主要方式。Watanabe 等还尝试对冰核细菌进行固定化处理，在消除其有害作用的同时保持其冰核活性。目前有两种固定化处理方法，一种是在半透膜如赛璐玢中进行固定化，可以避免冰核细菌进入周围的样品中；另一种是通过微胶囊技术如褐藻酸钙微胶囊来包埋冰核细菌，并保持其活性。

此外，提纯冰核蛋白也是一种对冰核细菌进行预处理的方法，通过这种技术得到的冰核活性蛋白纯度极高、活性极强，但由于成本过高，操作烦琐，实现工业化存在一定的困难，因此，需要进一步探索成本较低的冰核活性蛋白分离方法。

近年来，美国、日本等国家开始克隆冰核细菌的冰核蛋白基因，并导入酵母、乳酸杆菌等食品级安全微生物体内，直接应用这些微生物来表达冰核活性蛋白，但得到的蛋白往往冰核活性很低，安全性还有待于进一步检验。

冰核细菌能够在$-5\sim-2$ ℃下形成规则、细腻、异质冰晶，因此，将一定浓度的冰核菌液喷于待冷冻的食品上，可在$-5\sim-2$ ℃条件下贮藏。一方面可以提高冻结的温度，缩短冻结时间，节约能源；另一方面可避免由于过冷却现象造成冷冻食品风味与营养成分损失过多等弊端，最大限度地保持食品原料中的芳香组分，改善冷冻食品的质地。有人将具有冰核活性的菌体蛋白碎片应用在基围虾的低温微冻保鲜技术上，发现微冻保鲜 20 天后，经感官、品质和风味检测，虾体内各种物质变化均比较缓慢，保鲜效果良好，保鲜期可达 1 个月。研究人员用 0.1 mL P. *syringae* 悬浮液(浓度为 10^7 cfu)冷冻处理鲑鱼肉，与未做处理的对照组相比，经处理的鲑鱼肉样品冰核温度为-1.7 ℃，而对照组为-4.9 ℃，当在-5 ℃下连续冷冻几小时后，经处理的整条鲑鱼被完全冻结，而对照组还有 33%没有冻结。

随着低温生物技术的发展，冰核细菌及其活性成分在食品冷冻保鲜及其他食品工业特别是食品浓缩中的应用将越来越重要。然而，冰核细菌要真正应用到食品工业中，还必须解决高活力冰核活性蛋白的高水平表达和冰核细菌及其活性成分对环境及人类安全性的影响等问题。

【复习思考题】

一、名词解释

生物保鲜技术；冰核细菌；抗冻蛋白的热滞活性

二、思考题

1. 简述常用的涂膜种类及特性。
2. 要达到好的涂膜保鲜效果，必须注意哪些问题?
3. 不同来源(植物源、动物源、微生物源)生物保鲜剂各有哪些优缺点?
4. 说明抗冻蛋白的特性。
5. 影响冰核细菌冰核活性的主要因素有哪些?
6. 植物抗冻蛋白具有哪些特点?

【即测即练】

第八章

食品综合保鲜技术

【本章导航】

本章主要介绍食品综合保鲜技术概述、食品保鲜的影响因素、常见的食品保鲜技术；栅栏理论、栅栏因子、栅栏效应、栅栏技术、栅栏技术在食品加工中的应用原理；综合保鲜技术在水产品、肉制品、果蔬、乳制品等食品保鲜上的应用等。

栅栏技术与食品质量在整体食品中的应用

1. 栅栏技术与食品质量

从栅栏技术概念上理解食品防腐技术，似乎仅侧重于保证食品的微生物稳定性，其实栅栏技术还与食品的质量密切相关。栅栏技术不仅适用于保证食品卫生安全性，而且也适用于保证其质量。有的栅栏，例如美拉德反应的产物，就对产品的可贮性和质量都具有重要意义，食品中可能存在的栅栏将影响其可贮性、感官质量、营养性、工艺特性和经济效益。栅栏对产品的总质量可能是正影响，也可能是负影响，同一栅栏强度不同对产品的作用也可能是相反的。如在发酵香肠中，pH值需降至一定限度才能有效抑制腐败菌，但过低则对感官质量不利。为保证产品总质量，栅栏及其强度应调控在最佳范围。

2. 栅栏技术在整体食品中的应用

重组型整体食品的加工中若添加有较多香辛料，即可在产品外形成一层防腐膜，所含抑菌物即可成为强有力的抑菌栅栏。以巴特马干肉条(Paslirma)为例，这是一种伊斯兰国家广为流行的传统生牛肉制品，将牛肉切条后添加食盐和硝酸盐腌制，清洗后挂晾使之干燥发酵，再涂上一层膏状料风干而成。涂料主要由大蒜、辣椒等组成，对肉条内沙门氏菌和外表的霉菌具有出色的抑制作用。研究表明，用低pH值含防腐剂的涂膜可提高食品微生物的稳定性。例如，添加山梨酸的低pH值涂膜防腐效果极佳。热带水果已应用表面可食涂膜来延长保鲜期，此法优点在于不影响食物块状完整性，但涂料必须具有足够的黏着力，含稳定性基质和抗脆性成分，同时能添加抗菌剂、抗氧剂、营养强化剂、香精或色素等，以在表面局部发挥功能特性。

对整体食品采用涂膜法防腐保鲜，其内包裹的湿润型产品(水果、蔬菜、肉、干酪等)于高浓度的糖、氯化钠或其他湿润剂混合物内，将发生脱水和渗透作用，也会使溶液向产品内的溶质传递。通过此过程，不仅是水分活度较低的介质进入完整食品内，防腐剂、营养强化剂、pH值调节剂以及改善产品组织结构和香味的物质也同时进入。因而进入的栅栏因子可发挥提高可贮性和改善质量的双重作用。这在诸多实例中均可得到印证。

资料来源：东莞首宏配送公司. 栅栏技术与食品质量 在整体食品中的应用[EB/OL].(2020-10-20). http://songcai168.com/Article/4/2020/20201020092440.htm.

第一节　食品综合保鲜技术概述

一、食品保鲜的影响因素

1. 内部因素

影响食品保鲜的内部因素主要包括食品的抗病能力、食品加工与处理、食品的包装等。

食品的抗病能力是指食品的组织结构、化学成分和生物学特性这些方面；食品加工与处理主要指通过改变食品的组成、结构、状态或环境条件，使食品中的微生物和酶受到抑制；食品包装包括防潮包装，脱氧、充氮包装或真空包装，气调包装，热封包装等。

2. 外部因素

影响食品保鲜的外部因素主要包括环境温度、相对湿度以及气体成分等。

与环境温度相关的有食品内部的化学变化、酶促变化以及微生物的生长繁殖；相对湿度会影响食品的水分含量和水分活度；适当的氧气分压可以减轻化学成分的损失，可以维持所需的呼吸作用，还可以控制微生物的生长和繁殖。

二、保鲜技术分类

食品保鲜原理一般有三方面内容：控制其衰老进程，一般是通过呼吸作用的控制来实现的；控制微生物，主要通过腐败菌的控制来实现；控制内部水分蒸发，主要通过环境相对湿度的控制和细胞间水分的结构化来实现。

目前，食品保鲜领域采用的保鲜手段主要有物理、化学和生物三大类，每一类衍生的新技术很多，各自依据不同的保鲜原理。最常应用的食品保鲜技术有以下几种。

(1) 食品防腐剂、食品杀菌剂、食品抗氧化剂与脱氧剂等化学保鲜技术。

(2) 食品气调保鲜技术、减压气调保鲜技术以及臭氧保鲜技术等物理保鲜技术。

(3) 涂膜保鲜技术、生物保鲜剂保鲜技术以及食品微生物保鲜技术等生物保鲜技术。

这些常见的食品保鲜技术在实际生产过程中都取得了相当不错的效果，尤其是生物保鲜技术。利用生物保鲜剂进行保鲜是一种新兴的食品保藏方法，因其具有天然、高效、安全等优点，应用范围不断扩大，但某些生物保鲜剂会改变产品颜色和风味。

这些保鲜技术的应用能够延长食品的货架期，但单一保鲜技术存在一定的缺陷，综合保鲜技术是今后食品保鲜技术的发展方向。

第二节 食品综合保鲜技术理论——栅栏理论

一、栅栏理论

食品中微生物的安全性和稳定性，以及大多数食品的感官和营养品质都建立在防腐因子的综合运用的基础上，这就叫作栅栏。栅栏理论是由德国食品专家 Leistner 博士提出的一套系统的、科学的控制食品保质期的理论。

栅栏理论认为食品要达到可贮性与卫生安全性，其内部必须存在能够防止食品所含腐败菌和病原菌生长繁殖的因子，这些因子通过临时或永久性打破微生物的内平衡而抑制微生物的腐败和产生毒素，保持食品的品质。这些因子被称为栅栏因子。这些因子及其相互效应决定了食品的微生物稳定性，这就是栅栏效应。

栅栏效应较常见的模式有以下六种。

1. 理论化栅栏效应模式

假设食品中共含有几个同等强度的栅栏因子，微生物每越过一个栅栏，数量就会减少，最终使残留的微生物未能越过最后一个栅栏，因此该食品是可贮的、安全可靠的。

2. 较为实际的栅栏效应模式

食品中起到主要作用的栅栏因子是水分活度、食盐含量和防腐剂，这些栅栏因子强度较大，使微生物无法逾越。

3. 初始菌数低的栅栏效应模式

如无菌生产包装的鲜肉，这种模式只需少数几个栅栏因子便可有效抑菌、防菌。

4. 初始菌数高的栅栏效应模式

这种模式中微生物具有较强的生长势能，必须增强现有因子的强度或增加新的栅栏因子，才能达到抑菌效果。

5. 经过加热而杀菌不完全的栅栏效应模式

细菌芽孢未受到致死性危害，但已失活，只需较少作用强度较低的栅栏因子，就能抑制其生长。

6. 栅栏协同作用模式

食品中各栅栏因子具有协同作用性，两个或两个以上因子相互作用强于这些因子单独作用的累加。

二、栅栏因子

对于每一种质量稳定的食品来说，都有一套固有的栅栏因子。依据产品不同，它们在性质和强度上也不同，但在任何情况下，栅栏因子都必须使食品中微生物的数量控制在正常的状态下。近年来的研究显示，食品贮藏与保鲜中得到应用和有潜在应用价值的栅栏因子的数量已经超过 100 个，其中约有 50 个已用于食品保藏。在这些栅栏因子中最重要和最常用的是温度(高温杀菌或低温保藏)、pH 值(高酸度或低酸度)、Aw(高水分活度或低水分活度)、Eh(高氧化还原电位值或低氧化还原电位值)、气调(CO_2、O_2、N_2 等)、包装材料及包装方式(真空包装、气调包装、活性包装和涂膜包装等)、压力(高压或低压)、辐照(紫外线、微波、放射性辐照等)、物理法(高电场脉冲、射频能量、震荡磁场、荧光灭活和超声处理等)、微结构(乳化法、固态发酵法)、竞争性菌群(乳酸菌、双歧杆菌等有益菌)和防腐剂(天然防腐剂和化学合成防腐剂)等。

以下重点介绍几个食品保鲜栅栏因子。

1. 温度

1) 巴氏杀菌

巴氏杀菌(亦称低温消毒法、冷杀菌法)是将混合原料加热至 68～70 ℃,并保持此温度 30 min 之后急速冷却到 4～5 ℃。将混合原料经此法处理后,可杀灭其中的致病性细菌和绝大多数非致病性细菌,混合原料加热后突然冷却,急剧的冷热变化加速了细菌的死亡。采用巴氏杀菌法在规定时间内对食品进行热处理,达到杀死微生物营养体的目的,是一种既能达到消毒目的又不损害食品品质的方法。

2) 商业无菌

商业无菌,是指食品经过杀菌处理后,按照所规定的微生物检验方法,在所检食品中无活的微生物检出或仅能检出合理范围内的非病原菌。商业无菌适用于低酸食品的杀菌,如蔬菜和肉类灭菌。

商业无菌与巴氏杀菌法相比,同等的安全流程对产品品质产生的影响迥然不同。巴氏杀菌法能杀死致病性微生物、降低微生物总量、增加产品保质期,但是这种中温处理不能杀灭微生物的芽孢。而商业无菌是高温处理,相当于在 121.1 ℃下处理几分钟,能在短时间内就达到灭孢效果。

巴氏杀菌、商业无菌与灭菌的区别是:巴氏杀菌是一种利用较低的温度既可杀死病菌又能保持食品中营养物质风味不变的消毒法。商业无菌是将病原菌、产毒菌及在食品上造成食品腐败的微生物杀死,罐头内允许残留有少量芽孢,不过,在常温无冷藏状况的商业贮运过程中,在一定的保质期内,不引起食品腐败变质。巴氏杀菌的优点是保存食品的营养不会因为高温而被破坏,缺点是保质期很短。灭菌是指杀灭物体中或物体上所有微生物(包括病原微生物和非病原微生物)的繁殖体和芽孢的过程,即杀灭体系中的所有微生物。

3) 冷藏

食品冷藏是指将易腐食品先预冷,然后在略高于冰点的温度下保藏的方法。低温下微生物的生长、繁殖就会减慢,微生物新陈代谢被破坏,酶的活性也会减弱,从而延长食品的贮藏期。食品冷藏能延缓食品腐败变质的速度,并保持其新鲜度,但保藏期较短。冷藏水果和蔬菜等植物性食品时,保藏期可达几个月,冷藏肉、禽、乳和水产等动物性食品时,保藏期一般为 1 周左右。

4) 冻藏

食品的冻藏是应用制冷技术使食品快速冻结,并保持在冻结状态下贮藏的食品保藏方法,广泛应用于肉类、水产、乳品、禽蛋以及蔬菜、水果等。冻藏的保藏期较长,且能较好地保存食品本身的色、香、味及营养素。

2. pH 值

每一种微生物的生长繁殖都需要适宜的 pH 值。绝大多数微生物在 pH 值 6～7.5 范围内生长繁殖速度最快，当 pH 值低于 4 时，微生物生长繁殖受到抑制，甚至死亡。不同微生物生长所需的 pH 值范围也不同，霉菌能适应的 pH 值范围最大，细菌能适应的 pH 值范围最小，而酵母菌介于二者之间。在超过微生物最适生长的 pH 值范围的环境中，微生物生长繁殖受到抑制，甚至死亡。强酸、强碱都能使微生物的蛋白质和核酸水解，从而破坏微生物的酶系统和细胞结构，引起微生物的死亡。酶活性会受所处环境的 pH 值影响，在某个非常狭窄的范围内，酶才会表现出最大活性，而此时的 pH 值就是该酶的最适 pH 值。高于或低于最适 pH 值的环境，都将引起酶活性的降低甚至丧失。另外，pH 值还会显著影响酶的热稳定性，一般情况下，在等电点附近的 pH 值条件下酶的热稳定性最佳，高于或低于等电点的 pH 值都会使酶的热稳定性降低。

3. 水分活度

显然，理论上 Aw 值在 0～1 之间，大多数新鲜食品的 Aw 值在 0.95～1.00 之间。A_w 值的测定对食品保藏具有重要意义，含有水分的食品由于其 A_w 值不同，其贮藏期的稳定性也不同。利用水分活度的测试，控制微生物生长，计算食品和药品的保质期，已逐渐成为食品、药品、生物制品、粮食、饲料、肉制品等行业中检验的重要指标。

实验表明，微生物的生长需要一定的水分活度，过高或过低的水分活度都不利于微生物的生长。微生物生长所需的水分活度不仅因种类而异，环境条件也能影响微生物所需的水分活度。一般而言，环境条件越差，微生物生长所需的水分活度下限越高，若各种条件都适宜，则微生物生长所需的水分活度范围会变宽。

酶活性与水分活度之间也存在一定的关系。当水分活度在中等偏上范围内增大时，相应的酶活性也逐渐增大，而减小水分活度会使酶活性受到抑制。酶要起作用，必须在最低水分活度以上才可以，最低 Aw 与酶种类、食品种类、温度以及 pH 值等因素有关。酶稳定性也受水分活度影响，一般在水分活度较低时，酶稳定性较高。另外，酶在湿热状态下比在干热状态下更易失活，因此为了控制干制品中酶活性，应在干制前对食品进行湿热处理，达到使酶失活的目的。

4. 气体成分

在各种气体组成成分当中，氧气对食品品质的影响最大。在低氧条件下，呼吸作用、维生素氧化以及脂肪酸败的速度会变慢，有利于食品保藏，低氧含量还可以阻止很多腐败菌的生长，但需要特别注意的是有些病原体需要厌氧条件，如肉毒杆菌等。

气体成分对食品保藏影响的研究和实践主要集中在气调保鲜技术上。具体而言，气调实际上就是在保持适宜低温的同时，降低环境气体中氧的含量，适当改变二氧化碳和氮气的组成比例。水果蔬菜在收获后仍具有生命力，其生命活动所需能量是通过呼吸作用分解生长期积累的营养物质来获得的。因此，果蔬保鲜的实质是降低果蔬呼吸作用以减少营养物质的消耗。

5. 防腐剂

食品防腐剂又称抗微生物剂，是能够防止由微生物引起的腐败变质、延长食品保藏期的食品添加剂。食品防腐剂有防止微生物繁殖引起食物中毒的作用，能在不同情况下抑制最易发生的腐败作用，特别是在一般灭菌作用不充分时仍具有持续性的效果。食品防腐剂通过使微生物的蛋白质凝固或变性；破坏或损伤细胞壁；影响遗传物质的复制、转录、蛋白质翻译等干扰微生物的生长与繁殖。

食品防腐剂按作用分为杀菌剂和抑菌剂；按性质分为有机化学防腐剂和无机化学防腐剂；按来源分为化学防腐剂和天然防腐剂，其中化学防腐剂又分为有机防腐剂和无机防腐剂，天然防腐剂通常是从动物、植物和微生物的代谢产物中提取。我国规定使用的防腐剂有苯甲酸、苯甲酸钠、山梨酸、山梨酸钾、丙酸钙等25种。

6. 辐照

食品辐照是指利用射线照射食品包括原材料，延迟新鲜食物某些生理过程（发芽和成熟）的发展，或对食品进行杀虫、消毒、杀菌、防霉等处理，达到延长保藏时间，稳定、提高食品质量目的的操作过程。辐射线主要包括紫外线、X射线和 γ 射线等，其中紫外线穿透力弱，只有表面杀菌作用，而X射线和 γ 射线（比紫外线波长更短）是高能电磁波，能激发被辐照物质的分子，使之引起电离作用，进而影响生物的各种生命活动。

食品的辐照效果与辐照过程的环境条件有关。氧的存在可增加微生物对辐照的敏感性2～3倍，对辐照化学效应生成物也有影响，因此辐照过程中维持氧压的稳定是获取均匀辐照效果的条件之一。适当提高辐照时的温度，常可减低辐照剂量，而达到同样的杀菌、杀虫效果。适当加压加热，使细菌孢子萌发，再使用较小的剂量，可以把需要高剂量辐照杀灭的孢子杀死。冻结点以下的低温辐照，则可大大减少肉类辐照产生的异味（辐照味）及减少维生素的损失。水分或盐分的加入或移走，可以改变在辐射加工肉类和禽类时对病菌的灵敏度。

7. 包装

食品在生产、贮藏、流通和消费过程中，导致食品发生不良变化的作用有微生物作用、生理生化作用、化学作用和物理作用等。影响这些作用的因素有水分、温度、氧气和光照等。对食品进行包装，不仅可以有效控制这些不利因素对食品质量的损害，而且还可给食品生产者、经营者及消费者带来很大方便和利益。

食品包装是食品商品的组成部分。食品包装和食品包装盒保护食品，使食品在离开工厂到消费者手中的流通过程中，防止生物的、化学的、物理的外来因素的损害，它也可以有保持食品本身稳定质量的功能。它方便消费者的食用，又是首先表现食品外观、吸引消费的形象，具有物质成本以外的价值。

三、栅栏技术

在实际生产中，运用不同的栅栏因子，科学合理地组合起来，发挥其协同作用，从不同的侧面抑制引起食品腐败的微生物，形成对微生物的多靶攻击，从而改善食品品质，保证食品的卫生安全性，这一技术即为栅栏技术。栅栏技术是一项被工业化国家以及发展中国家广泛运用的温和且有效的食品贮藏与保鲜技术。早前的栅栏技术，即几种保藏技术的结合，运用过程中以经验为主，并无控制理论方面的知识。20多年来，智能应用栅栏技术变得更加普遍，是因为人们对食品防腐保鲜几大主要影响因素的作用原理（如温度、pH值、水分活度Aw、氧化还原电位Eh值、竞争性菌群等）以及它们之间的相互作用的影响有了较好的认识。

食品贮藏与保鲜就意味着把微生物放到一个不利的环境中，抑制它们的生长，降低它们的存活率或者促使它们死亡。微生物对于不利的环境，可能出现的反应是死亡或停止生长。目前在实际生产实践中，运用于食品的贮藏与保鲜技术，都是若干种方法的结合，而这些方法就是所谓的栅栏因子。具有防腐的栅栏因子，通过相互的协同作用，干扰保持食品稳定的一个或多个平衡机制，抑制微生物的生长繁殖，甚至导致其死亡，这就是栅栏技术保藏食品的原理所在。

栅栏技术是将多种食品加工与贮藏技术同时结合应用，每种技术只用到其中等水平，尤其是对食品的组织、品质、风味、颜色、保质期等有不良影响的技术因子尽量降低其强度，而且所获得的保质期不是这几种技术所获保质期的算术累加，而是呈现出叠加效应，从而大大延缓食品变质的速度。例如，食品经过清洁等加工过程以及杀菌处理，微生物应被杀灭，但有的食品并不能完全达到无菌，还残留有少数微生物，如果采取进一步措施，如低温、干燥、脱氧等，就可以控制食品中残留微生物的生长与繁殖，延长食品的保存期。

食品防腐保鲜中一个值得注意的现象就是微生物的内平衡。微生物的内平衡是微生物处于正常状态下内部环境的稳定和统一，并且具有一定的自我调节能力，只有其内平衡处于稳定的状态下，微生物才能生长繁殖。例如，微生物内环境中 pH 值的自我调节，只有内环境 pH 值处于一个相对较小的变动范围，微生物才能保持其活性。如果在食品中加入保鲜剂破坏微生物的内平衡，微生物就会失去生长繁殖的能力。在其内平衡重建之前，微生物就会处于延迟期，甚至死亡。

将栅栏技术应用于食品的防腐保鲜上，各种栅栏因子的防腐保鲜作用发挥协同效应，使食品中的栅栏因子针对微生物细胞中的不同目标进行攻击，如细胞膜、酶系统、pH 值、水分活度值、氧化还原电位等，这样就可以从数方面打破微生物的内平衡，从而实现栅栏因子的交互效应。

四、栅栏技术在食品加工中的应用原理

随着栅栏技术的逐渐发展，其在食品防腐中也得到了广泛的应用，从栅栏技术概念上来理解食品防腐保鲜，不仅侧重于控制食品中微生物的稳定性上，还与食品的品质密切相关。食品中存在的栅栏因子将影响其可贮性、感官品质、营养品质、工艺特性以及经济效益。在实际应用中，将各种栅栏因子科学合理地搭配组合，控制其强度在一个最佳范围，达到更好的防腐保鲜效果。

（一）栅栏技术在肉制品保鲜中的应用

鲜肉营养丰富、水分活度高，其在贮藏、加工、运输、销售过程中极易被微生物污染而腐败变质，因此减少细菌污染、延长货架期是肉类工业中普遍关注的问题。肉制品要想达到长时间的贮藏以及卫生安全要求，必须阻止肉制品中残留的致病菌和病原菌生长繁殖的因子。

肉制品传统的保鲜方式是冻藏保鲜，但由于冻藏耗能较高，冻结后肉的组织结构受到

破坏，解冻使汁液流失严重、鲜味降低，所以在非冷冻条件下保鲜鲜肉是目前研究的热点，可通过设置一些耗能低、抑菌效果较好的栅栏因子来实现。例如，可采用真空包装结合防腐剂的保鲜方式，真空包装工艺简单、成本低，通过抽真空，使肉制品处于极度缺氧状态，从而有效抑制好氧菌的繁殖，并且真空包装可以减少因失水而引起的重量损失，缓解肉制品中脂肪酸败速度，避免外界污染，延长肉的货架期。在防腐剂方面，常用无机酸、有机酸及其盐类防腐剂，但现在人们更趋向于用天然、无毒、无害的防腐剂。茶多酚是一种效果很好的天然防腐剂和抗氧化剂，也是肉制品保鲜中常用的栅栏因子，此外，茶多酚还具有稳定产品色素颜色、去除畜肉的异味等作用。

（二）栅栏技术在乳制品工业中的应用

乳制品工业中应用的主要栅栏因子有温度、pH 值、辐照因子、气调技术以及包装材料等。

1. 温度

微生物与地球生物圈中其他生物一样，其生长、代谢、繁殖与温度具有直接相关性，哺乳动物的乳汁可以作为各种微生物的完全培养基，因此在乳品工业中对温度的控制就显得至关重要。从乳牛养殖到原料乳的收购、运输，再到加工生产线上的预热、杀菌、灌装以及后续工艺上的包装、贮藏、销售等，人们对于温度的控制始终贯穿乳制品从生产到消费的每一个环节之中。原料乳的贮藏和运输一般在 5 ℃条件下进行，巴氏杀菌和 UHT 杀菌是栅栏技术在乳制品工业中应用效果较成功的典型实例。

2. pH 值

pH 值作为乳制品质量的一个重要衡量指标，其在乳品加工中的控制尤为重要。牛乳是一个较为复杂的溶液分散体系，其 pH 值的变化直接影响到整个体系的稳定性。

3. 辐照因子

辐照因子以其物理化作用于食品加工过程中，而可以最大限度保持食品原有的营养成分受到广大科技工作者的青睐，但由于辐照食品的安全性受到广大消费者的质疑，因此其在现代食品加工中的应用还十分有限。在现有的乳品加工业，辐照技术大多只是应用在乳品仓库、车间的消毒卫生控制方面。但随着辐照食品的安全性得到消费群体的认可，辐照技术应用在乳制品的许多加工和贮藏过程中。如对原料乳的保存、乳品加工中的冷杀菌处理、乳品包装材料的灭菌及乳品成品的贮藏等方面。

在乳品加工过程中，利用填充碳酸气来制得充气酸乳，在奶油冻的生产方面加入充气机来制得充气甜食，在奶粉的包装上采用抽真空技术延长产品的货架期，在干酪的成熟过程中采用气调技术改善其成熟环境和成熟时间，在干酪制品包装上采用活性气调包装技术延长干酪制品的保质期，还可以利用气调技术延长牛乳酒的货架期。

（三）栅栏技术在鲜切果蔬质量控制中的应用

鲜切果蔬是指新鲜蔬菜、水果原料经清洗、修整、切分等工序，然后用塑料薄膜袋或以塑料托盘盛装，外覆塑料膜包装，供消费者立即食用或餐饮业使用的一种新型果蔬加工产品。微生物的侵染会导致鲜切果蔬产品质量下降，缩短产品的货架期，严重时甚至产生食源性疾病危害公共健康，因此，控制微生物是保证鲜切果蔬产品质量安全的关键。近年来，人们对于鲜切产品的杀菌技术的研究越来越深入，逐渐认识到单一的杀菌技术存在一定的缺陷，应采用栅栏技术科学合理地将各种杀菌措施结合使用，发挥它们的协同效应，对微生物形成多靶向攻击，有效抑制微生物的生长繁殖，进而保证鲜切果蔬产品的卫生质量和食品安全。

（四）栅栏技术在调理食品中的应用

调理食品是指以农、畜、禽、水产品为原料，经适当加工（如分切、搅拌、成型、调理）后以包装或散装形式于冷冻（－18 ℃）或冷藏（7 ℃以下）或常温的条件下储存、销售，可直接食用或食用前经简单加工或热处理的产品。

赵志峰等利用远红外线脱水、紫外线杀菌、高温处理、低温冷藏作为栅栏因子，作用于新型调理食品（土豆烧排骨）的加工保藏过程，贮藏期内通过对样品的感官检测及微生物测定，确定出各栅栏因子的作用效果及最佳强度。结果表明：采用1 500 W远红外线95 ℃、20 min，235 W紫外线25 min，78 ℃、25 min巴氏杀菌，0～4 ℃低温冷藏作用于该产品的加工保藏过程，能杀灭有害菌，而且不会对产品的风味和口感造成不良影响。

第三节　综合保鲜技术在食品生产加工中的应用

一、综合保鲜技术在水产品保鲜中的应用

水产品因具有味道鲜美、营养丰富、高蛋白、低脂肪等特点，深受人们青睐。然而水产品因蛋白质和水分含量高，自身携带大量的细菌，在贮运、加工与销售过程中，容易引起变色、变味，甚至腐败变质，因而成为国内外研究人员关注的热点。随着国民生活水平的提高，人们也更注重饮食的品质及质量情况，研究一些新的保鲜技术应用于水产品的贮藏保鲜，从而获得高品质的保鲜产品逐渐得到人们的重视。水产品保鲜工艺技术主要分为两大类：物理保鲜法和化学保鲜法，目前常用的保鲜技术有低温、气调、辐照、保鲜剂等。而水产品保鲜的装备技术也是水产品质量的重要保障，一些保鲜方法，特别是低温保鲜法只有在合适的装备条件下才能顺利实施。水产品保鲜的工艺技术和装备技术是水产品加工与流通产业不可或缺的两个部分，也是水产品保鲜相关标准制定实施的前提。

水产品（尤其鱼贝类）在食物结构中占有重要的地位，其低脂肪、低热量、高蛋白的特点更是合理膳食结构中不可或缺的要素，深受广大消费者的青睐。从目前国内外市场看，鲜度是水产品重要的品质指标，因此保鲜技术显得尤为重要，而目前不同的保鲜方法结合运用较为普遍，保鲜效果比较理想，这是由于综合使用不同的保鲜剂具有协同的作用，可以有效延长水产品的保质期。采用生物保鲜剂结合低温贮藏的技术，涂膜结合低温贮藏技术和气调结合低温保鲜技术等这些综合保鲜技术，具有相互结合、实现优势互补的作用，可以有效延长水产品的货架期。

（一）复合生物保鲜剂结合冰温贮藏对对虾保鲜效果的研究

南美白对虾壳厚肉脆、肉质细嫩、味道鲜美、营养丰富、口感极佳，并含有多种维生

素及人体必需的微量元素，是高蛋白营养水产品，其中含有约20%的蛋白质，是鱼、蛋、奶的几倍甚至几十倍，虾肉所含的人体必需氨基酸缬氨酸含量并不高，但却是营养均衡的蛋白质来源，肉质松软、易消化，一般人群均可食用，近年来欧美和国内对对虾的需求均有上升趋势。然而，对虾具有水产品的一般特性，极易腐败变质，严重影响了产品的销售和流通。

目前，国内外学者应用物理、化学、生物等手段对虾类保鲜技术进行了广泛研究，如冷冻保鲜、气调保鲜、辐照保鲜和生物保鲜等。近年来，随着人们安全、营养意识的提高，生物保鲜剂逐渐得到大家的关注，这些生物保鲜剂不仅能抑制细菌生长繁殖，还能增加产品附加值。单一生物保鲜剂在抑菌方面有一定的局限性，而将其复合使用，在增强抑菌效果的同时，还可以降低单一保鲜剂的使用量，从而减少对食品品质的影响，提高应用的安全性。

刘金昉等人以南美白对虾为研究对象进行实验，通过前期正交试验得到较佳配比的生物保鲜剂，将用此复合保鲜剂处理后的南美白对虾结合冰温贮藏，通过指标测定，研究复合生物保鲜剂与冰温结合的保鲜效果。各个指标测定分析结果如下。

1. 感官评分变化

随着贮藏时间的延长，各组南美白对虾品质明显下降，感官评分不断降低。冰温贮藏条件下样品感官品质明显高于冷藏条件，进一步数据处理显示，不同处理、贮藏时间和贮藏温度对南美白对虾感官品质影响差异均显著。未经过保鲜剂处理，且在冷藏条件下的样品品质最差，保鲜剂处理后贮藏在冰温条件下的样品品质最佳。贮藏温度降低，微生物繁殖速度减慢，酶的比活力降低，延缓了腐败变质和黑变发生。复合生物保鲜剂具有一定的防腐效果，并且纳米 TiO_2-壳聚糖和蜂胶具有一定的抑制黑变效果，也能够减缓感官品质的下降速度。

2. 菌落总数

虾类的菌落数不大于5.0CFU/g(1 g)为一级鲜度；5.0～5.7CFU/g(1 g)为二级鲜度。当虾细菌总数超过二级鲜度时，通常判定为虾的货架期终点。实验数据表明，新鲜南美白对虾菌落总数为3.25CFU/g(1 g)，随着贮藏时间的延长，菌落总数不断增加。数据分析表明，不同处理、贮藏时间和贮藏温度对南美白对虾菌落总数的影响差异均显著。保鲜效果最好的是复合生物保鲜剂结合冰温贮藏，低温贮藏和复合生物保鲜剂均能够降低微生物繁殖速率，两种保鲜方法相结合效果更佳。

（二）臭氧杀菌、壳聚糖涂膜结合气调包装对缢蛏保鲜的研究

与鱼类不同，贝类的生长位置比较稳定，一旦遇到水质污染，其质量安全将受到极大影响。加上双壳贝类属于滤食性生物，在滤食饵料生物的同时，也将水中的有害物质吸入体内。人们食用不洁贝类极易引发疾病，从而导致局部地区爆发食品中毒事件。缢蛏，俗名蛏子、青子、海蛏，味道鲜美，营养丰富，是高蛋白质、低脂肪、低热量的健康食品，深受消费者的喜爱。缢蛏的贝肉不像花蛤、泥蚶等双壳贝类，它不可以完全缩进贝壳，而是部分裸露在壳外，这使得缢蛏体内的水分极易蒸发，造成脱水而快速死亡。传统缢蛏的保鲜方法是将海泥覆在缢蛏表面。海泥具有保湿、透氧等作用，从而延长了缢蛏的保鲜期，该法

已成为民间流行的保鲜方法。然而,海洋环境的污染使缢蛏传统的裹海泥保鲜方法越来越受到质疑。

张超等以缢蛏为试验材料,研究臭氧杀菌、壳聚糖涂膜结合气调包装复合保鲜处理下缢蛏的保鲜效果。先采用 1 mg/L 臭氧水降低缢蛏初始菌落数,再分别通过气调包装、壳聚糖涂膜进行复合处理,研究其在 0 ℃下的品质变化情况。试验结果表明:在贮藏过程中,复合保鲜技术有效地抑制了细菌在贮藏过程中的生长繁殖,延缓了 K 值、TVB-N 等理化指标的增加,保持了较好的感官品质。根据细菌总数、pH 值、TVB-N、K 值等理化指标的变化,再结合感官评定的综合分析,臭氧杀菌结合气调包装、臭氧杀菌结合壳聚糖涂膜及三者复合的保鲜效果均优于单独处理的保鲜效果,其中臭氧杀菌、气调包装及壳聚糖涂膜三者复合处理的保鲜效果最好,货架期达到了 16 天左右。

(三) 保鲜剂、气调、涂膜结合低温对牡蛎保鲜效果的研究

由于牡蛎肉质较嫩,收获后如不妥保藏,2 天内就会变质,因此,如何延长鲜牡蛎的货架期、扩大销售范围成为人们迫切需要解决的问题。对牡蛎进行不同的保鲜处理,在不同的条件下进行贮藏,并对贮藏过程中牡蛎的各项鲜度指标进行研究,从而找到一种可以最大限度保持牡蛎的鲜度、延长牡蛎货架期的方法。通过对牡蛎鲜度指标相对变化加以探讨,在低温条件下找到最佳的贮藏方法。

张观科等人采取生物保鲜剂、涂膜、气调三种不同方式对牡蛎进行处理,在 0 ℃、−3 ℃、−20 ℃三种温度条件下对牡蛎进行保鲜贮藏,在贮藏过程中,对牡蛎三种保鲜方式的保鲜效果进行研究,相关研究结果如下。

(1) 不同保鲜剂具有协同作用,可有效延长食品的货架期。不同保鲜剂结合低温贮藏技术的研究结果表明,由于不同保鲜剂的抗菌范围具有一定的互补性,综合使用不同的保鲜剂具有协同的作用。生物保鲜剂结合低温贮藏的技术,具有相互结合、实现优势互补的作用,可以有效延长牡蛎的货架期。

(2) 采用生物保鲜剂结合 N_2 和 CO_2 的处理,保鲜效果明显优于未加生物保鲜剂的气调保鲜组,是气调保鲜最佳的保鲜方式。研究结果表明:牡蛎肉在贮藏期间,气体环境是影响牡蛎质量变化的一个重要因素。气调贮藏可以有效地减缓蛋白质的变性及分解成氨基酸和小分子的含氮物质,游离氨基酸的生成和分解,进而在一定程度上减缓了含氮小分子物质的生成,从而延长牡蛎肉的贮藏期。

(3) 采用涂膜处理结合低温贮藏能较好地保持牡蛎的品质和鲜度,能明显增强涂膜保鲜剂对牡蛎的保鲜效果。以牡蛎为原料,采用海藻酸钠、壳聚糖涂膜保鲜方法,考察在 0 ℃条件下对牡蛎保鲜效果的影响。研究结果表明,经海藻酸钠处理的牡蛎贮藏 12 天效果较优,12 天后挥发性盐基氮(TVB-N)值为 14.41 mg/100 g。在 −20 ℃下,采用壳聚糖、海藻酸钠涂膜保鲜方式,牡蛎经涂膜处理后与海藻酸钠和溶菌酶配合使用的保鲜效果最佳。从 TVB-N、TBA 指标来看,海藻胶处理保鲜效果好于壳聚糖处理,这可能是由于海藻酸钠的溶液胶黏性很高,它能够较好地包覆在贝肉表面,形成致密和完整的膜,一方面发挥膜的机械性,能对贝肉起到保护作用;另一方面充分发挥了膜的阻隔作用,阻止了氧气的作用和细菌的污染,在涂膜中加入保鲜剂可增强保鲜效果。

二、综合保鲜技术在肉制品保鲜中的应用

禽肉制品保鲜技术很重要，尤其是采用低温熟化法，保鲜难度大，保质期短。采用单一保鲜技术效果都有限，必须采用两种以上的多种综合保鲜技术。根据禽肉产品特点，规模化生产可行的综合保鲜技术有三种。

（1）真空包装→巴氏杀菌→急冷→冷链运藏保鲜法。

（2）真空包装→微波增效剂浸涂→专用微波处理→急冷保鲜法。

（3）真空包装→保鲜液处理→巴氏杀菌。

采用综合保鲜技术可在常温条件下存销，保质期达3～6个月。高温杀菌保鲜虽然保质期长，可常温存销，但对产品风味影响较大，脂肪融化多，其不适宜禽肉产品。

（一）复合天然保鲜膜结合真空包装对冷却牛肉的保鲜研究

冷却肉是指严格执行兽医卫生检疫制度，屠宰后的胴体迅速进行冷却处理，使胴体温度（以后腿肉中心为测量点）在24 h内降为0～4 ℃，并在后续加工、流通、包装和销售过程中始终保持0～4 ℃范围内的生鲜肉。冷却肉作为一种全新的肉类产品，其特点是：保质期长，且安全卫生；具有质地柔软、富有弹性、滋味鲜美、口感细嫩、营养价值高、汁液流失少等优点。目前国外已经出现的调理肉制品是西方发达国家的主体冷却肉产品之一，既保持了冷却肉卫生安全的优点，又免除了清洗、切割、调制，从而提高了使用性。但是如何延长冷却肉的货架期、保持良好的感官现状，是当今亟待解决的问题。

罗爱平等采用茶多酚、乳酸菌肽、胶原蛋白、壳聚糖等组成的天然复合保鲜膜，结合真空包装技术对冷却牛肉的保质期进行研究。分析结果如下。

（1）天然复合保鲜膜结合真空包装技术可改善冷却肉色泽、降低汁液渗出率。冷却肉在真空包装中处于负压环境，随着保藏时间的不断延长，细菌的生长繁殖对肉组织结构的破坏越来越严重。肉的系水能力下降，导致汁液渗出逐渐增多，汁液渗出率的增加直接影响冷却肉的经济价值。真空包装使冷却肉失去鲜红的颜色，与氧接触后呈鲜红色。色泽是冷却肉的主要感官指标，色泽的好坏直接影响冷却肉的商品价值。壳聚糖、胶原蛋白形成的薄膜可有效地降低汁液渗出率、提高色泽饱和度，从而提高冷却肉的经济价值和商品价值。

（2）复合保鲜技术使冷却肉pH值改变，从而改善了肉的嫩度、色泽。在肉的成熟和相继的保鲜过程中，由于肉中内源蛋白酶和微生物分泌的蛋白分解酶的作用，降解肌肉蛋白质为多肽和氨基酸，并释放出碱性基团，使肉的pH值升高；氨及胺类蓄积，使肉的pH值升高，当其达到或超过6.0时，鲜肉中含硫氨基酸的分解产生H_2S。原料肉适当高的pH值比低的pH值肉的嫩度好。嫩度与pH值的大小有关，pH值在5.5时，其嫩度相当差；pH值在5.5～6.0时，嫩度有所改善；当pH值高于6.0，但不超过鲜肉规定pH值最大值6.7时，肉的嫩度、色泽饱和度有明显的改善。

（3）植酸与茶多酚复合对微生物的抑制具有协同作用，异抗坏血酸对肉的护色效果好。胶原蛋白、茶多酚、异抗坏血酸、植酸共同形成的复合膜，采用真空包装技术，可以保持鲜肉的色泽、有效地降低汁液渗出，从而延长冷却肉的保质期。

（二）静电场结合气调包装对冷鲜肉保鲜的研究

路立立等以猪肉为原材料，研究了低压静电场结合气调包装对冷鲜肉保鲜品质的影响，对冷鲜肉贮藏期间菌落总数、色差、保水性、嫩度、游离氨基酸含量、肌肉蛋白变化等指标进行检测分析。结果表明，静电场结合气调包装组冷鲜肉菌落总数显著低于单一气调包装处理组，相对于普通气调包装，静电场结合气调包装处理可更长时间保持冷鲜肉的亮红色，静电场结合气调包装处理后流失汁液中的游离氨基酸含量降低，且静电场结合气调包装不会对冷鲜肉的保水性和嫩度造成显著影响。

在静电场条件下对猪肉进行冻结及解冻，静电场冻结延长了猪肉的冻结时间，但是静电场解冻显著缩短了冷冻肉的解冻时间，证明了电场对猪肉冻结及解冻过程中水的相变过程的影响作用。通过测定冰晶留下的空隙大小，发现静电场冻结条件下显著减小了冰晶形成的大小。不同冻结及解冻后猪肉品质指标的测定结果表明，静电场冻结及解冻显著降低了猪肉的解冻汁液流失率，并提高了解冻后猪肉的嫩度，通过对猪肉的微观结构及水分分布分析，发现静电场冻结及解冻条件下更好地保持了细胞的完整性，从而保水性更好。

（三）复合防腐剂、真空包装结合热处理保鲜烧鸡肉制品

道口烧鸡传统加工方法是将宰杀处理后的原料鸡，加入八味香辛料和调味料，经大火烧开、小火长时间煮制而成，属低温肉制品。由于其加工过程中，加热温度较低（<100 ℃），仅能杀死耐热性较低的腐败菌及致病菌的营养体，而芽孢和耐热性微生物仍可存在，条件适宜时，芽孢就会萌发并迅速繁殖。且道口烧鸡富含蛋白质等营养成分，水分活性很高，在产品贮存、运输和销售等过程中极易因微生物的大量增殖而导致产品的腐败变质，不仅造成巨大的经济损失和严重的环境污染，更重要的是危及消费者的健康甚至生命安全。

从理论上讲，提高加热温度和延长加热处理时间可以使肉制品几乎达到无菌状态，因而包装后的高温高压灭菌已成为我国许多肉制品加工企业延长产品货架期的必需环节。高温高压灭菌的优点是可以杀死所有潜在的细菌，包括芽孢，因而在常温下有较长的货架期，较为适合中国目前冷藏链亟待完善的市场状况，特别是适合广大农村和中小城市。但高强度的热处理使蛋白质过度变性，肉纤维的弹性降低，对产品口感、风味和营养价值都产生了较大的损害，可以说高温肉制品正在逐渐被淘汰。因此，研究既可保持食品原有风味又可室温保存且食用方便的保鲜技术已成为许多肉制品加工企业的急需任务。

康怀彬等人将防腐保鲜剂、真空包装及热处理综合应用于道口烧鸡的保鲜，发挥它们的协同效应，从不同侧面抑制引起烧鸡腐败变质的微生物，形成对微生物的多靶攻击，在不降低其食用品质的前提下，将其常温下的保质期增至 2～3 个月，改变目前单一的依靠高压灭菌延长其货架期的技术。其研究分析结果如下。

1. 菌落总数

随着贮藏期的延长，综合保鲜组和对照组的菌落总数出现了极显著的差异，对照组常温下贮藏 15 天，菌落总数已超过国家标准规定的酱卤肉制品卫生标准，而综合保鲜组的

菌落总数在常温下贮藏至60天，仍在正常范围内，贮藏至75天才超标。说明采用复合防腐保鲜剂、真空包装和热处理杀菌相结合的综合保鲜技术对道口烧鸡中生长和污染的微生物有抑制作用，在良好的生产条件下，应用综合保鲜技术，可有效地延长道口烧鸡的保质期，使产品在常温的贮藏条件下，货架期可达60天。

2. 感官评分

对照组贮藏至15天时，感官评分已不在可接受范围内，出现严重的腐败变质现象，而综合保鲜组贮藏至60天时，感官评分仍在可接受范围内，说明应用综合保鲜技术，可显著改善道口烧鸡在贮藏期间的感官质量，延长产品保质期。

（四）创新点

以上综合保鲜试验研究结果表明，采用复合天然保鲜膜、低压静电场、防腐剂与真空包装或气调包装相结合的综合保鲜技术保鲜肉制品，在不降低肉制品食用品质的前提下，可将其保质期延长至2～3个月甚至更久，改变了依靠单一保鲜技术延长产品货架期的技术现状，既可保持食品原有风味又可使产品室温保存，且食用方便，值得肉制品加工企业推广应用。尤其是低压静电场的应用，静电场条件下显著减小了肉品在冻结过程中冰晶的大小，缩短了冷冻肉解冻的时间，降低了解冻损耗并提高了解冻肉的品质，静电场用于肉制品解冻具有重要的应用价值。利用低压静电场与高氧气调包装处理冷鲜肉显著延长了冷鲜肉的货架期，具有广阔的应用前景。

三、综合保鲜技术在果蔬保鲜中的应用

针对果蔬储藏保鲜技术研究，虽然单一保鲜技术已获得了较好的应用，并取得了一定的成绩，但仍存在一些不足，不能满足果蔬产品长时间仓储、远距离输送以及反季节销售的需要。如臭氧保鲜包装在初始阶段效果较好，随着臭氧浓度的降低，后期效果不再理想，而涂膜保鲜存在着涂膜一旦吸水或吸潮之后性能不再稳定，难以保持长久性等缺陷，这在一定程度上影响了产品的保鲜效果。更好地对果蔬进行保鲜处理，使之延长保质期是研究者们今后需长期努力的目标，目前国内外学者开始将目光投向综合气调保鲜包装。

（一）月桂精油结合自发气调包装对樱桃番茄保鲜的研究

水果腐烂在全世界都是难以解决的问题，每年各个国家都会面临大量水果因为采后腐烂而导致的经济损失和资源浪费。植物精油又称挥发油、香精油和芳香油，是存在于芳香植物体内的一类具有挥发性、由分子量较小且具有一定活性的简单化合物组成的、可随水蒸气蒸馏、与水不能相互混溶的次生代谢物。除可作为调香原料应用外，植物精油具有多方面的功能作用，如抑菌作用、杀虫作用、抗氧化作用、促组织细胞再生作用等，在食品、医药、日化及生物农药等领域的应用日益广泛。植物精油作为一种绿色环保、无毒无害、环境友好的特殊植物提取物，能抑制果蔬采后病原菌生长，具有成为新型杀菌剂的潜力，但由于其抑菌效果不稳定、成本较高等因素，很难应用于实际生产。

徐仕翔等采用月桂精油与自发气调包装结合的方式研究复合保鲜处理对樱桃番茄采后抑菌效果。月桂精油的有效作用成分为肉桂醛、丁子香酚、芳樟醇等，其分子远大于氧

气和二氧化碳,因此很难透过复合包装材料进入大气,能长期在气调包装内部作用于病原菌。气调包装结合月桂精油对樱桃番茄的品质具有较好的保持作用,其中聚苯乙烯包装材料结合月桂精油对樱桃番茄的硬度、可溶性固形物和可滴定酸的保持度最好,主要原因推测为聚苯乙烯包装材料对二氧化碳的通透性处于聚乙烯和复合材料之间,既累积了一定量的二氧化碳以降低樱桃番茄的代谢速率,又不会造成包装内过高二氧化碳和过低氧气环境,引起樱桃番茄逆境胁迫,消耗大量营养物质。同时,植物精油也能进入生物细胞内部,抑制果实伤口细胞代谢速率,保持樱桃番茄品质。

(二)臭氧、涂膜结合气调方式对香菇、百合保鲜效果的研究

目前对于单一的保鲜技术,如气调保鲜、臭氧保鲜、涂膜保鲜等的研究已相当广泛,且已取得一定的成果,但有时单一的保鲜技术仍不能满足商品跨地域销售、出口销售及反季节销售的需要。单一的保鲜技术也不可避免地存在各自的缺陷,如涂膜保鲜就存在涂膜效果不稳定、干燥时间过长、容易吸水变潮、难以维持稳定的温度和湿度等缺点;臭氧保鲜也存在后期保鲜效果不明显、浓度过大易影响产品的生理变化或表观质量等问题。且不同的保鲜方法都有各自更适用的范围,这些都在一定程度上影响了其对产品的保鲜效果。

许多学者也在寻求新的途径来解决这些问题,如采用多种单一保鲜方法相结合的综合保鲜技术。在臭氧、涂膜预处理结合气调包装方面,国内外学者也已有研究。研究人员以香菇和百合为研究对象,采用臭氧、涂膜结合气调的保鲜方法来研究综合保鲜技术对果蔬保鲜品质的影响。

以1%壳聚糖涂膜结合不同气调包装工艺低温贮藏香菇的方式研究香菇的综合保鲜效果,分析了不同保鲜工艺对香菇的感官品质、失重率、Vc、细胞膜透性等生理生化指标的影响。结果表明,采用1%壳聚糖涂膜结合微孔膜气调包装的方法,可延长货架期到19天,并能较好地保持香菇的感官品质和营养价值。

百合在贮藏过程极易受到病菌感染而腐烂,因此百合保鲜的主要目的就是减少病菌侵染、减少失重率、减少营养价值的损失、抑制百合紫红色变的产生、延长保鲜期。

采用臭氧、涂膜结合气调的综合保鲜方法研究百合的保鲜效果。通过实验发现百合在低温条件下贮藏期较长,只需要将产品用PE袋贮藏就会有很好的效果,贮藏两个月后,百合各种性状基本保持原状。但在长江流域夏季百合收获期,高温下百合较难贮藏,此时若百合暴露在空气中几天之后紫红色变就较明显,且失重率严重上升,有腐烂现象。试验采用涂膜、臭氧保鲜、气调保鲜都取得了一定效果,而综合技术在保持产品品质、保护产品色泽方面较单一的保鲜技术效果要略好,但包装工艺复杂,成本会较高。

(三)低温结合保鲜膜对红薯叶保鲜效果的研究

红薯叶,又称地瓜叶、甘薯叶、番薯叶,是红薯地上秧茎顶端的嫩叶。红薯茎叶生长速度快、再生能力强,同时富含蛋白质、淀粉、维生素、铁、钙、黄酮、绿原酸等物质,具有显著提高人体免疫力、促进代谢、延缓衰老、降血糖、通便利尿、阻止细胞癌变、保护视力、预防夜盲等功能。目前人们在市场上常见的红薯叶产品有干制红薯叶、红薯叶饮料、腌制红薯

叶、红薯叶粉等，由于新鲜红薯叶营养成分含量高、口感佳、色泽好，更是受到人们青睐。但红薯叶在常温下寿命较短，一般为 2～3 天。红薯叶采后容易失水、黄化、萎蔫，适宜的贮藏条件对延长货架期以及最大限度保持红薯叶品质具有十分重要的意义。

司金金等以红薯叶为试验材料，研究不同温度和不同保鲜膜对红薯叶贮藏品质的影响。试验结果表明，10 ℃下贮藏能有效地抑制红薯叶失重率、相对电导率和亚硝酸盐的上升，延缓黄酮含量、叶绿素含量的下降速率，保持较好的外观和气味，从而达到较好的保鲜效果。0.05 mm PE 保鲜膜可以更好地保留红薯叶中黄酮含量和叶绿素含量，延缓失重、细胞膜损坏程度，维持较好的外观及气味。因此，建议采用 0.05 mm PE 保鲜膜结合低温储存红薯叶，能达到较好的保鲜效果。

四、综合保鲜技术在乳制品中的应用

近年来，我国乳业快速发展，人们生活水平不断提高，乳与乳制品的安全日益受到重视。乳业作为我国农业现代化发展、改善人们膳食结构和提高国民身体素质的重要产业，牛乳及其制品质量安全的有效控制，一方面有利于保证广大消费者的健康与安全，减少食物中毒的发生及由此带来的经济损失；另一方面有利于乳业本身及农业的健康发展。

牛乳营养丰富，也是细菌最好的培养基。新挤出的牛奶如果不采取相应的保鲜措，施极易酸败，尤其是在高温季节，交通不便、冷藏设备短缺的奶站和个体养殖户中乳制品腐败现象屡见不鲜，加强牛乳及其制品保鲜技术研究、延长乳制品货架期是乳品工业亟待解决的重要问题。

梁艳等研究了乳酸链球菌素与 CO_2 对巴氏奶的复合保鲜效果。乳酸链球菌素是正常菌群中某些种类乳酸乳球菌合成和分泌的一种具有很强杀菌作用的小分子肽。乳酸链球菌素是安全、高效、无毒的天然生物保鲜剂，人食入后，很快在消化道内水解，而且不会改变肠道内的正常菌群。研究结果表明，在巴氏奶低温贮藏过程中，总菌落数随 CO_2 浓度的增加而逐渐减少，说明一定浓度的 CO_2 对巴氏奶具有抑菌效果，能延长巴氏奶的货架期，与乳酸链球菌素结合处理后延长效果更加明显。

五、展望

1. 食品安全卫生质量管理

食品的贮藏和保鲜技术与科学的管理密不可分，无论是单一保鲜技术还是综合保鲜技术的运用，都需要全程控制卫生管理生产条件进行加工，缺少食品安全与卫生控制，任何综合保鲜技术效果都要大打折扣。目前我国的食品质量管理已逐步形成一系列完善的、行之有效的、普遍适用的规范和体系，如良好操作规范、食品卫生通则、卫生标准操作规范、HACCP 体系以及 ISO 体系等，综合运用上述先进食品安全卫生质量管理手段，使之相互结合、相互弥补，充分发挥各种手段的优势，最大限度地保障食品安全。

必要的食品安全卫生质量管理可以减少生产加工过程中出现的污染问题，预防食源性疾病的发生，保障消费者的身体健康。高质量的产品还有利于营销，产生品牌效应，提高食品工业企业的经济效益，是提高我国食品国际竞争力的重要手段。

2. 食品保鲜技术展望

上述综合保鲜技术的研究与应用，为探索适合我国现阶段传统食品的保鲜技术提供了新途径和新方法，推进了我国水产品、肉制品、果蔬制品以及乳制品生产工业化进程，提高了我国食品的国际竞争力，为进一步研究食品综合保鲜技术提供了理论依据。

在食品保鲜技术的实践中，经过保鲜剂、涂膜、气调等单一保鲜技术的处理后，一般需要结合其他保鲜技术综合运用才能更好地发挥作用。单一保鲜处理效果往往没有与其他处理手段相结合的效果好，复合处理可以产生协同作用，从多方面抑制食品的腐败变质，获得更佳的防腐保鲜效果。但并不是结合的处理方式越多保鲜效果越好，应针对影响食品贮藏保鲜的不同因素采取不同的复合处理方式，调控主要影响因素，保持一定保鲜效果的同时尽可能降低成本、提高经济效益。

未来的食品贮藏保鲜研究中，应探索各类复合保鲜处理方式，一些食品贮藏保鲜的高新技术，如超高压杀菌技术、脉冲电场及磁场杀菌技术、高浓度二氧化碳杀菌技术等，这些技术也可与传统常见的保鲜技术相结合，以期达到更好的保鲜效果。亟待开发安全性更高的复合防腐保鲜剂及植物精油抑菌剂，进一步优化保鲜及抑菌效果，改善产品品质。另外，可食性保鲜膜具有保鲜效果好、使用方便、实用性好等特点，且制作工艺简单、成本低、易降解、对环境不产生污染，是一种极具开发潜力的食品包装材料。包装材料的阻隔性对真空包装和气调包装产品的品质具有显著的影响，企业应重视包装材料的选择。

【复习思考题】

一、名词解释

栅栏因子，栅栏效应，巴氏杀菌，商业无菌，食品辐照，栅栏技术，微生物内平衡，调理食品

二、思考题

1. 食品保鲜的影响因素有哪些？
2. 食品保鲜原理有哪几个方面？
3. 简述栅栏效应较常见的模式。
4. 栅栏因子中最重要和最常见的因子有哪些？
5. 简述栅栏技术保藏食品的原理。
6. 试比较巴氏杀菌与商业无菌的灭菌效果。
7. 试述 pH 值对微生物的影响。

【即测即练】

参考文献

[1] 罗安伟,刘兴华.食品安全保藏学[M].3版.北京:中国轻工业出版社,2019.

[2] 吴西芝.食品添加剂[M].北京:中国质检出版社,2018.

[3] 张玉华,王国立.农产品冷链物流技术原理与实践[M].北京:中国轻工业出版社,2018.

[4] MANGARAJ S, GOSWAMI T K. Modified atmosphere packaging-an ideal food preservation technique[J]. Journal of food science and technology -Mysore-, 2009, 46(5): 399-410.

[5] SHAFEL T, LEE S H, JUN S. Food preservation technology at subzero temperatures: a review [J]. Journal of biosystems engineering. 2015, 40(3): 261-270.

[6] IWUOHA C I. The status and prospects of food irradiation, as an alternative food preservation technology in Nigeria[J]. Nigeria agricultural journal, 2002, 33: 88-96.

[7] MATSUURA R, et al. crystal growth of clathrate hydrate with ozone: Implication for Ozone Preservation[J]. ACS Sustainable chemistry & engineering, 2020, 8(41): 15678-15684.

[8] 刘雨之.国外冷链物流理论和对策研究[J].物流科技,2020,43(6):144-146.

[9] 雷雨,乔玉洋.我国食品冷链物流现状及问题研究[J].物流科技,2020,43(6):141-143.

[10] 李丹丹.生鲜农产品智慧冷链物流体系优化探究[J].现代营销,2020(5):171-172.

[11] 郭胜男.生鲜水产品冷链物流销售环节风险管理研究[D].淮南:安徽理工大学,2019.

[12] 叶举.生鲜农产品冷链物流系统优化研究[D].武汉:武汉轻工大学,2019.

[13] HE P, GENG L, WANG J, et al. Purification, characterization and bioactivity of an extracellular polysaccharide produced from Phellinus igniarius[J]. Annals of microbiology, 2012, 62(4): 1697-1707.

[14] LI R, CHEN W C, WANG W P, et al. Aatioxidant activity of Astragalus polysaccharides and antitumour activety of the polysaccharides and siRNA[J]. Carbohydrate polymers, 2010, 82(2): 240-244.

[15] 袁乙平.青梅致腐霉菌的分离纯化及臭氧抑菌机理研究[D].成都:西华大学,2020.

[16] 李琰儒.臭氧水处理对鲜切菠萝品质的影响[D].沈阳:沈阳农业大学,2019.

[17] MARIUTTI L, ORLIEN V, BRAGAGNOLO N, et al. Effect of sage and garlic on lipid oxidation in high-pressure processed chicken meat[J]. European food research and technology, 2008, 227(2): 337-344.

[18] 柴军.连续式超声场耦合化学杀菌剂对饮用水的杀菌去污效果研究[D].广州:华南理工大学,2018.

[19] 张婧男,刘昊天,陈倩,等.超声技术抑制微生物生物膜污染:机制、影响因素及其在肉及肉制品中的应用[J].肉类研究,2021,35(5):50-59.

[20] 任荣,张安琪,张富新,等.超声处理对羊乳中大肠杆菌和金黄色葡萄球菌的杀灭效果[J].食品工业科技,2021,42(18):126-133.

[21] LIN L, WANG X, LI C, et al. Inactivation mechanism of E. coli O157: H7 under ultrasonic sterilization[J]. Ultrasonics sonochemistry, 2019, 59: 104751.

[22] GANI A, BABA W N, AHMAD M, et al. Effect of ultrasound treatment on physico-chemical, nutraceutical and microbial quality of strawberry[J]. LWT - Food science and technology, 2016 (66): 496-502.

[23] FAN K, ZHANG M, JIANG F. Ultrasound treatment to modified atmospheric packaged fresh-cut cucumber: Influence on microbial inhibition and storage quality[J]. Ultrasonics sonochemistry, 2019(54): 162-170.

[24] CENGIZ M F, BAŞLAR M, BASANÇELEBI O, et al. Reduction of pesticide residues from tomatoes by low intensity electrical current and ultrasound applications[J]. Food chemistry, 2018 (267): 60-66.

[25] 朱俊玲,冯娟,牛丽艳,等. 几种天然保鲜剂对旱地番茄的保鲜效果[J]. 食品工业,2020,41(3): 164-169.

[26] 王佳宇,胡文忠,管玉格,等. 乳酸链球菌素抑菌机理及在食品保鲜中的研究进展[J]. 食品工业科技,2021,42(3): 346-350.

[27] 刘琨毅,王琪,郑佳,等. 乳酸链球菌素在中式腊肠防腐保鲜中的应用[J]. 中国食品添加剂,2018(2): 144-149.

[28] BINGOL E B, AKKAYA E, HAMPIKYAN H, et al. Effect of nisin-EDTA combinations and modified atmosphere packaging on the survival of Salmonella enteritidis in Turkish type meatballs [J]. CyTA-journal of food, 2018, 16(1): 1030-1036.

[29] 朱亚,师红新,赵永平. 花椒提取物和乳酸链球菌素复配对冷鲜肉保鲜效果的影响[J]. 广东农业科学,2018,45(7): 111-115.

[30] WEMMENHOVE E, VALENBERG H J F, HOOIJDONK A C M V, et al. Factors that inhibit growth of listeria monocytogenes in nature-ripened gouda cheese: A major role for undissociated lactic acid[J]. Food control, 2018(84): 413-418.

[31] MAR A C V, MELIAN C, CASTELLANO P, et al. Synergistic antimicrobial effect of lactocin AL 705 and nisin combined with organic acid salts against listeria innocua 7 in broth and a hard cheese [J]. International journal of food Science & Technology, 2020, 55(1): 267-275.

[32] 王东坤,陈丁,郭娜,等. Nisin-结冷胶-瓜尔豆胶复合膜的抑菌性及在荸荠保鲜中的应用[J]. 食品与发酵工业,2019,45(21): 134-138.

[33] 吴剑,王剑功,褚伟雄. 纳他霉素处理对电商物流过程中葡萄品质的影响[J]. 浙江农业学报,2021,33(5): 916-922.

[34] 高山惠,廖丽,胥义,等. 细菌抗冻蛋白研究进展及其应用潜力分析[J]. 极地研究,2021,33(1): 128-138.

[35] 王羽晗,李子豪,李世彪,等. 植物抗冻蛋白研究进展[J]. 生物技术通报,2018,34(12): 10-20.

[36] 姬成宇,石媛媛,李梦琴,等. 抗冻蛋白对预发酵冷冻面团发酵流变特性和馒头品质的影响[J]. 食品工业科技,2018,39(4): 68-72,93.

[37] TURNER M A, ARELLANO F, KOZLOFF L M. Components of ice nucleation structures of bacteria. [J]. Journal of bacteriology, 1991, 173(20): 6515-6527.

[38] CLEVELAND J, MONTVILLE T J, NES I F, et al. Bacteriocins: safe, natural antimicrobials for food preservation[J]. International journal of food microbiology, 2002, 71(1): 1-20.

[39] MONTERO P, MARTÍNEZ-ÁLVAREZ O, GÓMEZ-GUILLÉN M C. Effectiveness of onboard application of 4-hexylresorcinol in inhibiting melanosis in shrimp (parapenaeus iongirostris)[J]. Journal of food science, 2004, 69(8): C643-C647.

[40] LOSADA V, RODRÍGUEZ A, ORTIZ J, et al. Quality enhancement of canned sardine (Sardina pilchardus) by a preliminary slurry ice chilling treatment[J]. European journal of lipid science and technology, 2006, 108(7): 598-605.

[41] LI M, JANG G Y, LEE S H, et al. Comparison of functional components in various sweet potato leaves and stalks[J]. Food science and biotechnology, 2017, 26(1): 97-103.

[42] SUN Q, FAUSTMAN C, SENECAL A, et al. Aldehyde reactivity with2-thiobarbituric acid and TBARS in freeze-dried beef during accelerated storage[J]. Meat science, 2001, 57(1): 55-60.

[43] SANKHLA S, CHATURVEDI A, KUNA A, et al. Preservation of sugarcane juice using hurdle

technology[J]. Sugar tech,2012,14(1): 26-39.

[44] LEISTNER L. Further developments in the utilization of hurdle technology for food preservation [J]. Journal of food engineering,1994,22(1-4): 421-432.

[45] 程丽林,吴波,袁海君,等. 鲜切果蔬贮藏保鲜技术研究进展[J]. 保鲜与加工,2019,19(1): 147-152.

[46] 苏红,申亮,毕诗杰,等. 复合生物保鲜剂结合冰温贮藏对红鳍东方鲀的保鲜效果[J]. 水产学报,2019,43(3): 688-696.

[47] 赵爽. 低温肉制品保鲜新技术研究进展及展望[J]. 现代化农业,2018(4): 51-54.

[48] 罗贵华. 阻隔性食品塑料包装材料及其应用[J]. 现代食品,2018(16): 10-12,16.

[49] QIN R R,XU W C,LI D L,et al. Study on chitosan food preservatives technology[J]. Advanced materials research,2011(380): 222-225.

[50] 成纪予,陆雅清,汤陈依,等. 肉桂精油对甘薯贮藏期间长喙壳菌侵染的防控效果[J]. 中国粮油学报,2021,36(5): 127-134.

[51] 陈韵洁,张宜明,庞林江,等,路兴花,郑剑. 纳米复合材料涂膜在甘薯保鲜中的应用及优化[J]. 包装工程,2020,41(23): 1-10.

[52] TSIRONI T, HOUHOULA D, TAOUKIS P. Hurdle technology for fish preservation [J]. Aquaculture and fisheries,2020,5(2): 65-71.

教师服务

感谢您选用清华大学出版社的教材！为了更好地服务教学，我们为授课教师提供本书的教学辅助资源，以及本学科重点教材信息。请您扫码获取。

教辅获取

本书教辅资源（课件、大纲、答案、试卷），授课教师扫码获取

样书赠送

物流与供应链管理类重点教材，教师扫码获取样书

清华大学出版社

E-mail: tupfuwu@163.com
电话：010-83470332 / 83470142
地址：北京市海淀区双清路学研大厦 B 座 509

网址：http://www.tup.com.cn/
传真：8610-83470107
邮编：100084